甘南高寒草甸生态系统与环境

刘旻霞　著

科学出版社
北　京

内 容 简 介

本书是作者通过长期野外调研、定位观测获得高寒草甸生态系统对不同环境变化响应机制研究成果的汇总。主要内容包括高寒草甸生态系统及甘南州生态环境现状，高寒草甸植物-土壤生态化学计量特征、优势种的点格局分析、植物种群多度分布格局、生物多样性与生态系统多功能性的关系及其对降水的响应、植物群落构建机制、植物光合性状及其逆境生理变化，土壤微生物、土壤纤毛虫群落变化特征及高寒草甸地下根邻域的系统发育和功能结构等。

本书内容丰富，可供从事生态学、环境科学及地理学等相关专业科研人员、高校教师和研究生等参阅。

图书在版编目（CIP）数据

甘南高寒草甸生态系统与环境/刘旻霞著. —北京：科学出版社，2024.4
ISBN 978-7-03-077508-5

Ⅰ.①甘…　Ⅱ.①刘…　Ⅲ.①寒冷地区–草甸–生态系统–研究–甘南藏族自治州　Ⅳ.①S812.3

中国国家版本馆 CIP 数据核字（2024）第 013690 号

责任编辑：李　迪　薛　丽 / 责任校对：郑金红
责任印制：肖　兴 / 封面设计：无极书装

科学出版社 出版
北京东黄城根北街 16 号
邮政编码: 100717
http://www.sciencep.com
北京中科印刷有限公司印刷
科学出版社发行　各地新华书店经销
*
2024 年 4 月第　一　版　开本：720×1000　1/16
2024 年 4 月第一次印刷　印张：19 1/4
字数：390 000
定价：220.00 元
（如有印装质量问题，我社负责调换）

序

青藏高原高寒草甸是世界高寒草甸和草地生态系统的重要组成部分，在生物多样性保护、生态系统可持续发展、全球气候调节和碳循环等过程中功不可没。地处青藏高原东北部的甘南高寒草甸物种资源种类及数量多、生产潜力大，是我国重要的畜牧业生产基地。研究区甘南藏族自治州（以下简称甘南州）位于甘肃省西南部，处于青藏高原与黄土高原两种不同生境的过渡带，研究价值巨大。甘南高寒草甸拥有整个青藏高原物种多样性和生产力最高的、典型的、具有代表性的高寒草甸生态系统，是生物多样性保护的重要区域，也是黄河水源的重要补给区，影响着整个黄河流域的生态安全。近年来，随着全球气候变化和人类活动的加剧，甘南州的草地生态系统正面临前所未有的威胁，有效遏制草场退化和生物多样性丧失、加强高寒物种的有效保护、加快构建我国西部生态安全屏障迫在眉睫。甘南高寒草甸生态系统的保护与恢复作为西部生态安全工作中的重要一环，研究其对高寒环境变化的响应很有必要。

高寒草甸是发育在海拔 3200～5200 m 高原和高山的一种草地类型，顾名思义，海拔高、气候严寒为草甸所处环境的两大特征，高寒草甸面积约为 8.75×10^5 km^2，占我国草原面积的 22.28%左右。高寒草甸主要分布在青藏高原东部、东南缘高山及祁连山、天山和帕米尔高原等亚洲中部高山，其丰富的植被资源同样为当地畜牧业的发展提供了有力保障。高寒草甸是青藏高原地区的主要植被类型之一，是青藏高原畜牧业发展、防风固沙、维系地表与地下水系平衡的重要基质。然而，高寒草甸生态系统非常脆弱，一旦受到人为活动的干扰就会出现退化，产生强烈的响应与反馈，进而导致群落结构、生物多样性和生态系统功能发生很大变化，且自我恢复能力极弱，高寒草甸的保护与恢复已成为推动全球生态系统健康发展亟待解决的难题。

20 世纪 80 年代以来，由于超载放牧等人类经济活动和全球气候变化的共同影响，高寒草甸植被覆盖度降低，有害生物增加，草地生态系统持续退化。党的十八大以来，以习近平同志为核心的党中央高度重视黄河源区的生态保护和经济社会发展。2019 年 8 月，习近平总书记在甘肃考察时强调，要加强生态环境保护，正确处理开发和保护的关系，加快发展生态产业，构筑国家西部生态安全屏障。治理黄河，重在保护，要在治理。要坚持山水林田湖草综合治理、系统治理、源头治理，统筹推进各项工作，加强协同配合，共同抓好大保护，协同推进大治理，推动黄河流域高质量发展，让黄河成为造福人民的幸福河。习近平总书记还指出，甘肃是黄河流域重要的水源涵养区和补给区，要首先担负起黄河上游生态修复、水土保持和污染防治的重任，兰州要在保持黄河水体健康方面先发力、带好头。2022 年甘南州政府办公室发布了《甘南州“十四五”生态环境保护规划》，规划中提到在“十四五”期间要“强化草原在区域生态建设中的重要作用，以保障草原生态安全、草原资源永续利用为目标，加快推进重点严重退化、沙化、荒漠化的草原和生态脆弱区、重要水源涵养区草原禁牧工作。”在此背景下，从不同角度探究环境变化与高寒草甸生态系统的关系，进而为植被恢复和生态安全屏障的构建建言献策，成为科研工作者义不容辞的责任与使命。

《甘南高寒草甸生态系统与环境》一书是刘旻霞教授与其所带领的科研团队在兰州大学高寒草甸与湿地生态系统定位研究站已有的研究基础上，在国家自然科学基金、甘肃省自然科学基金、甘肃省林业和草原科技创新与国际合作项目及甘肃省高校产业支撑计划项目的连续资助下近 15 年研究成果的积累与总结。该书系统介绍了高寒草甸、亚高寒草甸生态系统对不同微生境变化的响应。其中，坡向作为重要的地形因子之一，能够通过影响水热的再分配进而影响土壤养分、群落种内和种间竞争，继而干扰植物更新。在长期定位研究的基础上，该书系统论述了高寒草甸植物群落、土壤微生物群落、土壤纤毛虫群落及土壤化学养分的分布特征及变化规律，揭示了高寒草甸植物群落在不同生境中的资源利用方式及群落构建机理，分析了植物光合性状特征及物种逆境生理随环境因子的变化，阐明了高寒草甸生物多样性与生态系统多功能性之间的关系。以上有关高寒草甸生态系统的研究已有百余篇科研论文在国内外重要期刊发表，研究成果丰富了高寒草甸生态系统物种多样性维持、植被恢复和草场经营等方面的理论，在一定程度上推动了高寒草甸科研攻关，为黄河流域甘肃段的高质量发展作出了一定的贡献。尽管如此，高寒草甸生态系统的研究还有许多未知的领域需要深入探索，并且需要进一步进行长期的野外科学调研及扎实精准的室内科研实验，我相信作者在已有的成果基础之上，会在未来的科研中作出更好的理论创新。

我相信该书的出版将推进高寒草甸在植被恢复、涵养水源、生物多样性保护及固碳释氧功能方面的研究，为实现青藏高原高寒草甸的可持续利用及黄河流域的高质量发展发挥重要作用。

王刚

兰州大学　王刚

2023 年 11 月 23 日

前　言

青藏高原因海拔高、面积大、冰川覆盖广、地形地貌独特而享有“世界屋脊”“地球第三极”“亚洲水塔”等美誉，其对我国及周边地区的气候稳定、水资源供应、生物多样性保护及碳收支平衡具有重要的保障作用。2021年6月，习近平总书记在考察青海时强调，保护好青海生态环境，是“国之大者”。要牢固树立绿水青山就是金山银山理念，切实保护好地球第三极生态。要把三江源保护作为青海生态文明建设的重中之重，承担好维护生态安全、保护三江源、保护“中华水塔”的重大使命。

高寒草甸是青藏高原上最主要的生态系统，既是我国的重要生态屏障和主要生态产品输出供给地，也是发展区域生态畜牧业的重要生产资料，其所覆盖的区域面积占全国草地总面积的22.28%左右。同时，高寒草甸也是黄河、澜沧江、长江等诸多河流的重要水源涵养区，是珍稀野生动物的天然栖息地和高原物种基因库，是碳储量仅次于森林生态系统的陆地生态系统碳库，是中国生态文明建设的重点地区。因此，高寒草甸独特的物质循环和能量流动规律、典型的生态系统功能结构、重要的生态保护战略地位，引起国内外学者的高度关注。

青藏高原东北部的甘南高寒草甸是黄河上游重要的水源补给区和国家西部地区重要的生态安全屏障，“黄河发源于青海，成河于甘南”，黄河甘南段的草地及森林是黄河上游重要的“蓄水池”和“水源补给站”，具有特殊的生态保护功能。其中，黄河首曲所在地——玛曲县还是整个黄河流域唯一一个以“黄河”命名的县城（“玛曲”在藏语中就是“黄河”的意思）。在青藏高原特殊的自然环境影响下，甘南高寒草甸生态系统极其脆弱，其组分对由人类活动和气候变化等因素引起的环境因子的变化极其敏感，高寒草甸生态系统功能对环境因子的响应引起了科学界的广泛关注。全面、深入地研究高寒草甸环境因子与生态系统之间的关系，探究高寒草甸物种、群落对环境因子变化的响应，进而更加深入系统地研究高寒草甸植物群落和生态系统的物种结构组成、功能过程与形成机理，阐明群落、生态系统物种之间及其与各主要环境因素之间的关系，对于实现高寒草甸生态系统可持续经营及黄河流域的高质量发展具有重要意义。

环境因子与植物群落物种多样性之间的关系是生物多样性研究领域的重要内容之一，地形作为环境因子中的主要影响因素，是很多生态过程形成的基本原因。地形是环境时空异质性的重要来源，其原因主要是地形通过影响光辐射、温湿度及土壤营养格局，进一步影响植物群落物种共存、土壤微生物与土壤纤毛虫的组成和分布。地形对群落中植物分布的影响主要集中在两个方面：一方面是坡度，它直接影响植被的立地条件；另一方面是坡向，它影响着光辐射、温湿度和土壤养分等非生物资源的分配。不同坡向光资源和水资源的分配不同，植物物种的分布与资源利用方式也不同，探究不同坡向植物物种的分布格局及生长方式，植物群落的物种多样性和功能多样性及群落构建机理，对于区域物种多样性维持具有重要意义。为探明随环境因子的改变高寒草甸生态系统的内在变化机理，我们在甘南藏族自治州的合作市和玛曲县兰州大学高寒草甸与湿地生态系统定位研究站开展了近 15 年的长期野外调查和定位观测研究，获取了大量的基础科研资料和研究结果，在国内外重要期刊发表学术论文百余篇，提出了许多新的学术见解。本书正是这些阶段性成果的提炼和汇总，主要内容有高寒草甸生态系统及甘南州生态环境研究概况，高寒草甸优势种的空间分布格局及其关联性，植物种群的多度分布格局，生物多样性与生态系统多功能性的关系及其对降水的响应，植物群落物种共存和多样性维持机理，植物光合性状特征及其逆境生理变化，植物叶片稳定碳同位素与水分利用效率、氮磷利用效率间的变化关系，土壤微生物群落结构特征及土壤纤毛虫群落分布特征，高寒草甸地下根邻域的系统发育和功能结构及其对纬度梯度的响应等。本书内容丰富、专业性强，对于从事生态学、环境科学及相关学科的科研人员来说，可避免在众多文献中查阅相关资料而节省时间，是一部全面描述高寒草甸生态系统的最新著作。

本书的出版得到了国家自然科学基金（31360114、31760137）、甘肃省自然科学基金（20JR10RA089）、甘肃省林业和草原科技创新与国际合作项目（KJCX2021005）及甘肃省高校产业支撑计划项目（2023CYZC-21）等基金与项目的支持。西北师范大学刘旻霞教授负责全书的编写及统稿工作，西北师范大学硕士研究生杨春亮、肖音迪、苗乐乐、王敏、王千月等帮助完成了资料汇总、数据处理、文字校对等工作。本书在编写过程中得到了兰州大学王刚教授和杜国桢教授的悉心指导与帮助。在此，一并致以衷心的感谢！

本书在编写过程中，使用了大量统计数据以确保研究成果的真实性与科学性，同时参考了诸多专家学者的研究论文或著作。由于高寒草甸生态系统结构与功能的复杂性，加之我们水平有限，书中不足之处恐难避免，恳请广大读者批评指正。

刘旻霞

2023 年 11 月于兰州

目　录

第 1 章 高寒草甸生态系统研究综述

1.1 高寒草甸生态系统环境因子

1.1.1 高寒草甸生态系统概述

生态系统不仅为人类提供了自然资源和生存环境，而且是人类生存和发展的基础。青藏高原是我国面积最大的高原，西起帕米尔高原，东至横断山脉，是我国多条长河的发源地，同时也是世界范围内海拔最高的高原。高寒草甸、亚高寒草甸是青藏高原分布最为广泛的植被类型，其所覆盖的区域面积占全国草地总面积的 30%以上（胡树功，2009）。高寒草甸与亚高寒草甸类型是青藏高原地区最为重要的生态资源，承载着该地区畜牧业的发展，也是黄河、澜沧江、长江等我国诸多河流的重要水源涵养区。因此，该区备受研究者的青睐与关注，位于青藏高原东北部边缘的甘南高寒草甸生态系统的研究意义可见一斑。

高寒草甸是发育在海拔 3200～5200 m 高原的一种草地类型，占地面积约为 8.75×10^5 km^2，占我国草原面积的 22.28%左右。相比温带草甸，高寒草甸所在地区年温度较低，年平均气温在–6～4℃，且气温日较差和年较差大，但降水量更充沛，年均降水量可达 400～700 mm，属高原山地气候（王秀红和傅小锋，2004）。土壤类型主要为中性高山草甸土（pH5～pH7），存在大量未分解的有机质，并且部分土壤存在永冻土层。地上草高为 3～10 cm，植被盖度可达 70%～90%（张春辉等，2022）。高寒草甸主要分布在青藏高原东部、东南缘高山以及祁连山、天山和帕米尔高原等亚洲中部高山，高寒草甸中丰富的植被资源同样为当地畜牧业的发展提供了有力保障（李强等，2022）。高寒草甸是青藏高原地区的主要植被类型，高寒草甸生态系统也是主要的生态系统，面积约 8.75×10^5 km^2，高寒草甸的面积占青藏高原总面积近 35%，被誉为“亚洲最好的牧场”。高寒草甸风景宜人（图 1-1），是青藏高原畜牧业发展、防风固沙、维系地表与地下水系丰歉的重要基质，然而其生态系统非常脆弱，一旦受到人为活动的干扰就会出现退化，且自我恢复能力极弱，高寒草甸生态系统的保护与恢复是推动全球生态系统健康发展亟待解决的难题，高寒草甸是我国诸多河流的重要生态地带，通过了解高寒草甸山地环境因子与生态系统之间的关系，探究高寒草甸的物种、群落对环境因子变化的响应，进而更加深入系统地研究高寒草甸植物群落和生态系统的物种组成、结构、功能过程与机理，阐明群落、生态系统物种之间及其与各主要环境因素之间的关系，对于实现高寒草甸生态系统可持续经营及黄河流域的高质量发展具有重要意义。

图 1-1 甘南藏族自治州玛曲县高寒草甸景观（彩图请扫封底二维码）

1.1.2 山地环境因子研究的意义

山地土壤作为一个广泛分布而又特殊的土壤群体，其特殊性很早就被土壤学家所认识。所以早在 20 世纪 50 年代，山地土壤的垂直地带性就与土壤水平分布的纬度地带性和经度地带性并列成为土壤三维空间分布的基本规律。然而，山地土壤不仅有垂直地带分异，还普遍存在着坡向分异，因为山体的坡向与高度一样会通过改变地表水热条件而影响土壤的风化淋溶和生物积累过程。大量研究表明，山地气候、植被既有垂直地带性分异，也有坡向性分异，包括迎风坡与背风坡、阴坡（北坡）与阳坡（南坡）等的分异。区别在于山地气候的垂直变化，主要是热量（温度）条件的变化；而气候的坡向变化则主要是水分条件的变化，从而导致植被的相应变化。气候和植被都是主要成土因素，因此，山地气候与植被的坡向性分异，必然导致土壤的坡向性分异。山地土壤这一坡向分异已为国内外从事土壤地理学的研究者所认识，只是大部分研究集中在坡向对土壤垂直带谱的影响，而对不同坡向土壤属性变化的直接对比研究甚少。

1. 山地土壤属性的坡向性分异

地形是影响土壤和环境间物质能量交换的重要因素，在同一地区其他成土条件相近的情况下，地形的差异往往会导致土壤养分的空间变异。土壤的水热分配和物质移动堆积在不同的海拔、坡度、坡位和坡向地形条件下存在差异，其中，坡度主要通过改变水分的再分配过程来控制土壤中的有机物和水分，从而对植被的空间分布和生长状况产生影响，坡位影响着太阳辐射在空间上对光照、水分等的再分配，对土壤生态系统的物质循环具有重要作用，而坡向的改变可能会引起坡度与坡位发生变化，从而引起水分和光照的再分配。因此，地形地貌特征影响着表层土壤养分的含量及空间分配特征，地形条件的变化，导致土壤养分状况改变。所以说，研究坡向与土壤养分空间特征之间的关系，能够为合理进行土地利用规划提供理论依据，并且对土壤养分综合管理及土壤改良和耕作都具有一定的指导作用。山地气候的坡向性分异，一方面通过对植被的影响而改变土壤的生物积累（有机质和氮素等）和物质的生物循环（生物复盐基和磷的生物表聚等）；另一方面土壤水分条件差异导致矿物质的风化淋溶，特别是盐基元素的迁移、淋溶（脱钙、脱盐基酸化）和聚积（如 $CaCO_3$）的分异。因此，对山地土壤属性坡向性分异的研究大多集中在以有机质为主要标志的生物积累和盐基物质的风化淋溶两个方面。

2. 土壤有机质积累的坡向性分异

山地不同坡向的气候、植被的分异会导致土壤有机质积累的差异。山地阴、阳坡土壤有机质含量一般存在着明显的坡向分异，即阴坡土壤的有机质含量高于阳坡土壤。这与水热条件主导的阴、阳坡植被变化密切相关，如西藏昌都地区植被的垂直分布式（刘世全等，2004），基带干旱河谷植被以稀疏的白刺花等有刺灌丛为主，生物量较小，基带以上为山地森林植被，生物量明显增大，但阴、阳坡向分异明显：阴坡是以川西云杉为主的暗针叶林，局部有高山松、鳞皮冷杉和大果红杉林；阳坡主要为圆柏（大果圆柏、密枝圆柏）疏林，局部有川滇高山栎林和香柏林。在森林线以上，阴坡是以北方雪层杜鹃为主的高山灌丛，阳坡则是以高山嵩草为主的高山草甸。其总趋势是阴坡植被的生物量大于阳坡植被。正是这种阴、阳坡植被类型及其生物量的重大变化导致其间土壤有机质积累的明显分异。Klemmedson（1964）研究了美国爱达荷州南部干旱地区斯内克（Sneake）河边的小山（约 500 m 长、170 m 宽、70 m 高）坡向与土壤发育和植被的关系，其土壤表层有机质含量为南坡（13.8 g/kg）<北坡（17.2 g/kg），分析其原因是南坡（即阳坡）光照强、土温较高，致使土壤有机质的矿化较快，土壤水分保持量仅为北坡的 37%左右；主要植被南坡为一年生草类，北坡（即阴坡）为多年生草类。南坡的干草量虽然为北坡的 2 倍左右，但土壤中根的重量仅为北坡的 37%左右。康

迎昆（1990）指出长白山北部，在坡度和土壤类型相同的条件下，阴坡土壤的有机质含量要高于阳坡。张瑜等（2021）研究表明，兰州皋兰土壤有机质含量在同一坡向不同土层深度整体上表聚现象明显，平均含量为阴坡>半阳坡>阳坡。坡向差异引起的水热等条件的变化，还会引起其他生态因素的改变。华明阳等（2023）研究表明，水热因素对蒙古栎林净初级生产力、土壤异养呼吸通量的影响，是导致两坡向净生态系统生产力差异的主要原因。

3. 山地气候与植被的坡向性分异

山地气候、植被既有垂直地带性分异，又存在坡向分异，从而导致山地阴坡与阳坡在环境上存在很大的差异，这种环境梯度的变化影响植物群落的很多特征，具体表现在物种的组成、物种丰富度、植物生物量、植物生长类型和群落分布结构等方面。山地的生态环境条件复杂多样，是多种生物物种生存、繁衍和保存的种质库，山地植物群落具有典型的空间异质性，因此其生物多样性的研究历来为生态学家所关注。在山地，特别是西部高山地区，坡向是一个重要的地形因子，它通过改变光照、温度、水分和土壤等生态因子，对气候、生物多样性、植物生长发育、生产力及生态系统功能等产生重要的影响。关于坡向如何影响植物的分布，目前研究较少。阴坡和阳坡的环境条件差别明显，一般阳坡土壤贫瘠，蒸发强烈，湿度变化幅度大。不同坡向所导致的植物特征与环境条件的差异，对植物分布产生了重要影响。从生物学和生态学特性来看，湿度是影响植物分布的主要环境因子之一（兰爱玉等，2023）。因此，我们认为，坡向主要是通过改变环境湿度对植物发育产生影响。

4. 环境因子与植物群落的关系

地形是通过对地表水热条件和物质的重新分配而影响土壤形成过程中物质和能量交换的重要成土因素之一。在山地土壤的形成过程中，地形因素起着突出作用：地形影响气候（水热条件），气候又影响土壤矿物质的风化淋溶（地质大循环）和以植被为中心的生物积累及养分循环，从而导致不同性质土壤类型的分化。就土壤形成的生物气候条件而言，山地地形因素至少包括地势高度和坡向变化两个方面。山地的高度变化，导致气候-植被-土壤的垂直分异；而山地的坡向变化，同样导致气候-植被-土壤的坡向性分异。

在植物的整个生活史中，幼苗阶段是个体生长发育最为脆弱、对周围环境改变最为敏感的时期，同时也是个体数量变动最大的阶段。如长期受到自身的遗传条件或植物生理、生态特性及自身内在自然环境等方面的间接因素影响，其与地形因子、林分结构、林分内生物因子、人为引起的自然干扰因子等有关联。其中，地形因子是天然更新中最重要的因子，对新苗的更新和生长起到关键性作用，从而影响到植被更新的质量问题。地形对光照、水分、温度及营养等多种因子的二次分配起决定性作用，地形因子中的海拔、坡位、凹凸度、坡向、坡度为多维变量内的重要组分，微地形的形成对森林群落内的物种有显著性影响。Daws 等（2005）对巴拿马样地巴罗科罗拉多岛（BCI）的研究发现，地形引起的水分含量梯度和枯枝落叶层厚度的变化会影响树木的出苗率和死亡率，为物种共存提供有利条件。

环境因子与植物群落物种多样性之间的关系是生物多样性研究领域的重要内容之一。国内一些学者对草地生态系统的研究表明，草地物种多样性随降水量的增加而增加，与温度也表现出一定的相关性；同时，土壤因子与草地植物多样性的关系也颇受广大学者的关注。有关研究表明，土壤的盐碱度、pH、有效磷、有效钾和全氮与草地植物群落的多样性指数存在明显相关性（黄燕等，2022）。目前对不同坡向上土壤含水量和土壤营养的变化规律的研究很少，本书分析了阴坡、半阴坡、西坡、半阳坡和阳坡的植物群落物种多样性与环境因子之间的相关性，有助于认识高寒草甸植物群落物种多样性的基本特征及其沿环境梯度的变化特点，从而为进一步深入研究高寒草甸群落生物多样性的生态系统功能打下基础。

1.1.3　地形因子对土壤的作用过程

土壤是植物赖以生存的基础。土壤环境的好坏，不仅关系到植物的生长，而且影响着植物生产力的高低。土壤作为陆地生态系统的重要组成部分，是陆地生态系统中物质和能量交换的重要场所。一方面，土壤作为生态系统中生物与环境相互作用的产物，贮存着大量的碳、氮、磷等营养物质；另一方面，土壤养分对于植物的生长起着关键性的作用，直接影响着植物群落的组成与生理活力，决定着生态系统的结构、功能和生产力水平。全球陆地生态系统含碳约 2200 Gt，其中 600 Gt 在植物中，而 1600 Gt 在土壤中，农业生产方式、森林结构、气候、大气化学成分和降水变化都会影响到碳、氮循环，温度升高加速土壤的呼吸，增加陆地生态系统 CO_2 的释放量，使土壤贮存碳减少。土壤碳、氮、磷的含量不仅与温度、降水量等环境因子有关，而且与土壤特性、土地利用方式、植被特征及人类的干扰程度有关。

土壤肥力不断增加有利于生物量的提高。降水量的增加对高寒嵩草（*Carex myosuroides*）草甸群落的多样性、植物种群数量特征（重要值）、不同植物类群的生物量均有不同程度的提高。因此，对高寒草甸土壤有机质、氮和磷的分布规律随环境条件的变化将发生如何改变，这种变化对植物群落生产力、植物群落结构等产生的影响的研究是弄清草地生态系统物质循环的关键所在。同时，群落结构组成与所在生境诸生态因子之间的关系，也是生物多样性形成机制研究的主要内容。有关高寒草甸生态系统中土壤和植物氮、磷等营养成分动态变化的研究较多。但对于土壤碳、氮、磷的梯度分布和土壤生产力变化及其与环境因子相互关系研究的报道较少。本书主要在高寒草甸不同坡向梯度上探讨土壤碳、氮、磷的梯度分布规律，分析气候变化（降水和温度）对土壤生产力的影响，为合理利用土地资源及退化草地生态系统的恢复与重建提供基础资料。

1.1.4 地形因子对植被的作用过程

地形是很多生态过程形成的基本因素。景观研究发现，地形是环境时空异质性的重要来源。其原因主要是地形通过影响光辐射、温湿度及土壤营养格局，进一步影响了植物群落的组成和分布。地理信息系统的发展和一些测度方法的熟练应用，使得地形对生境和植被变化的影响等方面的研究异常活跃。地形对群落中植物分布的影响主要集中在两个方面：一方面是坡度，它直接影响植被的立地条件；另一方面是坡向，它影响着其他非生物资源的分配（如光辐射度、温湿度和土壤养分的再分配）。地形的改变影响了土壤的水分分布，从宏观上说，特殊的地形可以形成一个独特的小气候并间接影响了土壤水分的含量和分布，同时通过改变太阳光辐射强度和降水量在土壤中的再分配进一步影响了土壤含水量。地形影响可以表现在不同的生物层面上，比如植物垂直分布、群落分布和不同种群的变化，同时也可以表现在生物多样性分布、群落组成甚至物种的能量方面，尤其是在山区植被空间分异方面。国内许多学者研究了不同山地植物群落及物种多样性的垂直分布趋势（杨壹等，2023）。地形因子中对物种多样性格局影响强烈的有坡向、坡度和海拔。而海拔作用的方向和通常称为热梯度的影响并不一致，表明其本质是与坡向的关系。这进一步说明了小地形的差异所产生的影响占有重要地位，植被的物种多样性在小尺度上有较强的异质性，植被不同层次的多样性的变化也是有差异的。

地形因子对植被的作用可以分为直接作用和间接作用。地形通过地貌过程（搬运、崩塌和堆积等）对植被产生直接作用，因此，地形是为植物群落提供生境多样性最重要的环境梯度之一，植被格局与地形格局密切相关。对小尺度地形梯度上的植被来说，气候没有明显差别，因此，土壤和干扰作用可能是决定植被格局的最重要的因子。如前文所述，植物和土壤之间的关系应该比植物与地形之间的关系更为直接，因为植物通过土壤吸收养分和水分，各微地形之间由于不同的水文条件和地貌过程，其土壤形成过程及水分和养分的分布与含量等有明显的差异。因此，地形通过影响土壤因子（如土壤水分）来间接影响植被。土壤水分是土壤的重要性质之一，是土壤物理学的重要内容。土壤水分是土壤-植物-大气连续体的一个关键因子，是土壤系统养分循环和流动的载体，它直接影响土壤的特性和植物生长，间接影响植物的分布，还在一定程度上影响小气候的变化。长期以来，土壤水分是森林、草原和农田等生态系统研究的重要内容，尤其是在占世界约 1/3 的干旱区（包括我国的华北、西北和青藏高原的绝大部分）和半干旱区，在这些地区，土壤含水量是限制植物生长和分布的主要因子（常学尚和常国乔，2021）。

1.1.5 海拔梯度上环境因子的变化

海拔梯度可以在较小的空间反映大尺度的气候、植被和土壤垂直分异规律，特别是可引起土壤温湿度的剧烈变化，因而是研究土壤氮磷矿化过程与微生物群落结构时空变化及其关键驱动因子的理想平台。理论上，大气和土壤温度随着海拔上升而呈线性降低的趋势，但更易受到特殊地形影响的降水和土壤水分等环境因子随海拔的上升并不总是呈现出线性增加或者降低的趋势。特别是，受地形地貌和焚风效应的影响，高山峡谷区的河谷地带通常具有独特的干旱气候，而河谷地带以下和以上的地带具有相对湿润的土壤环境。这些环境因子明显不同的海拔分异格局可能导致不同海拔土壤氮磷矿化过程与微生物群落结构和活性表现出明显的时空分异，进而反映不同海拔土壤生物化学特性对环境变化的响应差异。然而，相关研究结果还具有很大的不确定性。与此同时，土壤温湿度随海拔上升可能表现出不同的季节变化特征，从而使不同海拔土壤氮磷矿化过程与微生物群落结构的季节性变化呈现出明显不同的特征。例如，干旱河谷频发的季节性干旱和降水能够引起土壤水分剧烈的季节性波动，可能会驱动土壤微生物群落结构和活性的急剧变化，进而导致土壤氮磷矿化过程与微生物群落结构季节性变化趋势的显著差异。在干旱河谷以上的高海拔地带，由于季节性雪被的隔热作用，雪被覆盖期具有相对较高和稳定的土壤温湿度环境，为嗜冷和耐寒微生物提供了有利的生境，从而维持了较高的微生物活性。同时，频繁的冻融循环引起的土壤物理变化会导致微生物死亡，显著降低微生物种群数量和活性。岷江流域位于青藏高原和四川盆地的过渡地带，自然落差大，海拔跨度在 200～7556 m，气候、植被和土壤具有明显的垂直分异，并且其海拔分异规律在横断山区具有显著代表性。

通常情况下，大气温度随海拔的升高而降低，并且海拔越高，气温下降越明显（吴晓鸣等，2023）。不同地区大气温度随海拔升高而下降的幅度不一致，海拔高度每升高 100 m，在内陆地区平均气温大约下降 0.8 K，而沿海地区则大约下降 0.4 K。另外，大气温度的日变化在不同海拔高度下有一定的差异，一般低海拔地区的日变幅大于高海拔地区的日变幅。水分是植物生长必需的环境因素，而降水是植物所需水分的主要来源之一，不同的海拔高度降水量也有一定的差异。在较湿润的地区，海拔越高，降水量越大，但是在一些亚热带地区，中间海拔的降水量最大。光照是植物进行光合作用积累生物量的唯一能源，不同海拔之间太阳辐射通量不一致，一般情况下，海拔越高，太阳辐射通量越大，但是由于在高海拔地区经常有多云出现，因此太阳辐射的增加量会受到一定程度的削弱。低海拔地区气温高、蒸腾潜力大，植物容易受到水分胁迫的影响，随着海拔的升高，气温降低，蒸腾潜力减小，树木对水分的需求减小，理论上树木受水分限制的程度应该降低。

1.1.6 山地环境土壤纤毛虫研究概述

原生动物（protozoan）是一类单细胞动物，或者说是一类由单细胞形成的不具明确细胞分化的群体，土壤原生动物（soil protozoan），顾名思义就是以土壤为栖息地的原生动物，它们生活在土层中或土壤表面凋落物中，一般认为其起源于淡水水体，经过不断的进化和发展从淡水环境中迁徙到土壤中，并不断适应土壤生境，最终演化形成一个相对独立的、不同于淡水生物体的原生动物群落。土壤原生动物是一类最简单、最原始、最低等的动物，身体微小，仅 10～200 μm，但其个体形状极具可塑性，形态复杂多样，对土壤环境高度适应，充当着土壤生物食物链网中的重要角色，它们在土壤生态系统的物质循环和能量流动中起着重要的作用。

纤毛虫（ciliate）隶属于原生生物界原生动物亚界纤毛门（Ciliophora），是一类特化程度较高、最复杂、最高等的单细胞真核生物，因在其生活史的一个或更多阶段一定具有纤毛而得名。纤毛虫分布极为广泛，只要有水膜的地方就会有纤毛虫，大到江海湖泊、广袤沙漠，小到山川溪流、田间土壤，甚至空气中都会有纤毛虫的存在，同时由于其复杂纤薄的皮层结构、口纤毛器、银线系和体纤毛等结构高度特化，纤毛虫的形态也呈现出圆形、长条状、肾形等高度多样性。纤毛虫具有独特的核双态现象，大核为营养核，体积大，形态多样，如念珠状、球状、马蹄形、“C”形等，在营养期的新陈代谢中活动较为频繁；小核为生殖核，多为椭圆形或圆球形，在有性生殖时发挥重要的作用。纤毛虫可以进行无性生殖及有性生殖两种独特的生殖方式，前者为横二分裂，后者为接合生殖，环境对其生殖方式的选择具有主导作用，当环境条件良好时则进行无性生殖，否则进行有性生殖。

土壤纤毛虫（soil ciliate）则指栖息在土壤中的纤毛虫，它们生活在土壤颗粒水膜中、土壤孔隙水中及覆盖在土壤表面的凋落物水膜中，是土壤原生动物三大类群之一，在每克天然土壤中丰度高达成千上万个，在土壤生态系统中同样扮演着十分重要的角色（杨怀印等，2023）。作为土壤原生动物中的一个重要组成部分，土壤纤毛虫对土壤环境具有高度的适应性，根据土壤环境特定的生存空间、土壤理化因子、食物来源等诸多因素，其形态结构、运动方式、摄食及生殖方式等均发生了不同程度的改变，使其成为不同于水体纤毛虫的一种相对独立的群落。这种对土壤环境的适应性主要体现在形态学适应性及生理学适应性两个方面。形态学适应性的表现有：①土壤纤毛虫较水体纤毛虫普遍更小，水体纤毛虫平均约 162 μm×56 μm，而土壤纤毛虫平均约 110 μm×36 μm，更小的身体有利于它们在土壤颗粒间的孔隙这种狭小的空间中生存；②体纤毛退化，土壤纤毛虫并不像水体纤毛虫一样具有浓密旺盛的体纤毛，它们很多种类仅限身体的一部分分布体纤毛系统，这也是受限于土壤所提供的生存空间，进一步限制了它们的运动强度，作为纤毛虫运动胞器的体纤毛就发生了退化；③作为土壤习居种，多为趋触性爬行种类，且大都身体扁平纵长具有长尾，这种运动方式及身体形态也是为了适应土壤所提供的基质界面，更有利于趋触爬行于土壤颗粒间的孔隙中。生理学适应性则指土壤纤毛虫像所有原生动物一样可以形成包囊，这是一种甚至比某些高等动物更具优越性和确保性的应激策略。

土壤是陆地生态系统中最为复杂的成分之一，为土壤动物提供了生存条件。土壤中存在着地球上种类最丰富的微生物群落，如细菌、古菌、真菌、病毒、原生生物及一些微型动物等，这些生物可统称为土壤微生物组（朱永官等，2021）。土壤纤毛虫一般泛指生活在土壤颗粒、土壤孔隙水中和覆盖在土壤表面凋落物水膜中的土壤原生动物，它们具有种类繁多、体积微小、形态多样、细胞膜纤薄等特点，并且能够对外界环境微小变化作出快速响应，因此对土壤生态系统有着非常重要的指示作用（宁应之等，2019）。土壤纤毛虫是草甸生态系统的组成部分之一，它扮演着消费、分解生物残体的角色，在土壤形成、熟化、能量流动与转化、生态循环的整个循环过程中起着重要的作用。国内目前对于土壤纤毛虫的研究集中于土壤纤毛虫群落特征和形态学描述，如宁应之等（2018）对退牧还草、退耕还林生态恢复下土壤纤毛虫群落响应的研究，结果显示，已经退牧还草、退耕还林样地与尚未退牧还草、退耕还林的样地之间土壤纤毛虫物种分布存在差异。

山地不同生境间存在明显差异，而作为山地重要的地形因子之一，坡向间接导致植物物种结构组成与分布的差异，它通过影响地表所能接收到的光照辐射进而对土壤水分、土壤温度等生态因子进行再分配，达到影响生物多样性、生态系统功能、生产力以及植物生长发育等的目的，而土壤纤毛虫又是对环境变化具有高度敏感性的原生动物类群，因此研究土壤纤毛虫分布与生境之间的关系具有重要的意义。不同生境由于光照、温度、水分、土壤等因素存在差异，生境梯度内纤毛虫物种组成也会表现出相应的变化，了解不同生境纤毛虫群落的结构特性，可以有助于我们探究纤毛虫物种对生境的适应机制。

本书以甘南藏族自治州合作市的亚高寒草甸为例，按照阴坡、半阴坡、西坡、半阳坡和阳坡对研究样地进行采样，分析纤毛虫物种多样性与其他因子之间的相关性。研究坡向变化对土壤纤毛虫群落结构的影响机制，以期对不同坡向的环境状况进行判断。

1.1.7　山地环境土壤微生物研究概述

如前文所述，土壤是植物生产的载体，同时也是生态环境的基本要素。土壤中体积小于 5×10^3 μm^3 的活性有机质统称为土壤微生物（刘鑫等，2020）。土壤微生物在土壤元素生物地球化学循环中发挥重要作用，微生物群落结构及其多样性可反映土壤的受扰动情况，能够有效表征土壤环境变化趋势，被认为是评判土壤质量的重要指标。真菌大多数在土壤中与植物的根系形成共生作用，而细菌群落演变与土壤中碳、氮和磷等元素有着密切联系。不同种类的微生物在凋落物分解、营养物质的吸收和释放及土壤碳氮循环过程中的作用效果存在差异。

近年来，随着对土壤微生物在有机质积累、养分循环和植物生长等方面作用的深入认知，研究者逐渐意识到微生物在土壤生态系统功能中的重要性。土壤微生物在养分转化过程中起着土壤养分循环“调配器”的作用，控制土壤养分循环的方向、养分元素化合物种类和交换通量（蔡祖聪，2020）。土壤微生物参与调控温室气体的排放以及土壤污染物的无害化降解，对于维持生态环境功能具有重要作用。土壤微生物群落和多样性调控土壤生态系统的多功能性，进而影响土壤本身的抵抗力和恢复力，对维持土壤肥力和可持续性生产至关重要。因此，土壤微生物参与土壤生态功能、环境功能、免疫功能，协同调控土壤健康，是维持土壤健康的核心与关键（图 1-2）（朱永官等，2021）。

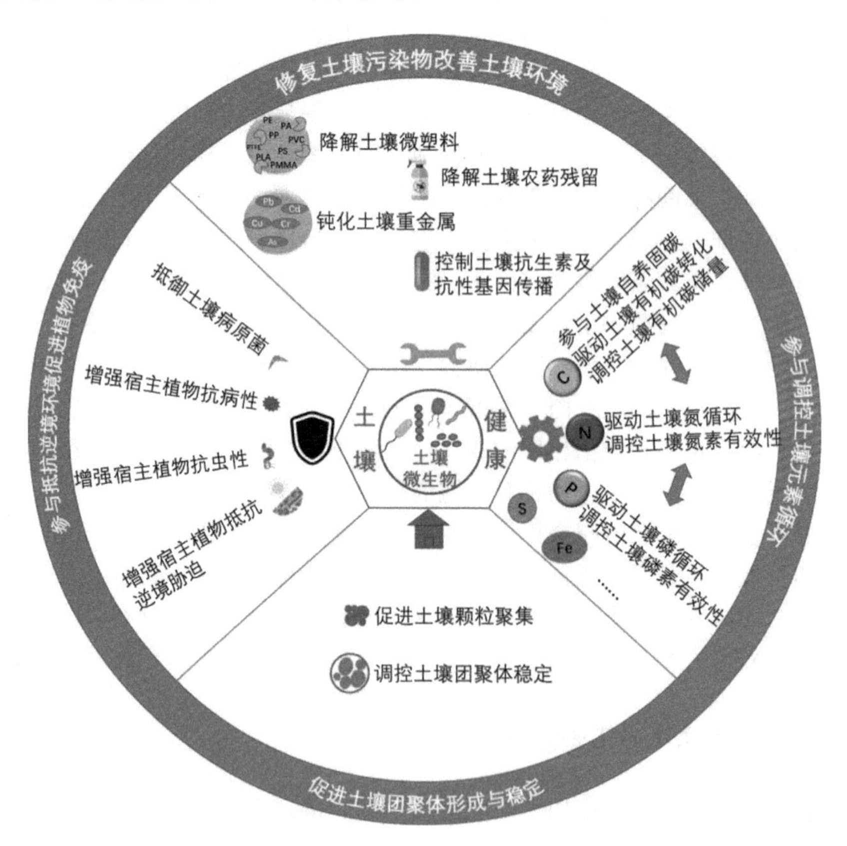

图 1-2　土壤微生物是土壤健康的核心与关键（孔亚丽等，2023）（彩图请扫封底二维码）

植物和微生物是高寒草甸生态系统的主要组成部分。植物在生态系统中扮演着生产者的角色，可将光合产物当作土壤微生物的营养底物释放到土壤中；而微生物在生态系统中扮演分解者的角色，可将动植物残体分解为小分子无机物，再被植物重新吸收利用，这种植物与微生物介导下的物质循环、能量流动和信息传递过程称为植物与土壤微生物互作（阳小兰等，2018）。开展植物与土壤微生物的互作研究不仅有利于了解地上与地下环境间的互作机制，还可为高寒草甸生态系统发挥更好的碳汇功能以及对其他多种功能的维持提供数据支撑和科学指导。

作为土壤中最活跃的成分之一，土壤微生物是大多数生态过程的重要驱动力。特别是，根际土壤微生物对于调节生物地球化学循环进而影响生态系统功能至关重要。如果我们要“操控”这些有益微生物来增强生态恢复过程的话，了解生态系统中微生物群落组成和多样性如何变化是非常重要的一步。本书的主要目的是从根际、非根际的角度出发，采用土壤微生物与环境因子冗余分析的方法，研究甘南高寒草甸不同坡向土壤微生物的群落分布特征。

1.2　高寒草甸生态系统植物群落研究进展

1.2.1　植物群落物种组成研究

物种组成是群落最基本的特征，是形成群落结构的基础，研究群落的物种组成是认识群落结构、生态、动态的基础。由于植物群落具有很强的地域性，不同地点的群落，生态特性会有很大的差异。植物群落指在某一地段内全部植物在时空分布上的综合，在一定的生境条件下，具有相对的种类组成与数量比例和特定的结构与外貌，发挥着一定的功能，查清植物群落的物种组成是调查植物群落物种数量、了解群落生态功能的第一步。

近年来，中国政府实施了以国家重点生态功能区、生态保护红线、国家级自然保护区等为重点的生态系统保护和修复的重大工程，高寒草甸植被迅速恢复，但由于人为干扰强度不同，形成了多种处于不同恢复阶段的植物群落。其中，物种组成是群落最基本的特征，反映了群落内物种之间的关系，环境对物种生存和生长的影响，决定着群落的性质和生态功能（王智慧等，2021）。因此，研究群落物种组成，可以有效评价群落的稳定性。植被恢复过程中，植物组成与分布、群落结构与功能及其驱动机制将会发生变化，从而影响恢复进程和生态系统的功能和稳定性。群落组成与数量特征的研究内容主要集中在群落植物的科、属、种的丰富度以及优势种的重要值，为揭示群落功能和物种共存机制、植物多样性保护和植被恢复提供科学依据。

1.2.2 植物群落生态化学计量学

为了解决以往生物学成果难以统一等问题，Elser 等（2000）首次提出生态化学计量学的概念。生态化学计量学是在生态学的背景下，综合化学计量学和生物学的一些核心原理，研究生物有机体间各种元素，主要是碳、氮、磷之间的平衡，进一步分析这些元素与生态系统的生产力、营养循环、食物网流动等的相互影响的一门学科。这个学科涵盖范围广，简单地说就是研究生态学系统中能量和化学元素间平衡关系的一门科学，可同时适用于水生生态系统和陆生生态系统。如今，经过 100 多年的发展，生态学已经发展成了综合交叉学科，在景观、群落及种群或者生物圈层面，其组成元素可以用质量守恒原理来研究，营养元素的流动性和在生物地球化学循环中的耦合作用使生命过程中营养元素的组成比例有了数量上的关系，因此，生态化学计量学能够从元素组成比例的角度把这些不同层次的研究结果统一起来，成为生态学研究的良好工具。化学计量学理论在生态学中实际应用的关键是实现了生物分子、生物细胞及生物有机体均能根据其营养元素的组成比例进行区别，由于这些营养元素组成的差异和生态系统的功能有密切的关系。因此，生物体与生物体、生物体与环境之间的相互作用方式不仅受生物体对元素需求的影响，而且会受到环境中元素平衡状况的影响。本书主要以位于青藏高原东北部边缘的玛曲县为研究区，将坡向作为主控地形因子，研究讨论了不同坡向上植物叶片和土壤中有机碳、全氮和全磷的含量及化学计量比的空间分布，并对不同坡向进行差异性分析，同时结合相关性分析对土壤因子与植物叶片有机碳、全氮和全磷含量及化学计量比的相关关系进行了探讨。

综合前文国内外地形因子对土壤和植被影响的综述研究，尤其是在坡向方面的研究反映出，虽然阴坡—阳坡的尺度范围较小，但其完整地展示了一个生境梯度，由于光照、水分及温度等诸多因子的影响，植被分异明显，其物种多样性的变化及生态系统功能等都产生了相当大的差异，这些差异引起了植物的营养元素及生理功能的变化，尤其是植物不同坡向氮磷化学计量特征的变化。此外，植物养分又是影响生态系统结构和功能的重要因素，养分含量的多少同样影响了有机体生长、种群结构和生态系统的稳定性。生态化学计量学的提出为解决上述问题提供了有力的工具，通过化学计量学方法研究植物养分尤其是氮磷的分布规律，可为现有的区域生物地球化学循环模型与植被地理模型的耦合提供科学依据，将有助于从机理上解释区域植被对全球变化的适应与响应机制，并对进一步认识植被化学和生态系统功能的生物地理尺度转换和发展区域及全球尺度的模拟工具具有重要意义。

1.2.3　植物种群的空间分布格局及其关联性

植物种群在不同干扰条件下对环境的适应对策可以通过植物种群的分布格局及关联性反映出来。种群空间分布格局表示种群个体在水平空间上的分布状况，反映出种群个体彼此之间在水平空间上的关系，主要分为聚集分布、均匀分布及随机分布 3 种类型，与空间分布格局相对应的种间关联性主要表现为正关联、无关联和负关联（杨春亮等，2023）。种群分布格局及其关联性对种群的繁殖、发育、生长及对环境资源的利用等具有重要影响，因而不同类型的分布格局能够反映出种群个体对环境资源的利用状况。生态学家对植物种群的空间分布格局研究已经有较长的历史，研究植物种群的空间格局，不仅可以了解植物之间的竞争及依存关系，同时也可以揭示植物的生活对策及状况。种群空间格局分析主要包括种群的空间分布格局和种间关联性两方面的内容，是研究植物生态学的热点之一。种群是组成群落的基本单元，研究植物种群内部的空间分布格局和种间关联性，能够反映出种群间的生态关系及植物群落的现状、发展趋势，是认识种群自身生物学特性、探究物种共存机制的重要途径（Liu et al.，2014）。与研究种群空间格局尺度单一的传统分析方法相比，基于 Ripley $K(r)$函数的点格局分析法可以根据植物分布的空间坐标，在多个空间尺度上同时研究种群空间格局和种间关系，被广泛应用于植物种群格局分析领域（张娅娅等，2020）。

1.2.4　植物群落物种多度格局动态

物种多度是群落生态学与种群生态学研究的内容之一，能够揭示群落结构和物种区域分布的规律。多度是物种稀有程度和普遍程度的测度，或者说是群落物种优势度与均匀度的判定依据（马克明，2003）。在仔细调查某一个群落范围内的所有物种后，根据群落调查数据建立一个多度谱，多度指的是多度谱中物种的个体数目或者是个体密度，表示群落当中单个物种占用资源的能力。将群落中物种的个体数按照一定规律进行排序，得到的物种序列称为物种多度分布（species abundance distribution，SAD）。不同的群落往往具有不同的多度分布，群落之间各不相同的多度组成关系被称为群落的多度分布格局（species abundance distribution pattern），对多度分布格局进行的表述、模型的拟合以及形成不同群落的机制的分析过程，称为物种多度分布格局研究（Tokeshi，1990）。

保护生物的多样性离不开物种多度分布的研究（马克明，2003）。生物多样性的形成和分布模式是生态学研究的重点，对生物多样性的研究依赖于生物多样性指数，生物多样性指数可以对群落结构的数量特征进行表征，而使用群落多度分析可以对群落的性质进行进一步的分析解释（马克明，2003）。物种多度分布可以描述群落物种的丰富度，被广泛地用来研究生态位分化、扩散、物种形成和灭绝对群落的影响（Matthews and Whittaker，2015）。物种多度分布还可以用来揭示群落中常见种和稀有种间的关系，以此来探讨群落组成成分对群落构建的贡献，相对于物种多样性指数，物种多度分布能够更加深入地认识群落结构，也因此有学者将物种多度分布作为划分物种保护等级的依据，并运用到实践中。

甘南高寒草甸生物资源和物种多样性相当丰富，其对青藏高原高寒草甸生态系统有着巨大的影响。但由于全球气候变化和频繁的人类活动，甘南高寒草甸草场不断退化，生物多样性锐减，生态系统结构和功能受损。因此，保护和恢复甘南高寒草甸生态系统物种多样性刻不容缓。通过模型拟合高寒草甸植物物种的多度分布，探究物种多度格局的动态分布，进而探索高寒草甸植物群落物种多样性的分布规律及形成机制，揭示该地区植物群落构建过程中的资源分配模式，从而为青藏高原高寒草甸的植被恢复和生物多样性的保护提供技术支撑和理论依据。

1.2.5 植物群落构建机制

生物多样性的形成和维持机制，即群落构建机制，一直以来都是群落生态学研究的核心问题。诸多学者认为，植物群落构建的确定性过程主要是生态过滤机制（包括环境过滤和生物过滤，其中生物过滤包括种间竞争和种内功能性状变异）作用的结果，即物种与环境因子及物种之间相互作用的结果。生态过滤作用使同一物种库的物种连续反复地拓殖，从而导致群落中物种的稳定共存。虽然群落构建的研究历史已有一个多世纪，但研究者对群落中物种共存机理的探究仍然有很大的空间。生态位理论和中性理论是两个试图从不同的角度解释群落物种多样性，从而揭示群落构建机制的基本理论。近年来，尽管已有大量的基于这两个理论来探究物种多样性的研究，但对局域群落构建机制的认识仍不清晰。现如今，大多数生态学家致力于将这两个理论的要素结合起来构建综合模型（牛克昌等，2009），来探究群落构建中随机和生态位过程。起初研究者常常采用物种多样性指标来探究物种多样性维持，有些学者提出采用种属比来反映群落物种的组成。但这些方法都忽略了物种间进化历史对功能性状的影响，仍不能准确地揭示群落构建的成因。

Webb 等（2002）在研究热带雨林群落结构中提出了群落系统发育的研究方法，以评估群落是否具有系统发育结构，具有什么样的系统发育结构。植物功能性状是植物为适应生存环境形成的植物形态和生理特征，其差异反映了植物自身生理过程及其对外部环境异质性的适应策略，而且能将群落结构与群落环境、生态系统过程等联系起来。植物功能性状不同导致群落构建有所不同。Webb 曾在群落系统发育研究中，将生态性状划分为性状保守和性状趋同（Webb et al.，2002）

（表 1-1）。由于物种功能性状的种内和种间变异能更有效地描述物种间的相互关系，越来越多的证据表明，基于功能性状的研究方法有助于阐明生物多样性效应的潜在机制（刘晓娟和马克平，2015）。Felsenstein（1985）提出，除了外界环境，物种进化也是影响功能性状的重要因素，亲缘关系近的物种间性状差异较小，亲缘关系较远的物种间性状差异较大。因此，在物种间性状的相关性研究中需考虑物种间的亲缘关系，即检验物种的功能性状是否表现出系统发育信号。功能性状是植物某一个功能方面的表现，而系统发育表现了种间总体的差异，是多个性状的综合，二者不能相互替代，故在研究中应选择将两者结合的方式推断群落的构建过程。

表 1-1　不同生态性状和群落构建过程结合的群落期望系统发育结构（Webb et al.，2002）

群落构建过程		生态性状的进化特征	
		性状保守	性状趋同
生态位理论	生境过滤	系统发育聚集	系统发育发散
中性理论	极限相似	系统发育发散	系统发育聚集或随机
	中性作用	系统发育随机	系统发育随机

甘南亚高寒草甸位于青藏高原东北部，生物资源丰富，是当地牧草的主产区。但由于其特殊的地理位置，极其严酷的自然环境，加之频繁的人类活动的影响，草场退化十分严重，生物多样性不断丧失，使得其生态系统非常脆弱，一旦破坏就很难恢复，因此保护亚高寒草甸草地生态系统刻不容缓。随着环境的变化，亚高寒草甸群落组成、物种多样性和物种共存方式即群落构建机制也会发生变化，这引起了群落生态学家的关注。与大尺度上的纬度和海拔梯度类似，坡向梯度在数十米至数百米的小尺度上使得生境条件（光照、温度、水分及土壤养分等）发生了有规律的变化。这些生境条件的变化影响植物群落的生长和分布，进而影响植被类型、群落的物种多样性等。本书将结合植物的功能性状、环境因子和群落的系统发育结构，从进化历史和生态过程的角度，更深入地探讨甘南高寒草甸群落沿坡向梯度的构建机制。这将为了解群落发展的本质、预测群落未来的演替方向、当地生态环境保护及合理的开发利用提供理论依据。

1.3　高寒草甸植物生理研究进展

1.3.1　植物光合生理研究

光合作用是植物吸收光能，同化 CO_2 和水来制造有机物质，并同时释放氧气的过程，是植物生命活动的重要过程。光照是影响植物生长发育的重要环境因子，光照不足或过剩都会影响植物的光合作用，进而影响植物的生长及种群的更新与维持。随着环境光强的变化，植物也能够在形态及生理方面产生可塑性响应以适应不同的光环境。光合作用对人类的生存和发展，以及维持自然界中生态平衡均起着非常重要的作用，同时光合作用也是植物健康状况的评价指标之一，因此已成为当今生理生态研究的重点和热点。

青藏高原地区受大陆性气候影响，绝大部分地区年降水量少，干旱与半干旱地区约占总面积的2/3，此外空气稀薄，太阳辐射强（比同纬度其他地区高50%～100%），紫外线强，形成了寒冷、干燥、缺氧、太阳总辐射高和紫外线强的独特高原气候（莫申国等，2004）。由于寒冷、干燥、缺氧和太阳总辐射高等高原气候的影响，青藏高原的植物生理生化特性、形态结构和生长发育均受到很大影响。特别是处于寒冷和强近地面太阳紫外线环境胁迫中的植物，体内活性氧含量增加，损伤光合系统结构，迫使植物不断对高原气候产生的胁迫作出响应，以增强适应性谋求生存。师生波等（2010）根据青藏高原独有的海拔和强近地面太阳紫外线B段（ultraviolet B，UVB）辐射，在通过增补和滤除UVB辐射模拟臭氧层损耗导致近地面UVB辐射增加对植物的影响方面做了大量工作，研究表明，高原植物经长期自然选择与进化，在生理生化、形态结构和光合特性等方面形成了一定的适应机制。本书通过对从阴坡到阳坡的梯度变化过程中，植物叶片中脯氨酸、可溶性糖、叶绿素含量变化的检测，分析了高寒草甸代表性植物在不同生境梯度下作出响应以适应环境变化的生理过程，探讨了高寒草甸植物能够生存的生理生态机制。

1.3.2 植物物种逆境生理研究

逆境是对植物生长和生存不利的各种环境因素的总称，又称胁迫。植物在逆境下的生理反应称为逆境生理。植物对环境胁迫的最直观反应表现在形态上。同时，植物的生长也会因环境胁迫而受影响，如植物对水分逆境就高度敏感，特别是叶片，轻度的水分亏缺就足以使叶片生长显著减弱。尽管植物形态和生长方面对环境胁迫的反应较为直观，但往往滞后于生理反应，一旦伤害已经造成，则难以恢复。而通过研究植物对环境胁迫的生理反应，则不但有助于揭示植物适应逆境的生理机制，更有助于在生产上采取切实可行的技术措施，提高植物的抗逆性或保护植物免受伤害，为植物的生长创造有利条件。植物逆境生理具体包括干旱胁迫生理、冷害生理、冻害生理、热害生理、涝害生理、盐胁迫生理及CO_2胁迫生理，植物逆境生理研究的主要参数有叶绿素荧光、气体交换参数（净光合速率、气孔导度、水分利用效率）、碳同位素分辨率及糖类化合物含量。

植物在种子萌发、生长生殖、开花结果等整个生命过程中都会受到不同环境因子的影响，光合作用是易受环境影响的重要生理过程之一。光合作用的效率表示植物生产有机质的效率，综合反映了生态环境对植物的影响及物种的适应性。叶绿素是植物吸收太阳光能进行光合作用的重要物质，叶绿素含量与叶片光合作用密切相关，直接影响植物有机物质的积累，进而影响植物的生长速度。植物体内的脯氨酸含量与植物的抗逆性密切相关，在干旱、低温、盐碱、高温、光照等胁迫下，植物体内迅速累积脯氨酸，通过渗透调节作用来维持细胞一定的含水量和膨压势，从而增强植物的抗旱能力和抗逆性（刘旻霞等，2015）。

1.3.3　植物稳定碳同位素研究概述

植物体从环境中吸收稳定同位素，经过一系列的分馏过程后，成为植物体纤维素的一部分，分析其组成的时空变化可以反映自然环境的变化和空间特征，是目前国内外广泛应用于气候变化、环境差异研究的一种技术手段。植物稳定同位素的研究开始于 20 世纪 70 年代。20 世纪 70 年代初，Farmer 和 Baxter（1974）率先将植物稳定 C 同位素示踪引入大气 CO_2 浓度变化的研究。他们利用植物 $\delta^{13}C$ 值推断出 1900 年和 1920 年的大气 CO_2 浓度分别为 290.5 ppm（1 ppm=10^{-6}）和 312.7 ppm，这一结果非常接近从南极冰芯中获得的同年份大气 CO_2 浓度值（分别约 295.4 ppm 和 306.6 ppm），初步展示了植物稳定同位素在地学方面的应用前景。

植物通过叶片从大气中吸收 CO_2 并进行光合作用合成植物体的有机物质。研究表明，C 在从大气进入叶片并参与光合作用的过程中发生了两次重要的分馏作用：①大气 CO_2 通过叶片气孔向叶内扩散过程中的动力分馏，在这个过程中，含有轻同位素（^{12}C）的 CO_2 分子要比含有重同位素（^{13}C）的 CO_2 分子的扩散速度更快，结果造成 $\delta^{13}C$ 值降低 4.4‰左右；②CO_2 进入光合循环，合成有机物过程中的动力分馏，$^{13}CO_2$ 键能较 $^{12}CO_2$ 大，参与同化作用较多，导致 $\delta^{13}C$ 值降低 27‰～29‰（Farquhar et al.，1982）。植物光合作用过程中普遍发生了稳定碳同位素分馏，使光合作用产物明显富集碳的轻同位素（^{12}C），利用这种分馏效应可以指示植物长期的水分利用效率，揭示植物重要的生理生态学过程。植物稳定碳同位素在生态学及全球环境变化研究中得到了广泛的关注和应用（Dawson et al.，2002）。为此，本书以青藏高原东北边缘的甘南藏族自治州境内的高寒草甸及亚高寒草甸为研究对象，通过测定不同类型植物的 $\delta^{13}C$ 值，一方面，为研究青藏高原高山植物 $\delta^{13}C$ 值时空分异及其与环境的关系提供基础数据，另一方面，为高寒草甸区物种恢复和维护物种多样性提供科学依据。

1.4　本 章 小 结

本章综述了高寒草甸生态系统的自然状况及其重要的山地环境因子，阐明了高寒草甸生态系统的物种、群落与环境因子之间的关系。首先，具体综述了各个山地环境因子的变化对土壤、高寒植被的内在作用机理，总结了山地环境因子在水平坡向梯度和垂直海拔梯度上的一般变化规律，强调了山地环境因子的研究对高寒草甸生态系统可持续发展的实现具有重要意义。另外，概述了土壤纤毛虫和土壤微生物在生态系统中扮演的重要角色及其对土壤生态系统的重要性。其次，概述了高寒草甸植物群落的研究进展，以植物群落的物种组成、植物群落生态化学计量、群落构建以及群落物种多度格局来揭示甘南高寒草甸群落构建过程中的资源分配模式，从而为青藏高原高寒草甸的植被恢复和生物多样性的保护提供技术支撑和理论依据。最后，概述了高寒草甸植物生理研究进展，从植物的光合生理以及逆境胁迫两个角度综述了光合指标和生理指标的变化对评价植物生长的重要作用。

参 考 文 献

蔡祖聪. 2020. 浅谈“十四五”土壤肥力与土壤养分循环分支学科发展战略. 土壤学报, 57(5): 1128-1136.

常学尚, 常国乔. 2021. 干旱半干旱区土壤水分研究进展. 中国沙漠, 41(1): 156-163.

胡树功. 2009. 甘南草原生态退化原因分析与生态环境保护对策. 河西学院学报, 25(2): 84-87.

华明阳, 孙忠林, 尹智博, 等. 2023. 坡向对长白山区西南部蒙古栎林净初级生产力和净生态系统生产力的影响. 东北林业大学学报, 51(6): 13-19.

黄燕, 庞兴宸, 陈景锋, 等. 2022. 广佛地区典型湿地类型植物多样性与土壤因子的关系. 热带亚热带植物学报, 30(5): 697-707.

康迎昆. 1990. 长白山北部地貌形态与土壤分布关系. 林业科技, 15(4): 19-21.

孔亚丽, 秦华, 朱春权, 等. 2023. 土壤微生物影响土壤健康的作用机制研究进展. 土壤学报: 1-19 [2023-06-26]. DOI: 10.11766/trxb202301200448.

兰爱玉, 林战举, 范星文, 等. 2023. 坡向对青藏高原土壤环境及植被生长影响的实验研究. 冰川冻土, 45(1): 42-53.

李强, 何国兴, 文铜, 等. 2022. 东祁连山高寒草甸土壤理化性质对海拔和坡向的响应及其与植被特征的关系. 干旱区地理, 45(5): 1559-1569.

刘旻霞, 陈世伟, 安琪. 2015. 不同组成群落 3 种共有植物光合生理特征研究. 西北植物学报, 35(5): 998-1004.

刘世全, 高丽丽, 蒲玉琳, 等. 2004. 西藏土壤有机质和氮素状况及其影响因素分析. 水土保持学报, (6): 54-57+67.

刘晓娟, 马克平. 2015. 植物功能性状研究进展. 中国科学: 生命科学, 45(4): 325-339.

刘鑫, 史斌, 孟晶, 等. 2020. 白洋淀水体富营养化和沉积物污染时空变化特征. 环境科学, 41(5): 2127-2136.

马克明. 2003. 物种多度格局研究进展. 植物生态学报, 27(3): 412-426.

莫申国, 张百平, 程维明, 等. 2004. 青藏高原的主要环境效应. 地理科学进展, 23(2): 88-96.

宁应之, 万贯红, 杨元罡, 等. 2019. 甘肃省徽县不同退耕还林模式下土壤纤毛虫群落特征. 生态学杂志, 38(6): 1697-1706.
宁应之, 杨永强, 董玟含, 等. 2018. 土壤纤毛虫群落对不同退还模式生态恢复的响应. 生态学报, 38(10): 3628-3638.
牛克昌, 刘怿宁, 沈泽昊, 等. 2009. 群落构建的中性理论和生态位理论. 生物多样性, 17(6): 579-593.
师生波, 尚艳霞, 朱鹏锦, 等. 2010. 增补 UV-B 辐射对高山植物美丽风毛菊光合作用和光合色素的影响. 草地学报, 18(5): 607-614.
万丽娜, 王传宽, 全先奎. 2019. 纬度梯度移栽对兴安落叶松针叶暗呼吸温度敏感性的影响. 应用生态学报, 30(5): 1659-1666.
王秀红, 傅小锋. 2004. 耕地资源保护性开发利用的主要途径//中国地理学会自然地理专业委员会. "土地变化科学与生态建设" 学术研讨会论文集. 北京: 商务印书馆: 430-436.
王智慧, 陈金磊, 方晰. 2021. 湘中丘陵地区 4 种植物群落的物种组成和数量特征. 中南林业科技大学学报, 41(6): 112-121.
吴晓鸣, 覃宜慧, 李锦隆. 2023. 武夷山不同海拔土壤和大气温度的时空变化特征. 防护林科技, (1): 17-20.
阳小兰, 张茹春, 毛欣, 等. 2018. 白洋淀水体氮磷时空分布与富营养化分析. 江苏农业科学, 46(24): 370-373.
杨春亮, 刘旻霞, 王千月, 等. 2023. 单户与联户放牧经营下草玉梅与嵩草种群空间格局及其关联性. 生态环境学报, 32(4): 651-659.
杨怀印, 王春慧, 韩海峰, 等. 2023. 甘肃农田两种土壤纤毛虫形态学和细胞发生学. 兰州大学学报(自然科学版), 59(1): 36-46.
杨壹, 邱开阳, 李静尧, 等. 2023. 贺兰山东坡典型植物群落多样性垂直分布特征与土壤因子的关系. 生态学报, 43(12): 4995-5004.
张春辉, 马真, 任彦梅, 等. 2022. 青藏高原高寒草甸六种杂类草植物种子萌发期抗旱性研究. 草地学报, 30(5): 1159-1164.
张娅娅, 刘旻霞, 李博文, 等. 2020. 不同海拔矮嵩草与火绒草种群分布格局及空间关联性. 生态学杂志, 39(2): 404-411.
张瑜, 吴才君, 苏文桢, 等. 2021. 西瓜 OSCA 基因家族全基因组鉴定及胁迫响应分析. 南方农业学报, 52(12): 3330-3339.
朱永官, 彭静静, 韦中, 等. 2021. 土壤微生物组与土壤健康. 中国科学: 生命科学, 51(1): 1-11.
Daws M I, Pearson T R H, Burslem D F R P, et al. 2005. Effects of topographic position, leaf litter and seed size on seedling demography in a semi-deciduous tropical forest in Panamá. Plant Ecology, 179: 93-105.
Dawson T E, Mambelli S, Plamboeck A H, et al. 2002. Stable isotopes in plant ecology. Annual Review of Ecology and Systematics, 33(1): 507-559.
Elser J J, Sterner R W, Gorokhova E, et al. 2000. Biological stoichiometry from genes to ecosystems. Ecology Letters, 3(6): 540-550.
Farmer J G, Baxter M S. 1974. Atmospheric carbon dioxide levels as indicated by the stable isotope record in wood. Nature, 247(5439): 273-275.
Farquhar G D, O'Leary M H, Berry J A. 1982. On the relationship between carbon isotope discrimination and the intercellular carbon dioxide concentration in leaves. Functional Plant Biology, 9(2): 121-137.

Felsenstein J. 1985. Phylogenies and the comparative method. The American Naturalist, 125(1): 1-15.
Klemmedson J O. 1964. Topofunction of soils and vegetation in a range landscape. Forage Plant Physiology and Soil-Range Relationships, 5: 176-189.
Liu Y, Li F, Jin G. 2014. Spatial patterns and associations of four species in an old-growth temperate forest. Journal of Plant Interactions, 9(1): 745-753.
Matthews T J, Whittaker R J. 2015. On the species abundance distribution in applied ecology and biodiversity management. Journal of Applied Ecology, 52(2): 443-454.
Tokeshi M. 1990. Niche apportionment or random assortment: species abundance patterns revisited. The Journal of Animal Ecology, 1990: 1129-1146.
Webb C O, Ackerly D D, McPeek M A, et al. 2002. Phylogenies and community ecology. Annual Review of Ecology and Systematics, 33(1): 475-505.

第 2 章　甘南藏族自治州生态环境现状

2.1　甘南藏族自治州自然环境状况

甘南藏族自治州简称“甘南州”，地处中国西部地区，位于甘肃省西南部，是青藏高原与黄土高原过渡的甘、青、川三省接合部，南与四川阿坝藏族羌族自治州相连，西南与青海黄南藏族自治州、果洛藏族自治州接壤，东部和北部与陇南市、定西市、临夏回族自治州毗邻，纬度范围为北纬 33°06′～33°10′，经度范围为东经 100°46′～100°44′，境内海拔 1100～4900 m，大部分地区在 3000 m 以上。下辖合作市和卓尼、临潭、迭部、舟曲、夏河、碌曲、玛曲 7 个县，总面积 $4.5\times10^4\,km^2$，截至 2022 年末，全州常住人口为 68.37 万人（资料来源：甘南藏族自治州人民政府网站）。甘南州是长江、黄河上游重要的生态屏障，具有重要的水源涵养、水源补给、水土保持、维持生物多样性、调节区域气候等功能，在维护长江、黄河流域水资源和生态安全方面具有不可替代的作用，其生态环境状况不仅影响到其本身，甚至会影响黄河和长江两大水系以及全国的生态安全（张强等，2019）。

2.1.1　气候特征

气候因素是植物生长发育和土壤养分积累至关重要的环境条件，甘南州地处青藏高原东北边缘，总体海拔较高，具有高寒阴湿、降水丰沛、长冬无夏、春秋相连的气候特征，属于高寒气候，但全年的日照时间较长，拥有较好的热量条件，适于牧草的生长。

1. 气温

气温是地区热量高低的表述，不仅直接影响着植被生长发育及土壤温度、含水量与酸碱度等基本性质，还会影响土壤中养分的储存及植物的光合作用，从而进一步影响植物中养分元素的积累。甘南州具有大陆性季节气候的特点，2021 年全州各县（市）年平均气温为 2.8～14.0℃，地域差异很大，总的分布趋势是自东南向西北逐渐递减，高温中心在白龙江东端的舟曲和迭部，这两个地区 2021 年的年平均气温分别为 14.0℃和 7.5℃，其中舟曲全年 12 个月的月平均气温均无 0℃以下，低温中心在甘南州西南部的玛曲和碌曲，这两个地区 2021 年的年平均气温分别为 3.1℃和 2.8℃，全年月平均气温均不超过 15℃。全州各地夏季气温最高，冬季气温最低，月平均气温最高在 7 月，最低出现在 1 月，春秋季气温介于夏季与冬季之间，最热月的最高气温出现在舟曲，为 24.7℃，最冷月的最低气温在合作，为–9.3℃，春季各地 3 月与 4 月的月平均气温低于秋季的 9 月与 10 月，5 月气温高于 11 月（表 2-1）。全州无霜冻期以舟曲最长，平均为 215 d，迭部、卓尼分别为 128 d 和 107 d，临潭、夏河、合作为 48～75 d，玛曲、碌曲无霜冻期较短，平均为 24～29 d（甘南藏族自治州统计局和国家统计局甘南调查队，2021）。

表 2-1　2021 年甘南藏族自治州全州平均气温　　（单位：℃）

县（市）	各月平均气温												年平均气温
	1 月	2 月	3 月	4 月	5 月	6 月	7 月	8 月	9 月	10 月	11 月	12 月	
合作	–9.3	–4.7	0.5	3.6	8.3	12.4	14.5	13.1	9.9	4.3	–4.8	–7.7	3.3
临潭	–7.2	–2.5	2.0	4.5	9.5	12.8	15.4	13.7	11.1	5.2	–2.8	–5.6	4.7
卓尼	–6.1	–1.3	3.0	5.6	10.3	13.6	16.3	14.9	12.0	6.3	–1.8	–4.6	5.7
舟曲	1.6	8.3	12.0	13.2	18.9	22.5	24.7	23.0	20.4	13.4	6.7	3.8	14.0
迭部	–3.6	0.8	5.6	7.5	11.9	15.0	17.4	16.4	13.0	7.9	0.6	–2.5	7.5
玛曲	–7.2	–4.4	0.3	3.0	7.1	11.1	12.8	11.8	8.2	5.0	–4.2	–6.6	3.1
碌曲	–8.0	–4.8	0.1	2.5	7.2	11.1	12.9	11.9	8.4	4.2	–4.8	–7.1	2.8
夏河	–8.7	–4.0	0.5	3.6	8.2	12.4	14.4	12.9	9.9	4.6	–4.2	–7.3	3.5

注：数据来源于《甘南统计年鉴》(2021)

2. 降水

甘南州是甘肃省降水量较多的地区之一，但是全州降水量的地理分布极不均匀，各地降水量差别很大，暖季多，冷季少，雨热同季的特征显著。2021 年全州总降水量为 3873.3 mm，其中年降水总量最高的是位于甘南州东南部的迭部，为 583.4 mm，最低的是同样位于甘南州东南部的舟曲，降水量为 408.0 mm，其他各县（市）降水量分别为合作 462.7 mm、临潭 421.6 mm、卓尼 476.6 mm、玛曲 541.0 mm、碌曲 526.5 mm、夏河 455.5 mm。甘南州全州夏季降水量最高，约为 1524.2 mm，约占年降水总量的 39.35%；冬季降水量最低，约为 105.7 mm，约占年降水总量的 2.73%；春季和秋季降水量分别为 876.5 mm 和 1368.7 mm 左右，分别约占年降水总量的 22.63%和 35.34%，秋季降水量明显高于春季。2021 年甘南州全州降水基本集中于 7 月、8 月、9 月 3 个月，但玛曲 6 月的平均降水量最高，合作和舟曲的最高降水量在 7 月，夏河最高降水量在 8 月，临潭、卓尼、迭部和碌曲的最高降水量在 9 月；全州除玛曲外最低降水量均在 1 月，玛曲最低降水量在 11 月（表 2-2）。

表 2-2　2021 年甘南藏族自治州全州平均降水量　　（单位：mm）

县（市）	各月平均降水量												年降水总量
	1月	2月	3月	4月	5月	6月	7月	8月	9月	10月	11月	12月	
合作	0.2	6.1	12.3	61.4	23.5	51.2	97.8	49.1	75.0	82.5	2.7	0.9	462.7
临潭	2.4	8.9	28.2	43.5	35.0	37.5	71.2	37.8	76.2	74.3	2.1	4.5	421.6
卓尼	2.5	7.5	39.1	54.2	41.2	51.9	53.0	38.6	102.0	78.5	2.4	5.5	476.6
舟曲	0.7	0.4	16.7	44.4	51.2	32.8	106.1	27.9	67.9	56.2	2.7	1.0	408.0
迭部	2.5	18.3	15.7	54.6	32.1	80.0	57.6	65.9	123.0	118.7	6.2	8.8	583.4
玛曲	2.4	8.5	16.4	41.2	42.5	113.3	54.5	84.3	80.7	90.3	1.4	5.5	541.0
碌曲	1.3	7.2	26.9	61.3	30.8	51.5	79.6	82.9	90.7	83.2	2.8	8.3	526.5
夏河	2.2	1.4	11.9	62.0	30.4	59.9	57.5	82.3	80.7	67.7	0.8	0.9	457.7

注：数据来源于《甘南统计年鉴》（2021）

3. 辐射与光照

太阳辐射是地球上动植物生存的最根本能源，它的分布及其年周期性变化直接影响着气候的变化，光照度则直接与植物的光合作用有关，影响着植物体内养分元素的累积。甘南州海拔较高，地处高山峡谷和高寒草甸交错的地带，光照受地理位置、季节和天气等多种因素的影响。甘南州全州的年日照时数分布趋势由东南向西北逐渐递增，年日照时数的变化范围为 1800～2600 h；玛曲年日照时数多达 2583.9 h，日照百分率为 53%；舟曲年日照时数最少，为 1842.4 h，日照百分率为 42%；其他地区在 2100～2400 h。甘南州日照时数的季节分布不均匀，合作、夏河、临潭、碌曲和玛曲最高日照时数出现在 12 月；而卓尼和舟曲最高日照时数在 5 月，迭部在 4 月出现，均在春季，日照时数最短在 9 月，这可能是秋季连续阴雨天气导致的（王文浩，2017）。

2.1.2　水文特征

甘南州境内河流众多，溪流密布，主要河流有黄河、洮河、大夏河和白龙江（统称为“三河一江”），黄河、洮河、大夏河流域属黄河水系，白龙江流域属长江水系。其中洮河和大夏河是黄河的一级支流，白龙江属于长江支流嘉陵江的一级支流。州境所辖的玛曲、碌曲、卓尼、临潭和夏河 5 个县属黄河流域，主要河流有黄河（首曲）及其支流洮河、大夏河；迭部、舟曲两县全境及碌曲的郎木寺一带属长江流域，主要河流为白龙江。

1. 甘南州境内主要河流概况

1）黄河

黄河是我国第二大河，发源于青藏高原巴颜喀拉山北麓的约古宗列盆地，黄河在甘南境内全长约为 433.7 km，流域面积约为 10 190 km^2，约占甘肃省境内黄河流域面积的 59%，水的深度在洪水期约为 8 m，常水期约为 3.5 m，枯水期约为 1.5 m，平均流速 1.5 m/s，封冻期一般在每年 11 月下旬，次年 4 月初解冻（章志龙等，2022）。20 世纪 80 年代以前，黄河干流在玛曲入境时水量达到 1.47×10^{10} m^3 左右，径流量与进入玛曲境内前相比增加了 1.082×10^{10} m^3，约占黄河源区总径流量的 32.1%，但是进入 21 世纪以后，黄河的径流量大幅度下降，黄河径流量的下降不仅会影响到周边植被的生长，还会波及整个生态系统的稳定。甘南州地处黄河上游段，下垫面条件良好，河流清澈，泥沙含量较少，但近几年由于人类活动等因素的影响，甘南州水土流失严重，黄河中泥沙含量大量增加。

2）洮河

洮河是黄河上游的第二大支流，是黄河上游右岸的第一大一级支流，发源于青海省，属于黄河水系。洮河在甘南州境内流域面积约 1.34×10^4 km^2，在甘南州境内的全长约 367.9 km，洮河在卓尼与临潭境内共有大小支流 58 条，其中主要支流有车巴沟、卡车沟、羊沙河等。洮河在甘南州境内的年径流量约为 4.5×10^9 m^3，约占黄河径流量的 30.6%（辛顺杰等，2022a）。洮河的上游和中游段均分布在甘南州境内，河流在上游段水量增加迅速，水量大，水流清澈、稳定，在中游段水量缓慢加大、开始浑浊，近几年由于植被遭受人为破坏，水土流失严重，河流的含沙量相较 20 世纪 80 年代增加了约 73.3%。

3）大夏河

大夏河是黄河的一级支流，古名漓水，发源于甘、青交界处的大不勒赫卡山南北麓，最后注入刘家峡水库，属于黄河水系。大夏河干流在甘南州境内流程约 132.2 km，其流域面积达 5409 km^2 左右，此外，还有朗曲、贾曲、贡曲等数十条支流（辛顺杰等，2022b）。大夏河的径流量约为 1.0×10^9 m^3，约占黄河在甘南州内径流量的 6.8%。大夏河与黄河、洮河一样，由于受到人类活动的影响，近几年泥沙含量比 20 世纪 80 年代增加了 52.4%左右。大夏河流域降水时空分布不均，多集中于 7 月、8 月、9 月 3 个月，且多以高强度暴雨或连续降雨的形式出现，时间短、强度大，历史上多次暴雨成灾，中华人民共和国成立后，兴修水利，筑堤建坝，现已成为造福沿岸居民的河流。

4）白龙江

白龙江是长江支流嘉陵江的支流，发源于甘南碌曲与四川若尔盖交界处的郎木寺，属于长江水系。白龙江在甘南州境内流程近 190 km，迭部县境内白龙江的主要支流有达拉沟、多儿沟、岷江等，舟曲县境内有曲瓦沟、大峪沟、拱坝河等。由于受到环境变化的影响，白龙江泥沙含量成倍增长，这直接影响到白龙江两岸的自然环境和植被覆盖，还直接危害到长江水系的生态安全。

受季风气候的影响，甘南州降水量的年内分配极不均匀，年际变化很大。冬季（12 月至翌年 2 月）气温低、降水少，境内河流径流主要依靠地下水来补给，最小流量发生在 1 月和 2 月，这一时期是枯季径流；春季（3～5 月）以后气温值明显增大，流域的融雪与融冰易形成春汛；夏季（6～8 月）流域内降水量大且较为集中，加之高山冰雪融水，形成夏汛，此时河川径流多由汛期的洪水形成；秋季（9～11 月）降水量明显小于夏季，径流主要依靠降水补给，这一时期是平水期。河流汛期能增大蓄水量，有利于增加甘南州水能蕴藏量，促进水中生物的繁衍，带走河道的泥沙、疏通河道，但汛期易发生洪水灾害，应该提前做好防洪工作。

2. 水资源概况

甘南州境内河流较多，水资源丰富。据甘南州水务局官网发布的水利概况可知，全州自产水量约 1.011×10^{10} m^3，入境水总量约为 1.53×10^{10} m^3，总水量达到 2.541×10^{10} m^3 左右。黄河、大夏河、洮河、白龙江流经甘南，各流域水资源总量分别约为 1.641×10^{10} m^3、8.93×10^8 m^3、4.554×10^9 m^3 和 3.553×10^9 m^3，合计约 2.541×10^{10} m^3。地下水总量约 4.111×10^9 m^3，为地表径流及降水补给，基本分布格局：玛曲 1.225×10^9 m^3、碌曲 4.89×10^8 m^3、夏河 6.82×10^8 m^3、卓尼 5.43×10^8 m^3、临潭 1.27×10^8 m^3、迭部 5.93×10^8 m^3、舟曲 4.52×10^8 m^3，呈由西南向东北减少态势。

甘南州水电资源尤为丰富，据甘南州水务局统计，甘南州全州水电资源理论蕴藏量 3.61×10^6 kW，每平方千米水能储量 93.3 kW 左右，约为甘肃平均水平（38.7 kW）的 2.4 倍，其中洮河、白龙江、大夏河、黄河干流分别约为 1.36×10^6 kW、1.25×10^6 kW、2.22×10^5 kW 和 7.86×10^5 kW；技术可开发量 2.15×10^6 kW，约占蕴藏量的 59.6%，其中洮河、白龙江、大夏河、黄河干流依次约为 5.46×10^5 kW、1.10×10^6 kW、6.91×10^4 kW 和 4.43×10^5 kW。自 1953 年 10 月甘南藏族自治区成立以来，水电站就陆续得以开发，截至 2021 年年末，全州共有大、小型水电站 140 座，其中合作 3 座、临潭 4 座、卓尼 17 座，舟曲 73 座、迭部 26 座、碌曲 5 座、夏河 12 座。水电站的快速发展也带动了甘南州旅游、畜牧和高耗能工业的发展，目前水电业已经成为甘南州的主导产业和支柱产业，丰富的水能资源为甘南州带来了巨大的利益。除此之外，丰富的水能资源也为农田、草场的灌溉提供了有利条件，而且为农村和城市用水提供了可靠的保障。

2.1.3 土壤特征

土壤是生态系统的核心组成部分，是生命活动的主要场所和养分转化的重要枢纽，控制着生态系统的养分循环。土壤的形成、发展与植被的发生、演变及土壤中微生物的数量、活动有着密切的关系，影响着群落、生态系统中矿质元素的生物化学循环，并影响着整个生态系统的稳定性和持续性（林春英等，2015）。

1. 土壤类型及其特征

甘南州土壤类型多样，适宜条件各异。由甘南州统计局发布的甘南州第三次全国国土调查主要数据可知，甘南州耕地总面积约 1.40×10^3 km^2，约占全州总面积的 3.11%；草地总面积约 1.77×10^4 km^2，约占全州总面积的 39.33%；林地总面积约 1.22×10^4 km^2，约占全州总面积的 26.89%。甘南州的土壤由于受到自然条件的影响，土壤垂直分布比较明显，共分 13 个土类、27 个亚类、40 个土属。13 个土类分别为：高寒草甸土类、亚高寒草甸土类、亚高寒草原土类、黑钙土类、栗钙土类、暗棕壤土类、棕壤土类、褐土类、灰褐土类、草甸土类、沼泽土类、泥炭土类、高山寒漠土类，其中最主要的土壤类型为：暗棕壤、沼泽土、泥炭土、亚高寒草甸土和高寒草甸土。

1）暗棕壤

暗棕壤的母质主要是花岗岩、片麻岩风化残坡积物，表层有机质含量较高，腐殖质层不厚，土壤终年处于湿润状态，季节变化不明显。甘南州暗棕壤主要分布在舟曲的大峪乡羊布梁、越坪乡沙滩林场、插岗乡插岗梁的高山山坡和迭部花园及卡坝一带。

2）沼泽土

沼泽土是地表长期积水、生长喜湿性植被条件下形成的土壤。沼泽土中积累了大量有机质，质地比较黏重，多为壤质黏土或黏壤土，部分为砂质黏土。甘南州沼泽土主要分布在夏河和碌曲的各河流上游或沿岸低洼处，以及玛曲的齐哈玛、曼尔玛、采日玛、阿万仓与河曲马场等海拔 3400～3600 m 的低洼滞水的古河道、河湖沉积地带。

3）泥炭土

泥炭土是由于长期积水，水生植被茂密，在缺氧情况下，大量分解不充分的植物残体积累并形成泥炭层的土壤。泥炭土长期受地表水淹没，泥炭层厚，交换性能良好，吸水性、持水性强，气候严寒时水层和土层同时冻结，形成季节性冻层。甘南州泥炭土主要分布在玛曲的齐哈玛、曼尔玛、采日玛、黑河沿岸地带和碌曲的尕海、野马滩等地。

4）亚高寒草甸土

亚高寒草甸土是山地森林带之上草甸植被下发育的土壤。亚高寒草甸土的母质主要是岩石风化的残积物和坡积物，也有一些形成于冰渍物。亚高寒草甸土最主要的特征是土壤表层有 5～10 cm 厚且富有弹性的草皮层，这是冷湿气候条件下有机物残体不易分解的明显标志。亚高寒草甸土中上部水热条件较好，可以形成约 15 cm 厚的灰棕色腐殖质层，中下部比较紧实，大多为灰棕色，表面常见灰色有光泽的腐殖质胶膜。甘南州亚高寒草甸土主要分布在碌曲、玛曲、夏河、卓尼、迭部的大部分地区以及临潭的部分地区。

5）高寒草甸土

高寒草甸土在中国曾被称为草毡土，是在高原低温中湿条件以及高寒草甸植被下发育的土壤类型。高寒草甸土的母质多为残积-坡积物、坡积物、冰渍物和冰水沉积物等，由毡状草皮层（Ao）、腐殖质层（A）、过渡层（AB/BC）和母质层（C）组成。高寒草甸土质地以重砾质砂壤土为主，土体一般较为湿润，因高寒草甸土分布于海拔高、温度低的地区，所以土壤冻结期较长，一般为 3～7 个月。高寒草甸土成土相对年龄较年轻，因此剖面发育多具有薄层性、粗骨性的特点，土层薄，表层以下常夹带大量砾石。甘南州高寒草甸土主要分布在海拔 4000～4500 m 的高山地带，如位于玛曲与碌曲之间的西倾山，位于青、甘边界的积石山以及岷山、迭山等。

2. 土壤的理化性质

甘南州土壤类型多样，但由于甘南州处于青藏高原的过渡地带，整体海拔较高，所以甘南州土壤整体上具有高寒草甸土的年轻性、脆弱性、敏感性、原始性、典型性等特点，一旦遭到破坏便很难恢复。土壤表层有致密紧实的草皮层，腐殖质积聚明显，腐殖质层厚 8～10 cm，有机质含量较高（10%～20%）；土壤粒径较小、孔隙度较高，保水能力较强；土壤呈微酸性至中性；土层厚度仅 40～50 cm，有明显的融冻微形态特征，底层有季节冻土层或多年冻土层（刘晋荣，2012）。

1）土壤含水量

土壤含水量一般指土壤绝对含水量，即 1000 g 烘干土中含有水分的克数，一般使用烘干法测定。有研究表明，甘南州高寒草甸土含水量随土壤深度的增加呈逐渐降低的趋势（刘婕等，2023），这与植物根系的吸水作用相关，高寒草甸的植物根系较短，大多分布在土壤表层，这使得土壤表层的含水量更高。从阴坡到阳坡的坡向梯度上，甘南州高寒草甸土表现为阴坡土壤含水量最高，阳坡最低，这是因为阴坡光照度低，土壤蒸发量低，而阳坡光照强，土壤中水分大量蒸发，所以土壤含水量阴坡高阳坡低。

2）土壤 pH 和电导率

土壤 pH 是指土壤的酸碱度，一般采用测定的水土比为 2.5∶1 的土壤上清液的 pH 来表示。土壤电导率一般指土壤浸出液的电导率，用来表示土壤的盐分状况，即土壤中各种离子量之和。有研究表明，甘南州土壤 pH 和电导率均随土层深度的增加而增加，但 pH 在各土层间差异不显著，而电导率在各土层间差异较为显著（张瑶瑶，2019）。

3）土壤有机碳

土壤有机碳是通过微生物作用所形成的腐殖质、动植物残体和微生物体的合称。甘南州草地土壤有机碳存在表面聚集现象，随土层深度的增加，土壤有机碳含量逐渐降低，各县（市）土壤有机碳含量存在较显著差异；有研究显示，甘南州高寒草甸土有机碳含量在坡向梯度上整体表现为阴坡高于阳坡（兰爱玉等，2023）。

4）土壤全氮和全磷

土壤全氮含量是指土壤中各种形态氮素含量之和，包括有机态氮和无机态氮，但不包括土壤空气中的分子态氮；土壤全磷含量即土壤中磷的总贮量，包括有机磷和无机磷。据统计，甘南州高寒草甸土壤表层全氮含量很丰富，仅少数地区缺乏，表层全磷含量总体上属中等水平，在表层土壤空间中全氮、全磷含量呈现由西南向东北、由西向东逐渐降低的趋势，这与土壤本身的结构、质地以及地形地貌是密切相关的；随着土层深度的增加，全氮、全磷含量呈递减趋势，表层全氮、全磷含量显著高于深层土壤。

3. 土壤的微生物特性

据调查研究，甘南高寒草甸土中细菌类群在微生物中占绝对优势，是该高寒草甸生态系统的主要微生物成分，尤其是春季与夏季，其在有机物的分解和转化中占重要位置，而放线菌和真菌数量在微生物中所占比例较小。

1）细菌

土壤细菌是指栖于土壤中的单细胞原核生物。土壤细菌在土壤微生物中数量最多、分布最广，占微生物总数的 95%左右。在季节变化上，细菌的数量春季（4 月）最高，夏季（7 月）开始下降，冬季（1 月）最少，季节波动较大；细菌数量在温度相对较高的夏季并未达到最多，是因为受到夏季强降雨的影响，夏季高寒草甸土含水量大多都呈饱和状态，土壤中过多的水分会影响到土壤氧含量，导致土壤中的细菌数量下降。在海拔梯度的变化上，细菌的数量随着海拔的升高呈递增趋势。

2）放线菌

土壤放线菌是指在形态学特征上是细菌和真菌间过渡的单细胞微生物，具有 0.5～0.8 μm 呈分枝状的菌丝。放线菌在土壤微生物中的数量少于土壤细菌，约占土壤中微生物总数的 3.5%，放线菌数量在春季所占比例最小，春季到夏季除少数地区外大都呈减少的趋势，夏季到秋季逐渐减少，秋季到冬季变化不明显，总体上，放线菌数量季节动态变化不明显，受温度的影响较小。在海拔梯度的变化上，放线菌的数量随着海拔的升高呈递减趋势。

3）真菌

土壤真菌指生活于土壤中呈菌丝状的单细胞或多细胞的异养性微生物。广义的真菌一般还包括森林表土层腐朽植物和枯枝落叶层上的真菌。土壤真菌在土壤微生物中数量最少，约占土壤微生物总量的 1.5%，但由于真菌菌丝体大，在有机质的分解过程中起着重要作用。真菌数量从春季到冬季所占比例不断增大，冬季比例最大，但季节波动不大。在海拔梯度的变化上，真菌的数量随着海拔的升高先增加后减少，但减少的幅度较小。

2.1.4 植被特征

甘南州全州分为三个自然类型区，南部为岷迭山区，气候温和，是全国“六大绿色宝库”之一；东部为丘陵山地，农牧兼营；西北部为广阔的草甸草原，是全国“五大牧区”之一。全州除舟曲、迭部部分地区没有严寒期外，其他地方长冬无夏、春秋短促，复杂的地形构造和独特的气候条件使州境内形成了丰富的植被资源。按照生态外貌分类原则，甘南州主要的植被类型有森林、灌丛、草地、沼泽植被和高山稀疏植被，其中分布最广的是草地，其次是森林。

1. 森林

1）面积

森林总面积约 1.22×10^4 km^2，全州森林覆盖率 24.57%，约占全省森林资源总面积的 30%（资料来源：甘南藏族自治州林业和草原局官网）。

2）分布

森林主要分布于高山峡谷区。沿洮河、大夏河、白龙江及其支流谷地阴坡呈树枝状向高原延伸。白龙江上游冷杉、圆柏等寒温常绿针叶林，分布上限可达 3800 m 左右，下限可达 3200 m 左右，以下依次分布着以落叶松、阔叶林、油松为主的温性针叶林；枫杨、桦、椴为主的落叶阔叶林。在洮河、大夏河流域 3300 m 以下依次分布有：云杉、冷杉针叶纯林；针阔叶混交林（冷杉与杨、桦）。

2. 草地

甘南州的天然草地牧草茂密，植被覆盖度在60%以上，主要分布在海拔3000～4000 m，草地总面积约 1.77×10^4 km^2，其中天然牧草地占草地面积的 99.97%，人工草地占草地面积的 0.03%，草地主要分布在玛曲、夏河、碌曲和卓尼，这 4 个县的草地面积占全州草地的 83.95%。主要草地类型有高寒草甸类、亚高寒草甸类、山地草甸类、高寒草原类、温性草原类、高寒荒漠类、低地草甸类，其中高寒草甸和亚高寒草甸占比最大，是甘南草地的主体（杨淑霞等，2019）。

1）高寒草甸

高寒草甸是在寒冷的条件下，发育在高原和高山的一种草地类型，覆盖度为 70%～90%。

（1）分布：甘南州各县（市）都有较大面积的分布，主要集中在玛曲、夏河、碌曲、合作以及卓尼与迭部交界处的各大山体上，高寒草甸的上限分布规律性较强，这与海拔较高处水热条件比较稳定、有类似海洋性的气候条件有关，也与在比较严酷的生境处植物对其生境的敏感性和适应性有关；而下限分布规律性较差，这与海拔低处水热条件较为复杂，在较好的生境条件下植物的竞争会增强有关。高寒草甸上限、下限分布的主导因素是温度条件，甘南州高寒草甸分布上限是 4500 m 左右，分布下限是 3000 m 左右，除此之外，一些河流阶地、盆地和河谷滩地也有分布。

（2）植被：其植被组成主要是冷中生的多年生草本植物，常伴生中生的多年生杂草类，植物种类繁多，莎草科、禾本科以及杂草类丰富，群落结构简单，层次不明显，生长密集，植株低矮，有时形成平坦的植毡。主要优势种有矮生嵩草

（*Kobresia humilis*）、嵩草（*Carex myosuroides*）、高山嵩草（*Kobresia pygmaea*）等；主要伴生种有羊茅（*Festuca ovina*）、垂穗披碱草（*Elymus nutans*）、高原早熟禾（*Poa alpigena*）、披碱草（*Elymus dahuricus*）等；杂草类有乳白香青（*Anaphalis lacteal*）、米口袋（*Gueldenstaedtia multiflora*）、黑萼棘豆（*Oxytropis melanocalyx*）、蛇含委陵菜（*Potentilla kleiniana*）、莓叶委陵菜（*Potentilla fragarioides*）、三刺草（*Aristida triseta*）、蒲公英（*Taraxacum mongolicum*）、秦艽（*Gentiana macrophylla*）、狼毒（*Stellera chamaejasme*）、紫苜蓿（*Medicago sativa*）、鹅绒委陵菜（*Potentilla anserina*）、二裂委陵菜（*Potentilla bifurca*）、珠芽蓼（*Polygonum viviparum*）、金露梅（*Potentilla fruticosa*）、甘青蒿（*Artemisia tangutica*）、圆穗蓼（*Polygonum macrophyllum*）、青藏薹草（*Carex moorcroftii*）、银莲花（*Anemone cathayensis*）、鹅观草（*Roegneria kamoji*）、赖草（*Leymus secalinus*）、剪股颖（*Agrostis matsumurae*）、细叶亚菊（*Ajania tenuifolia*）、紫花龙胆（*Gentiana syringea*）等。

2）亚高寒草甸

（1）分布：亚高寒草甸在甘南州大部分地区均有分布，主要分布在海拔 1900 m 以上的坡面上。甘南州亚高寒草甸主要分布在 2700～3400 m 的林间草地、3600～3900 m 的平缓阳坡、坡度较平缓及生境较湿润的山地沟部、中低的浑圆山顶以及碌曲尕海和黄河玛曲段两岸的丘陵地区。

（2）植被：分布在甘南州亚高寒草甸带阳坡的植被以异针茅（*Stipa aliena*）、硬质早熟禾（*Poa sphondylodes*）、线叶嵩草（*Carex capillifolia*）和珠芽蓼为优势种；分布在2700～3400 m林间草地的主要优势种有野青茅（*Deyeuxia pyramidalis*）、密生薹草（*Carex crebra*）、珠芽蓼；分布在 3600～3900 m 平缓阳坡的亚高寒草甸植被以糙喙薹草（*Carex scabrirostris*）、禾叶嵩草（*Carex hughii*）和狭穗针茅（*Stipa regeliana*）为主要优势种；山地沟部的主要优势种为黑褐穗薹草（*Carex atrofusca* subsp. *minor*）、紫羊茅（*Festuca rubra*）和藏异燕麦（*Helictotrichon tibeticum*）；浑圆山顶分布的亚高寒草甸植被以密生薹草和紫羊茅为主要优势种；尕海和黄河玛曲段两岸丘陵地区的主要优势种为异针茅和嵩草。

3）其他草地类型

其他草地类型分布：山地草甸类和高寒草原类是甘南草地另外两个重要的组成部分，山地草甸类主要分布于海拔 3200～3800 m 的各大山体，高寒草原类主要分布于海拔 3000～4000 m，集中分布在碌曲及玛曲；温性草原类主要分布于甘南高原各河流的干、支流河谷阳坡及低山丘陵地带，海拔多在 1200～2700 m；高寒荒漠类主要分布于州境内气候条件恶劣的高海拔地区；低地草甸类主要分布在河流两岸的潮湿滩地及河谷一级阶地。

3. 其他植被类型

甘南州灌丛主要分布在森林线以上的山体阴坡，分布上限可达 4300 m 左右，主要有以灌丛杜鹃（*Rhododendron dumicola*）为主的常绿草叶灌丛和以杯腺柳（*Salix cupularis*）、高山绣线菊（*Spiraea alpina*）、窄叶鲜卑花（*Sibiraea angustata*）、金露梅为主的高山落叶阔叶灌丛；沼泽植被较大片地分布在黄河首曲的乔科滩，洮河、大夏河源头的尕海滩、达久滩，以及冶木河等地，主要植物种有水葫芦苗（*Halerpestes cymbalaria*）、刚毛荸荠（*Eleocharis valleculosa*）、杉叶藻（*Hippuris vulgaris*）等；高山稀疏植被在甘南州主要分布于高山山脉等大山体上部，主要植物种有红景天（*Rhodiola rosea*）、垫状点地梅（*Androsace tapete*）和龙胆（*Gentiana scabra*）等高山垫状植物（梁海红，2022）。

2.2 社会经济活动对生态环境的影响

甘南州地理位置优越，草质资源丰富，景色优美，境内交织纵横的河流和湖泊形成了很好的生态环境系统。随着我国社会经济的发展以及工业化水平的提高，甘南州的经济水平也在逐步提高，但是全域的生态环境却在急剧恶化，乱砍滥伐、超载过牧等行为导致草场的退化、沙化和盐碱化，农业、旅游业的发展也产生了许多问题（韩淑英，2019）。甘南州生态环境的恶化，一方面会加剧风沙侵蚀、水土流失等现象；另一方面，草原、森林、湿地对生态环境的涵养功能也受到影响，使黄河中下游的洪涝和断流现象屡屡出现。长此以往，甘南州的经济社会发展水平也会受到制约。近几年，人们越来越意识到生态环境保护的重要性，甘南州进行了一系列环境保护工作，2021 年后的甘南地区，环境恶化的情况有了很大程度上的改观，但是还没有实现良性循环。

2.2.1 甘南草原面临的问题

1. 超载过牧

甘南州草场面积较大，畜牧业是一项重要的支柱产业，但由于牧民群众受传统观念、传统发展思路、舍饲养殖基础设施不足和经济利益等因素的影响，草原畜牧业生产一直靠增加养殖数量来提高效益（包延东和刘长仲，2017）。在经济利益的驱使下，草场存在着过度放牧的情况，畜牧业生产处于低水平的状态，草畜矛盾日益突出。首先，超载过牧使得草场中的畜群密度增大、放牧强度增大，频繁的啃食会使牧草的再生能力降低。其次，优良的牧草被频繁采食，在群落中的数量降低，而棘豆、龙胆、狼毒等杂草、毒草数量迅速增加，牧草的质量变差，天然草场发生逆向演替，生物多样性随之降低，草地的生态环境不断恶化。除此之外，超载过牧还会使土地资源发生中等到极强的退化，土地会丧失原有的生产力，自我修复的能力也被削弱。在人类活动的影响下，特别是人类破坏地表植被后，地表土壤在雨水的冲刷作用下，会发生破坏和移动，导致水土流失等地质灾害。

2. 草场“三化”严重

草原资源是牧民赖以生存和发展的物质基础，是维护生态平衡的重要环节，也是生态保护的主体部分之一。甘南州草原是黄河和长江两大水系上游的水源补给和涵养区，在中国西部生态环境系统中处于十分重要的位置，是甘肃省重要的牧区之一，受人为活动和自然因素的影响，甘南草原生态环境逐年恶化，出现了严重的草原“三化”问题，即草原的退化、沙化和盐碱化，威胁着甘南高原生态安全屏障（马继红，2017）。“十三五”后甘南草原生态环境有所改善，但甘南草原生态环境的治理与保护远不止于此。了解草场的“三化”成因、现状以及危害，对政府制定合理的保护政策具有重要意义，且保护和建设好甘南草原，不仅对广大牧民的生产和生活有深远影响，也对维持全州生态安全、实现绿色可持续发展具有重大的现实意义。

1）草场的退化

衡量草场生产力高低的一个重要指标就是观察优良牧草在整个天然草场生产中所占的比重高低（杨桃花，2021）。甘南州草场退化的自然因素主要包括气候的变化和水文动态变化，降水减少、风沙活动增强、地表水和地下水减少都会导致草场的退化。除自然因素外，人类活动才是导致草原退化的最主要、最直接的原因，甘南草原生态畜牧业在发展过程中，由于缺乏专业的放牧计划和管理制度，为了追求一时的经济利益，而忽视了草场恢复能力，在天然草场中过度放牧，盲目增多牲畜数量，导致天然草场所脱落的优质草籽数量急剧下降，草场中大量的物质和能量流失，过多牲畜啃食过后的草场，无法得到及时恢复，导致草场退化面积逐渐扩大。

甘南州总面积为 4.50×10^4 km^2，甘南州林业和草原局于 2023 年 3 月 7 日发布的国土“三调”数据显示，甘南州草原面积 1.77×10^4 km^2。甘南州草场退化严重，以玛曲县为例，截至 2021 年玛曲县中度及以上退化草原面积有 4.27×10^3 km^2。草场的退化使得鼠类天敌锐减，导致鼠患频发，草原鼠、虫害面积已达到 5333.36 km^2，而鼠类对草场植被造成的破坏是长久性的，这会进一步加剧草场的退化。甘南草场退化既会导致草原自身生产性能的下降，也会导致植被的覆盖率下降，尤其是江河边，灌丛的数量所剩无几，物种的分布区也会开始缩小，野生动物的生存环境遭到破坏，数量骤减，甚至一些珍稀动物濒临灭绝，致使生物的多样性受到严重的破坏。

2）草场的沙化

草场的沙化是威胁甘南州草场发展的一个重要因素，严重的沙化不仅会影响草场的生态环境，也会影响牧民的生产生活。甘南州草场沙化的原因主要分为自然和人为两种。自然因素包括气候和鼠、虫害两个方面，甘南地区气候多变，草原上鼠、虫啃食牧草，造成地表裸露，在风蚀的作用下裸露的部分逐渐连成片，造成草场沙化；人为因素主要是过度放牧，过度放牧导致草场内许多优质粮草被践踏，这在很大程度上加剧了草场的沙化（杨桃花，2021）。

国家林业和草原局数据显示，截至2021年仅甘南州玛曲县的沙化草地面积就有59 km^2，潜在沙化草地面积为363.88 km^2，黄河支流两岸也有数千米的流动沙丘带。甘南州草场的沙化造成了可利用的草地资源减少，优质牧场的面积缩小，这使得草场资源的竞争压力增大，草畜矛盾日益突出；草场的沙化使得土壤肥力显著降低，植被的生长受到影响；草场的沙化还易造成水土流失、沙尘暴等自然灾害。

3）草场的盐碱化

草场的形成与发展是自然因素、生物因素、土壤因素以及人为因素综合作用的结果，盐碱化草场的形成也有着类似的发展规律。由于河流的尾段往往注入内陆湖泊或者在草地中形成滩地，草场中地势较低的低洼处的地下水位和矿化度会因此提高，这使得草场的土壤具备了盐碱化的条件。土壤的盐碱化进而导致草场的盐碱化，草场的盐碱化受到自然因素和人为影响两方面作用，从自然因素看，气候变暖是一个主导因素，近几年甘南州境内年均温增高，草场的蒸发量变大，地面旱情加剧；从人为影响看，境内草场的放牧量已超过合理的承载量，牲畜量的大幅增加以及乱砍滥伐会加速草场的退化和沙化，进而加剧草地的盐碱化问题。

甘南州草场的盐碱化程度较高，产草能力随之下降，草场的蓄水能力逐渐减弱。甘南州草地的盐碱化不仅使得牧区植物根系吸水困难，也会妨碍植物对养分的吸收，造成养分失衡，甚至会出现大面积植物死亡的现象，造成草原的进一步退化，加快草原沙化的进程，严重危害生态系统安全。解决甘南州草场的盐碱化问题要从根源解决甘南州土壤的盐碱化，甘南州盐碱化草场的治理方式主要是对草场进行生物改良，播种一些耐盐的牧草，增加地表覆盖，减少地面蒸发，也可以使用物理改良方法，调节盐碱化土壤的水、肥、气、热等条件，进一步改善草场的盐碱化，或者使用化学方法，将土壤中的养分进行吸附和固定，减少盐碱化土壤对草场植被的负面影响。

3. 土壤问题

土壤退化、水土流失是近几年甘南州面临的最严重的土壤问题。甘南州虽有辽阔无垠的天然草地、浩瀚葱郁的原始森林，但是甘南生态环境天生脆弱，长期以来，受气候、鼠害、严重超载放牧、游客踩踏等的影响，牧草地投入少、建设慢、基础设施落后，使得草地植被遭到破坏、草地面积逐年减少、产草量逐年下降、草场“三化”问题严重，裸露在外面的土地面积逐渐增多，加之常年受雨水的冲刷，土壤退化越来越严重，土壤的结构受到破坏、保水能力大大降低、有机质含量逐渐降低、抵抗侵蚀的能力减弱，久而久之，沙土逐渐覆盖营养土层，导致水土流失越来越严重，反过来又加剧了洪涝灾害（史如霞和李景铭，2021）。

1）土壤退化

土壤退化是指土地生产能力的丧失，表现为土壤肥力的丧失、土壤生物多样性的丧失和退化。土壤退化与草场退化有着密切的关系，但是两者属于不同的范畴，土壤退化主要包括土壤盐渍化、土壤酸化、土壤板结、土壤重金属污染以及土壤营养元素失衡等。甘南独特的高海拔和寒冷条件使得土壤生态系统不稳定，敏感且脆弱。人为和自然因素（如过度开垦放牧和全球气候变暖）的共同干扰很容易使土壤退化。土壤退化使得甘南州土壤环境发生了重大变化，李雪萍等（2022）通过对甘南州碌曲县、夏河县和合作市三地不同退化程度土壤的物理性质、养分特征、微生物数量等特性进行研究，以此阐明甘南州土壤退化的影响，研究结果如下。

（1）随着土壤退化程度的加深，土壤中砂粒含量增加，砂粒含量均在 30%以上，粉粒（0.05～0.005 mm）和黏粒（<0.002 mm）含量则随沙化程度的加深而减少，土壤结构变得更加粗糙。

（2）随着退化程度的加深，土壤全氮、全磷含量均呈降低的趋势，土壤 pH、电导率和容重则呈升高的趋势，且在不同退化程度的样地间存在显著差异。

（3）土壤微生物数量随退化程度的加深表现出明显的变化规律，土壤细菌和放线菌数量均随退化程度的加深而减少，而土壤真菌数量则与之相反，随退化程度的加深而增多。

2）水土流失

水土流失是指由于自然或人为因素的影响，雨水不能就地消纳、顺势下流冲刷土壤，造成水分和土壤同时流失的现象。甘南州的过度放牧和乱砍滥伐使得地面植被遭到破坏，土壤质地变得松散，经雨水冲刷造成水土流失。甘南州境内河流密布，拥有丰富的水资源和大量的水电站等水利工程，水土流失会造成河流的淤塞，影响水电站的正常运行，且甘南州位于黄河和长江两大水系的上游，水土流失会直接影响黄河和长江中的泥沙含量，影响黄河和长江流域的生态环境，甚至危害全国的生态安全。除此之外，水土流失还会造成土壤肥力日益衰竭，耕地面积下降，影响农作物的产量。甘南州政府采取了一系列措施进行水土流失的综合治理，截至 2021 年，甘南州水土流失综合治理面积总计 9262.7 km^2，相比 2020 年新增了 876.1 km^2，其中玛曲县水土流失的综合治理成效最为显著，水土流失综合治理面积达到 3626.3 km^2（甘南藏族自治州统计局和国家统计局甘南调查队，2021）。

4. 农业、旅游业发展引起的环境问题

1）农业发展引起的环境问题

农业和畜牧业是甘南州的支柱产业，除畜牧业过载放牧会对草场造成影响之外，农业生产中不合理的方式也会对生态环境造成危害。甘南草原是黄河上游重要的水源补给地，具有重要的调节作用（杨淑霞等，2019），而农业中不合理发展如森林采伐、大面积灌溉、草场改为耕作地，均会影响甘南州的水土平衡。过度开垦田地，会影响土壤的水分补给，造成水土流失，进而影响黄河流域的生态环境。由于人类活动的加剧，甘南州的沼泽面积减少、冻土逐步消融、地下水位也在逐年降低。近年来，甘南州水土流失日趋严重，河流的含沙量大幅增加，泥石流、滑坡等地质灾害频发，人民的生产生活受到了威胁。虽然经过治理后已有很大改观，但农业不合理发展导致的问题并未完全解决。

农业的不合理发展还会导致甘南州境内生物数量减少。甘南州地广人稀，动植物资源丰富，有适应高寒气候的动物资源，如野牦牛（*Bos mutus*）、藏羚（*Pantholops hodgsonii*）等，也有高寒草等珍贵的植物物种。农业生产中过度开垦，会破坏它们的栖息地，野生动植物种群随之减小，生态食物链受到破坏，生物多样性被削弱。甘南州生物多样性保护不力，会直接影响生态平衡，危及生物资源的安全。20 世纪 70 年代时，境内野生动物多达 230 多种，现在已缩减至 140 多种，雪豹（*Uncia uncial*）、藏羚等珍稀动物濒临灭绝。由于人类活动范围不断扩大，鼠类的天敌——鹰和狐属动物等数量日益减少，鼠患问题频发，频繁的啃食和践踏使草场失去了休养生息的机会，牧草的再生能力受到破坏，造成甘南州大面积草场退化、沙化的现象。

2）旅游业发展引起的环境问题

甘南州是古丝绸之路唐蕃古道的重要通道，自然资源丰富、民风淳朴、民族特色鲜明，拥有草地、森林、湖泊、高山、峡谷等众多自然生态单元，也拥有藏医药、宗教文化、藏戏等重点人文旅游资源。近年来，甘南州委、州政府把旅游业确定为首位产业和战略性支柱产业，大力实施“旅游兴州”战略，拉动投资多渠道进入旅游业，草原旅游业由此呈现出井喷式增长的发展势头。到 2021 年，全州接待游客突破两千万人次，实现旅游综合收入 100 多亿元，并先后荣获甘肃省全域旅游发展创新奖和全域旅游创建先进奖，被国内外权威机构评为“中国最具民族特色的旅游目的地和旅游胜地”。但是，随着游客的逐渐增多，旅游业在带动当地经济发展的同时，也增加了环境的负担，使得生态出现了失衡的状态，生态环境受到了破坏（鲁芝红和程文仕，2023）。

目前，甘南州的旅游产业开发水平较低，境内旅游资源丰富，但都是初级资源开发，处于生态观光的初级阶段，生态休闲娱乐以及宗教文化体验等深度产品尚未形成。甘南州的夏季凉爽舒适、气候宜人，作为避暑胜地，吸引着大量的游客（陈燕和张杰，2018），6～8 月客流量十分密集，由于景区内服务设施不完善，大量游客对草地的践踏造成对草地的破坏，个别游客在草地乱扔垃圾，造成草原生态环境污染，甚至一些游客在景区、林区野炊，造成草原生态环境破坏并留下火灾隐患（鲁芝红和程文仕，2023）。

2.2.2　防治对策及成效

1. 加强保护力度，完善保护措施

甘南的生态环境问题直接关系到黄河、长江两大流域的生态安全，针对日趋恶化的生态环境，甘南州政府加强了对草原牧区的保护力度来平衡草原生态，制定并完善了一系列保护政策。例如，针对甘南州土壤污染现状，甘南州政府制定并实施了《土壤污染防治行动计划》，并依据《中华人民共和国水土保持法》、《甘肃省水土保持条例》和《甘肃省人民政府关于划定省级水土流失重点防治区和重点治理区的公告》，在国家级水土流失重点防治区划定成果的基础上，划定了甘南州水土流失重点预防区和重点治理区，这一系列保护措施有效地遏制了甘南牧区生态环境的恶化，土壤污染程度明显下降，草原覆盖面积明显好转，为近年来甘南牧区保护提供了有效的保护经验，促进了甘南牧区草原的可持续发展。

2. 改善养殖方式

甘南牧区利用暖棚转移和加强饲料喂养的养殖方式缓解草场压力，有效地减少了牧民过度放养和过度开垦，将暖棚搭建在草场相对较差的地方，最大限度地利用草场，加强对牲畜的饲料喂养，缩小放养时间和范围，这对甘南牧区草场的保护起到了非常有效的作用，是实现甘南牧区草场农牧民长远发展和提高生产效益可行的办法。

3. 完善监测体系

甘南州加强了牧区草原的监管，并分区域实行监测，对草场生态环境、自然状况进行监测，这一举措有效地预防了自然灾害的侵袭，保证甘南牧区草场不受洪水、病虫害等袭击。

4. 提高牧民的保护意识

甘南州对牧区的管理人员以及牧民定期进行培训，定期邀请专家深入牧区进行讲解与培训，倡导牧区管理人员和牧民利用科学的方法进行草场管理与养殖。这使得牧区管理人员与牧民都从思想上发生了转变，进一步提高了牧民的合理放牧及科学保护意识，从根源上解决了过度放牧对草原的破坏。

目前，甘南州草原生态环境的治理与防治已经取得了很大的成就，甘南牧区的草场植被正在逐步恢复，生物多样性也在增加，促进了草地生态系统的良性循环。但甘南州生态环境的保护与防治绝不止于此，甘南州还需针对草原鼠虫害、防火建设等问题进一步完善防治体系，增强和更新基础设施的建设，加大鼠虫害的防治力度，建立州、县、乡三级草原防火、监测和监理队伍，实现甘南草原的可持续发展，维持物质循环和生态平衡，保护甘南州的生物多样性（李顺平，2017）。

2.3 本章小结

甘南州位于青藏高原东部，地势地貌较为复杂，气候寒冷阴湿，植被特征复杂，以亚高寒草甸和高寒草甸为主，天然草原覆盖程度高、种类多，草场资源丰富，是甘肃省重要的草原牧区之一。甘南州境内河流交织纵横，水资源极为丰富，因其境内流经的白龙江、黄河、洮河和大夏河分属黄河和长江水系，所以甘南州的生态环境与黄河和长江两大流域的生态安全息息相关。独特的地理位置及气候、水文和植被特征使得甘南州畜牧业、水利工程和旅游业逐渐发达并成为甘南州的主要支柱产业，但随着农牧业以及旅游业的大力发展，甘南州生态环境遭到严重破坏，草场“三化”严重，尽管甘南州政府采取了一系列措施进行治理并取得了很大成效，但甘南州生态环境的修复与治理是一个长期的过程，研究与保护甘南州生态环境有利于生态系统良性循环，实现甘南州的可持续发展。

参考文献

包延东，刘长仲. 2017. 甘南州天然草原生态环境现状及恢复治理对策. 甘肃畜牧兽医，47(3): 108-109.

陈燕，张杰. 2018. 基于县域尺度的旅游经济时空差异特征：以甘南藏族自治州为例. 中国农学通报, 34(31): 99-105.
甘南藏族自治州统计局, 国家统计局甘南调查队. 2021. 《甘南统计年鉴》(2021).
韩淑英. 2019. 甘南草原生态恶化原因分析及治理建议. 农村实用技术, 214(9): 115.
兰爱玉, 林战举, 范星文, 等. 2023. 坡向对青藏高原土壤环境及植被生长影响的实验研究. 冰川冻土, 45(1): 42-53.
李顺平. 2017. 对甘南牧区草原生态保护分析. 中国畜牧兽医文摘, 33(6): 8.
李雪萍, 许世洋, 李敏权, 等. 2022. 甘南州不同退化程度高寒草甸植被及土壤特性的演化规律. 生态学报, 42(18): 7541-7552.
梁海红. 2022. 甘南州天然草原植被分布及特征调查报告. 畜牧兽医杂志, 41(3): 39-41.
林春英, 李希来, 金惠瑛, 等. 2015. 黄河源区河漫滩湿地退化过程土壤的变化特征. 中国农学通报, 31(33): 243-249.
刘婕, 勾晓华, 刘建国, 等. 2023. 甘南黄河流域 4 种典型林分土壤 C、N、P 化学计量特征. 生态学报, 43(13): 5627-5637.
刘晋荣. 2012. 甘南藏族自治州土地利用结构变化及驱动力分析. 兰州: 甘肃农业大学硕士学位论文.
鲁芝红, 程文仕. 2023. 草原旅游业发展现状、问题与对策研究. 热带农业工程, 47(1): 109-113.
马继红. 2017. 甘南草原面临的问题及对策. 中国畜牧兽医文摘, 33(3): 29.
史如霞, 李景铭. 2021. 浅议甘南州生态环境保护与可持续发展. 南方农业, 15(21): 189-190.
王文浩. 2017. 基于 3S 的甘南高寒草原气候条件分析. 畜牧兽医杂志, 36(6): 43-46.
辛顺杰, 连华, 李文东. 2022b. 甘南大夏河流域生态环境问题识别与修复措施研究. 甘肃地质, 31(3): 80-85.
辛顺杰, 连华, 梁浩东, 等. 2022a. 基于“山水林田湖草沙”生命共同体理念的生态问题识别与修复策略: 以甘南洮河流域为例. 草业科学, 39(6): 1256-1268.
杨淑霞, 张强, 杨青, 等. 2019. 2018 年甘南藏族自治州草原生态系统状况调查. 环境研究与监测, 32(3): 1-6.
杨桃花. 2021. 甘南草原生态畜牧业可持续发展分析与思考. 今日畜牧兽医, 37(10): 72.
张强, 陆荫, 杨青, 等. 2019. 甘南藏族自治州生态环境状况评价. 绿色科技, (16): 24-25.
张瑶瑶. 2019. 甘南州草地土壤有机碳、全氮空间分布特征及影响因素分析. 兰州: 兰州大学硕士学位论文.
章志龙, 施蕾蕾, 曹飞, 等. 2022. 对甘南高原黄河流域生态环境保护与高质量发展的思考. 环境保护, 50(15): 62-65.

第 3 章　高寒草甸阴坡—阳坡梯度上植物-土壤碳氮磷生态化学计量特征

3.1　生态化学计量学研究的意义

生态化学计量学（ecological stoichiometry）通常又称为化学计量生态学（stoichiometric ecology），这一学说由 Michaels（2003）最先提出。而 Stoichiometry 又是一个化学用语，它源于希腊语“stoichion”和“metron”，中文的意思是“元素”和“测量”。因此，stoichiometry 的内涵是“测量的科学”，在化学学科中其被称为化学计量学，它是一个关于能量学与化学的分支学科。而生态化学计量学是结合生态学和化学计量学的基本原理来分析多重化学元素的质量平衡对生态交互作用影响的一个学科主要研究物质能量转换与化学反应中物质比值问题，着重强调物质的化学反应过程中原子量和分子量的数值换算，其中反应方程中的摩尔比（molar ratio）在解决化学计量问题时处于“中心”位置（曾德慧和陈广生，2005）。

生态化学计量学的研究由水生生态系统中的海洋浮游生物拉开序幕，随后逐渐深入到各个领域。20 世纪 50 年代，Redfield 发现海洋浮游生物具有特定 C、N、P 组成规律，即海洋浮游生物的 C、N、P 摩尔比为 106∶16∶1，该比率被后人称为雷德菲尔德化学计量比（Redfield，1958）。20 世纪 80 年代，学者 Reiners 将传统的化学计量学与利比希最小因子定律结合，并成功构建了生态化学计量学的基本框架，但其中的一部分理论还不够完善（Reiners，1986）。2000 年，国际著名生态学家、生物学家 Elser 首次提出生态化学计量学完整的概念，并率先应用于海洋生态系统（Elser et al.，2000）。*Ecology* 和 *Oikos* 分别在 2004 年与 2005 年发表了生态化学计量学专题，这标志着生态化学计量学已经成为一门较为系统的学科（周红艳，2017）。

生态化学计量学结合了化学计量学、生物学和物理学的一些核心原理，是研究生态系统能量平衡和多重化学元素（目前主要集中于 C、N、P 三种元素）平衡的科学，并进一步分析这些元素对生态系统生产力、营养循环、食物网等的相互影响（梁楚涛，2017）。经过近 70 年的发展，生态化学计量学已经发展成为综合交叉学科，并逐渐成为全球研究热点之一，目前这一学科被广泛应用于有机体营养动态、限制元素评估、养分利用效率、全球生物地球化学循环等的研究。C、N、P 元素在生态过程中存在着一定的耦合（青烨等，2015），单独对各养分本身进行分析无法完整地揭示各养分的变化趋势，通过对生态化学计量特征进行研究，可以更为直观地分析各元素之间的比例关系，查明养分元素的可获得性与限制性、植物与微生物营养的状况以及生态系统碳循环、固碳潜力及速率等。因此，生态化学计量学对生态系统交互作用及养分元素循环的研究具有重要意义。

3.1.1　限制性元素的研究

限制性元素的研究最早可追溯到 19 世纪 60 年代，由德国著名的化学家、“有机化学之父”利比希提出的利比希最小因子定律，即植物的生长取决于植物生长发育所需营养的最小量（孙连伟等，2019）。N、P 是两种重要的养分元素，植物 N：P 的含义表明植物群落生产力是受 N 或者 P 元素的限制。内稳态理论表明，生物体的养分元素组成比是动态稳定的或者是恒定的，正常生长的有机体均具有相对稳定的 C：P、C：N 及 N：P，这当中任何一种养分元素的改变都会打破这种稳定性并且影响到生物有机体的生长与生存（王攀等，2021）。探讨 C、N、P 等养分元素在生态系统中的动态平衡问题，是深入了解生态系统过程的有力工具。因此，判断限制性养分元素成为维持生态系统稳定的重要条件，能够为进一步探讨各营养水平、生物多样性和生物地球化学循环等方面提供新见解（王子寅等，2023）。

Sakamoto（1966）对海藻进行研究后发现，N：P>17 时，P 元素限制了海藻叶绿素的产量，N：P<10 时，N 元素限制了海藻叶绿素的产量，N：P 在 10～17 时，叶绿素的产量受 N 元素与 P 元素同时限制或者不限制。限制性元素的研究自水生生态系统开始，逐渐向陆地生态系统发展，20 世纪 90 年代，关于陆地生态系统限制性元素的研究取得了较大进展，如 Koerselman 和 Meuleman（1996）对 40 个施肥实验研究发现，N：P>16 时，群落水平上系统受到 P 元素限制，N：P<14 时，系统受到了 N 元素的限制，N：P 在 14～16 时，系统同时受 N 元素和 P 元素的限制或者同时不受二者限制。但是，同一个群落内，有的物种是 N 元素限制，有的物种是 P 元素限制，因此 N：P 并不能用来表示物种水平的限制元素是哪一种。Braakhekke 和 Hooftman（1999）研究了土壤养分贫瘠的草地，并进行了施肥实验，结果表明，N：P<10 时，植物受 N 元素限制，N：P>14 时，植物受 P 元素限制。进入 21 世纪以后，国外的研究不只局限于陆地生态系统，开始逐渐深入研究湿地这一特殊生态系统的限制性元素，Güsewell 等（2003）进行了湿地施肥实验，其结果表明，N：P>20 时，单施 P 肥群落变化显著，而 N：P<20 时，无论是单施 N 肥或者 N 肥和 P 肥配施湿地生态系统 N：P 均无显著变化，因此 N：P 无法揭示系统是受 N 元素限制还是受 P 元素限制。

我国关于限制性元素的研究在进入 21 世纪以后才逐步展开，虽起步较晚，但发展很快。我国最早关于限制性元素的研究主要集中于森林、草地等陆地生态系统，如 Zhang 等（2004）在内蒙古草原实施了施肥实验，并验证了 N∶P 的相对稳定性，能够用来判断此研究区是 N 营养元素限制还是 P 营养元素限制，同时获得了内蒙古草原植物 N∶P 的阈值。他们的研究结果初步认为：N∶P<21 时，内蒙古草原植物受 N 元素限制；N∶P>23 时，植物受 P 元素限制。随着高寒草甸退化的日益严重，我国关于高寒草甸生态系统限制性元素的研究也逐渐增多，如高巧静等（2019）在青海省贵南县进行的放牧强度对高寒草甸植物叶片生态化学计量特征影响的研究，结果发现，青海省贵南县高寒草甸生态系统中重度放牧样地中的异针茅（*Stipa aliena*）与蒲公英（*Taraxacum mongolicum*）两种植物受 N 元素的限制较大，适度放牧与封育草地中的异针茅与蒲公英受 P 元素的限制较大，麻花艽在 3 种放牧强度的样地中均受 P 元素限制较大。近几年，湿地生态系统逐渐成为研究焦点，我国关于湿地生态系统限制性元素的研究也逐渐增多，郁国梁等（2022）在博斯腾湖湖滨湿地进行的关于优势种植物 C、N、P 化学计量特征的研究发现，刚毛柽柳、白刺和芦苇在春季受 N 元素和 P 元素共同限制，在夏季主要受 P 元素限制；盐穗木（*Halostachys caspica*）和盐地碱蓬（*Suaeda salsa*）在春季和夏季均受 N、P 元素共同限制；5 种优势植物在秋季均受 N 元素限制。当然，植物群落的 N∶P 阈值在不同区域、不同生态系统中还是有很多差异的，用一个统一的标准来判断生态系统的元素限制有局限性。

3.1.2 生态系统生态化学计量特征的区域格局

区域格局的植物 C、N、P 化学计量学及其驱动因素主要有生态系统类型之间的差异、植物功能群之间及物种之间的相同和不同（贺金生和韩兴国，2010）。区域尺度与全球尺度的生态化学计量模式的研究不仅可以评估全球营养元素循环，而且可为宏观生态学研究提供有效措施（Sterner and Elser，2002）。全球尺度的研究发现，N 元素限制了温带及中高纬度地区等地的森林生产力，而 P 元素限制了赤道地区、热带及亚热带常绿林的生产力（McGroddy et al.，2004）。Reich 和 Oleksyn（2004）研究了全球尺度 452 个区域的 1280 种植物的叶片 N、P 含量，发现温度的增加和纬度的降低会造成植物叶片 N、P 含量的降低和 N∶P 的增加，直接论证了植物化学计量的生物地理分布格局。对于植物 N、P 化学计量特征的全球变化格局，他们提出了两种假说：温度-植物生理假说（temperature-plant physiological hypothese，TPPH）与生物地球化学假说（biogeochemistry hypothese，BH），用来解释纬度的变化与植物叶片化学计量特征的关系（Reich and Oleksyn，2004）。

温度-植物生理假说表明，生物体内部的不同生理代谢速率是受温度影响的。例如，在较低的温度情况下，含有丰富 N 元素的生物酶活性和含有丰富 P 元素的 RNA 活性会降低，因而生物化学反应的速度将会降低（Reich and Oleksyn，2004）。其根本的原因是植物叶片 C 元素的积累与利用的速度尤其对温度敏感，由 N 元素和 P 元素所调节的化学反应的过程也相同，低温对应于 N 元素的增加是由于低温对光合作用的限制超过了植物对 N 吸收的抑制作用。因而，这种生理上的适应性常常使得拥有较高 N、P 水平的植物更适宜于在温度较低的地区生长。

生物地球化学假说指出，植物的某些物理特性和生理特性是由低温引起的，例如，膜通透性（membrane permeability）与水的黏滞性（water viscosity）等。另外，低温还影响了植物根对营养元素的吸收，所有这些结合在一起就影响到植物体一系列的代谢过程。例如，微生物的活性被限制、土壤中有机质的分解速度被降低，同时也降低了土壤矿化作用，所以这些进一步降低了土壤中 N、P 及其他矿质元素的可利用性。与 P 相比，土壤中可利用的 N 更易受低温的影响，从高纬度到低纬度地区，植物体营养元素限制类型由 N 限制逐渐转变为 P 限制。因而生物地球化学循环在受温度影响的同时，也干扰了植物叶片 N 含量与 P 含量的生物地理分布格局（Reich and Oleksyn，2004）。

3.1.3　甘南高寒草甸生态化学计量学的研究意义

高寒草甸生态系统对许多生态服务功能如气候调节、水源涵养、生物多样性维持和物种基因库的组成等都有着重要影响，是支撑当地畜牧业发展的物质基础，也是青藏高原的重要生态屏障，具有巨大的社会、经济和生态价值（鲁尚斌，2019）。甘南高寒草甸位于青藏高原东部，是青藏高原高寒草地的重要组成部分，由于地质隆升和长期低温的特殊环境，形成了群落结构简单、恢复能力差、稳定性弱的高寒草甸植被类型，这种植被类型极易受到外界因素的干扰，但是在水资源保护、生物多样性保护和固碳等方面起着不可替代的作用（Wilson and Smith，2015）。近年来，由于长期忽略对草地资源的科学管理，粗放经营、超载放牧使得高寒草地的结构和功能逐渐退化，生物多样性和生态系统功能严重丧失，甘南高寒草甸的研究和保护迫在眉睫。坡向是重要的地形因子，其通过影响土壤接受的太阳辐射、温度和降水等来改变土壤的微气候，导致不同坡向间土壤水分和温度的差异，这些差异强烈影响着土壤的生物和化学过程，导致土壤中 C、N、P 等养分元素分布的变异性，土壤中养分元素的变化也进一步影响着植物中养分元素的变化（车明轩等，2021）。因此，关于坡向梯度上甘南高寒草甸土壤和植物 C、N、P 生态化学计量特征的研究对于认识甘南高寒草甸土壤和植物中 C、N、P 的调控以及养分元素的循环模式具有重要意义。

3.2 实验设计与方法

3.2.1 样地布置

2015～2017 年 7～9 月，在玛曲县阿孜实验站选择两个山地，分别命名为 H1 和 H2，在每个山地使用坡度计测定坡度，在山体中部沿着阳坡—阴坡的方向按照 5 个坡向（阳坡、半阳坡、西坡、半阴坡、阴坡）设置连续渐变的固定样方，每个样方间隔 15～20 m，每个样方大小为 0.5 m×0.5 m。在样方内采集植物叶片，由于一些植物种类在有的样方内未出现，因此，在每个样方内采集到的植物种类数不等。对每一种植物都选择其植株顶部健康、完整的叶片采摘装袋，每种植物采集 10～20 片叶片，即每种植物鲜样 8～10 g，装入信封袋进行室内烘干处理。同时，在每个样方内采集上层土壤（0～20 cm 和 20～40 cm），方法与前述相同。

3.2.2 土壤碳氮磷元素测定

土壤有机碳：采用重铬酸钾（$K_2Cr_2O_7$）容量法测定。准确称量风干土样 0.13 g 于消煮管底部；加入 5 mL 0.8 mol/L 的 $K_2Cr_2O_7$ 溶液，再加入 5 mL 浓硫酸，充分浸润样品；在消煮管上加盖小漏斗，放入 200℃的消煮炉进行消煮；消煮管内液体沸腾或有较大气泡发生时开始计时，保持沸腾 10 min；空气中放置冷却至室温，将消煮管内容物倒入 150 mL 三角瓶中，用蒸馏水冲洗，溶液总体积控制在 60～70 mL；加入邻菲罗啉指示剂 3 滴，用 0.2 mol/L $FeSO_4$ 标准溶液滴定，混合液颜色由灰色突变为褐红色时，即为滴定终点。最后通过计算得到土壤有机碳含量 。

土壤全氮：采用凯氏定氮法。准确称量风干土样 0.2 g 于消煮管底部，同时加入 1 g 催化剂，用少量水润湿，再加入 4 mL 浓硫酸，消煮管上盖小漏斗，摇匀，置于 420℃消煮炉上加热 3 h，待消煮液和土样全部变成灰白色稍带绿色后，表明消解完全，冷却后将消煮管置于凯氏定氮仪上进行蒸馏，将蒸馏后的馏出液用盐酸标准溶液进行滴定，溶液颜色由蓝绿色变为红紫色时，记录所用盐酸标准溶液体积，最后利用公式计算土壤全氮含量。

土壤全磷：采用钼锑抗比色法测定。准确称取风干土样 0.2 g 于消煮管中，以少量蒸馏水湿润后，加浓硫酸 8 mL 摇匀，再加 10 滴 70%～72%的高氯酸摇匀，置于 380℃消煮炉上消煮 1 h，将冷却后的消煮液倒入 100 mL 容量瓶中用蒸馏水冲洗消煮管，待完全冷却后，加蒸馏水定容。静置过夜，次日，吸取澄清液 5 mL 注入 50 mL 容量瓶中，用蒸馏水冲洗至 30 mL，加二硝基酚指示剂 2 滴，滴 NaOH 溶液直至溶液转变为黄色，再加硫酸溶液使黄色刚刚褪去，最后加钼锑抗试剂

5 mL，再加蒸馏水定容至 50 mL，摇匀。30 min 后，700 nm 波长进行比色。最后根据公式计算土壤全磷含量。

3.2.3　植物叶片碳氮磷元素的测定

将采集的植物叶片放置于 75℃烘箱烘 48 h 至恒重，用研钵研细后过筛，准确称取植物叶片粉末 0.15 g 于消煮管中，采用重铬酸钾容量法测定植物叶片中的有机碳含量，采用凯氏定氮法测定植物叶片中的全氮含量，采用钼锑抗比色法测定植物叶片中的全磷含量，具体操作步骤与土壤中有机碳、全氮和全磷含量的测定相同。

3.2.4　数据统计分析

利用 SPSS 25.0 软件，采用单因素方差分析（One-Way ANOVA）分析不同坡向土壤、植物叶片 C、N、P 及其化学计量比的差异性，采用皮尔逊相关（Pearson correlation）分析土壤与植物叶片中 C、N、P 及其化学计量比的相关性，并分析植物叶片 C、N、P 及其化学计量比之间的相关性，相关性分析选用 R 软件，作图选用 Origin 2021 软件。

3.3　坡向梯度土壤和植物碳氮磷化学计量特征

3.3.1　土壤养分及化学计量比特征

在 0～20 cm 土层中，土壤有机碳与土壤全氮含量均表现为阴坡>半阴坡>阳坡>半阳坡>西坡，西坡含量最低且与其他坡向存在显著差异（图 3-1a，图 3-1b）。其中，土壤有机碳含量在阴坡与半阴坡之间差异不大，半阳坡相较于阳坡也无明显降低；土壤全氮含量在阴坡、半阴坡、半阳坡和阳坡之间无显著差异，但西坡与这 4 个坡向土壤全氮含量差异显著。土壤全磷含量的变化与土壤有机碳和土壤全氮不同，自阳坡、半阳坡、西坡向半阴坡、阴坡依次增大，对不同坡向的土壤全磷含量进行差异显著性检验，0～20 cm 土层中土壤全磷含量在阴坡、半阴坡、西坡和半阳坡 4 个坡向间均存在显著差异，而半阳坡与阳坡之间差异并不显著（图 3-1c）。土壤速效氮含量在 0～20 cm 土层中的变化趋势与土壤全氮基本一致，其中半阴坡与阳坡较阴坡有显著降低，半阳坡与西坡较其他 3 个坡向也有显著降低，但是半阴坡与阳坡之间以及半阳坡与西坡之间无显著差异（图 3-1g）。土壤速效磷含量在 0～20 cm 土层中从阳坡到阴坡逐渐增大，阴坡、半阴坡与西坡

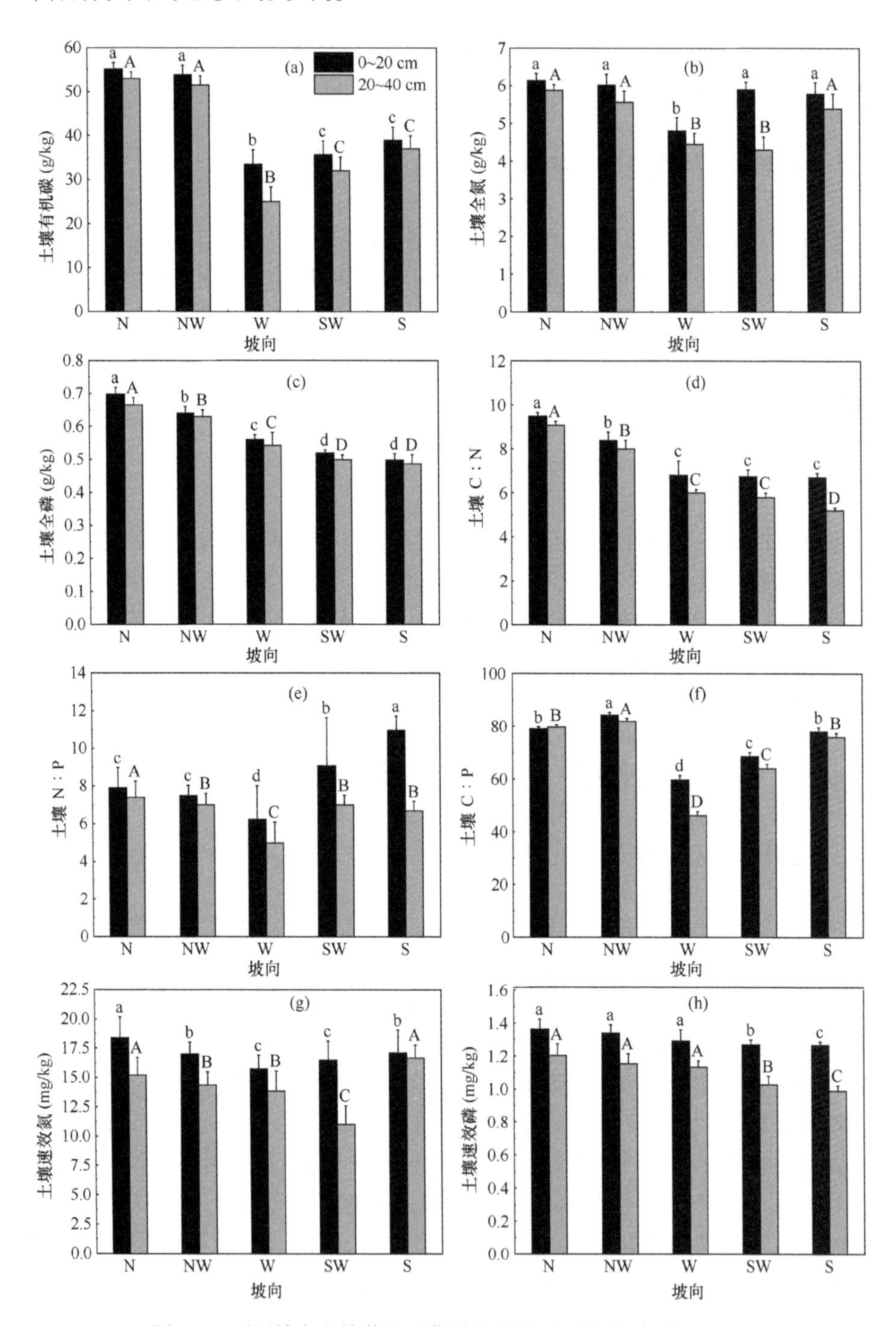

图 3-1 不同坡向土壤养分及化学计量比（平均值±标准误差）

N 表示阴坡，NW 表示半阴坡，W 表示西坡，SW 表示半阳坡，S 表示阳坡；不同小写字母表示在 0～20 cm 土层中土壤养分及化学计量比差异显著（$P<0.05$），不同大写字母表示在 20～40 cm 土层中差异显著（$P<0.05$）

之间不存在显著差异，阳坡与半阳坡相较于其他 3 个坡向均显著降低且阳坡与半阳坡之间存在显著差异（图 3-1h）。在 20～40 cm 土层中，土壤有机碳、全磷和速效磷含量均与 0～20 cm 土层的变化趋势一致，但总体都低于 0～20 cm 土层中的含量。土壤全氮和速效氮含量变化则与 0～20 cm 土层不同，在 20～40 cm 土层中，半阳坡土壤全氮含量略低于西坡，半阳坡速效氮含量则显著低于西坡。

土壤 C∶N 在 0～20 cm 和 20～40 cm 土层中的变化趋势相同，均表现为由阴坡、半阴坡、西坡到半阳坡、阳坡依次降低，且西坡与半阳坡之间差异不显著。土壤 N∶P 在 0～20 cm 土层中变化趋势为阳坡>半阳坡>阴坡>半阴坡>西坡，且阴坡与半阴坡之间无明显差异，而 20～40 cm 土层中变化趋势则表现为阴坡>半阴坡>半阳坡>阳坡>西坡，且半阴坡、半阳坡和阳坡之间均不存在显著差异。土壤 C∶P 在两个土层中变化趋势也基本相同，均表现为半阴坡>阴坡>阳坡>半阳坡>西坡，除阴坡与阳坡之间无显著差异外，其他坡向之间均有显著差异（图 3-1d～f）。

3.3.2　土壤含水量、光照度及温度变化

土壤含水量整体表现为阴坡>半阴坡>西坡>半阳坡>阳坡，除西坡外，在不同坡向均表现为 8 月下旬土壤含水量最高，西坡土壤含水量则在 8 月上旬最高（图 3-2a）。不同月份光照度随坡向的变化不同，7 月和 9 月中旬，土壤光照度由阳坡、半阳坡、西坡到阴坡呈逐渐减弱的趋势，半阴坡光照度最弱；8 月上旬，土壤光照度表现为阳坡>半阳坡>西坡>半阴坡>阴坡，8 月下旬则表现为半阳坡>阳坡>半阴坡>阴坡>西坡（图 3-2b）。土壤温度在 7 月和 9 月中旬随坡向的变化趋势基本相同，即从阳坡、半阳坡到西坡、半阴坡再到阴坡逐渐降低，8 月上旬和 8 月下旬表现为半阳坡土壤温度最高，阴坡最低，且阳坡与半阳坡土壤温度差异不大（图 3-2c）。

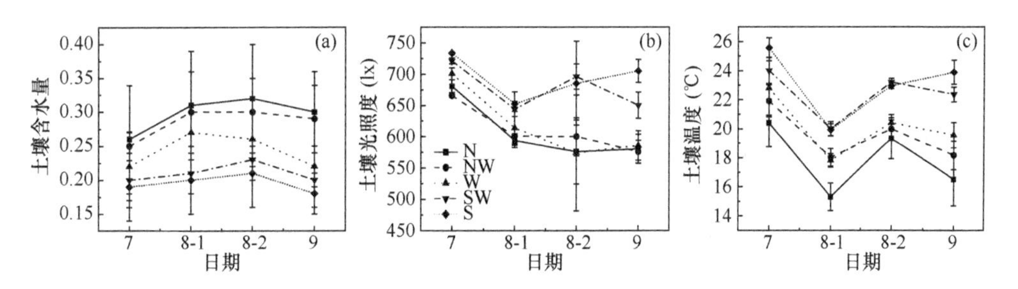

图 3-2　不同坡向土壤含水量、温度及光照度随月份的变化

7 表示 2021 年 7 月中旬，8-1 表示 2021 年 8 月上旬，8-2 表示 2021 年 8 月下旬，9 表示 2021 年 9 月中旬

3.3.3 植物叶片碳氮磷含量及化学计量比变化

两个山地（H1 和 H2）的植物叶片中有机碳含量在不同坡向间具有基本一致的变化趋势，均表现为阴坡>半阴坡>西坡>半阳坡>阳坡（图 3-3），其中 H1 的半

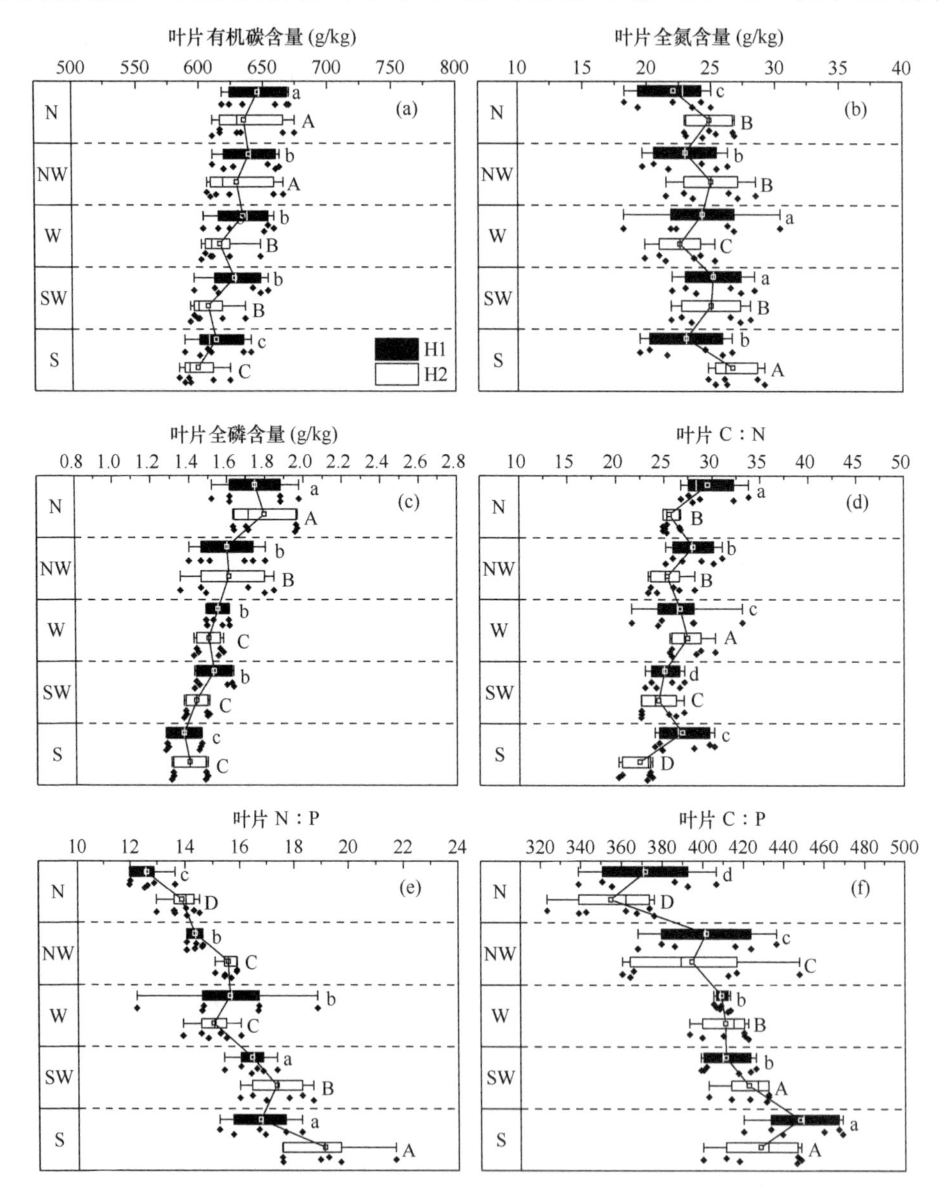

图 3-3 不同坡向植物叶片全氮、全磷含量及化学计量比的变化

H1 表示第一个山地，H2 表示第二个山地。图中不同小写字母表示在第一个山地的不同坡向之间存在显著差异（P<0.05），不同大写字母表示在第二个山地的不同坡向之间存在显著差异（P<0.05）

阴坡、西坡和半阳坡 3 个坡向之间植物叶片的有机碳含量没有显著差异，半阴坡、西坡、半阳坡和阳坡 4 个坡向植物叶片的有机碳含量均显著低于阴坡，H2 的阴坡与半阴坡之间、西坡与半阳坡之间植物叶片的有机碳含量无显著差异，阳坡显著低于这 4 个坡向。从总体来看，H1 的植物叶片有机碳含量在不同坡向均大于 H2 的植物叶片有机碳含量。植物叶片中全氮的含量在 H1 从阴坡到阳坡表现为先增后减的趋势，从阴坡、半阴坡到西坡 3 个坡向的植物叶片全氮含量呈显著增大的趋势。从西坡到半阳坡植物叶片全氮含量虽有增加但是并不明显，阳坡的植物叶片全氮含量较西坡与半阳坡显著降低，但仍高于阴坡与半阴坡；H2 的植物叶片全氮含量整体表现为阳坡高于阴坡且西坡最低，从西坡到半阳坡再到阳坡显著增大。H1 的植物叶片全磷含量从阴坡、半阴坡到西坡再到半阳坡、阳坡呈逐渐减小的趋势，半阴坡、西坡以及半阳坡的植物叶片全磷含量无显著差异，阴坡显著高于其他 4 个坡向，阳坡显著低于其他 4 个坡向；H2 的植物叶片全磷含量从阴坡到阳坡也呈减小的趋势，阳坡较阴坡显著降低，半阳坡较西坡虽略有降低但未达显著水平。

H1 的植物叶片 C∶N 从阴坡、半阴坡到西坡、半阳坡呈减小的趋势，且阴坡与半阴坡之间、西坡与半阳坡之间差异显著，阳坡较半阳坡植物叶片 C∶N 显著增大，较阴坡显著减小；H2 的植物叶片 C∶N 在西坡最高，其他 4 个坡向植物叶片 C∶N 均显著低于西坡，且植物叶片 C∶N 整体表现为阴坡大于阳坡。植物叶片 N∶P 在 H1 从阴坡到阳坡呈增大的趋势，阳坡与半阳坡的植物叶片 N∶P 显著高于其他坡向，从半阳坡到阳坡植物叶片 N∶P 虽有增大但并不显著；H2 的植物叶片 N∶P 表现为阳坡>半阳坡>半阴坡>阴坡，西坡植物叶片 N∶P 最低，半阴坡与西坡的植物叶片 N∶P 差异不大，阳坡最高且显著高于其他 4 个坡向。H1 与 H2 的植物叶片 C∶P 变化趋势基本一致，不同的是 H1 植物叶片 C∶P 从半阳坡到阳坡显著增大，而 H2 的植物叶片 C∶P 在半阳坡与阳坡两个坡向之间没有显著差异。

3.3.4　不同坡向植物功能群碳氮磷化学计量特征

在坡向梯度上，功能群水平的植物叶片有机碳、全氮和全磷的含量及化学计量特征也发生了变化。豆科、禾本科和杂草的植物叶片有机碳含量从阴坡到阳坡均呈降低的趋势，豆科植物的叶片有机碳含量在坡向梯度上整体差异不大；禾本科植物的叶片有机碳含量在阴坡与半阴坡之间差异显著，西坡与半阳坡之间无明显差异，阳坡较阴坡、半阴坡与西坡均有显著降低；杂草的叶片有机碳含量在阴坡最高，且与半阴坡无显著差异，西坡与半阳坡之间也无显著差异，阳坡显著低于其他 4 个坡向（图 3-4a）。豆科和杂草植物叶片的全氮含量从阴坡到阳坡均呈降低的趋势，具体表现为阴坡>半阴坡>西坡>半阳坡>阳坡。豆科植物叶片全氮含量在阴坡、半阴坡、西坡和半阳坡之间均存在显著差异，但半阳坡与阳坡之间没有显著差异；虽然从阴坡到阳坡杂草植物叶片全氮含量呈逐渐降低的趋势，但是阴坡、半阴坡、西坡和半阳坡 4 个坡向间并无显著差异，只有阳坡显著低于这 4 个坡向。禾本科植物叶片全氮含量在坡向梯度上的变化趋势则大不相同，禾本科的叶片全氮含量表现为西坡>阳坡>半阴坡>半阳坡>阴坡，禾本科植物叶片全氮含量在半阴坡、西坡与阳坡 3 个坡向间不存在显著差异，阴坡显著低于这 3 个坡向（图 3-4b）。对于不同功能群的植物叶片全磷含量来说，禾本科和杂草均表现为阳坡>半阳坡>西坡>半阴坡>阴坡，禾本科植物叶片全磷含量在阴坡、半阴坡、西坡和半阳坡 4 个坡向间不存在显著差异，阳坡显著高于这 4 个坡向。而豆科植物叶片全磷含量则表现为西坡略高于半阳坡，但未达到显著水平，且豆科植物的叶片全磷含量在阳坡与半阳坡之间以及阴坡与半阴坡之间均无显著差异，但阳坡与半阳坡显著高于阴坡与半阴坡（图 3-4c）。在不同坡向间，豆科植物叶片有机碳、全氮和全磷含量明显高于其他植物功能群，而禾本科植物叶片的全氮和全磷含量低于豆科和杂草，植物叶片有机碳含量则表现为杂草最低。

植物功能群的叶片 C∶N 和 C∶P 均表现为禾本科>豆科>杂草，且禾本科远高于其他功能群，禾本科植物的叶片 C∶N 表现为阴坡最高，且显著高于其他 4 个坡向，半阴坡与半阳坡无显著差异，西坡与阳坡也无显著差异；豆科植物叶片 C∶N 由阳坡到阴坡呈递减趋势，半阴坡与阴坡之间不存在显著差异，其他坡向间均存在显著差异；杂草植物叶片 C∶N 最小且在 5 个坡向间差异不大（图 3-4d）。禾本科植物的叶片 C∶P 在半阴坡、西坡和半阳坡 3 个坡向之间不存在显著差异，且阴坡显著高于其他坡向；豆科与杂草植物叶片的 C∶P 均表现为从阴坡到阳坡逐渐降低的趋势，豆科植物叶片 C∶P 从阴坡到半阴坡以及从阴坡到西坡均有显著降低，杂草植物则在阴坡与半阴坡之间没有明显变化，其他 3 个坡向均有显著降低（图 3-4e）。植物叶片 N∶P 在阴坡与半阴坡表现为豆科>杂草>禾本科，阳坡与半阳坡表现为禾本科>豆科>杂草，西坡表现为豆科>禾本科>杂草。豆科植物叶片 N∶P 从阴坡、半阴坡到西坡显著降低，阳坡与半阳坡之间无显著差异；阴坡的杂草植物叶片 N∶P 显著高于其他坡向，半阳坡与阳坡之间无显著差异；西坡的禾本科植物叶片 N∶P 显著高于其他坡向（图 3-4f）。

3.3.5 不同海拔植物叶片碳氮磷化学计量特征

在阴坡—阳坡梯度上，植物叶片有机碳含量在 2900 m 和 3500 m 处均呈逐渐降低的趋势，阴坡最高，阳坡最低（图 3-5a）；植物叶片全氮含量在 2900 m 和 3500 m 海拔高度上均表现为西坡最低、阳坡最高，阳坡高于半阳坡，半阴坡高于阴坡

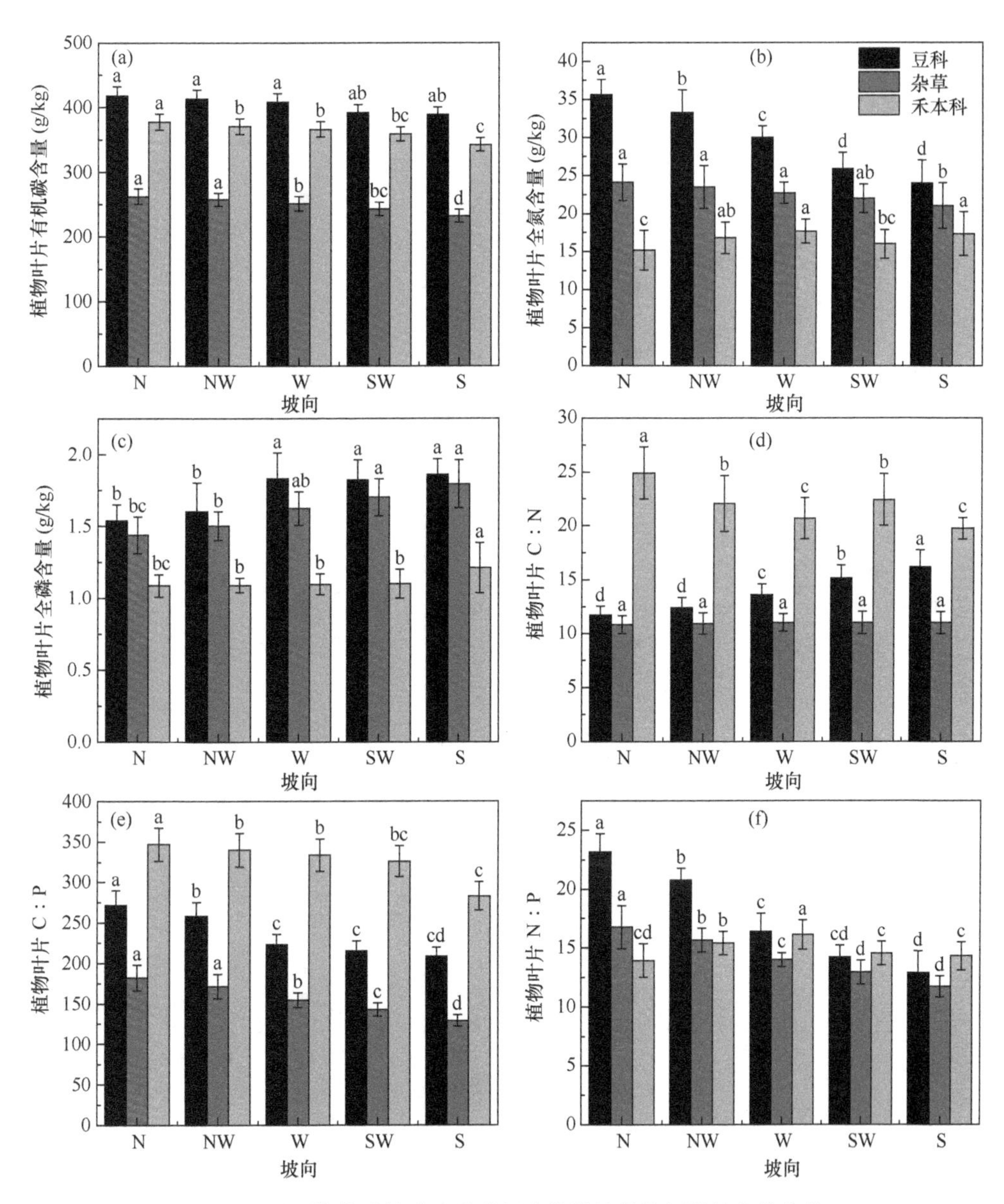

图 3-4　不同植物功能群叶片碳氮磷化学计量特征随坡向的变化

不同小写字母表示同一功能群不同坡向间存在显著差异（$P<0.05$）

（图 3-5b）；植物叶片全磷含量在 2900 m 和 3500 m 海拔高度处随坡向的变化趋势不同，在海拔 2900 m 处，从阴坡、半阴坡到西坡、半阳坡整体呈降低的趋势，在阳坡坡向上植物叶片全磷含量略有增大的趋势，但并不显著；在海拔 3500 m 处，半阴坡与阳坡的植物叶片全磷含量分别显著高于阴坡与半阳坡，西坡植物叶片全磷含量低于半阴坡，高于其他 3 个坡向（图 3-5c）。整体上，海拔 2900 m 处的植物叶片有机碳、全氮和全磷含量高于海拔 3500 m 处，这说明高海拔处不利于植物叶片营养元素的积累。

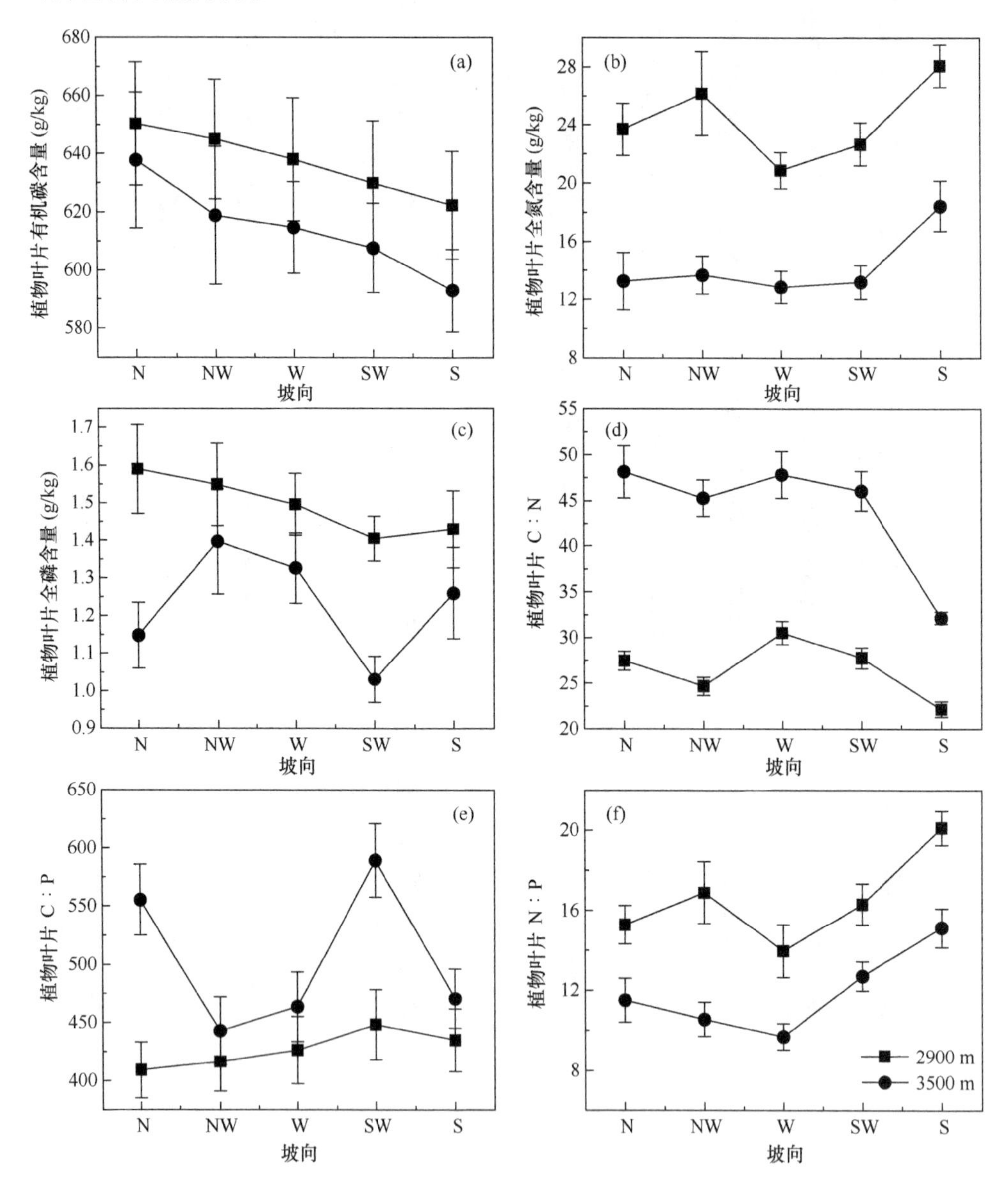

图 3-5 不同海拔植物叶片碳氮磷化学计量特征随坡向的变化

植物叶片 C∶N 在海拔 2900 m 和 3500 m 处随坡向的变化趋势基本一致，均表现为半阴坡低于阴坡，西坡高于半阴坡，且从西坡到半阳坡再到阳坡呈降低趋势，不同的是在海拔 2900 m 处，植物叶片 C∶N 表现为西坡最高，而 3500 m 处则为阴坡最高（图 3-5d）；海拔 2900 m 处的植物叶片 C∶P 从阴坡到阳坡整体呈增大趋势，阳坡相较于半阳坡略有降低，海拔 3500 m 处的植物 C∶P 在半阳坡最高，半阴坡最低，其他 3 个坡向的植物 C∶P 表现为阴坡>阳坡>西坡，且阴坡、阳坡和西坡均显著低于半阳坡并显著高于半阴坡（图 3-5e）；在海拔 2900 m 处，植物叶片 N∶P 呈先增后降再增的趋势，阳坡最高西坡最低，且与其他 3 个坡向有显著差异（图 3-5f）。整体上，海拔 3500 m 处的植物叶片 C∶N 和 C∶P 高于海拔 2900 m 处，而植物叶片 N∶P 则正好相反。

3.3.6　土壤因子和植物碳氮磷含量及化学计量比的相关性分析

在阴坡—阳坡的生境梯度上，土壤含水量与植物叶片的有机碳含量和全磷含量呈显著正相关，与植物叶片 N∶P 和 C∶P 呈显著负相关，与植物叶片全氮含量和叶片 C∶N 无显著的相关关系。土壤光照度与植物叶片有机碳含量呈显著负相关，与植物叶片 N∶P 呈显著正相关，与植物叶片全氮、全磷含量以及植物叶片 C∶N 和 C∶P 均无显著性相关关系。土壤温度和土壤 pH 均与植物叶片有机碳和全磷含量呈显著负相关，与植物叶片 N∶P 和 C∶P 呈显著正相关（图 3-6）。

在坡向梯度上，土壤有机碳与植物叶片有机碳和全磷含量均具有显著的相关关系，与植物叶片全氮含量无显著相关关系，与植物叶片有机碳和全磷含量呈显著正相关。土壤全氮含量与植物叶片有机碳、全氮和全磷含量及其化学计量比均无显著相关关系。土壤全磷含量与植物叶片有机碳和全磷含量以及植物叶片 N∶P 和 C∶P 呈显著相关，其中与植物叶片有机碳和全磷含量呈正相关，与植物叶片 N∶P 和 C∶P 呈负相关（图 3-6）。

3.4　不同坡向土壤养分变化及植物营养限制类型的改变

3.4.1　不同坡向高寒草甸土壤碳氮磷的化学计量特征

土壤作为植物体营养元素的主要来源，其养分的变化和分布情况会对植物体的生长发育产生很大影响。甘南高寒草甸土壤有机碳、全氮和全磷含量在不同坡向梯度上整体表现为阴坡高，阳坡低，这是因为地形障碍和方位影响太阳辐射分布，阳坡太阳辐射较高导致阳坡土壤温度较高，这使得土壤有机质分解更快，因此与阴坡相比阳坡土壤中有机碳含量更低（Zhang et al.，2015）。阴坡土壤温度低，抑制了土壤微生物对有机质的分解，使得阴坡土壤有机碳、全氮和全磷积累量增加，且阳坡光照强、土壤含水量小会导致土壤全氮和全磷矿化严重。一般来讲，坡度越大，土壤养分越容易流失，另外雨季造成阳坡土壤养分流失比较严重，也

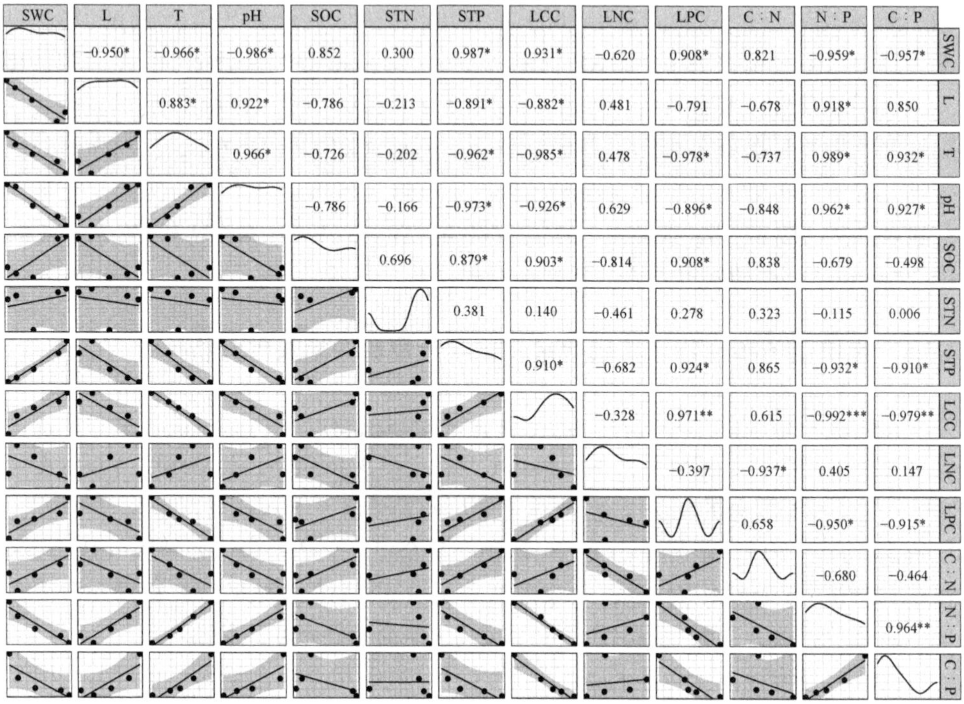

	SWC	L	T	pH	SOC	STN	STP	LCC	LNC	LPC	C : N	N : P	C : P
SWC		−0.950*	−0.966*	−0.986*	0.852	0.300	0.987*	0.931*	−0.620	0.908*	0.821	−0.959*	−0.957*
L			0.883*	0.922*	−0.786	−0.213	−0.891*	−0.882*	0.481	−0.791	−0.678	0.918*	0.850
T				0.966*	−0.726	−0.202	−0.962*	−0.985*	0.478	−0.978*	−0.737	0.989*	0.932*
pH					−0.786	−0.166	−0.973*	−0.926*	0.629	−0.896*	−0.848	0.962*	0.927*
SOC						0.696	0.879*	0.903*	−0.814	0.908*	0.838	−0.679	−0.498
STN							0.381	0.140	−0.461	0.278	0.323	−0.115	0.006
STP								0.910*	−0.682	0.924*	0.865	−0.932*	−0.910*
LCC									−0.328	0.971**	0.615	−0.992***	−0.979**
LNC										−0.397	−0.937*	0.405	0.147
LPC											0.658	−0.950*	−0.915*
C : N												−0.680	−0.464
N : P													0.964**
C : P													

图 3-6　土壤因子与植物碳氮磷含量及化学计量比的相关性

*表示显著相关，SWC 表示土壤含水量，L 表示土壤光照度，T 表示土壤温度，pH 表示土壤 pH，SOC 表示土壤有机碳含量，STN 表示土壤全氮含量，STP 表示土壤全磷含量，LCC 表示植物叶片有机碳含量，LNC 表示植物叶片全氮含量，LPC 表示植物叶片全磷含量，C∶N 表示植物叶片碳氮比，C∶P 表示植物叶片碳磷比，N∶P 表示植物叶片氮磷比

是导致土壤养分比较低的原因之一（兰爱玉等，2022）。半阴坡和半阳坡土壤有机碳和全氮含量分别低于阴坡和阳坡，这可能是因为半阴坡和半阳坡处于生境过渡地段，坡向转换速度比较快，加上受外界干扰（家畜放牧通道）比较大，风化严重，不利于养分的贮存。土壤全磷含量从阴坡、半阴坡到西坡再到半阳坡、阳坡呈逐渐降低的趋势，这可能是因为从阴坡到阳坡植物吸收了土壤中更多的磷，以获得更丰富的生物量。土壤速效氮和速效磷是青藏高原高寒草甸生态系统中主要的限制性养分，其在数量和组成上的变化都会对植物群落的 N、P 含量、物种组成和群落结构产生影响。

土壤碳氮磷化学计量比是衡量草地土壤质量的重要参数，反映了土壤释放 N、P 矿化养分的能力。土壤 C∶N 是判断土壤有机碳来源、分解状态、矿化能力及土壤肥力的敏感指标，其变化对植物生长发育及土壤中 C、N 的循环具有重要影响（陶冶等，2016）。中国土壤 C∶N 平均值为 14.6，甘南高寒草甸土壤 C∶N 在不同坡向的 0～40 cm 土层中平均值为 5.203～9.498，均低于我国土壤 C：N 的平均水平，相对来说阴坡的表层土壤 C：N 更接近我国土壤 C：N 的平均值，C：N 较低说明养分的分解速率大于积累速率，有利于土壤中 N 的矿化（Bui and Henderson，2013），甘南高寒草甸土壤 C：N 在坡向梯度上受 N 的影响较大，其矿化作用刚开始就能供应植物所需的有效氮量。土壤中 N：P 是衡量土壤有效养分的重要指标之一，将土壤 N：P<10 或>20 作为评价生产力受 N 或 P 限制的指标，并用于分析限制性养分。除阳坡的表层土壤外，不同坡向甘南高寒草甸土壤 N：P 平均值均低于我国土壤 N：P 平均值，这说明甘南高寒草甸土壤主要受 N 元素的影响，N 元素主要决定了甘南高寒草甸生态系统的化学计量过程。土壤 C：P 是衡量土壤有效磷水平高低和土壤 P 素矿化能力的重要指标，一般认为土壤 C：P<200 时，土壤 P 净矿化，土壤 C：P>300 时土壤 P 净固定，土壤 C：P 越小，土壤 P 的有效性越高，反之则存在 P 受限（王建林等，2014）。青藏高原高寒草甸生态系统土壤 C：P 在我国各类生态系统中处于较低水平，这是因为青藏高原海拔高、温度低，微生物活动受限，但有利于矿化有机质从而释放更多的 P。

3.4.2　坡向梯度植物叶片碳氮磷的化学计量特征

一般来说，由于太阳辐射、水和植被分配的异质性，环境随着坡向从阳坡到阴坡的变化而变化，植物会动态协同调节其化学计量以适应环境的变化。甘南高寒草甸植物叶片有机碳平均含量在坡向梯度上高于全球平均值（461.4 g/kg），这表明甘南高寒草甸生态系统中植物具有较高的碳同化能力。植物叶片有机碳含量整体表现为阴坡高于阳坡且阳坡最低，这可能是因为阴坡光照不足，温度低，在低温下，植物叶片有机碳含量较高，这与光合作用、土壤蒸发和植物的蒸腾速率有关（Rong et al.，2016）。整体上阳坡植物叶片全氮含量大于阴坡，这与大多数阴坡植物叶片全氮含量大于阳坡的研究结果并不一致，这可能是因为植物必需营养元素的可得性对环境变化不太敏感，这一结果支持了稳态假说。植物叶片全磷含量在阴坡最高，这与之前较冷地区的植物需要更多富含磷的核糖体来补偿器官代谢率的降低，并维持和促进细胞和功能组织的生长的研究结果一致，阴坡植物叶片全磷含量高于阳坡这一现象也与温度-植物生理假说相一致（Hu et al.，2017）。

植物 C：P 和 N：P 是判断植物生长速率快慢的重要指标，根据生态化学计量学“生长速率”理论，快速生长的植物体 C：P 和 N：P 低，因为快速生长的植物需要大量的蛋白质，而蛋白质的合成需要大量富含 P 的核糖体 RNA，植物体中 P 含量会大量增加。本研究中植物叶片 C：P 和 N：P 整体表现为阳坡高阴坡低，这说明阴坡植物的生长速率高于阳坡植物，这是因为阳坡土壤贫瘠，资源短缺，不能够支持植物快速生长，阴坡资源充裕，植物可以从土壤中吸收足够的支持植物快速生长的 N 和 P，尤其是 P。整体上，阴坡植物叶片 C∶N 高于阳坡，这可能是因为植物通过调整 C∶N，加快生长速率来应对环境的变化。

通常情况下，植物叶片的有机碳、全氮和全磷是耦合的，尽管三者之间存在不同的耦合关系，可以是正相关也可以是负相关，然而有研究显示，当植物面临环境变化的驱动因素时，三者之间会存在解耦（Yu et al.，2017）。本研究中植物叶片有机碳与全磷呈显著正相关关系，但是植物叶片全氮与有机碳和全磷之间均无显著的相关性，说明植物叶片全氮与植物叶片有机碳和全磷之间存在非耦合关系，但是植物叶片全氮与植物叶片 C∶N 存在显著的负相关关系，而植物叶片有机碳与植物叶片 C∶N 不存在显著相关关系，这说明植物叶片全氮的变异在决定植物叶片 C∶N 方面尤为重要。植物叶片有机碳和全磷含量与植物叶片 C∶P 都存在显著的负相关关系，相关系数分别为–0.979 和–0.915，由相关系数的大小可以看出植物叶片有机碳含量对植物叶片 C∶P 的影响大于植物叶片全磷含量的影响，这说明植物叶片 C∶P 的变化主要是植物叶片有机碳含量的变化导致的，而植物叶片 N∶P 与植物叶片全磷含量呈显著负相关，与植物叶片全氮无显著相关关系，这说明植物叶片 N∶P 的变化也是由于全磷含量的变化而不是全氮含量的变化。

3.4.3 植物生长限制因子判断

N、P 是植物的基本营养元素，对植物的生长发育起着至关重要的作用，其循环限制着生态系统中的大多数过程。由于自然界中 N 元素和 P 元素供应往往受限，成为生态系统生产力的主要限制因素，因此，植物叶片的 N∶P 临界值可以作为判断环境对植物生长的养分供应状况的指标。研究显示，当植物 N∶P<14 时，植物生长表现为 N 限制；当 N∶P>16 时，表现为 P 限制，14<N∶P<16 时则同时受 N、P 限制或两者均不缺少（Gotelli et al.，2008）。植物叶片 N∶P 由阴坡到阳坡呈现整体递增的趋势。在不同的两座山，阴坡植物 N∶P 均低于 14，半阴坡与西坡植物 N∶P 介于 14 与 16 之间，半阳坡和阳坡植物叶片 N∶P 高于 16，这表明甘南高寒草甸植物生长在坡向梯度上存在不同的限制因子，阴坡植物主要受 N 限制，半阴坡与西坡植物同时受 N 和 P 的限制，而半阳坡与阳坡植物则主要受 P 限制。随着坡向的转变，仅仅几十米或者上百米的距离，环境因子就发生了显著的变化，植物群落和土壤养分含量也出现了较大的变化，这与大尺度上随经纬度变化的趋势一致。

限制元素的识别不仅取决于植物叶片 N∶P，还必须考虑生态系统和植物类型以及温度和光照等环境因素。阳坡接受的太阳辐射较多，土壤温度高，较高的土壤温度提高了 N 的矿化速率，矿物质 N 的分解是一个生物过程，生物过程温度每增加 1℃能提高 10 倍的速率，而土壤 P 则主要来源于岩石的风化和淋洗，这是一种缓慢的生物地球化学循环过程。阴坡温度低，土壤 N 矿化受限，造成了 N 的匮乏。有些研究也表明，较冷地区的植物生长通常受 N 限制，而温度较高的地区 P 是植物的主要限制因子（Cao et al.，2020），这也与本研究的研究结果一致。

3.4.4　坡向梯度上植物功能群叶片碳氮磷含量的变化特征

植物功能群叶片碳氮磷化学计量学特征的差异，是群落的组成、生境因素和它们之间交互作用的结果。在坡向梯度上豆科植物氮含量高于其他功能群，这是因为大多数的豆科植物都能与固氮菌结合从而获取大量的 N 营养，因此，与禾本科及杂草植物相比，豆科植物受到土壤 N 的限制较小，一般情况下，豆科植物均具有较高 N 含量，相比而言豆科植物更倾向于受 P 元素的限制。对于禾本科植物而言，其叶片 N 含量、P 含量在不同坡向都低于其他两个功能群，即禾本科较低的叶片营养含量可能决定于其较高的营养利用效率，在阳坡比较贫瘠的生境下成为优势功能群，这符合 Tilman 提出的资源比假说。他指出，在较长的时间里，养分含量较低的物种更适合在营养匮乏的地区生长，而 N、P 含量较低的植物在 N 营养限制或者 P 营养限制的环境下会成为优势种。然而，杂草则相反，它们投入较多的营养物质到特殊器官和一些防御性结构以适应特殊的生长环境，如抵抗低温的胁迫以及辐射的绒毛等（Körner，2003）。不同功能群之间化学计量学特征的差异，展现了不同类群植物其营养限制状况的差别（Dybzinski et al.，2008），不同的功能群之间营养元素吸收的方式与利用的生态位互补，对保持群落物种多样性及群落的生产力起了一定的作用。

3.4.5　不同海拔植物叶片碳氮磷含量随坡向的变化特征

植物叶片碳氮磷含量在不同坡向上均随着海拔的升高而下降，这也说明较冷的生境不会导致较高氮磷含量，这个结果不支持温度-植物生理假说。这主要是因为随着海拔的升高，温度的降低干扰了土壤的生物地球化学过程。Reich 和 Oleksyn（2004）研究指出，温度影响植物叶片氮、磷含量有两种潜在方式。一方面，我们可以用生物地球化学假说（biogeochemistry hypothese，BH）来解释，生物地球化学假说认为：低温会影响植物的一些物理和生理特性，比如细胞膜的渗透性与水的黏滞性等；另外，低温还影响了植物根对营养元素的吸收，所有这些结合在一起就影响了一系列的代谢过程，如限制微生物的活性、降低土壤中有机质的分解（decomposition），同时也降低了土壤矿化（mineralization）作用，因此限制了可利用养分的流动和植物对营养的吸收，导致低的叶片营养浓度。另一方面，低温将有一个和上面结果相反的效果，比如植物在生理方面已经适应了低温的环境和稀释的营养，因此降低了叶片的生长速度，使植物具有较高的叶片氮和磷含量（Weih and Karlsson，1999）。甘南州大部分地区海拔较高，气温较低，气温对叶片氮磷含量的影响主要是影响了土壤的一系列过程。例如，低温降低了土壤中有机物质的分解和土壤的矿化，影响了植物根系对营养元素的吸收，进而造成叶片氮磷含量随海拔升高而减小的变化格局，这也是甘南州坡向梯度上植物叶片氮磷含量随海拔的升高而降低的原因。

3.4.6 土壤对植物叶片碳氮磷含量及其化学计量比的影响

植物养分与土壤因子之间的关系是探索植物适应性和资源利用策略的有效工具，一方面，植物从土壤中吸收自身生长所需要的养分，另一方面，植物利用光合作用合成有机物，通过凋落物反馈到土壤中。通常情况下，土壤作为植物生长所需养分的主要来源，土壤的养分状况直接影响到植物的生长代谢。本研究中植物叶片中有机碳和全磷含量均与土壤有机碳含量呈显著相关关系，这说明植物生长所需要的养分主要来自于土壤，原因是植物从土壤中吸收碳元素合成有机物，为植物生长提供充足的能量，然后光合作用产生有机物，通过凋落物补偿到土壤中。有研究表明，植物中全氮和全磷含量与土壤中全氮和全磷含量存在显著相关性（李程程，2015），但本研究中植物叶片全氮含量与土壤中全氮含量不存在显著相关关系，这可能是因为当土壤中氮的含量完全能够满足植物的生长发育时，植物中氮的含量将不再受土壤氮的影响，而是受控于生育期、生物环境和群落之间的相互作用等（贾婷婷等，2013）。

在坡向梯度上，土壤含水量对植物叶片有机碳和全磷含量均会产生显著影响，这证实了前人关于生态脆弱区植物养分元素变化受水分主导的结论（刘天源等，2021），水分是植物代谢过程中的重要驱动力，土壤水分的多寡将影响植物对土壤中养分元素的吸收。本研究中土壤光照度与植物叶片全氮和全磷含量均无相关关系，但是与植物叶片 N∶P 显著相关，表明土壤光照度对植物叶片化学计量比的影响是不同和可变的。土壤温度也是导致植物叶片化学计量发生变化的环境因素之一，由于高寒草甸生态系统较为敏感，由坡向变化引起的土壤温度的变化会导致植被生长条件发生改变，这会导致与土壤温度有关的太阳辐射发生变化，植被覆盖度越高，太阳辐射越少，这有助于稳定叶片的化学计量。

3.5 本 章 小 结

生态化学计量学是通过分析碳、氮、磷等化学元素的质量平衡对生态交互作用的影响来研究生态系统的结构和功能的，其在探讨植物限制性因子和了解土壤质量中起着尤其重要的作用。为阐明甘南高寒草甸生态系统植物及土壤碳、氮、磷含量及其化学计量特征，进一步研究高寒草甸生态系统碳、氮、磷 3 种养分元素在不同组分之间的相互作用规律与机制，本研究以位于青藏高原东部的玛曲县为研究区，将坡向作为主控地形因子，研究讨论了不同坡向上植物叶片和土壤中有机碳、全氮和全磷的含量及其化学计量比的空间分布，并对不同坡向进行差异性分析，同时结合相关性分析对土壤因子与植物叶片有机碳、全氮和全磷含量及其化学计量比的相关关系进行了探讨。结果表明：①整体上阴坡土壤有机碳、全氮和全磷含量均高于阳坡，不同的是土壤有机碳与全氮含量表现为西坡最低，而土壤全磷含量则为阳坡最低，土壤 C∶N 和 C∶P 均表现为阴坡高于阳坡，土壤 C∶N 在阳坡最低，土壤 C∶P 在西坡最低，土壤 N∶P 表现为阳坡大于阴坡且西坡最低；②植物叶片有机碳含量在 H1 和 H2 的变化趋势基本一致，均表现为从阴坡到阳坡呈现递减的趋势，植物叶片全氮含量在 H1 表现为从阴坡、半阴坡到西坡、半阳坡逐渐增大，阳坡突然减小，在 H2 表现为阳坡高于阴坡且西坡最低，植物叶片全磷含量在 H1 和 H2 均表现为阴坡>半阴坡＞西坡＞半阳坡＞阳坡，阴坡植物叶片 C∶P 和 N∶P 整体低于阳坡，C∶N 整体高于阳坡；③在坡向梯度上，土壤中有机碳含量与植物叶片有机碳和全磷含量均存在显著相关关系，土壤光照度虽与叶片中全氮和全磷含量相关性不显著，但与植物叶片 N∶P 存在显著相关关系，除此之外，土壤温度、含水量和 pH 也会影响植物叶片有机碳、全氮和全磷的含量。

参 考 文 献

车明轩, 吴强, 方浩, 等. 2021. 海拔、坡向对川西高山灌丛草甸土壤氮、磷分布的影响. 应用与环境生物学报, 27(5): 1163-1169.

高巧静, 朱文琰, 侯将将, 等. 2019. 放牧强度对高寒草甸植物叶片生态化学计量特征的影响. 中国草地学报, 41(3): 45-50.

贺金生, 韩兴国. 2010. 生态化学计量学: 探索从个体到生态系统的统一化理论. 植物生态学报, 34(1): 2-6.

贾婷婷, 袁晓霞, 赵洪, 等. 2013. 放牧对高寒草甸优势植物和土壤氮磷含量的影响. 中国草地学报, 35(6): 80-85.

兰爱玉, 林战举, 范星文, 等. 2022. 坡向对青藏高原土壤环境及植被生长影响的实验研究. 冰川冻土, 45(1): 42-53.

李程程. 2015. 双台子河口湿地植物: 土壤生态化学计量特征及其相关性研究. 大连: 大连海事大学硕士学位论文.

梁楚涛. 2017. 黄土丘陵区坡耕地撂荒过程中生态化学计量研究. 北京: 中国科学院大学(中国科学院教育部水土保持与生态环境研究中心)硕士学位论文.

刘天源, 周天财, 孙建, 等. 2021. 青藏高原东缘沙化草甸植物氮磷的分配和耦合特征. 草业科学, 38(2): 209-220.

鲁尚斌. 2019. 我国生态环境保护与治理的法治机制研究. 环境与发展, 31(1): 177-178.

青烨, 孙飞达, 李勇, 等. 2015. 若尔盖高寒退化湿地土壤碳氮磷比及相关性分析. 草业学报, 24(3): 38-47.

孙连伟, 陈静文, 邓琦. 2019. 全球变化背景下陆地植物 N/P 生态化学计量学研究进展. 热带亚热带植物学报, 27(5): 534-540.

陶冶, 张元明, 周晓兵. 2016. 伊犁野果林浅层土壤养分生态化学计量特征及其影响因素. 应用生态学报, 27(7): 2239-2248.

王建林, 钟志明, 王忠红, 等. 2014. 青藏高原高寒草原生态系统土壤碳氮比的分布特征. 生态学报, 34(22): 6678-6691.

王攀, 余海龙, 许艺馨, 等. 2021. 宁夏燃煤电厂周边土壤、植物和微生物生态化学计量特征及其影响因素. 生态学报, 41(16): 6513-6524.

王子寅, 刘秉儒, 李子豪, 等. 2023. 不同发育阶段柠条灌丛堆土壤生态化学计量学特征. 中国草地学报, 45(5): 9-19.

郁国梁, 王军强, 马紫荆, 等. 2022. 博斯腾湖湖滨湿地优势植物叶片碳、氮、磷化学计量特征的季节动态及其影响因子. 植物资源与环境学报, 31(5): 9-18.

曾德慧, 陈广生. 2005. 生态化学计量学: 复杂生命系统奥秘的探索. 植物生态学报, 29(6): 1007-1019.

周红艳. 2017. 鄱阳湖不同湿地分布区优势植物碳氮磷化学计量特征研究. 南昌: 江西师范大学硕士学位论文.

Braakhekke W G, Hooftman D A P. 1999. The resource balance hypothesis of plant species diversity in grassland. Journal of Vegetation Science, 10(2): 187-200.

Bui E N, Henderson B L. 2013. C∶N∶P stoichiometry in Australian soils with respect to vegetation and environmental factors. Plant and Soil, 373(1-2): 553-568.

Cao J, Wang X, Adamowski J F, et al. 2020. Response of leaf stoichiometry of *Oxytropis ochrocephala* to elevation and slope aspect. Catena, 194: 104772.

Dybzinski R, Fargione J E, Zak D R, et al. 2008. Soil fertility increases with plant species diversity in a long-term biodiversity experiment. Oecologia, 158(1): 85-93.

Elser J J, Fagan W F, Denno R F, et al. 2000. Nutritional constraints in terrestrial and freshwater food webs. Nature, 408(6812): 578-580.

Gotelli N J, Mouser P J, Hudman S P, et al. 2008. Geographic variation in nutrient availability, stoichiometry, and metal concentrations of plants and pore-water in ombrotrophic bogs in New England, USA.Wetlands, 28(3): 827-840.

Güsewell S, Bollens U, Ryser P, et al. 2003. Contrasting effects of nitrogen, phosphorus and water regime on first-and second-year growth of 16 wetland plant species. Functional Ecology, 17(6): 754-765.

Hu Y K, Zhang Y L, Liu G F, et al. 2017. Intraspecific N and P stoichiometry of *Phragmites australis*: geographic patterns and variation among climatic regions. Scientific Reports, 7: 43018.

Koerselman W, Meuleman A F M. 1996. The vegetation N∶P ratio: a new tool to detect the nature of nutrient limitation. Journal of Applied Ecology, 33(6): 1441-1450.

Körner C. 2003. Carbon limitation in trees. Journal of Ecoloty, 91(1): 4-17.

McGroddy M E, Daufresne T, Hedin L O. 2004. Scaling of C∶N∶P stoichiometry in forests worldwide: implications of terrestrial redfield-type ratios. Ecology, 85(9): 2390-2401.

Michaels A. 2003. The ratios of life. Science, 300: 906-907.

Redfield A C. 1958. The biological control of chemical factors in the environment. American Scientist, 46(3): 221-230.

Reich P B, Oleksyn J. 2004. Global patterns of plant leaf N and P in relation to temperature and latitude. Proceedings of the National Academy of Sciences of the United States of America, 101(30): 11001-11006.

Reiners W A. 1986. Complementary models for ecosystems. The American Naturalist, 127(1): 59-73.

Rong Q, Liu J, Cai Y, et al. 2016. "Fertile island" effects of *Tamarix chinensis* Lour. on soil N and P stoichiometry in the coastal wetland of Laizhou Bay, China. Journal of Soils and Sediments, 16(3): 864-877.

Sakamoto M. 1966. Primary production by phytoplankton community in some Japanese lakes and its dependence on lake depth. Archiv fur Hydrobiologie, 62: 1-28.

Sterner R W, Elser J J. 2002. Ecological stoichiometry: the biology of elements from molecules to the biosphere. Princeton: Princeton University Press: 167-196.

Weih M, Karlsson P S. 1999. Growth response of altitudinal ecotypes of mountain birch to temperature and fertilization. Oecologia, 119(1): 16-23.

Wilson M C, Smith A T. 2015. The pika and the watershed: the impact of small mammal poisoning on the ecohydrology of the Qinghai-Tibetan Plateau. Ambio, 44(1): 16-22.

Yu Z, Wang M, Huang Z, et al. 2017. Temporal changes in soil C-N-P stoichiometry over the past 60 years across subtropical China. Global Change Biology, 24(3): 1308-1320.

Zhang L X, Bai Y F, Han X G. 2004. Differential responses of N∶P stoichiometry of *Leymus chinensis* and *Carex korshinskyi* to N additions in a steppe ecosystem in Nei Mongol. Journal of Integrative Plant Biology, 46(3): 259-270.

Zhang Y L, Li X, Bai Y L. 2015. An integrated approach to estimate shortwave solar radiation on clear-sky days in rugged terrain using modis atmospheric products. Solar Energy, 113: 347-357.

第4章　基于 Ripley *K*(*r*)函数的植物种群空间分布格局及其关联性

4.1　植物种群空间格局研究概述

种群的空间分布格局是指同种生物在一定时空范围内的分布方式与配置特点，是种群内个体间、种群与所属群落异种个体间及种群与环境间相互作用的综合体现，在一定程度上反映了物种的资源利用方式、种内种间关系以及物种与环境的相互作用。植物种群的大小、株丛结构和分布规律，是植物个体之间相互依赖、相互竞争关系对异质生境的响应，这种响应在作用于植物群落结构和种群空间格局方面起到了重要的推动作用，植物种群空间分布类型有聚集分布、随机分布和均匀分布 3 种。种间空间关联性是指不同种群空间分布上的相互关联性，它能反映种间相互作用、群落的组成和动态等。对种群空间分布格局的研究可以解释种群的生态适应性对策，对群落优势种空间分布格局的研究有助于揭示群落的生物多样性维持机制。

对于空间分布格局的研究一般采用可在多尺度探究物种分布格局动态变化的点格局分析法。点格局分析法与其他传统的方法相比，其最大的可取性在于它可以最大化地运用点与点之间的距离数据，并且可以呈现出颇为全面的空间大小信息，它不但可以判断种群随空间尺度变化的分布状态，而且也可对在任何大小尺度上种群的分布状态和种间关系进行相关的探讨，同时在一定意义上对种群的空间分布类型给予最大的集中强度研究及其对应的尺度范围，最后还可为整个群落内各种群间分布状态的相互比较提供便利。

4.1.1　植物种群空间分布格局的形成机制

受多种因素的作用，种群空间分布格局（spatial distribution pattern of population）复杂多变，同一物种在不同生境条件下表现出多种空间分布类型，不同的生态过程也可能产生相同的空间格局（赵玲等，2022）。基于生态过程的理论假设与多种数量生态学方法的模拟验证，可以将影响种群格局变化的重要因素分为两大类：一类是内部因素，如植物的繁殖特性、生活史策略、种间关系及种子扩散方式等；另一类是外部因素，如生境异质性、尺度效应、干扰等（张金屯，2004）。

1. 生境异质性对植物种群空间分布格局的影响

环境影响着植物的整个生活史，植物的生长发育离不开环境地形、土壤、温度、水分等生境因子，各生境因子的空间分异是自然界中普遍存在的现象，是种群空间格局形成的重要驱动机制（朱文婷等，2022）。地形因子不会直接对植物个体产生影响，而是通过间接地改变水热条件来影响植物种群的空间分布，如海拔、坡向与坡度以及土壤理化性质等的变化导致地表水热的再分配，从而影响植物的生态过程。土壤性状在水平空间的变异是引起植物种群空间格局变化的重要原因（樊登星和余新晓，2016）。

2. 竞争对植物种群空间分布格局的影响

植物空间分布格局是反映时空尺度内物种共存的一个窗口，不同的空间分布格局与关联性可以间接反映群落内物种的共存机制（蔺雨阳等，2023）。关于物种共存机制，生态位理论给出了有效的解释，Gause 的“竞争排除法则”也成功地验证了这一理论（王少鹏等，2022）。同一物种不同个体与不同物种之间只要共享某种资源就会存在不同程度的竞争，一般来说植物对生态位资源的利用越表现出趋同性，其间的竞争就越激烈，具有相同生态位的物种不能长期共存，即生态位重叠越多，物种共存的可能性就越小；如果物种生态位完全重叠，其中一些物种最终会被适应性较强的物种竞争出局（刘旻霞，2017）。

3. 植物种群空间格局的尺度效应

尺度效应是指在研究某一物体或现象时所采用的空间或时间单位，同时又可以指某一现象或过程在空间和时间上所涉及的范围与发生的频率（乔旭宁等，2023）。植物的空间格局与生态学过程具有较强的尺度依赖性，植物的种群空间格局会随尺度的变化而变化，表现出明显的尺度效应，不同种群空间格局的变化对尺度变化的敏感性不同（尤海舟等，2010）。尺度效应会随着种群空间格局研究的取样尺度的变化而变化，一旦超过取样尺度的临界值，尺度效应通常会减小。

4.1.2　种间关联性

种间关系包括种间关联和种间相关性，两者都是指不同种群在空间上的相互关联性，一直以来是生态学研究的热点。植物群落中的每一个物种都不是单独存在的，物种间存在着复杂的关系，种间关联性则是种间关系最直接的一种表现形式（申旭芳等，2021）。种间关联性能够客观地反映出不同物种间的相互关系，能够更加充分地了解群落中物种间相互依存与相互制约的客观关系，对揭示群落结构与群落特征具有重要意义（孙涛等，2020）。通过探究局域内物种间的种间关联性，不仅可以了解物种本身的生物学特性，还可更加深入地研究物种与物种、物种与环境间的关系，进而总结有利于物种生长和环境协调统一的规律，为局域植被环境的维持与改善提供理论依据。

种间关联是植物群落中重要的结构和数量特征之一，是不同种群间相互关系的表达形式以及群落形成和演替的基础，研究不同种群间的关联性，有利于正确认识各物种间的竞争关系，客观反映物种对环境的适应程度，对认识群落内部结构、预测种群动态及群落演替趋势有重要意义。种群空间格局能够揭示种群个体在某一地理分布区二维空间上的格局类型，展现空间分布格局的聚集强度及其尺度效应，并且可以探究种间、种内的空间关联性，不同物种的空间分布研究与种间关联性研究相辅相成，两者的结合研究有助于更加充分地理解种群的空间分布格局及其形成意义。

4.1.3 植物种群空间分布格局与种间关联性的研究意义

种群空间格局分析主要包括种群的空间分布格局和种间关联性两方面的内容，是植物生态学研究的热点之一。种群是组成群落的基本单元，研究植物种群内部的空间分布格局和种间关联性，能够反映出种群间的生态关系及植物群落的现状、发展趋势，是认识种群自身生物学特性，探究物种共存机制的重要途径（Liu et al.，2014）。因此，通过对种群分布格局的研究，可以认识群落内物种的镶嵌情况，并了解种群在群落中的地位和作用，从而掌握种间相互作用规律和群落与环境的相互关系，同时可为了解群落内部机制及群落演替研究提供科学依据，这对深入探讨植物种群特征、种群间相互作用及种群与环境之间的关系以及揭示种群的形成和维持机制有着重要意义。

米口袋（*Gueldenstaedtia verna*）为豆科米口袋属多年生草本植物，是高寒草甸的建群种或伴生种，适宜生长在冷湿的山地环境条件下。老鹳草（*Geranium wilfordii*）为牻牛儿苗科老鹳草属多年生草本植物，生于潮湿山坡、路旁或灌丛中，喜湿润气候，耐寒、耐湿，是高寒草甸的优势种或亚优势种。在甘南地区，由于人类活动的加剧，放牧强度的增加，导致自然环境恶化，当地的植物种群出现了不同程度的退化。为此，本章以青藏高原东北部的高寒草甸植物优势种——米口袋和老鹳草作为研究对象，运用基于 Ripley $K(r)$函数的点格局分析法研究了植物种群在坡向条件下响应空间格局及其关联性变化的环境适应性，以期为进一步促进高寒草甸人工草场恢复及草地资源的可持续利用及其保育措施的制定提供科学依据。

4.2　实验设计与方法

4.2.1　基于 Ripley $K(r)$函数的点格局分析法

空间分布格局的研究已历经多年，研究方法众多，比如距离法、分布型指数法、频次检验法等，而近几年应用较多的是点格局分析法（张金屯，1998）。种群空间分布格局会随着空间尺度的不同而变化，即存在尺度依赖性，传统方法只能对特定空间尺度进行分析，点格局分析法则弥补了这一不足，它以植物种群的个体在空间的坐标为基本数据，每个个体都可以看作是二维空间的一个点，这样所有个体组成了空间分布的点图（Ripley，1977）。因此，点格局分析能直观地描述植物群落的动态变化，推演其潜在的生态学过程，可以保存描述生态学对象特征属性的取值，保留影响生态学对象格局的过程痕迹，获得关于潜在过程有价值的信息。

点格局分析法与传统方法相比，克服了种群空间格局研究单一尺度变化的缺陷，更方便于研究连续尺度上种群个体的分布格局变化，它已成为研究物种分布与共存机制、联系生态学过程、检验多样性维持相关假说的一个重要途径，因而在植物种群不同尺度空间分布格局及空间关联性的研究中得到了广泛应用。国外研究者在 Ripley $K(r)$函数分析法的基础上做了大量改进，使得空间点格局分析法在国际上得到迅速推广。张金屯首先将点格局分析法引入国内，推动了植物种群空间分布的研究（张金屯，2004）。最近几年点格局分析法在很大程度上得以改进，能在不同时间序列、尺度上揭示植物群落动态变化的驱动机制，受到了国内外研究者的青睐。在我国，利用点格局分析法已在森林、草地、荒漠等不同景观中进行了植物种群空间分布以及种群中各龄级空间关联性研究，从多尺度上揭示了植物种群与生境的相互作用关系及其生态学过程（Liu et al.，2020）。

1. 种群空间点格局分析

种群空间点格局分析，是以研究区内植物个体分布的坐标点图为基础进行点格局分析。从一定意义上来说，点格局分析就是用来考量研究区（样方）内以某点为圆心，以一定长度（r）为半径的圆内的植物个体数目的函数，能够分析各尺度下种群的分布格局和种间关系。点格局分析法中，通常使用 Ripley $K(r)$函数进行种群空间格局分析，具体计算公式为

$$K(r)=\frac{M}{n^2}\sum_{i=1}^{n}\sum_{j=1}^{n}\frac{I_{r(t_{ij})}}{W_{ij}}(i\neq j) \tag{4-1}$$

式中，M 表示研究区域面积；r 表示空间尺度；n 表示研究区域内点事件的数量；t_{ij} 为点 i 和点 j 之间的距离；$I_r(t_{ij})$为指示函数，当 $t_{ij}\leqslant r$ 时，$I_r(t_{ij})=1$；当 $t_{ij}>r$ 时，$I_r(t_{ij})=0$；W_{ij} 为权重值，用于边缘校正。

当 Ripley $K(r)$应用于单变量的物种空间格局计算时，为了使方差更稳定，计算结果更可靠，引入了能够保持方差稳定性的 $K(r)/\pi$ 值，得到 $L(r)$函数，其与 r 的线性关系为

$$L\left(r\right)=\sqrt{K\left(r\right)/\pi-r} \tag{4-2}$$

式中，若 $L(r)<0$，则植物种群呈现均匀分布；若 $L(r)=0$，则植物种群呈现随机分布；若 $L(r)>0$，植物种群呈现聚集分布。用蒙特卡罗拟合（Monte-Carlo fitting）随机模拟法来提高种群空间分布格局模拟的精确性，若实际计算值 $L(r)$在两条拟合包迹线之下，则种群表现为均匀分布，若 $L(r)$值在两条拟合包迹线之间，则种群表现为随机分布，若 $L(r)$在两条拟合包迹线之上，则种群表现为聚集分布。

2. 种间关联性分析

种间关联性是指两个种的点格局分析，也称为多元点格局分析。具体公式为

$$K_{\mathrm{ab}}\left(r\right)=\frac{M}{n_1\times n_2}\sum_{i=1}^{n}\sum_{j=1}^{n}\frac{I_r\left(t_{ij}\right)}{W_{ij}}\left(i\neq j\right) \tag{4-3}$$

式中，n_1、n_2 分别代表种群 1 及种群 2 的个体数，其他指标与式（4-1）中含义相同，同样，用 $L_{\mathrm{ab}}(r)$取代 $K_{\mathrm{ab}}(r)$，公式为

$$L_{\mathrm{ab}}\left(r\right)=\sqrt{\frac{K_{\mathrm{ab}}\left(r\right)}{\pi}}-r \tag{4-4}$$

式中，当 $L_{\mathrm{ab}}(r)>0$ 时，表示两种群正相关；当 $L_{\mathrm{ab}}(r)=0$ 时，表示两种群不相关；当 $L_{\mathrm{ab}}(r)<0$ 时，表示两种群负相关。一般采用 Monte-Carlo 随机模拟方法拟合包迹线，计算出不同尺度下的 $L_{\mathrm{ab}}(r)$值，以确定不同物种间是否具有空间关联性，若 $L_{\mathrm{ab}}(r)$的值在上下包迹线的区间以上，表明为正相关；在上下包迹线的区间之间为不相关；在上下包迹线的区间以下为负相关。

4.2.2 点格局分析的主要步骤及要点

进行生态学点格局分析，首先要收集数据并对数据进行归类，然后选择概括性统计量并根据观测数据求出结果，最后选择零模型并进行模拟运算，根据观测结果与模拟结果的比较，判断不同尺度上生态学对象的分布格局，并根据生态学理论，建立分布格局与生态学过程之间的联系。

1. 数据收集及其分类

点格局数据，就是具有坐标的、被抽象化为点的生态学对象，这些点被限定在一定面积的、被称为观察窗的样地内。观察窗通常为方形、长方形或圆形等规则形状，但不绝对，大小取决于所研究的科学问题。

点格局数据还可以包括生态学对象的属性（树木的大小、龄级、存亡状态等）。根据类型的多寡、标记的有无、标记的类型可以把点格局数据分成 10 个类型。数据类型与所研究的科学问题和具体的分析方法联系密切，因此明确数据类型十分必要。

2. 概括性统计量的选择

点格局分析常见概括性统计量见表 4-1。单变量形式可方便地拓展为多变量形式，且多以完全随机为假设条件，故表 4-1 只列出基于完全随机的单变量形式。

表 4-1　点格局分析常见概括性统计量（张金屯，1998；Ripley，1977，2004）

概括性统计量	符号	表达式	参数的含义
密度	λ	$\lambda= E[N(\mathrm{B})]/v(\mathrm{B})$	$E[N(\mathrm{B})]$：任意集合 B 中的平均点数；$v(\mathrm{B})$：B 的面积，N 为物种数量
Ripley $K(r)$函数	$K(r)$	$K(r)=\lambda^{-1}E[\cdot]$	$E[\cdot]$：以任意一点为圆心、r 为半径的圆内点数的期望值，不包括圆心
$K(r)$的变形	$L_1(r)$ $L_2(r)$	$L_1(r)=\sqrt{K(r)/\pi}$ $L_2(r)=\sqrt{K(r)/\pi}-\mathrm{r}$	参考 $K(r)$ 参考 $K(r)$
配对相关函数	$g(r)$	$g(r)=\dfrac{K'(r)}{2\pi r}$	$K'(r)$：关于 r 的 K 函数的导数
圆环统计量	$O(r)$	$O(r)=\lambda g(r)$	$O(r)$：以任意一点为圆心、半径为 r、宽为 dr 的圆环内点数的期望值，不包括圆心
最近邻体统计量	$F(r)$ $G(r)$	$F(r)=p\{d(u，X)\leqslant r\}$ $\mathrm{G}(r)=p\{d(w，X)\leqslant r\}$	$F(r)$表示从一个固定位置 u（$u\in R^2$），到离它最近一点 x_i（$x_i\in X$）的距离的累计分布函数，将 u 改为任意点 w（$w\in X$）即 $G(r)X$ 代表某个点格局

4.2.3　样地设置及调查

本研究团队于 2016 年 7～8 月在甘南高寒草甸进行了野外群落学调查。根据草场群落学调查法和点格局分析法取样要求，利用全球定位系统（GPS）沿着山地中部位置在阳坡、半阳坡、西坡、半阴坡和阴坡每个坡向上各设置一个大小为 10 m×10 m 的样方，采用相邻格子法把样方划分为 100 个 1 m×1 m 的小样方。以样方左下角作为坐标原点，记录样方框中的米口袋和老鹳草的相对位置、投影点，并在坐标纸上绘出。记录物种的密度、盖度及其他生物学特征，物种盖度用目测估算法；把物种沿地面剪下，装入信封袋带回实验室，在 75℃烘箱中烘至恒量，称量生物量。在每个坡向样方内按照对角线法取 0～15 cm 土层的土样带回实验室进行土壤因子测定。样地概况见表 4-2。采用 GetData Graph Digitizer 2.25 软件提取坐标数据，通过 Programita 2014、Excel 2007 等软件进行数据处理分析。本研究选取的空间尺度为 5 m，并通过蒙特卡罗法（Monte Carlo method）随机模拟 20 次，得到两条包迹线围成的 95%置信区间，运用 SigmaPlot 10.0 软件绘图，不同坡向的土壤理化因子以及米口袋与老鹳草的生物学特征通过 SPSS 18.0 软件进行单因素方差分析、差异性检验及关联性分析。

表 4-2 不同坡向样地概况

坡向	海拔（m）	纬度	经度	坡度（°）	方位（°）	距山顶的距离（m）
阴坡	3042	34°66′ N	102°53′ E	20±0.64a	180	22±0.18a
半阴坡	3039	34°66′ N	102°53′ E	22±0.25a	135	21±0.24a
西坡	3031	34°66′ N	102°53′ E	25±0.06a	90	20±0.09a
半阳坡	3035	34°66′ N	102°53′ E	28±0.09b	45	16±0.06a
阳坡	3036	34°66′ N	102°53′ E	33±0.11b	0	12±0.05b

注：不同小写字母代表差异性显著

4.3 沿坡向梯度米口袋与老鹳草的点格局分析

4.3.1 不同坡向米口袋与老鹳草的空间分布格局

如图 4-1 所示，散点图中的黑点代表米口袋，由散点密度可见米口袋种群在阳坡和半阳坡分布密度较大，且在这两个坡向成堆聚集分布较为明显，米口袋在西坡与老鹳草各自参半分布，而在阴坡和半阴坡分布密度较小，米口袋在半阴坡的分布较为均匀，在阴坡扎堆呈点斑状分布，米口袋沿坡向的分布密度整体呈现为阳坡>半阳坡>西坡>半阴坡>阴坡。散点图中的白点代表老鹳草的空间分布密度，老鹳草种群的分布密度恰好与米口袋相反，其在阴坡和半阴坡的分布密度较大，且在阴坡呈明显的聚集分布，在半阴坡的分布密度整体比较均匀，在半阳坡和阳坡则是零星分布，老鹳草种群分布密度沿坡向为阴坡>半阴坡>西坡>半阳坡>阳坡。总体来看，米口袋种群的个体分布主要表现为随机分布，老鹳草种群个体分布主要表现为聚集分布，但不同研究尺度内种群的分布格局有明显差异。

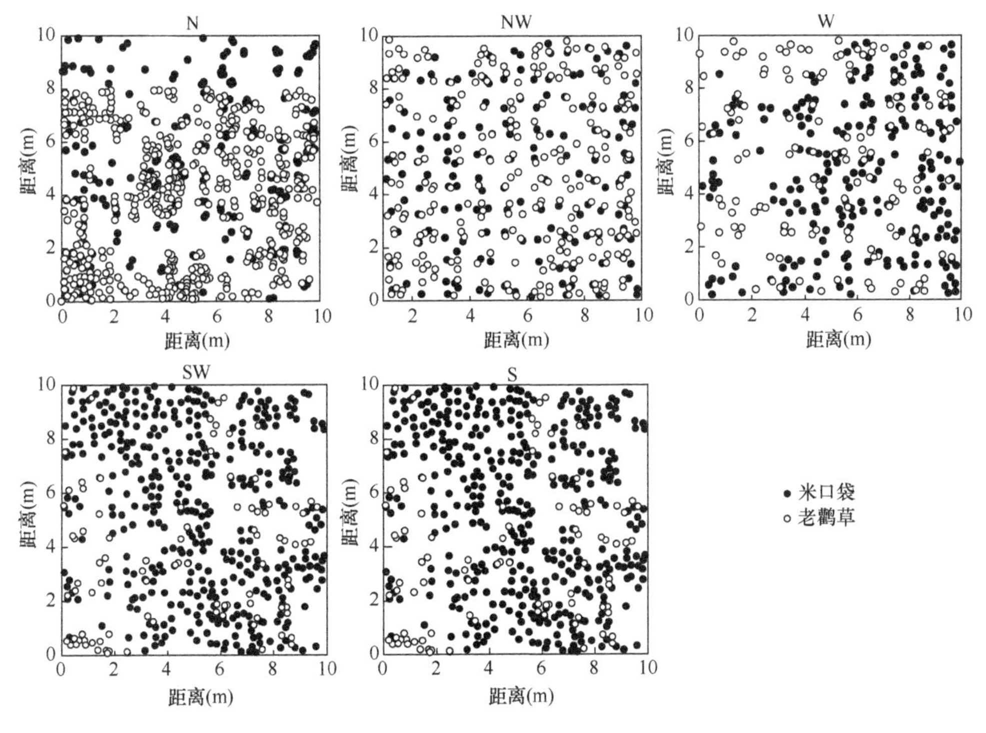

图 4-1　米口袋和老鹳草的空间分布

由图 4-2 可知，不同坡向上，米口袋种群在各个小尺度上的分布状况及聚集程度不同。阴坡，在 0～3 m 尺度，$L(r)$值在上包迹线之上，米口袋种群呈聚集分布，在 3～5 m 尺度，$L(r)$值在上下包迹线之间，米口袋种群表现为随机分布，阴坡坡向上米口袋种群在整个 0～5 m 研究尺度内由聚集分布过渡为随机分布；在半阴坡，米口袋种群的 $L(r)$值在整个研究尺度 0～5 m 均在上下包迹线之间，表现为随机分布；在西坡，米口袋种群在 0～5 m 尺度内均表现为随机分布；在半阳坡，0～1.8 m 尺度，$L(r)$值在上包迹线之外，米口袋种群呈聚集分布，在 1.8～5.0 m 研究尺度，$L(r)$值在上下包迹线之间，表现为随机分布；在阳坡，米口袋种群在 0～5.0 m 尺度内均表现为随机分布。

由图 4-3 可知，随着坡向由阴坡到阳坡的转变，老鹳草在小尺度的分布格局同样具有明显的差异。在阴坡，老鹳草种群在整个研究尺度内均呈聚集分布；在半阴坡，老鹳草种群的 $L(r)$值在 0～0.5 m 尺度上在下包迹线之下，表现为均匀分布，在 0.5～5 m 尺度上表现为随机分布；西坡坡向上，在 0～2.2 m 尺度，$L(r)$值在上包迹线之外，老鹳草种群为聚集分布，在 2.2～5.0 m 尺度，$L(r)$值在上下包迹线之间，表现为随机分布；在半阳坡，老鹳草种群在 0～5.0 m 尺度内均为聚集分布；在阳坡，老鹳草种群在 0～5.0 m 尺度内均为随机分布。

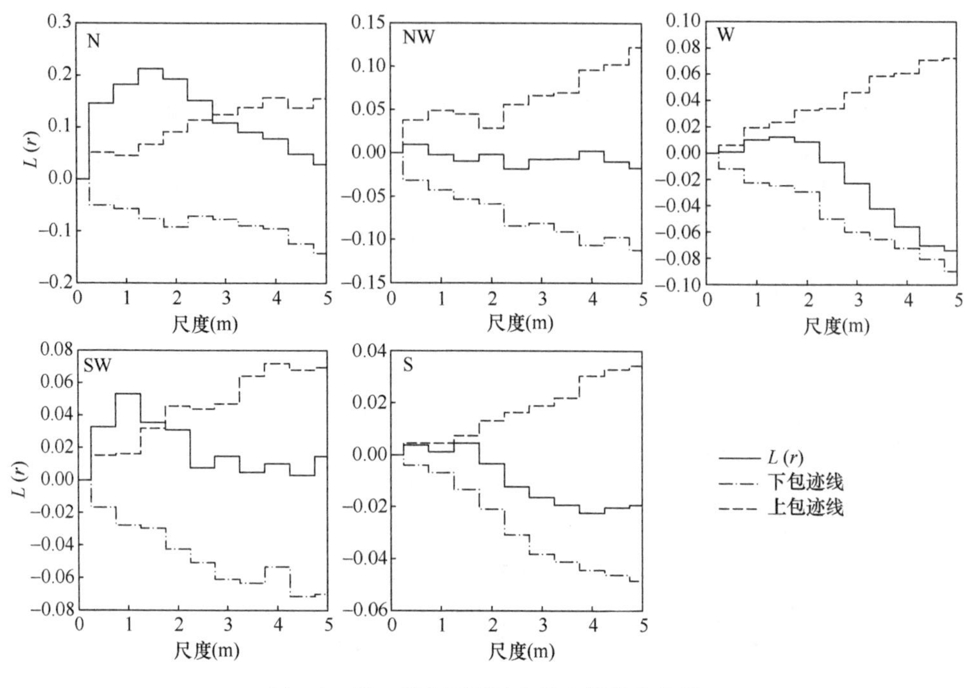

图 4-2　米口袋在不同坡向的空间分布格局

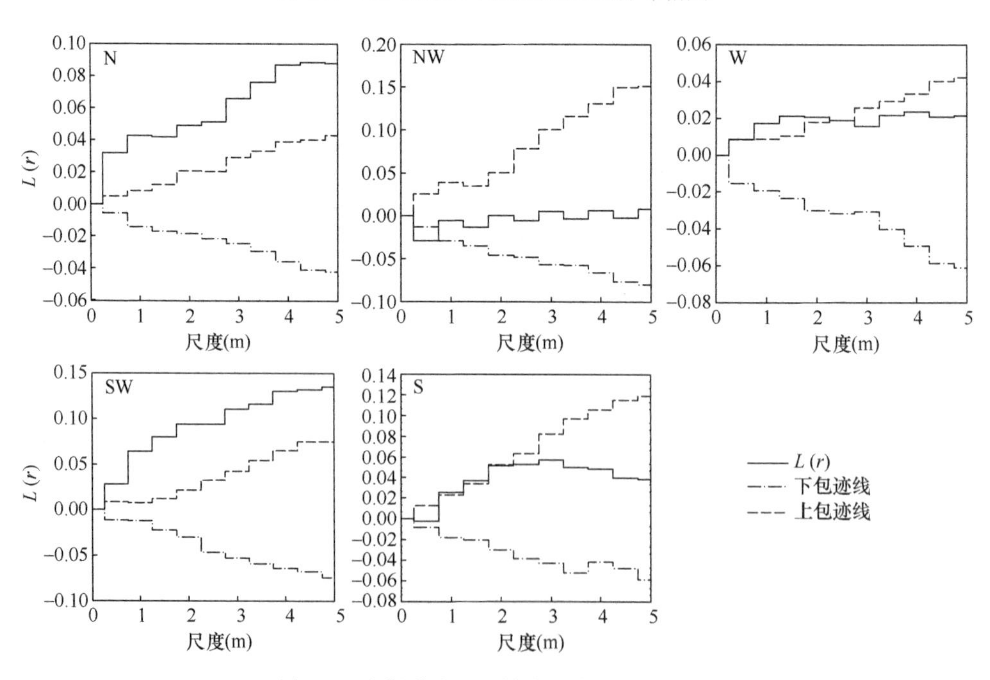

图 4-3　老鹳草在不同坡向的空间分布格局

4.3.2　沿坡向梯度米口袋与老鹳草的种间关联性变化

由图 4-4 可知，在阳坡，米口袋与老鹳草种群在 0～5.0 m 尺度内表现为不相关；在半阳坡，两种群在 0～2.5 m 尺度上 $L_{ab}(r)$值在两条包迹线之间，表现为不相关，在 2.5～5 m 尺度上 $L_{ab}(r)$值在下包迹线之下，表现为负关联；西坡坡向上，在 0～2.1 m 尺度，$L_{ab}(r)$值在下包迹线之外，两个种群呈负相关，在 2.1～5.0 m 尺度，$L_{ab}(r)$值在上下包迹线之间，两个种群不相关；在半阴坡，$L_{ab}(r)$值在 0～5.0 m 尺度上均在两条包迹线之间，两种群在整个研究尺度上表现为不相关；阴坡坡向上，在 0～1.0 m 尺度，$L_{ab}(r)$值在上包迹线之上，两个种群呈正相关，在 1.0～5.0 m 尺度，$L_{ab}(r)$值在上下包迹线之间，表现为不相关。总体来看，米口袋与老鹳草在各个坡向上的关联性大致相同，仅在小尺度上存在差异，表现出了对坡向微地形变化的响应策略。

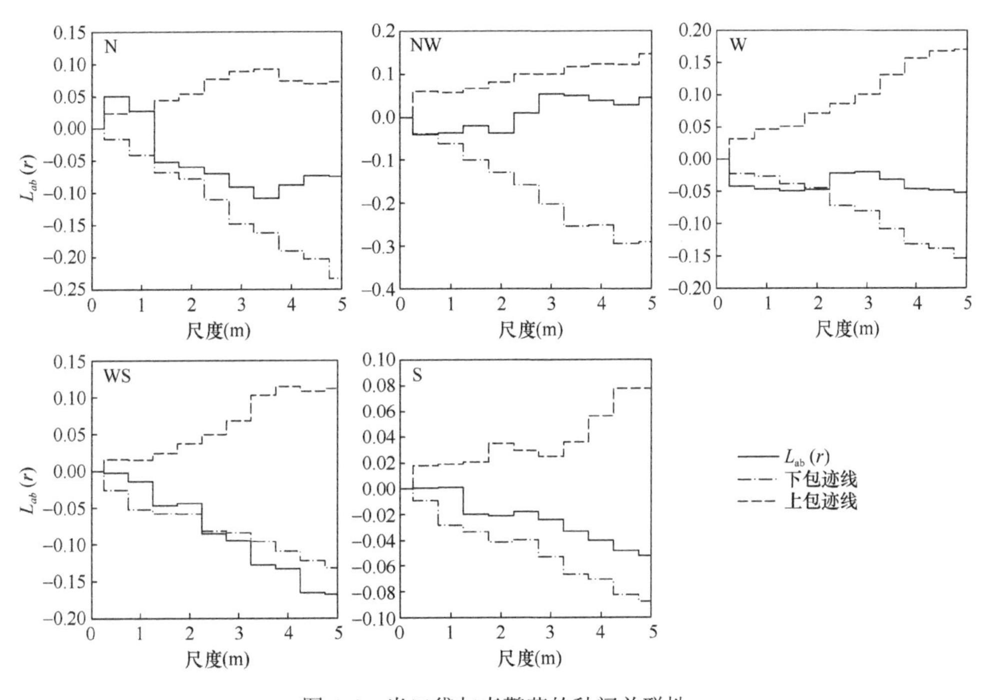

图 4-4　米口袋与老鹳草的种间关联性

4.4　米口袋与老鹳草的空间分布格局及关联性

4.4.1　米口袋与老鹳草的空间分布特点

微地形的不同而导致的土壤养分、水分、光照度及土温等外界条件的不同，影响了植物种群的空间分布格局（张鸿南等，2023）。在不同坡向上，土壤养分、含水量、光照度及土温等环境因子有显著差异（见第 3 章）。光照度和土壤温度从阴坡到阳坡逐渐升高，从阴坡到阳坡，土壤养分与水分呈递减的趋势，阴坡和半阴坡明显高于阳坡和半阳坡，因此，从阴坡到阳坡，物种间的资源竞争由水资源转变为光资源的竞争，这与之前的研究结果一致（刘旻霞，2017）。阴坡土壤营养资源和水资源充足，而西坡相对稍低，这可能是由于西坡属于放牧通道，而人为踩踏及牲畜的取食可能导致土壤风化严重而使土壤养分含量减少（杨春亮等，2023），阳坡则有明显的更为强烈的光照强度，蒸发与蒸腾作用使得水分的散失更快，植物种群对水资源的竞争更大。

植物种群的空间格局是其在水平空间上的配置状况，它反映的是一定环境因子对个体行为、生存和生长的影响，由于植物与环境之间存在着不间断的相互作用、相互影响，植物种群的分布格局总是随着群落环境的变化而发生变化。本研究结果表明，米口袋在阳坡和半阳坡的分布密度较大（图 4-1），且两个坡向的散点分布聚集现象比较明显；西坡坡向上两种群的密度分布适中，在研究尺度内，两种群的密度大小几乎一致；在阴坡和半阴坡，米口袋种群的密度逐渐减小。老鹳草种群沿坡向梯度密度的大小分布特征与米口袋相反。总之，米口袋与老鹳草种群在 5 个坡向上的分布具有明显的差异，阳坡米口袋分布较多，阴坡老鹳草分布较多，且随着坡向由阴坡至阳坡的梯度变化，米口袋种群的生物量、密度呈递增的趋势，老鹳草种群的生物量及密度则逐渐降低。米口袋与老鹳草的空间分布散点图同样表明，从阴坡到阳坡，米口袋的空间分布数量逐渐增多，老鹳草的数量逐渐减少（图 4-1）。出现这种分布格局的主要原因是米口袋及老鹳草均喜冷凉湿润的气候，但米口袋的生物学特性更耐干旱和贫瘠，而阳坡水分较少且蒸发量大，较干旱，因而越往阳坡米口袋分布越多，越往阴坡老鹳草的分布数量越多。这体现了植物种群对环境异质性的适应策略。

在复杂生境中植物的种群空间格局是植物种群斑块形态和株丛结构资源权衡机制的综合反映（柏旭倩等，2022）。其分布格局受尺度大小的影响，在较小的尺度范围内可能受到种内或种间竞争、种子扩散限制等因素的影响，而在大尺度范围内可能受自身的生物学特性、种群分布区的异质性和外界无机环境等因素的影响（张国娟等，2021）。本研究发现，尽管不同坡向间的距离相隔只有几百米远，但在这种微地形尺度下，两个物种的空间分布格局发生了变化。阴坡的米口袋在 0～3.0 m 距离尺度上呈现出聚集分布，在 3.0～5.0 m 尺度上均表现出随机分布（图 4-2），形成这种分布格局的原因是：米口袋在阴坡植物群落中处于劣势，对群落资源的竞争相对微弱，为抵抗优势种老鹳草的胁迫，种群个体间相互庇护形成聚集分布，随着尺度的增加，米口袋小斑块间的平均距离扩大，在较大尺度上表现出随机分布格局。阴坡的老鹳草种群在任何尺度内都表现出聚集分布（图 4-3），其原因是，植物种子主要靠风传播，大部分散落在母株的周围，同时适宜的环境使其聚集程度增加，导致种群呈现聚集分布。半阴坡和西坡的米口袋在整个研究尺度内呈随机分布，半阴坡和西坡处在阴坡到阳坡的过渡位置，其光照度和土壤养分高于阴坡，较好的生长环境使其在这两个坡向的生长较为独立，表现出随机分布的格局。半阴坡上的老鹳草在小尺度上表现为均匀分布，在较大范围尺度上表现为随机分布，西坡坡向上，在 0～2.2 m 尺度上表现为聚集分布，在 2.2～5.0 m 尺度上表现为随机分布，从半阴坡到西坡，老鹳草的分布数量逐渐减少，水分与土壤养分减少，在土壤与水资源相对较充足的半阴坡，老鹳草的生长条件相对较好，在小尺度上生长较为独立，表现为均匀分布，而在水分与土壤养分含量相对较低的西坡，老鹳草种群在小尺度上相互团结以抵御外界不利的环境条件，从而表现为聚集分布。在半阳坡，米口袋在 0～1.8 m 尺度上呈现出聚集分布，在 1.8～5.0 m 尺度上表现出随机分布，老鹳草在整个研究尺度上为聚集分布，其原因是幼小个体竞争资源的能力较差，为了获得更多的有利资源，种内个体相互庇护，形成聚集分布。随着种群个体数量的不断增长，种内竞争日益激烈，最终导致种群自疏现象的发生，种群由聚集分布过渡到随机分布。阳坡坡向上，米口袋和老鹳草种群在 0～5.0 m 研究尺度内均表现为随机分布（图 4-2，图 4-3），形成这种分布格局的原因是：①阳坡水分稀缺且光照较强，土壤温度高，养分含量低，干旱贫瘠的环境不利于老鹳草的生长，导致其分布密度较小，形成的竞争力微弱，最终导致老鹳草种群出现消退状态，呈现为随机分布；②米口袋的繁殖与扩散速度较快，群落分布密度较大，导致其以种内竞争为主，最终发生自疏现象，种群聚集分布的格局因种内自疏现象被打破，聚集分布强度减弱，逐渐演变为随机分布。朱文婷等（2022）在种群分布格局的多尺度分析中指出：若一个种群在种间竞争处于弱势时，优势种群占据着大量资源与空间，弱势种则呈现消退状态，个体随机死亡，导致种群空间格局呈随机分布，与本研究结果一致。

4.4.2　米口袋与老鹳草的种间关联性

种间关联性是物种在空间分布上所体现的相互关联性，它反映了物种在同等条件下生长的关系及其对环境的适应性。正相关关系是由于一个物种对另一物种产生依赖或者物种同处于异质环境中，对环境条件产生相似的适应及反应而产生的，负相关关系是由于两物种在对资源竞争的过程中相互排斥，或者对环境条件产生不相似的环境需求（李想等，2021）。本研究发现，在阴坡和阳坡，米口袋与老鹳草种群仅在小尺度（阴坡 0～1 m）上表现为正相关，其余较大尺度均不相关（图 4-4），半阴坡上两种群同样表现为不相关，原因是米口袋和老鹳草在阴坡和阳坡的分布密度都较小，在半阴坡上两种群的分布密度也小，因此无法对彼此的生长造成实质性的影响，导致种群在这 3 个坡向较大尺度上都表现为不相关。阴坡的米口袋和老鹳草在 0～1 m 的小尺度上表现出正相关，原因是老鹳草和米口袋种群在小尺度上生态位相似，需要共同利用环境资源。西坡坡向上，在 0～2.1 m 小尺度内呈现负相关，在 2.1～5.0 m 尺度表现为不相关。可能的原因是两个种群之间因竞争土壤养分及水分而相互排斥，使老鹳草和米口袋在西坡小尺度内呈现负相关；在较大研究尺度内，个体龄级较高且分布上相互独立，使环境资源得到充分利用，导致老鹳草和米口袋在较大尺度上表现为不相关。在半阳坡，两种群在 0～2.5 m 尺度上表现为不相关，在 2.5～5 m 尺度上表现为负相关，从西坡到半阳坡，两种群继续保持不相关的关系，但随着米口袋分布密度的逐渐增大，对资源的竞争作用使得两种群呈负相关。楚光明等（2014）在对无叶假木贼的研究中指出，两种群种间距离在小尺度阈值范围内才会表现出对有限资源的竞争关系，若超过这个阈值，种群之间的关联性就会减弱，呈现显著不相关，这与本研究结果一致。

综上所述，高寒草甸微地形尺度下的主要物种米口袋与老鹳草在不同尺度呈现出不同的空间分布格局及关联性，这种分布格局不仅与其自身生物学特性有关，而且还受不同坡向环境因子的影响，尤其是土壤水分及养分的影响，导致两种群对不同坡向异质的环境作出响应，探究高寒草甸微地形群落结构、演替动态及驱动机制，可以为该地区退化草地的恢复、改造及生物多样性保护提供科学依据。

4.5 本 章 小 结

本章提出基于点格局的方法来分析物种的空间分布格局及种间关联性，选取甘南高寒草甸 5 个不同坡向梯度的优势种——米口袋和老鹳草作为研究对象，运用基于 Ripley $K(r)$函数的点格局分析法研究了两个物种的空间分布及种间关联性。首先，通过结果分析不难看出基于 Ripley $K(r)$函数的点格局分析法在方法分析上所体现出的优越性，与传统的只能在单个尺度上进行空间分布研究的方法相比，点格局分析法从不同尺度上呈现的空间分布与种间关联性更为清晰直观，更加有利于不同尺度上植物种群空间分布的探究。研究结果表明，阳坡和半阳坡米口袋分布较多，在阴坡和半阴坡分布密度较小，沿着阴坡到阳坡的变化梯度，米口袋的密度和生物量呈递增的趋势。老鹳草的分布密度与米口袋正好相反，老鹳草在阴坡和半阴坡的分布密度较大，在西坡两种群的密度分布适中，无明显的聚集现象，在阳坡和半阳坡散点密度呈零星分布。不同坡向米口袋的点格局分析表明，在不同坡向的不同尺度上米口袋的空间分布虽在发生变化，但整体呈随机分布，而在阴坡和半阳坡的小尺度上有明显的聚集分布现象。不同坡向老鹳草的点格局分析表明，沿着坡向梯度，老鹳草种群的空间分布以聚集分布为主，只有在半阴坡和阳坡的较大尺度上表现为随机分布。米口袋与老鹳草的种间关联性分析表明，两种群沿坡向梯度的关联性大致相同，总体表现为不相关，仅在小尺度上存在差异，这种差异恰能体现出两种群对坡向微地形的响应策略。

总的来说，甘南高寒草甸的米口袋与老鹳草种群沿坡向梯度的分布差异较大，两种群各自的生物学特性使得米口袋种群主要分布在阳坡，老鹳草种群主要分布在阴坡。每个坡向的距离虽只有几百米，但在微地形尺度下，两个物种的空间分布格局与种间关联性随坡向变化明显，这与环境因子的变化是密不可分的。因此，甘南高寒草甸的主要物种——米口袋与老鹳草在不同坡向表现出不同的空间分布格局与种间关联性，体现出两种群对不同坡向的响应策略，两种群对环境的适应性由其自身的生物学特性、种间关系和环境异质性共同决定。由此可见，米口袋与老鹳草种群对坡向的变化具有明显的响应机制，群落的优势地位发生了更替，引起种群不断调整植株斑块结构，而且空间格局及其关联性也表现出复杂的尺度转换效应，反映出高寒草甸植物种群繁殖与更新的适应性途径。本章通过对甘南高寒草甸两种代表性物种空间分布格局与关联性的探究，以期为高寒草甸的植被保护与可持续发展提供理论依据。

参考文献

柏旭倩, 赵成章, 张志伟, 等. 2022. 苏干湖盐沼湿地盐角草和海韭菜种群空间格局及其关联性. 生态学杂志, 41(7): 1391-1397.

楚光明, 王梅, 张硕新. 2014. 准噶尔盆地南缘洪积扇无叶假木贼种群空间点格局. 林业科学, 50(4): 8-14.

樊登星, 余新晓. 2016. 北京山区栓皮栎林优势种群点格局分析. 生态学报, 36(2): 318-325.

李想, 刘万生, 周玮, 等. 2020. 蒙古栎次生林群落结构及优势种群点格局分析. 植物研究, 40(6): 830-838.

蔺雨阳, 张铭迪, 贺英, 等. 2023. 金沙江干热河谷区车桑子的点格局与负密度依赖研究. 西南林业大学学报(自然科学), 43(1): 66-73.

刘旻霞. 2017. 甘南高寒草甸植物元素含量与土壤因子对坡向梯度的响应. 生态学报, 37(24): 8275-8284.

乔旭宁, 杨祯, 杨永菊. 2023. 1995—2020 年淮河流域生态系统服务权衡协同关系的尺度效应. 地域研究与开发, 42(2): 150-154, 166.

申旭芳, 康永祥, 李华, 等. 2021. 黄土区土坎植被群落草本优势种的种间关联性研究. 西北林学院学报, 36(2): 38-45.

孙涛, 何彩艳, 蔡熙雯, 等. 2020. 渭南市白水县植物群落的种间关联性研究. 陕西中医药大学学报, 43(4): 55-62.

王少鹏, 罗明宇, 冯彦皓, 等. 2022. 生物多样性理论最新进展. 生物多样性, 30(10): 25-37.

杨春亮, 刘旻霞, 王千月, 等. 2023. 单户与联户放牧经营下草玉梅与嵩草种群空间格局及其关联性. 生态环境学报, 32(4): 651-659.

尤海舟, 刘兴良, 缪宁, 等. 2010. 川滇高山栎种群不同海拔空间格局的尺度效应及个体间空间关联. 生态学报, 30(15): 4004-4011.
张国娟, 刘旻霞, 李博文, 等. 2021. 玛曲高寒草甸植物黄帚橐吾与莓叶委陵菜种群点格局分析. 生态学杂志, 40(6): 1660-1668.
张鸿南, 邹雯, 陈卓, 等. 2023. 藏东地区植物群落分布格局与环境因子的关系. 应用与环境生物学报, 29(6): 1289-1297.
张金屯. 1998. 植物种群空间分布的点格局分析. 植物生态学报, 22(4): 344-349.
张金屯. 2004. 数量生态学. 北京: 科学出版社.
赵玲, 杨博, 刘万弟, 等. 2022. 宁夏贺兰山斑子麻黄种群的性比及雌雄空间格局. 生态学报, 42(24): 10297-10304.
朱文婷, 刘海坤, 何睿, 等. 2022. 藏东南急尖长苞冷杉群落空间点格局分析及其时空动态. 生态学报, 42(22): 8977-8984.
Liu P, Wang W, Bai Z, et al. 2020. Competition and facilitation co-regulate the spatial patterns of boreal tree species in Kanas of Xinjiang, northwest China. Forest Ecology and Management, 467: 118167.
Liu Y, Li F, Jin G. 2014. Spatial patterns and associations of four species in an old-growth temperate forest. Journal of Plant Interactions, 9(1): 745-753.
Ripley B D. 1977. Modelling spatial patterns. Journal of the Royal Statistical Society: Series B (Methodological), 39(2): 172-192.
Ripley B D. 2004. Spatial Statistics. New York: John Wiley & Sons, Inc.

第5章　甘南高寒草甸植物群落物种多度分布格局

5.1　物种多度分布格局研究概述

物种多度（species abundance）是衡量生物多样性的一个重要指标，近年来越来越受到生态学家的重视。多度能够反映出物种在群落中占有资源的能力，可以体现物种与环境及种间相互作用的关系与机制。Krebs 曾将生态学定义为研究生物分布和多度的科学（Krebs，1985），多度研究在生态学中举足轻重的地位可见一斑。物种多度是指群落中单个物种的数目或种群密度，是指物种的普遍度和稀有度，同时也是物种优势度和均匀度的度量指标（李巧等，2011），其反映了一个物种占用资源并把资源分配给每个个体的能力。不同的群落或集合具有不同的多度组成，其多度组成比例关系称为该群落的多度格局（abundance pattern），不同群落具有不同的多度格局。群落物种多度格局是多个物种相互作用、相互影响的结果，体现了物种关系及其作用机制（施建敏等，2015）。对多度格局的描述、模拟、形成机制及变化趋势等的研究过程叫作多度格局分析（analysis of abundance pattern）。物种多度分布（species abundance distribution，SAD）描述了群落内所有物种的多度，已被广泛用于研究生态位差异、扩散、密度依赖性、物种形成和灭绝等对生态群落结构和动态的影响，在生物多样性和生物地理学的重要理论发展中发挥了重要作用。在多度格局分析中，最重要的是用数学的方法结合生态学意义建立多度格局模型研究物种多度分布来推断群落构建的生态学过程，是一种描述既定生态群落中物种个体数量变化的简单而有力的方法。物种多度分布是种间相互作用、环境筛选与扩散限制等各种生态学过程共同作用的结果，能够反映群落内稀有种和常见种所占比例等群落结构特征，被广泛应用于群落结构和生物多样性决定因素的研究中（康佳鹏等，2021）。

5.1.1　物种多度分布格局的概念

物种多度分布格局研究始于 20 世纪 30 年代，是种群生态学和群落生态学研究的起点。物种多度在群落内不同物种间及不同环境梯度上的变化称为物种多度分布格局（Tokeshi，1993）。作为评估物种多样性和群落构建的重要指标，物种多度格局的研究一直备受科学家的关注。在群落生态学中，多度的测度指标已从个体数量扩展到广义多度，还可包括生物量、生产力、盖度、频度、基面积等，还有以种数、频度、显著度、重要值等作为多度指标研究物种多度关系的。多度的测度有绝对多度和相对多度之分，绝对多度是指上述指标的绝对值，相对多度是指物种对群落总多度的贡献大小或可称为相对重要性百分率，同样用来拟合各种物种多度模型。多度的测定是现代种群生态学和群落生态学研究中最基本的工作，对于认识一个群落而言，多度格局比多样性指数更有效；多度还是确定物种保护等级的基本依据，在生物多样性保护和管理中具有重要意义。

一个群落中全部物种调查清楚后，就可以排成一个多度谱（spectrum of abundance），它反映了群落中物种间的多度关系，是群落结构的重要特点，不同的群落具有不同的多度组成，我们把一个群落中物种的多度组成比例关系叫作该群落的多度格局。物种多度格局研究已成为揭示群落组织结构和物种区域分布规律的重要手段。物种多度格局研究主要在两个层次上进行：①群落水平的多度格局研究，通过考察物种从常见到稀有的多度关系来揭示群落的组织结构；②物种水平的多度格局研究，通过分析物种的区域分布变异规律阐明其形成机制。

5.1.2 物种水平的物种多度格局研究

物种水平的物种多度格局研究的目的与群落水平的研究目的不同，物种水平上的物种多度的研究大部分集中在物种多度的区域分布规律以及它的生态学形成机制。群落水平则集中在物种组织结构。两者在研究过程中所采取的手段也是不一样的，前者主要采用的是群落多度格局模型，后者采用的是生态位模型以及异质种群模型。在研究区域上，物种多度模型一般都会保持相对稳定，斑块上出现的频次并不是物种所固有的相对属性，由此可见它的稳定性在于取样面积和调查的范围。一般在取样地形的地理中心它的多度值是最高的，由内到外是逐渐减小的（Bell，2001）。所以理解物种多度格局形成机制的关键在于，物种分布区的大小，以及不同采样区物种多度格局之间的差异性。

目前来看，研究主要集中在两个方面：①物种分布与多度的相关形式；②物种多度在区域内的分布规律及其生态学机制。物种多度分布关系有正相关、负相关和不相关 3 种形式，一般情况下以正相关为主，这是因为资源利用宽度较大的物种分布广，局部多度高；或是物种分布广、局部多度高则资源利用宽度大。当采样或研究样地的生境和整体研究区域的相似度越来越低时，小样区的物种多度关系会在正相关、不相关及负相关三者之间相互转变。物种分布多度关系的生态学机制主要从环境资源特性、物种生态位及物种本身的生物学特性等方面来探究。常用的假设有环境资源特有性、资源可获得性、生态位假设、异质种群假设、生境选择、物种在区域内的空间位置等，其中生态位假设和异质种群假设最为常用。这些过程互不排斥，很多情况下可以同时发生。研究区的环境变化对物种多度格局的影响是非常重要的，人类活动对栖息地的影响也会对种群动态产生影响，从而影响物种多度的变化。刘会玉等（2005）首次提出了不同时间尺度人类周期性活动干扰下的多物种竞争动力模式，模拟了千年时间尺度下物种多样性对人类周期性活动的响应过程，开展了人类周期性活动所导致的物种多样性的变化的预测研究。谢正磊（2009）用理论研究与实践检验相结合、理论分析与数值模拟相结合的方法，提出了环境容量变化对物种多度影响的模式，指出了环境容量越小、弱物种面临灭绝的可能性就越大。

5.1.3　群落水平的物种多度格局研究

物种多度格局的研究历程是一个相对单调的发展过程，即是一个不断提出模型、否定模型、并列举经验数据予以证明的过程。不过这种现象明显限制了物种多度格局研究向广度的发展。在物种多度格局的研究历程中，最早的多度格局模型是 Motomura（1932）在研究湖泊底栖动物的相关数据后，总结出的一个经验性模型，即几何级数模型（geometric series model）。1943 年，Fisher 提出了经典模型之一的对数级数模型（log series model）（Fisher et al.，1943）。后来，对数级数模型用来描述群落物种数目对相关每个物种的个体数目的对数频率的分布规律，对数级数模型非常适用于相对较多的物种组成的群落，特别是昆虫群落。1948 年，Preston 在做鸟类和昆虫的数据调查时，以野外实验的实测数据开展了物种普遍度和稀有种的研究（Preston，1948）。1975 年，May 对生态分布模型相关的数学特征进行了详细的研究，发现正态分布模型实际上是数学意义上的统计结果（May，1975）。Ugland 和 Gray（1982）在正态分布模型研究的过程中，提出了对数正态模型（log normal model），并通过研究发现该模型的相关特征是由它的数学特性所决定的。

Conor 等综述了 68 种物种多度分布模型的性能（Waldock et al.，2021）。不同模型代表不同的群落构建过程，当前主流的多度分布模型有数学统计模型、生态位模型和中性模型，其中，数学统计模型通过统计假设用数学方法推导出物种的多度分布，能对物种多度分布进行较好的验证拟合，如对数正态模型、对数级数模型等，但其缺乏明确的生态学意义（Liu et al.，2022）。基于生态位分化理论的生态位模型强调物种多度分布与资源占有或分配的关系，进而推断群落的生态构建过程，如连续断裂模型和断棍模型（broken-stick model），分别对对数正态模型和对数级数模型提供了生态学解释。中性模型则强调群落构建中随机过程的重要性。如何利用生态位模型和中性模型来预测群落构建的生态过程是当前的一个研究重点（Wu et al.，2019）。

5.1.4 物种多度指标的选择

早期在物种多度研究中，一般采用实测物种的个体数量来进行多度的测量。这种测量方法对统计模型非常实用，目前多度格局的测度指标已经衍生为广义的多度，广义的多度不仅包含了个体数，还包括了生物量、生产力、盖度、频度、基面积等方面。在实验的过程中如果个体数相差不大时，采用数量总数作为测度指标也是一个很好的选择。在个体总数很多或差别很大的情况下，将生物量作为资源占有和竞争力的一个结合指标，能更好地反映出生态位模型拟合的效果。MacArthur（1957）验证了之前提出的随机生态位边界，得出了生态位优先占领原理，Preston（1948）通过对数正态分布等一系列生态位假说的验证，完美阐释了群落的生态位空间，以及物种对资源的区别利用。物种生产力和重要性在空间内展现出来的数量关系，很大程度上说明了群落演替过程当中种群的变化机制，也有采用物种数、频度、显著度、重要值等指标作为分析物种多度格局的相关依据。May（1975）指出，不同种的相对多度是群落模式之中更能体现出群落水平物种多度格局的指标，May 按照在群落中所占的多度比例细化了群落常见种（相对多度≥1%）和稀有种（相对多度<1%），并分别对其进行拟合比较，试图对群落性质做出进一步阐述。

5.1.5 常见种与稀有种

生物多样性可以提高生态系统功能，常见种与稀有种对生物多样性的贡献大小，尤其是灭绝风险率高的稀有种，是当前环境与生态学关注的重点内容。因此，近些年来，常见种与稀有种在物种多样性格局中的贡献作用引起了植物学家和生态学家的高度关注（Kraft et al.，2011）。相关研究发现，群落物种多样性格局的形成不仅取决于资源如何分配，而且还与土壤含水量、pH、土壤养分及光照等环境因子，以及稀有种和常见种、物种多度分布格局等有着密切联系，明确物种多样性格局形成过程是保护物种多样性以及探讨不同物种种间资源可获取的重要前提。在物种多样性研究中，稀有种和常见种的相对贡献存在较大争议。在植物群落研究中，常见种在 α 多样性和 β 多样性中的贡献均大于稀有种，王世雄等（2016）在常见种和稀有种的研究中，通过采用添加或者去除物种的方法，重新形成一个新的群落，以此间接表明稀有种和常见种在群落物种多样性中的相对贡献。也有学者认为，常见种对物种多样性的贡献并不对称，唯一的直接证据则是常见种与群落环境的相关性明显高于稀有种（Tetetla-Rangel et al.，2017）。同时，Mazaris

等（2013）指出，常见种对物种多样性的相对贡献大是取样效应的偏差引起的，并非稀有种和常见种的生物学差异导致。

甘南高寒草甸位于青藏高原的东北部，生物资源和物种多样性相对丰富，也是当地牧民的牧草主产区。其地理位置处于高海拔地区，它不仅是北半球气候变化的“启动器”和“调节器”，同时对全球气候变化也具有明显的敏感性、超前性和调节性。由于自然环境的严酷和人类活动太过频繁，高寒草甸草场不断退化、生物多样性锐减。因此，保护青藏高原高寒草甸区的生态系统刻不容缓。坡向是高寒草甸的主要地形因子之一，随着坡向的变化，光照强度、土壤含水量、土壤养分、土壤微生物以及土壤温度等都会发生明显变化。因此基于坡向梯度研究物种多度分布对认识高寒草甸区物种群落的构建和物种演替过程中的资源分配模式有重要的意义。

本章采用 RAD 软件程序包对各个坡向的物种多度分布模型进行拟合，并通过坡向这一微生境梯度的变化来研究高寒草甸物种多度的分布格局，这对群落发展和群落构建过程中的资源分配研究具有指导意义，本研究建立的拟合模型主要用来分析解决以下两个问题：①随着坡向从南到北的变化，青藏高原高寒草甸区群落物种多度分布格局是如何变化的？②常见种和稀有种多度格局及其对全部物种多度格局形成的贡献有何不同，在生态学机制（即维持物种多样性及生态平衡）中起到什么重要作用？

5.2　实验设计与方法

5.2.1　样地设置与实验方法

本研究于 2013～2015 年 7～8 月在青藏高原甘南高寒草甸区进行调查采样，通过坡位计定位选取了阳坡、半阳坡、西坡、半阴坡、阴坡 5 个坡向，每个坡向顺着山体垂直方向设置 4 个样方。每个样方的大小为 50 cm × 50 cm，调查并记录每个样方中物种的盖度、高度，以及每个物种的多度。并在每个样方内取 0～20 cm 土层的土来测量土壤含水量。光照强度和土壤温度分别采用照度计和土温计 8:00～18:00 每隔 1 h 测量一次，每组 5 个重复，实验样地概况见表 5-1。

表 5-1　实验样地概况

坡向	经度（°E）	纬度（°N）	坡向定位（°）	坡度（°）	海拔（m）
阳坡	34.93	102.9	0	30.7 ± 1.5a	3009
半阳坡	34.93	102.9	45	31.0 ± 2.3a	3001
西坡	34.93	102.9	90	22.8 ± 2.8b	3000
半阴坡	34.93	102.9	135	14.9 ± 2.4c	3001
阴坡	34.93	102.9	180	16.5 ± 3.5c	2900

注：不同小写字母表示差异显著（$P < 0.05$）

5.2.2 多度模型介绍

1. 生态位模型

1）几何级数模型（geometric series model，geo）

几何级数模型又称生态位优先占领模型，该模型认为第一个物种占领一部分环境资源（p），第二个物种占领剩余环境资源的一部分（1–p），这样按物种以此类推，直到最后的物种没有剩余资源可以占用或剩余资源不足以支撑最后物种的生存，体现出生态位优先占领假说（Motomura，1932），A_i 为第 i 个物种的多度值，E 为总的资源量，p 为最重要的物种占有资源的比例，公式可表示为

$$A_i = E\left[p\left(1-p\right)^{i-1}\right] \tag{5-1}$$

2）断棍模型（broken-stick model，bro）

MacArthur（1957）提出了最为经典的断棍模型（broken-stick model，bro），模型假设的是一个群落中所有的资源在一条棍子上，在棍上随机选取（s–1）个点，把棍分成 s 份，则代表有 s 个物种占有该群落的所有资源，每个物种的竞争力是相似的。以 J/S（J 表示该群落中所有物种多度之和，S 表示群落中物种总和）表示该群落里的平均相对多度，即该模型的第 i 个物种的多度 A_i 可以表示为

$$A_i = J/S\sum_{X=i}^{s}\frac{1}{X}\left(i=1,2,3,\cdots,s\right) \tag{5-2}$$

3）Zipf 模型（Zipf-Mandelbrot model，zm）

Zipf 模型假定一个种的出现取决于原有物理条件和现存的物种，先进入群落的物种需要的先决条件很少，侵入代价低；而后进入群落的物种需付出更高的代价才能侵入（Frontier，1985）。J 为群落总个体数；q 为拟合的最丰富物种多度所占比例；r 为常数，表示物种出现的平均可能性，群落中第 i 个物种的多度 A_i 可表示为

$$A_i = Jqi^{-r}\left(i=1,2,3,\cdots,s\right) \tag{5-3}$$

4）重叠生态位模型（overlapping niche model，over）

重叠生态位模型假设群落总生态位为一条棒，每个物种的多度为棒上随机两点之间的距离，且各物种多度间不存在联系，物种都是按照需求获取生存资源的，这样物种间就会出现生态位重叠。则第 i 个物种的多度 A_i 可表示为

$$A_i = 1 - \left[\frac{2_i}{2_i + 1}\right] \times \left[1 - A_{i+1}\right] \tag{5-4}$$

2. 中性模型

1）随机分配模型（random allocation model，rapo）

随机分配模型假定群落中各个物种多度之间是没有联系的，群落环境及外界人为干扰的变化等随机因素导致的物种多度大小与生态位分化无关，一般情况下物种不能全部占用其生态位，群落内部的生态位是不饱和的。当群落中有 z 个物种的时候，A_i 为该物种的多度，$A_{\min(i-1)}$ 表示第 i–1 个物种多度的平均最小值，ran 则为不饱和状态下的参数值。第 i 个物种的相对多度为

$$A_i = A_{\min(i-1)}\mathrm{ran}^z \tag{5-5}$$

2）随机分类模型（random assortment model，rane）

随机分类模型反映出不同物种的多度相互独立变化的情况，这可能是生态位分配和物种多度之间不对应的结果，也可能是在可变环境中生态位的非等级动态分配。在前一种情况下，由于各种原因，无论生态位分配采用何种形式，物种多度的模式都不能反映潜在的生态位分配。后一种情况是，如果一个群落的总生态位不是保持恒定的大小，而是发生变化，并且每个物种在时间变化的基础上独立于其他物种开辟自己的生态位，就会出现后一种情况。由于总生态位的持续变化，物种不可能在大多数时间内使生态位饱和，单个物种的生态位总是受到时间变化的影响。在这样一个系统中，没有足够的时间来发展基于资源的竞争性相互作用，因此拒绝在一个总的生态位空间内对物种生态位进行微调。在数学上，该模型表现为 k=0.5 的几何序列模型的随机类似物（Tokeshi，1990）。该模型第 i 个最优物种的期望多度所占的比例 p_i 为

$$p_i = 0.5^i(1 - 0.5)^i \tag{5-6}$$

3）复合群落零和多项式模型（Metacommunity zero-sum multinomial distribution model，MZSM）

MZSM 首先假设任意取样点物种多度的分布是在随机生态漂变作用下产生的，需要取样点物种的个体数（J）和基本多样性指数（θ）来支持这一假设。J 为群落总的物种多度；y 为某个物种的多度；$\Gamma(n)$为 Gamma 分布，它表示 S 个物种出现时所需的多度 n 的分布；$\Gamma(z)$为 z 的函数；t 为某个物种含有 n 个个体的时间。该模型认为复合群落中，任意取样点内多度为 n 的物种数量 S 为

$$S_n=\frac{\theta}{n}\int_0^J f_{n,1}(y)\left(1-\frac{n}{J}\right)^{\theta-1}\mathrm{d}y$$
$$f_{n,\delta}(y)=\frac{1}{\Gamma(n)\delta^n}\exp\left(-\frac{y}{\delta}\right)y^{n-1} \quad (5\text{-}7)$$
$$\Gamma(z)=\int_0^\infty t^{z-1}\mathrm{e}^{-t}\mathrm{d}t$$

4）Volkov 模型

Volkov 模型在复合群落零和多项式模型的基础上增加了参数迁移系数 m，并假设物种从复合群落到局域群落的迁移系数 m 是固定不变的，局域群落中多度为 n 的物种数量 S 可表示为

$$S_{(n)}=\theta\frac{J!}{n!(J-n)!}\frac{\Gamma(\gamma)}{\Gamma(J+\gamma)}\int_0^\gamma\frac{\Gamma(n+y)}{\Gamma(1+y)}\frac{\Gamma(J-n+\gamma-y)}{\Gamma(\gamma-y)}\exp\left(-\frac{y\theta}{\gamma}\right)\mathrm{d}y$$
$$\Gamma(z)=\int_0^\infty t^{z-1}\mathrm{e}^{-t}\mathrm{d}t \quad (5\text{-}8)$$
$$\gamma=\frac{m(J-1)}{1-m}$$

式中，J 为群落样本大小，$\Gamma(z)$为 z 的函数，γ为迁移到局域群落的个体数。

3. 统计模型

1）对数正态分布模型（Log normal model，norm）

对数正态分布模型认为群落中总个体数的对数符合正态分布（彭少麟等，2003），则第 i 个物种的多度为

$$N_i=E^{[\log(u)+\log(\sigma)\theta]} \quad (5\text{-}9)$$

式中，N 表示物种总数，u 和 σ 分别表示正态分布的均值与方差，θ 表示正态偏差。

2）对数级数模型（Log series model，LS）

对数级数模型通过数学的方法描述群落中物种数与个体数之间的关系，但是排除没有个体存在的种，此模型也被认为是在众多理论分布模型中应用效果较好的分布模型（Fisher et al.，1943），其公式为

$$S(n)=\alpha\frac{X^n}{n} \quad (5\text{-}10)$$

式中，n 表示多度；S 表示物种数；α 和 X 都是常数，α 可作为多样性指数，类似

于物种丰富度的概念，其值大于 0；通常 X 满足 $0<X\leqslant 1$，并且与群落的大小有关。

3）泊松（Poisson）对数正态分布模型

Bulmer（1974）提出用泊松对数正态分布拟合观察数据，假设第 j 种的个体数是 j 的一个泊松变量，将 $j=1$，2，…，S^* 的 j 值看作对数正态分布的 S^* 个独立观察，样本中 1 个种包含 r 个个体的概率为

$$P_r=\int_0^\infty\left(\frac{\lambda^r \mathrm{e}^{-\lambda}}{r!}\right)\left\{\frac{1}{\lambda^{\mathrm{e}}2^c}\exp\left[-\frac{1}{2^{\mathrm{e}^2}}\left(\ln\frac{\lambda}{m}\right)^2\right]\right\}\mathrm{d}\lambda \tag{5-11}$$

式中，r=0，1，2，…，r。$\lambda>0$。这个概率取决于两个参数 σ 与 m，σ 与样本大小无关，m 为中位多度，是样本大小的函数。

4）威布尔分布（Weibull distribution）模型

吴承祯和洪伟（1997）利用形状参数 c 作为反映群落物种多度特征的指标，将 Weibull 分布模型用于拟合万木林自然保护区观光木（*Tsoongiodendron odorum*）群落的物种多度分布。

$$f(x)=\frac{c}{b}(x-a)^{c-1}\exp\left[-\frac{(x-a)^c}{b}\right] \tag{5-12}$$

式中，$x\geqslant a$；$a>0$，为位置参数，由于物种多度最小可以理解为 0，故 a 可取介于 0～1 之间的任意值；$b>0$，为尺度参数；$c>0$，为形状参数。

本章通过拟合选择出常见的最优拟合模型：随机分配模型（rapo）、随机分类模型（rane）、Zipf 模型（zm）、断棍模型（bro）、对数正态分布模型（norm）和几何级数模型（geo）。

5.2.3　数据分析及优势度检验

本章通过对不同坡向重要值的计算来确定常见种和稀有种。通过对重要值（M）的计算和实际实验样地的综合考虑，将重要值大于 0.01 的物种作为常见种来进行研究，小于 0.01 的物种则作为稀有种来进行研究（王育松和上官铁梁，2010）。

$$M=\frac{\text{相对多度}+\text{相对盖度}+\text{相对频度}+\text{相对高度}}{4}$$

采用 RAD 拟合程序包，以 fit411.txt 文件的处理方法进行拟合。RAD 是一款独立多批次处理数据的编程软件，通过前期固定编程，在读取数据（多度数据应按 txt 文本进行整理）时根据不同命令进行读取，再根据软件自带参数拟合包进行数据批量处理，最后将输出一个名为 Assemblage.txt 的文本，该文本里包含了 r

值（*r* 值是用模型的 *n* 个副本的平均密度来进行计算，采用最小二乘法中加入了密度最大差异和物种数量的校正因子，从而增强了模型拟合优度的区分能力）、Oc 值（经过 Ulrich 校正过的 Preston 倍程分组后的 x^2 检验法）、CL 值（置信区间）、相对多度、最大密度差、相对丰富度的标准差、多样性指数、均匀度指数等，最后通过 Excel 进行分栏并根据相关参数（*r* 值，Oc 值，CL 值）进行模型的选取。fit411.txt 是指 RAD 软件在后期读取数的一个匹配文本，里面的相关参数与相应的模型相互匹配，这些参数包含了物种数、流量数、所匹配的模型名称、软件运行的迭代器、迭代次数、密度、置信区间及校正模式等，而所有参数值都采用程序包中的默认值。在优势度的检验上，采取 *r* 值、Oc 值、CL 值 3 个指标。通过多次迭代最后得到使 *r* 值最小的理论密度值即为所求值。因为 *r* 值受物种最大密度差和群落物种数目影响。所以 RAD 对物种数目（*S*）和最大密度差（*D*）进行了修正。*r* 值小于或接近 10 说明拟合效果较好（算法在倍频次运算时会无限接近于 10），大于 100 表明拟合效果较差（Ulrich，2002）。RAD 同样输出 Preston 倍程分组后的拟合变量（Oc 值），该值的计算方法与 *r* 值相似，将同一多度物种的理论与实测密度之间的欧氏距离换成同一倍程组别的。同样当 Oc 值小于或接近 10 的时候拟合效果较好，而当其大于 100 的时候拟合效果较差。同时 RAD 还给出在 *x*%置信区间内的物种频率（CL 值一般默认为是大于或等于 95%的置信区间），尽管该拟合优度检验方法不如前两项灵敏，但对于随机模型的拟合优度检验非常重要（孙小妹等，2014）。

5.3 物种多度分布格局分析

5.3.1 坡向梯度物种多度分布的拟合模型分析

从阳坡拟合效果（表 5-2）来看，6 个模型都可以拟合，但拟合效果 *r* 值均在 25 左右，Oc 值接近于 10，置信区间 CL 值是 1。就半阳坡拟合效果来看，norm、zm 和 geo 模型拟合得较好。从西坡拟合效果来看，rapo、bro、norm、geo 4 个模型的拟合效果相似，rane 模型从置信区间（0.95）上相比其他几个模型稍有不足。半阴坡能拟合的模型有 rapo、rane、norm、geo 4 个模型，其中拟合效果最好的是 norm 模型，它的 *r* 值和 Oc 值都小于 100 并且接近于 10，其次它的置信区间为 1。geo 模型阴坡的拟合 *r* 值为 15.77，Oc 值为 16.30，均接近于 10，CL 值为 1，表明 geo 模型拟合效果最好。rapo 模型和 geo 模型对 5 个坡向都有较好的拟合效果。

同一模型对不同坡向的拟合结果显示，geo 模型对 5 个坡向的拟合效果整体而言还是比较理想的。该模型在 5 个坡向的拟合效果的优度排序为阴坡>半阴坡>半阳坡>西坡>阳坡。本研究所选的 6 个模型中 rapo 模型，norm 模型和 bro 模型

表 5-2　不同坡向物种多度分布模型拟合

坡向	模型	*r*	Oc	CL
阳坡	rapo	33.91	5.20	1
	rane	33.75	5.20	1
	zm	21.88	23.75	1
	bro	27.22	5.18	1
	norm	19.75	3.24	1
	geo	33.00	3.12	1
半阳坡	rapo	89.11	3.47	1
	rane	14.4	3.47	1
	zm	4.22	9.75	1
	bro	11.72	0.76	0.96
	norm	4.21	1.54	1
	geo	11.72	4.63	1
西坡	rapo	42.06	8.83	1
	rane	40.27	8.82	0.95
	zm	24.71	8.27	0.68
	bro	77.89	8.03	0.89
	norm	10.77	8.04	1
	geo	40.14	9.71	1
半阴坡	rapo	27.12	16.80	0.95
	rane	25.80	22.64	0.93
	zm	35.36	100.49	1
	bro	29.67	25.03	1
	norm	24.29	10.21	1
	geo	28.38	21.90	1
阴坡	rapo	22.76	22.30	0.96
	rane	22.08	79.73	1
	zm	32.34	48.52	0.95
	bro	79.72	22.50	1
	norm	579.43	143.45	0
	geo	15.77	16.30	1

都能拟合 5 个坡向的物种多度分布。但在坡向从阳坡到阴坡的变化过程中，物种多度分布明显不同，拟合的匹配模型也是不同的。物种多度格局模型导致不同物种在不同坡向上的资源分配模式也发生了变化，同时也导致群落构建的生态学过程发生了变化。

5.3.2 不同坡向物种多度分布曲线

由图 5-1 可以看出，坡向在从阳坡到阴坡的变化过程中，物种多度曲线的斜率变小，平均物种数由阳坡的 19 种变为阴坡的 56 种，呈现一个递增的趋势，阳坡物种的平均相对多度在 0.014 左右，阴坡物种的相对多度在 0.076 左右。且在阳坡—阴坡的变化中，常见种明显增多，同时优势种也发生了变化，阳坡以三芒草（*Aristida adscensionis*）（相对多度 0.051）和山莴苣（*Lactuca sibirica*）（0.047）为主，半阳坡以三芒草（0.271）和火绒草（0.280）为主，西坡以嵩草（*Carex myosuroides*）（0.252）和火绒草（*Leontopodium leontopodioides*）（0.083）为主，半阴坡和阴坡则是以嵩草（0.237）和珠芽蓼（0.161）为主。

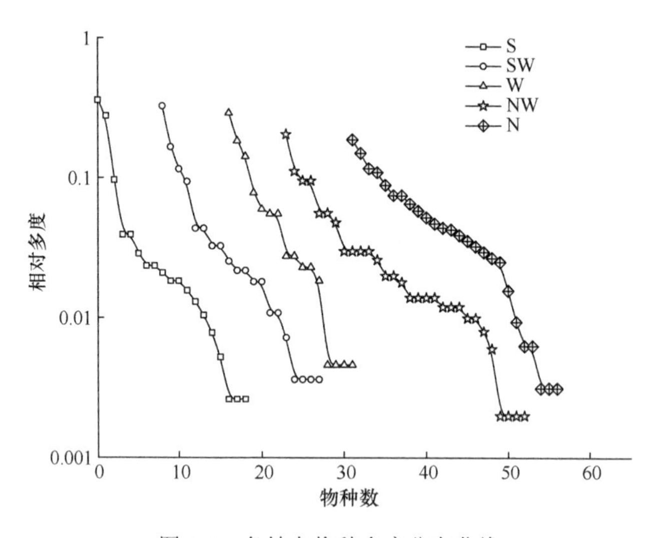

图 5-1　各坡向物种多度分布曲线

5.3.3 拟合值和实测值的比较

图 5-2 显示，拟合值和实测值的变化趋势相似。rapo 模型在半阴坡上相对多度只有 0.001 左右，说明拟合过程中 rapo 所拟合的数据只有统计学意义，在资源的随机分配上并没有实际的意义。而 geo 模型的拟合对 5 个坡向而言，物种对资源的分配模式是固定的，对 5 个坡向的共有种和优势种的筛选及拟合都有实际的指导意义，也体现了常见种和优势种在环境竞争中的地位。

5.3.4 常见种与稀有种的拟合比较

表 5-3 表明，除半阳坡 rane 模型对常见种的拟合较理想外（r=14.41，Oc=4.94，

CL=1.00），其余坡向都是 geo 模型的拟合效果更好，其中，geo 模型对常见种的拟合在西坡效果最佳（r=14.07，Oc=14.80，CL=1.00）。对稀有种的拟合结果表明，除西阴坡 rane 模型的拟合效果较好之外（r=22.59，Oc=6.89，CL=1.00，r 值小于 geo 模型，且 Oc 值相比于 geo 模型更接近 10），其余坡向同样是 geo 模型的拟合效果更好，其中，geo 模型对稀有种的拟合在半阳坡最好（r=14.10，Oc=11.64，CL=1.00）。如果单从 r 值来看的话，半阴坡坡向上 rane 模型对常见种的拟合效果最差（r=120.26），如果单从 CL 值来看的话，阳坡坡向上 rane 模型对稀有种的拟合效果最差（CL=0.06）。总的来说，沿坡向梯度对常见种与稀有种的拟合结果表明，geo 模型的拟合效果比 rane 模型更好，在阳坡和半阴坡，rane 模型的置信区间小于 95%，半阳坡、西坡、阴坡的资源分配模式主要是随机分配和固定分配两种模式共同作用的结果。

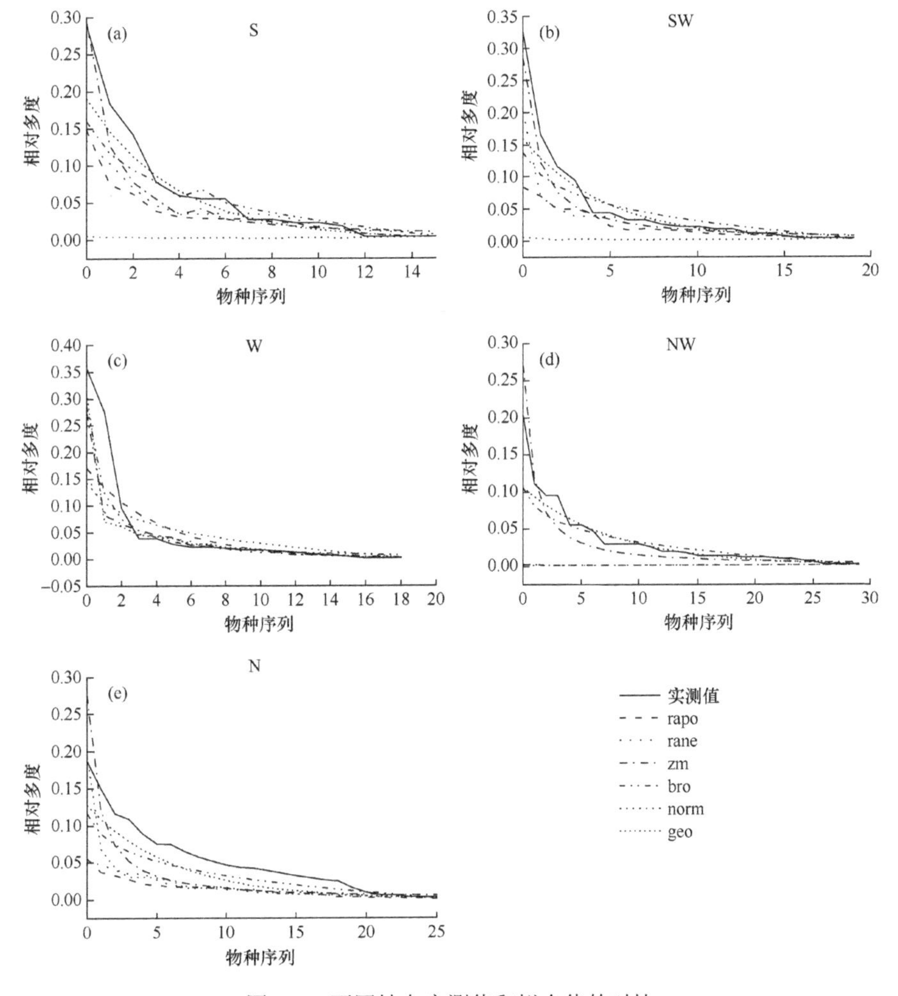

图 5-2　不同坡向实测值和拟合值的对比

表 5-3 常见种和稀有种的模型拟合

拟合指标		常见种					稀有种				
		geo	rapo	bro	zm	rane	geo	rapo	bro	zm	rane
S	*r*	12.76	1.82	3.15	0.00	12.76	8.16	2.05	12.25	0.00	14.09
	Oc	0.80	0.80	1.15	0.00	0.00	1.00	0.80	2.48	0.00	1.00
	CL	0.95	0.86	0.80	0.00	0.02	0.65	0.03	0.80	0.00	0.06
SW	*r*	54.85	10.89	5.85	6.07	14.41	14.10	220.37	26.85	28.96	41.14
	Oc	4.66	0.12	5.62	2.81	4.94	11.64	6.64	7.67	11.51	11.64
	CL	1.00	0.85	0.875	0.81	1.00	1.00	0.44	0.66	1.00	1.00
W	*r*	14.07	389.42	53.30	43.98	14.41	13.31	380.92	421.50	747.82	248.02
	Oc	14.80	38.34	16.05	20.39	1.74	14.28	161.91	106.40	359.64	550.49
	CL	1.00	0.40	0.80	0.00	1.00	1.00	0.17	0.88	0.00	0.085
NW	*r*	45.07	156.01	32.16	36.91	120.26	34.73	154.72	106.31	235.95	22.59
	Oc	4.30	17.57	15.14	14.29	4.39	60.32	34.02	34.03	106.63	6.89
	CL	1.00	0.25	0.92	0.91	0.91	0.21	0.89	0.89	0.00	1.00
N	*r*	39.88	303.2	72.83	75.73	49.43	27.50	161.06	161.62	246.23	66.33
	Oc	11.37	37.36	23.43	17.12	11.37	8.47	60.69	60.69	19.75	4.23
	CL	1.00	0.50	0.83	0.00	1.00	1.00	0.91	0.91	0.86	0.98

总的来说，geo 模型能很好地拟合各坡向的常见种，但并不能完全拟合稀有种；rapo、bro、zm 模型均不能很好地拟合稀有种和常见种；rane 模型对稀有种的拟合程度在半阴坡远高于对常见种的拟合。对稀有种的拟合，geo 模型和 rane 模型对各坡向的拟合情况均优于其他模型，所以各坡向的稀有种资源获取模式由随机分配与固定分配共同决定。

图 5-3a 表明，常见种相对多度的实测值和 geo 模型的拟合值趋势一致。常见种在生态环境中对资源的获取方式基本上是以固定分配的模式为主。由图 5-3b 可知，稀有种在 5 个坡向的实测值和拟合值不同，但趋势均是减小的，这进一步说明稀有种在各个坡向的资源分配模式是随机分配模式，但 geo 模型并不起主导作用，这是随机分配和固定分配共同作用的结果。

5.3.5 常见种和稀有种对物种多样性的相对贡献

图 5-4 显示，当去除稀有种时，Margalef 指数、Simpson 指数、Shannon-Wiener 指数和 Pielou 指数均呈波动上升趋势，除 Pielou 指数外其他 3 个指数均在阴坡达到最大值，且 Margalef 指数和 Pielou 指数变化较为平缓，Simpson 指数和

Shannon-Wiener 指数上升较快。与不去除条件相比，去除稀有种后的群落 Margalef 指数、Simpson 指数、Shannon-Wiener 指数均较低，而 Pielou 指数均较高。

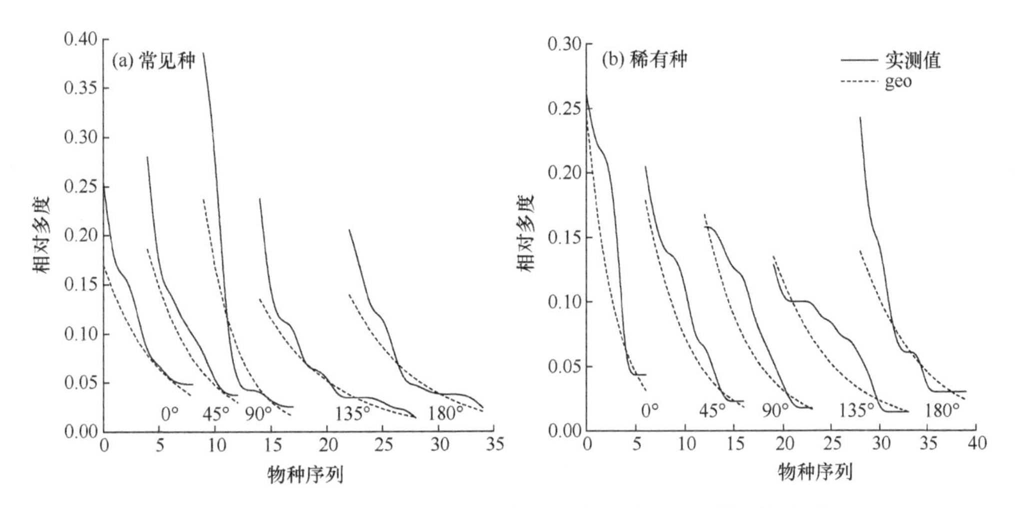

图 5-3　常见种、稀有种相对多度值的实测值和 geo 模型拟合值

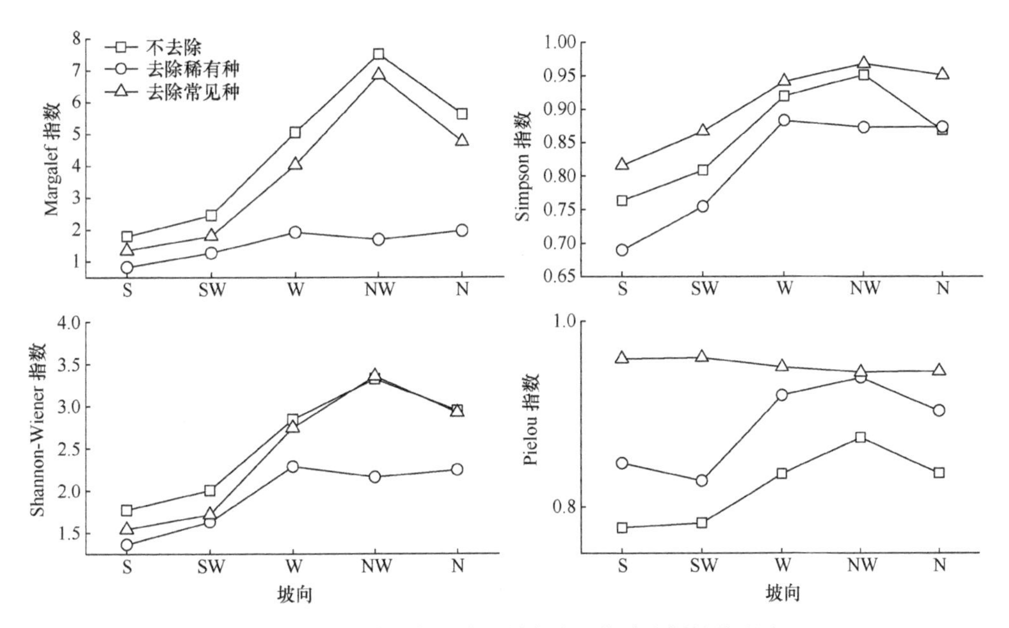

图 5-4　不同坡向常见种和稀有种对物种多样性的影响

当去除常见种时，Margalef 指数、Simpson 指数和 Shannon-Wiener 指数呈上升趋势，均在半阴坡达最大值，Pielou 指数基本不变。与不去除条件相比，从阳坡到阴坡，去除常见种后的群落 Margalef 指数和 Shannon-Wiener 指数均较低，而 Simpson 指数和 Pielou 指数均较高。

5.4 不同坡向物种多度分布特征

5.4.1 坡向梯度物种分布的变化规律

坡向是山地的主要地形因子之一，虽然各个坡向之间的距离比较短，但环境因子（光照、土壤含水量、土壤养分）的变化是非常剧烈的，同时对不同坡向的植被分布格局影响较大（丛晓峰等，2023）。研究样地坡向从阳坡向阴坡的变化过程中，土壤含水量逐渐增加，土壤温度和光照强度则逐渐降低，这与刘玉祯等（2021）的研究结果一致。表明坡向变化导致环境因子的变化，进而影响不同坡向植被的分布格局。阳坡和半阳坡主要是以禾草类（三芒草、嵩草）及杂类草（山莴苣等）为主；西坡以豆科［米口袋、甘肃棘豆（*Oxytropis kansuensis*）等］和杂类草（火绒草等）为主，半阴坡和阴坡则以灌木［金露梅（*Dasiphora fruticosa*）］和杂类草（珠芽蓼、老鹳草等）为主。从阳坡到阴坡，形成了一个非常明显的植被分布梯度。

在阳坡—阴坡梯度上，全部物种多度分布曲线斜率依次减小（图 5-1），表明物种丰富度逐渐增加。孙小妹等（2014）通过添加营养元素，研究了青藏高原高寒草甸植物物种多度分布格局，结果表明，从物种多度分布曲线的斜率变化可以判断物种的丰富度。本研究所涉及的常见种和稀有种，其数量都随着坡向变化从阳坡到阴坡依次增多。阴坡常见种的相对多度在 0.076 左右，这表明，在青藏高原高寒草甸区，由于土壤含水量从阳坡到阴坡的转变中呈现递增的趋势，而光照强度和土壤温度逐渐降低，加之阴坡、半阴坡坡度平缓（平均 20°左右），阳坡、半阴坡坡度较大（平均 33°左右），导致阳坡径流增大，土壤水分、养分流失严重，阳坡土壤相对比较贫瘠，适宜生存的物种较少；而阴坡水分和养分含量相对较高，其生境相对优越，能容纳更多的物种生存，因此阴坡、半阴坡物种多样性较高，且常见种的丰富度也大。这与姚喜喜等（2021）对高寒草甸的阴坡、阳坡物种丰富度的研究结果是一致的，即物种的丰富度从阳坡到阴坡是递增的。另外，在养分、水分相对匮乏的阳坡，由于资源的随机性分配，优势种的生长状况、盖度、多度和稀有种相比，显示其在资源的获取上更有优势。

5.4.2 全部物种的多度分布特征

以 bro 模型和 geo 模型为代表的生态位模型，强调在群落发展过程中资源分配的确定性，而中性模型中的 rapo 模型和 rane 模型则假定群落中的资源分配是随机的。本研究结果表明，在高寒草甸区各个坡向上所有物种均满足统计模型中的 norm 模型，以及生态位模型中的 geo 模型、bro 模型、zm 模型（图 5-2）。在拟合过程中阳坡的资源分配模式以随机分配为主；阴坡的资源分配模式以固定分配为主。从模型的拟合角度来分析，影响青藏高原高寒草甸区物种多度的分布模型主要以生态位拟合模型为主，它也是导致物种资源分配格局趋于固定的主要因素。Magurran（1988）研究发现，物种群落的资源分配问题可以通过对常见种和稀有种的研究来确定，并提出随机分配模型和固定分配模型在资源分配模式上是一体存在、共同作用的结果，这与本研究结果一致。阳坡光照充足而蒸发量大，而阴坡与之相反，从阳坡向阴坡的生境变化过程中，生长资源的竞争是从水资源到光资源的转变。另外，阴坡优势种金露梅的植株较高，对其他草本植物而言，较高植株的侧枝密集大，这会严重影响其他草本植物的采光，进而资源竞争会最终转化为光竞争。索南卓尕（2022）对高寒草甸的群落结构与生物量的研究也表明，从阳坡到阴坡，光照不断减少、土壤温度逐步降低，植被类群也会发生很大变化，这与本研究结果一致。本研究发现，在坡向发生变化的同时，各个坡向拟合效果最好的是 geo 模型，植被在资源的获取模式上以固定分配模式为主。相关研究发现，生态位模型拟合对草本群落（刘旻霞等，2021）和木本群落（尉文等，2021）的拟合都比较理想，表明生态位模型的拟合能很好地阐述生物群落的构建过程。

5.4.3　常见种与稀有种的多度分布及其对生物多样性的贡献

在青藏高原高寒草甸区，其中一些常见种随坡向从阳坡到阴坡的变化过程中演变为共有种，如矮生嵩草的相对多度在各个坡向都比较高。随着阳坡—阴坡的变化，火绒草的相对多度也在减少，反映出火绒草在生态环境中得到的资源分配也在减少；珠芽蓼的相对多度随着阳坡—阴坡的变化是递增的，这也体现出随坡向的不同，物种的资源分配模式会从随机分配转变到固定分配，并不是一成不变的，同时，主导的资源分配类型也是有区别的。本研究中，从阳坡到阴坡，稀有种均能占有相对较大的比例（图 5-3），有时在不同坡向也会同时出现，如莓叶委陵菜的相对多度在各个坡向均较低，但几乎每个坡向都会出现，这说明，莓叶委陵菜在生存演替过程中，其在不同生境下获取资源的模式还是以随机分配模式为主。常见种的资源分配模式以固定分配模式为主，这与高寒草甸营养元素的添加条件下的稀有种和常见种的资源分配模式的研究结果一致。稀有种和常见种的生长均有不同的策略，阳坡的物种由于生境恶劣，物种生态位分化程度增大，以此来获得更多的资源，阴坡物种生态位分化的程度减小。同时，在物种多样性较高的生态环境中，物种之间的生态位重叠更加明显，稀有种较高的迁移率抑制了物种多样性的增加。在阳坡—阴坡的坡向梯度上，稀有种种类明显增多，相对应坡向的物种多样性（Simpson、Margalef 和 Shannon-Wiener 指数）指数增大，这主要是由于土层中的养分和含水量增加，使得物种多样性指数呈现递增趋势。其次，由于坡向转变中受到外力作用（降水、地表径流等）的影响，物种数量会急剧下降，导致原有生态位空缺，从而出现了新物种维持现有的生态平衡。也有研究表明，该地区的土壤养分和土壤含水量是影响生物多样性的主要因素。刘旻霞等（2017）在该地区土壤含水量等环境因子的研究中也提出，土壤含水量和养分含量随着阳坡—阴坡梯度递增，因而阴坡的生境优于其他坡向，最终导致该地区物种多样性在阳坡—阴坡梯度上呈递增趋势。

当去除稀有种时，物种多样性指数（Simpson、Margalef 和 Shannon-Wiener 指数）均在减小（图 5-4），与去除常见种条件相比，稀有种在坡向梯度上对物种多样性的影响比常见种更显著，这与刘哲等（2015）对青藏高原高寒草甸物种多样性的海拔梯度分布格局及对地上生物量的影响的研究结果一致，表明青藏高原过度放牧、人类活动、草地沙化及鼠害的加剧，会导致某些物种丧失，使物种丰富度降低，而在资源相对缺乏的阳坡更为显著。

5.5 本章小结

本章以青藏高原东北部的甘南高寒草甸为研究对象，基于野外调查和室内分析，研究了不同坡向的环境因子、群落物种分布，并利用 RAD 软件程序包对其进行了拟合分析。结果表明，从阳坡到阴坡的变化梯度上，物种间对水资源的竞争转变为对光资源的竞争，坡向的变化首先引起环境因子的变化，进而导致不同坡向呈现出植被分布格局的差异。光照充足但水分缺乏的阳坡和半阳坡主要以禾草类（三芒草等）和杂草类（山莴苣等）为主，西坡以豆科（米口袋、甘肃棘豆等）和杂类草（火绒草等）为主，光资源不足的阴坡则以灌木（金露梅）和杂类草（珠芽蓼、老鹳草等）为主，物种从阳坡到阴坡的分布呈现出明显的植被分布梯度。物种多度分布斜率的变化可以体现出丰富度的变化特征，本研究中，物种多度分布曲线的斜率从阳坡到阴坡依次减小，体现出各物种丰富度由阳坡到阴坡逐渐增大的趋势，另外，随着坡向由阳坡向阴坡的转变，物种多度和物种多样性都呈递增的趋势。

通过 6 个模型对坡向梯度的物种多度分布进行拟合发现，geo 模型、bro 模型、norm 模型所代表的生态位模型对甘南高寒草甸的拟合结果整体较优，阳坡与阴坡的拟合结果略有差异，阳坡的资源分配模式以随机分配为主，阴坡则以固定分配为主。总之，从模型拟合角度来分析，甘南高寒草甸区的物种多度分布主要是以生态位模型为主，它是导致物种资源趋于固定分配的主要因素，其次是中性模型。研究结果表明，青藏高原高寒草甸微生境梯度上的物种在总体上的资源分配模式以固定分配模式为主，稀有种的资源分配模式以随机分配为主，常见种的资源分配模式则是以固定分配为主，这种随坡向梯度资源分配模式的改变与微生境梯度上环境因子的变化密不可分。

由本章的研究结果可见，各坡向的稀有种资源获取模式以随机分配模式为主，而常见种则以确定的生态位优先占领模式为主。由于稀有种有较大的扩散率，在物种多样性较高的生态系统中，物种之间的生态位重叠会更加明显，从而抑制物种多样性的增加，因此能达到维持原有物种多样性的目的。稀有种对物种多样性的影响在阳坡—阴坡梯度上依次增大，去除稀有种在各坡向的影响低于去除常见种，因此，稀有种在甘南亚高寒草甸物种多样性中的相对贡献高于常见种，对高寒草甸物种多度分布下一步的研究应重点关注稀有种的贡献比例，以提高甘南高寒草甸物种多样性保护中稀有种的地位。

参 考 文 献

从晓峰, 陈昊, 李丹, 等. 2023. 陕南中低海拔山区植物物种多样性与海拔及坡向的关系. 生态科学, 42(4): 39-47.

康佳鹏, 韩路, 冯春晖, 等. 2021. 塔里木荒漠河岸林不同生境群落物种多度分布格局. 生物多样性, 29(7): 875-886.

李巧, 涂璟, 熊忠平, 等. 2011. 物种多度格局研究概况. 云南农业大学学报(自然科学版), 26(1): 117-123.

刘会玉, 林振山, 张明阳. 2005. 人类周期性活动对物种多样性的影响及其预测. 生态学报, 25(7): 1635-1641.

刘旻霞, 张娅娅, 李全弟, 等. 2021. 甘南高寒草甸植物群落物种多度分布特征. 中国环境科学, 41(3): 1405-1414.

刘旻霞, 赵瑞东, 张灿, 等. 2017. 亚高寒草甸植物叶片生理指标对坡向的响应. 应用生态学报, 28(9): 2863-2869.

刘玉祯, 刘文亭, 冯斌, 等. 2021. 坡向和海拔对高寒山地草甸植被分布格局特征的影响. 草地学报, 29(6): 1166-1173.

刘哲, 李奇, 陈懂懂, 等. 2015. 青藏高原高寒草甸物种多样性的海拔梯度分布格局及对地上生物量的影响. 生物多样性, 23(4): 451-462.

马克明. 2003. 物种多度格局研究进展. 植物生态学报, 27(3): 412-426.

彭少麟, 殷祚云, 任海, 等. 2003. 多物种集合的种-多度关系模型研究进展. 生态学报, 23(8): 1590-1605.

施建敏, 范承芳, 刘扬, 等. 2015. 石灰岩山地淡竹林演替序列的群落物种多度分布格局. 应用生态学报, 26(12): 3595-3601.

孙小妹, 肖美玲, 师瑞玲, 等. 2014. 营养元素添加对青藏高原亚高寒草甸物种多度分布格局的影响. 兰州大学学报(自然科学版), 50(6): 853-859.

索南卓尕. 2022. 不同坡向高寒草甸群落结构和生物量分异特征. 青海草业, 31(3): 2-5, 20.

王世雄, 赵亮, 李娜, 等. 2016. 稀有种和常见种对植物群落物种丰富度格局的相对贡献. 生物多样性, 24(6): 658-664.

王育松, 上官铁梁. 2010. 关于重要值计算方法的若干问题. 山西大学学报(自然科学版), 33(2): 312-316.

尉文, 宋文超, 郭毅春, 等. 2021. 太白山锐齿栎林物种-多度分布格局. 应用生态学报, 32(5):

1717-1725.
吴承祯, 洪伟. 1997. 观光木群落物种多度分布的 Weibull 模型研究. 福建林学院学报, 17(1): 20-24.
谢正磊. 2009. 环境容量变化对物种多度影响的研究: 以天津七里海湿地为例. 北京大学学报(自然科学版), 45(1): 183-188.
姚喜喜, 周睿, 李长慧, 等. 2021. 坡向对青藏高原高寒草地植被分布格局和牧草品质特征的影响. 草地学报, 29(12): 2792-2799.
Bell G. 2001. Neutral macroecology. Science, 293(5539): 2413-2418.
Bulmer M G. 1974. On fitting the Poisson lognormal distribution to species-abundance data. Biometrics, 30(1): 101-110.
Fisher R A, Corbet A S, Williams C B. 1943. The relation between the number of species and the number of individuals in a random sample of an animal population. The Journal of Animal Ecology, 12(1): 42-58.
Frontier S. 1985. Diversity and structure in aquatic ecosystems. Oceanography and Marine Biology an Annual Review, 23: 253-312.
Kraft N J B, Comita L S, Chase J M, et al. 2011. Disentangling the drivers of β diversity along latitudinal and elevational gradients. Science, 333(6050): 1755-1758.
Krebs C J. 1985. The experimental analysis of distribution and abundance. Ecology, 1985: 236-238.
Liu M, Zhu L, Ma Y, et al. 2022. Response of species abundance distribution pattern of alpine meadow community to sampling scales. The Rangeland Journal, 44(1): 13-24.
MacArthur R H. 1957. On the relative abundance of bird species. Proceedings of the National Academy of Sciences of the United States of America, 43(3): 293-295.
Magurran A E. 1988. Ecological Diversity and Its Measurement. Princeton, NJ: Princeton University Press.
May R M. 1975. Patterns of Species Abundance and Diversity. Cambridge, MA: Belknap/Harvard University Press: 81-120.
Mazaris A D, Tsianou M A, Sigkounas A, et al. 2013. Accounting for the capacity of common and rare species to contribute to diversity spatial patterns: is it a sampling issue or a biological effect? Ecological Indicators, 32: 9-13.
Motomura I. 1932. On the statistical treatment of communites. Zo-ological Magazine, 44: 379-383.
Preston F W. 1948. The commonness, and rarity, of species. Ecology, 29(3): 254-283.
Tetetla-Rangel E, Dupuy J M, Hernández-Stefanoni J L, et al. 2017. Patterns and correlates of plant diversity differ between common and rare species in a neotropical dry forest. Biodiversity and Conservation, 26(7): 1705-1721.
Tokeshi M. 1990. Niche apportionment or random assortment: species abundance patterns revisited. The Journal of Animal Ecology, 59(3): 1129-1146.
Tokeshi M. 1993. Species abundance patterns and community structure. Advances in Ecological Research, 24: 111-186.
Ugland K I, Gray J S. 1982. Lognormal distributions and the concept of community equilibrium. Oikos, 39(2): 171-178.
Ulrich W. 2002. RAD-a FORTRAN program for the study of relative abundance distributions. Nicolaus Copernicus University, Gagarina 9, 87-100.
Waldock C, Stuart - Smith R D, Albouy C, et al. 2021. A quantitative review of abundance - based species distribution models. Ecography, DOI: 10.1111/ecog.05694.
Wu A, Deng X, He H, et al. 2019. Responses of species abundance distribution patterns to spatial scaling in subtropical secondary forests. Ecology and Evolution, 9(9): 5338-5347.

第6章　高寒草甸植物群落物种多样性和功能多样性

6.1　植物群落物种多样性和功能多样性研究概述

物种多样性和功能多样性对生态系统的结构组成及功能起着决定性作用。物种多样性和功能多样性是生物多样性在不同维度上的体现，物种多样性是指生物多样性在物种水平上的数量及多样性程度的表现，不仅表征了生物之间的关系及物种与其所在环境的关系，同时也体现了生物资源的丰富度。而功能多样性指某一群落内所有物种的功能性状的值、范围和散布。因此可以将功能多样性理解为功能性状的多样性，功能多样性考虑到植物群落中的冗余种和种间互补作用，将植物功能性状与生态系统功能联系起来，可用多种植物功能性状来表征群落内物种的功能特征的差异变化，从而对生态系统功能进行描述。因此，在研究多样性生态系统功能关系时不能简单地把物种多样性等同于功能多样性，功能多样性与物种多样性所表达的生态含义是不同的，它更能反映物种与生态系统的功能过程联系。本节详细阐述了植物群落物种多样性和功能多样性的研究意义，该领域的热点研究内容与当前进展，系统总结了植物群落物种多样性和功能多样性研究的具体方法。

6.1.1　物种多样性的内涵

物种多样性是生物多样性研究中的重要组成部分，它反映了特定生境或生态系统中存在的不同植物物种的数量和多样性程度。通过对物种多样性的探究，可以获取植物群落结构、物种间相互关系以及对生态系统功能的影响等重要生态学信息。该领域的相关研究成果表明，物种多样性对于维持生态系统功能及其稳定性具有重要作用。维持较高水平的物种多样性不仅可以增强生态系统的抵抗力和适应性，提高生态系统对环境变化的响应能力。同时还能够提供更多的生态系统服务，如土壤保持、水文调节和固碳等。此外，物种多样性还对许多生态过程（如营养循环、能量流动和生物间相互作用）起着重要的调节作用。

物种多样性涵盖了对物种丰富度、物种相对丰度以及物种均匀度的研究。具体而言，通过对表征物种丰富度的指数计算，如物种丰富度指数或 Margalef 指数等，来探究特定地区或生态系统中存在的植物物种数量和多样性水平，以了解物种的组成和分布格局。通过 Simpson 指数或 Shannon-Wiener 指数等表征物种相对丰度的指数，来描述不同物种在整个物种群落中的相对比例。某些物种可能更常见或是更稀有，物种的相对丰度反映了物种的分布格局和数量关系。物种的均匀度通常使用 Pielou 指数来表征，它基于物种相对丰度的分布，反映了群落或生态系统中物种的均匀程度，用以了解物种之间的竞争和相互作用关系。

6.1.2 物种多样性的研究内容

物种多样性的研究内容包括：研究物种多样性与生态系统功能之间的关系，探究物种多样性对生态系统功能的影响，如生物量积累、养分循环和土壤保持等；研究物种多样性在不同尺度上的空间分布格局，如纬度梯度或环境梯度对物种多样性的影响；研究物种多样性的时序动态，分析植物群落物种多样性的时序变化，包括气候变化、人类活动和生物入侵等因素对物种多样性的影响。

在这些研究内容中，探究物种多样性空间分布模式与其所在区域环境、气候因子、物种的进化和演替等因素之间的关系，是物种多样性领域的研究热点。李新荣和张新时（1999）对鄂尔多斯地区的灌木类群生物多样性进行了调查，结果表明，水分梯度是影响灌丛群落组成和物种多样性的最主要因素，随着水分梯度的降低，多样性指数递减；李振基等（2000）通过对武夷山甜槠林在人为干扰下物种多样性变化的研究发现，干扰后，物种多样性明显提高；Bennie 等（2008）认为，坡向的改变也是群落构成和物种多样性变化的主要因素，这是由于坡向对地表的太阳辐射量有一定的影响，而太阳辐射强度又直接影响近地表温度、土壤水分循环等；Gao 等（2009）对草原生态系统局部尺度的物种多样性进行了调查，研究发现，受土地利用和干旱的影响，物种多样性降低，种间竞争加剧。了解这些动态变化对于预测和保护生态系统具有重要意义。

6.1.3 物种多样性的研究方法

（1）野外调查和样方法

野外调查和样方法是进行野外实地采样和调查的方法。在不同样地设置样方，记录样方内的植物物种组成和数量。根据研究目的的不同，具体方法的采样方法也会有所差异，通常情况下对于植物群落的研究，普遍采用的是样地法中的典型取样法（贺金生等，1998）；对植物群落中多样性的研究，通常采用固定样地法（丁圣彦和宋永昌，1999）；相应地，若要对群落物种多样性的梯度进行研究分析，采用较多的则是样带法（石培礼等，2000）。由于植物群落在研究的过程中，取样面积对其多样性的测定具有一定的影响，因此在对其选定的过程中，通常对样本大小的选择大致相同。野外调查可以提供对物种多样性的直接观察和了解，是物种多样性研究中最常使用的方法。

（2）长期监测和实验研究法

通过在不同时间点或地点进行重复观测，研究者可以揭示物种多样性的时空变化和其对生态系统功能的影响。此外，通过设置实验处理，如物种丰富度的操纵实验，可以更好地理解物种多样性与生态系统功能之间的关系。

（3）生态模型和计算模拟法

该方法利用数学模型和计算机模拟来研究植物群落的物种多样性。通过建立基于植物生态学理论和现实数据的模型，模拟不同物种组合和环境条件下的物种多样性变化及生态系统响应。这些模型可以提供对未来物种多样性变化和生态系统功能的预测与理解。

6.1.4　功能多样性的内涵

功能性状是功能生态学最核心的概念，是功能多样性研究的基础（Shipley，2007）。植物在长期的适应中，其外部形态、结构和生理特性会随着环境的改变而发生一系列的反应，从而影响到整个生态系统过程和功能，被称为植物功能性状（Mcintyre et al.，1999），这是植物与环境共同作用的结果，也是其适应环境的能力和策略的体现。植物功能性状在适应不同生境时，其表型的可塑性呈现出明显的变化，并在不同的环境中形成了不同类型的功能群体，而这些功能群在不同的生态系统中的作用不同。因此，植物功能性状会在很大程度上影响植物个体的表现型和在资源梯度上的适合度，使其将植物个体与生态系统结构、过程与功能很好地联系起来（Gamier and Navas，2012）。对不同类型功能群所处的环境梯度与功能性状之间的关系进行深入的探讨，不仅可以帮助人们更好地了解生态系统功能的作用及群落物种共存的原理，也可以为未来的生物多样性变化预测奠定基础。

基于对植物功能性状的深入研究，人们逐渐认识到作为生物多样性重要组成部分的功能性状多样性（即功能多样性），其变化可以更好地指示生态系统的生产、养分平衡及其他方面的功能，是影响种群生存、群落和生态系统稳定的重要因子。Villéger 等（2008）研究认为，植物群落功能多样性是生态系统中的重要驱动力，也是衡量生物多样性的一个重要指标。这是因为，如果仅用物种数目或是物种多样性来描述生物多样性的话，不能很好地体现出物种特征对生态系统功能的作用，生态系统的功能是由物种数目与物种的功能特征共同决定的。

近几十年来，生态学者使用功能性状的多样性的次数也呈现出指数式增长，但是，生态学者对于其功能多样性的认识还不够清晰，争论颇多。功能多样性的定义是由 Díaz and Cabido 在 2001 年提出的，但是这一概念仅以个体的形式来认识功能的多样性，因此仅适用于了解功能多样性的计算方法。Tesfaye 等（2003）将其定义为：群落中少数功能群体或生活类型多样性，但是这一定义非常简单，缺乏一定详细的界定内涵，量化分析起来存在一定的困难。之后，Mason 等（2005）提出了功能多样性的划分界线，并将其划分为功能丰富度（FRic）、功能均匀度（FEve）、功能离散度（FDis）。在这些指标中，功能丰富度体现了功能特性在生态位空间中的分布；功能均匀度则反映了各生态位空间功能特性分布的规律性；功能离散度反映的是生态位的互补程度。Poos 等（2009）认为，功能多样性是不同类型植物的功能特征差异。后来，Carreño-Rocabado 等（2012）又按照前人的划分依据将功能多样性界定为：在群落中，功能特性的改变会影响到整个生态系统的功能和过程，包括功能性状、物种组成及其物种个体数目的差异。功能多样性的量化，实质上是确定其功能性状的多样性，而功能性状影响生态系统功能进程的生物学特性。目前，现有的功能多样性指标的测量有其局限性，探索功能多样性规范化计算方法仍是今后生态学研究的重点。

6.1.5 功能多样性的研究内容

功能多样性的研究，主要关注的是植物物种的功能特征和它们在群落中组合成的功能群对生态系统功能的影响。具体而言，主要包括对功能性状的差异性分析，通过研究植物的功能性状，如植物高度、叶片面积、光合作用速率、根系构型等，来理解植物群落中不同物种间存在的功能差异，用以揭示植物群落中不同物种的适应策略和资源利用方式，从而推断其对环境变化的响应能力；对物种所处生态位的分析，通过对物种在生态系统中所占据的特定的生境和资源利用方式的分析，来评估植物物种之间的功能分区和资源利用的重叠程度，这有助于理解物种的竞争和相互作用关系，以预测物种共存和物种多样性的维持机制；对功能多样性与生态系统功能之间关系的探究，研究功能多样性对生物量积累、养分循环、碳储存、土壤保持等生态系统功能的影响，通过评估功能多样性与生态系统功能之间的相关性，可以揭示功能多样性对生态系统功能的驱动性。

6.1.6 青藏高原高寒草甸物种多样性和功能多样性的研究意义

青藏高原作为欧亚板块最大的草地区域，是草地生态系统物种及遗传基因最丰富和最集中的地区之一，在全球草地生物多样性保护中具有十分重要的地位。因其气候寒冷且相对湿润，地理环境和生态构造较为独特，高寒草甸是青藏高原典型的草地类型之一，是该地区主要的地带性植被，大约占青藏高原草地总面积的 30%。但近年来，在气候变化、人为干扰（放牧业过度发展、旅游业过度开发）等因素的影响之下，该地区草场退化严重、生物多样性急剧减少，急需加强对该生态系统生物多样性保护的研究。目前，关于高寒草甸植物群落多样性的研究大多只对单一的物种多样性或功能多样性进行研究，这使得高寒草甸植物群落生态功能的优化、多样性的保护仅单纯立足于物种的数量状况或功能性状，而没有将两者结合起来进行更全面的考虑。对于物种多样性与功能多样性多维的研究涉及较少，主要是对不同草地类型的多样性关系、植物多样性与生产力的关系、刈割和施肥对植物多样性的影响等进行了研究，但基于坡向梯度上的植物群落物种多样性与功能多样性关系的研究目前较为鲜见。基于这一背景，本章以青藏高原东缘的甘南高寒草甸为研究对象，对不同坡向植物群落物种多样性与功能多样性进行研究。本章的研究将为揭示高寒草甸植物群落的物种多样性和功能多样性对不同坡向梯度的响应，以及高寒草甸生态系统中植物群落物种多样性与功能多样性之间的关系提供科学依据。同时，为理解群落的构建机制，探究物种多样性和功能多样性与生态系统功能和过程间的联系，以及高寒草甸退化草场的修复、水土保持、生态功能优化等提供重要参考。

6.2　实验设计与方法

6.2.1　样本采集及性状测量

本研究团队于 2018 年 7～8 月（植被生长的高峰期）在甘南高寒草甸开展了野外实地调查。在研究区内选择一座植被分布典型的山坡，用 360°电子罗盘对坡向进行定位，将整座山坡沿山体中部按顺时针方向，依次选取阳坡、半阳坡、西坡、半阴坡、阴坡为实验样地。在每个坡向的同一高度设置 8 个 50 cm×50 cm 小样方，样方间距为 1 m，共 40 个样方。对样方信息进行调查，记录样方内植物物种数、株数、样方盖度，并测量各项环境指标（坡位、坡向、坡度、海拔）。选择前 3 天内未降雨的天气进行土壤采集，用直径为 5 cm 的土钻，采用梅花五点法采集 5 钻 0～20 cm 深度土壤，去除植物根系与砂砾，将鲜土装入自封袋带回实验室，尽快完成土壤鲜重的称量，再将其放置在 105℃的烘箱烘至恒重，测其干重。剩余土壤样品自然风干后用于后续实验。每个样方内每种物种采集足够成熟健康的叶片，做好标记装入自封袋带回实验室，进行后期量化处理分析。

本研究选用了植物的株高（PH）、叶片含水量（LWC）、比叶面积（SLA）、叶片干物质含量（LDMC）、叶片碳含量（LCC）、叶片全氮含量（LNC）、叶片全磷含量（LPC）以及叶片全钾含量（LKC）8 个功能性状。其中，PH 反映的是植物对自身内部资源的分配以及总体的竞争能力；LWC 反映了叶片代谢的活跃程度，以度量植物的水分状况，是植物施肥与水分管理的重要指标；SLA 反映的是植物对碳的获取及利用，即表征植物的相对生长速率，若幼苗的 SLA 高，则意味着其新叶的生长速率也大；LDMC 体现了植物对某种资源的利用能力；LCC、LNC、LPC、LKC 能够反映植物对土壤养分的利用率，也是植物地上部分生长情况的体现。

所选指标参照 Pérez-Harguindeguy 等（2013）的全球植物功能特性标准化测量新手册进行测定。每个样方内每种物种随机选择 8～10 株测量其 PH，取其平均值。用 CanoScan LiDE 110 扫描仪扫描叶面积，用烘箱（75℃）烘干后称叶片干重，并计算叶片含水量、比叶面积以及叶片干物质含量。叶片含水量=（叶片鲜重−叶片干重）/叶片鲜重，比叶面积=叶面积/叶片干重，叶片干物质含量=叶片干重/叶片饱和鲜重。将采集的剩余植物叶片样本放入烘箱烘干至恒重，用研钵磨成细粉，进行养分含量的测定，植物养分含量的测定方法同土壤，植物全钾的测定用火焰光度计法。

6.2.2 功能多样性指数的测定

（1）功能丰富度

Mason 等于 2005 年提出了功能广度（functional range）指数，用来计算一元性状的功能丰富度，多元性状功能丰富度值由一元性状功能丰富度（Mason et al., 2005）平均值所得。其计算公式为

$$\mathrm{FRic} = \frac{\mathrm{SFic}}{\mathrm{Rc}} \tag{6-1}$$

式中，FRic 表示在 i 群落中，特征 c 所占据的功能丰富度；SFic 表示物种在群落中所占的生态位；Rc 表示性状 c 在所有群落中的绝对特征值的范围。

（2）功能均匀度

应用 Villeger 等提出的 FEve 指数来计算多元性状的功能均匀度，公式为

$$\mathrm{FEve} = \frac{\sum_{i=1}^{S-1} \min\left(\mathrm{PFI}_I, \frac{1}{S-1}\right) - \frac{1}{S-1}}{1 - \frac{1}{S-1}} \tag{6-2}$$

$$\mathrm{PEW}_I = \frac{\mathrm{EW}_I}{\sum_{i=1}^{S-1} \mathrm{EW}_I} \tag{6-3}$$

$$\mathrm{EW}_I = \frac{\mathrm{dist}(i, j)}{w_i + w_j} \tag{6-4}$$

式中，PEW_I 表示分支长的权重，S 表示群落中物种的数目，EW 表示均匀度权重，

dist（i，j）表示群落中物种 i 和 j 的欧氏距离（Euclidean distance），w_i 表示群落中 i 物种的相对丰富度，I 表示分支长。

（3）功能离散度

多维功能离散度（multidimensional functional dispersion，FDis）是由 Laliberte 和 Legendre 提出的一种较直观的功能离散度指数，物种加权重心的计算公式为

$$c = \left[c_i\right] = \frac{\sum a_j x_{ij}}{\sum a_j} \tag{6-5}$$

式中，c 表示物种的加权重心，a_j 代表群落中物种 j 占总多度的百分比，x_{ij} 代表群落中物种 j 第 i 个性状值，FDis 的计算公式为

$$\text{FDis} = \frac{\sum a_j z_j}{\sum a_j} \tag{6-6}$$

式中，z_j 表示群落中物种 j 到重心 c 的加权欧几里得距离。

（4）Rao 二次熵指数

Rao 二次熵指数（Rao' Q）计算公式为

$$\text{Rao'Q} = \sum_{i=1}^{S-1} \sum_{j=i+1}^{S} d_{ij} p_j p_j \tag{6-7}$$

式中，d_{ij} 代表被调查的植物群落中的物种 i 和 j 之间的功能特征距离，p_j 代表了物种 j 的个体数量与整个个体数量的比例。

6.2.3　植物群落 Godron 稳定性的测定

植物群落 Godron 稳定性的测定采用 Godron 贡献定律法（简小枚等，2018），首先，将坡向梯度上所调查的不同种植物的盖度按降序依次排序，并转化为相对盖度；其次，按植物种类排序的顺序将植物种类的总和取倒数，并依次进行累积，用百分数表示，以植物种类累积倒数百分比为 x 轴，以累积相对盖度为 y 轴，建立散点平滑曲线；最后，与直线 y=100–x 相交，求交点坐标，即为所求植物群落的稳定点。植物群落的植物种类累积倒数百分比与累积相对盖度百分比越接近 20/80，植物群落就越稳定。

植物种类的散点平滑曲线及直线模型为

$$\begin{aligned} y &= ax^2 + bx + c \\ y &= 100 - x \end{aligned} \tag{6-8}$$

求解公式为

$$ax^2 - (b+1)x + 100 - c = 0 \tag{6-9}$$

通过式（6-9）得出交点坐标（x，y），与 20/80 比较，判断不同坡向植物群落

的稳定程度。

6.3 植物群落组成与功能性状对坡向的响应

通过野外调查和数量生态学相结合的方法，量化功能群组成、植物群落多样性和群落稳定性在不同坡向上的变化规律。我们将所调查的物种整体划分为以下4 个功能群：莎草科、禾本科、豆科和杂类草。对每个坡向样点上的物种多样性指数和功能多样性指数进行单因素方差分析及显著性检验分析，以获取高寒草甸不同坡向上物种多样性和功能多样性的变化特征，并以此作为评估研究区高寒草甸不同坡向上植物物种多样性和功能多样性的重要基础。此外，我们还分析了不同坡向梯度上的 Godron 稳定性，以更全面地了解坡向变化对植物群落的影响。

6.3.1 不同坡向的植物物种组成及功能群差异

随高寒草甸坡向的转变，物种群落的组成发生了明显的变化（图 6-1，表 6-1）。在阴坡—阳坡梯度上，植物群落的高度和盖度均出现显著降低（P<0.05）。半阴坡、西坡、半阳坡、阳坡的群落高度较阴坡分别下降了 9.57%、38.41%、73.25%和78.18%，盖度分别降低了 5.40%、19.51%、34.63%和 40.82%。造成上述结果的原因主要是，阴坡相较于阳坡通常更加湿润。相比之下，阳坡由于受日晒和蒸发的影响较强，水分含量相应减少。水分是植物生长的必要因素，充足的水分是植物正常生长发育的保障，水分的缺失会限制植物的生长甚至生存。阴坡较湿润，植物有更好的水分供应，植物群落的高度和盖度也相应较高。此外，风力因素的影响，可能是导致这一结果的另一重要因素。风力的大小会影响植物的生长方向和形态，强风会使植物变得矮小且生长紧凑，以减少受风阻力。阴坡受到的风力较小，而阳坡（向阳面）上的风力较强。因此阳坡上的植物可能会更加矮小，盖度也相应较低。

长期的自然选择，会使植物群落对各自的生态位具有其特定的适应性。不同坡向的水热异质性分派，会导致草地植被功能群也随坡向的改变而发生变化。如表 6-2 所示，莎草科地上生物量在 5 个坡向样地中呈现出阴坡>半阴坡＞西坡＞半阳坡＞阳坡的变化趋势，阴坡的莎草科地上生物量显著高于阳坡的地上生物量（P<0.001），豆科地上生物量也表现出与莎草科相似的变化趋势，在阴坡—阳坡梯度上递减，其在阴坡的生物量显著高于阳坡（P<0.001）。禾本科地上生物量呈现出西坡＞半阴坡＞阴坡＞半阳坡>阳坡的变化趋势，而杂类草地上生物量则出现由阴坡向阳坡递增的趋势，杂类草在阴坡的生物量要显著低于阳坡（P<0.001）。本研究结果表明，阴坡的主要功能群为莎草科，而阳坡的主要功能群是杂类草。

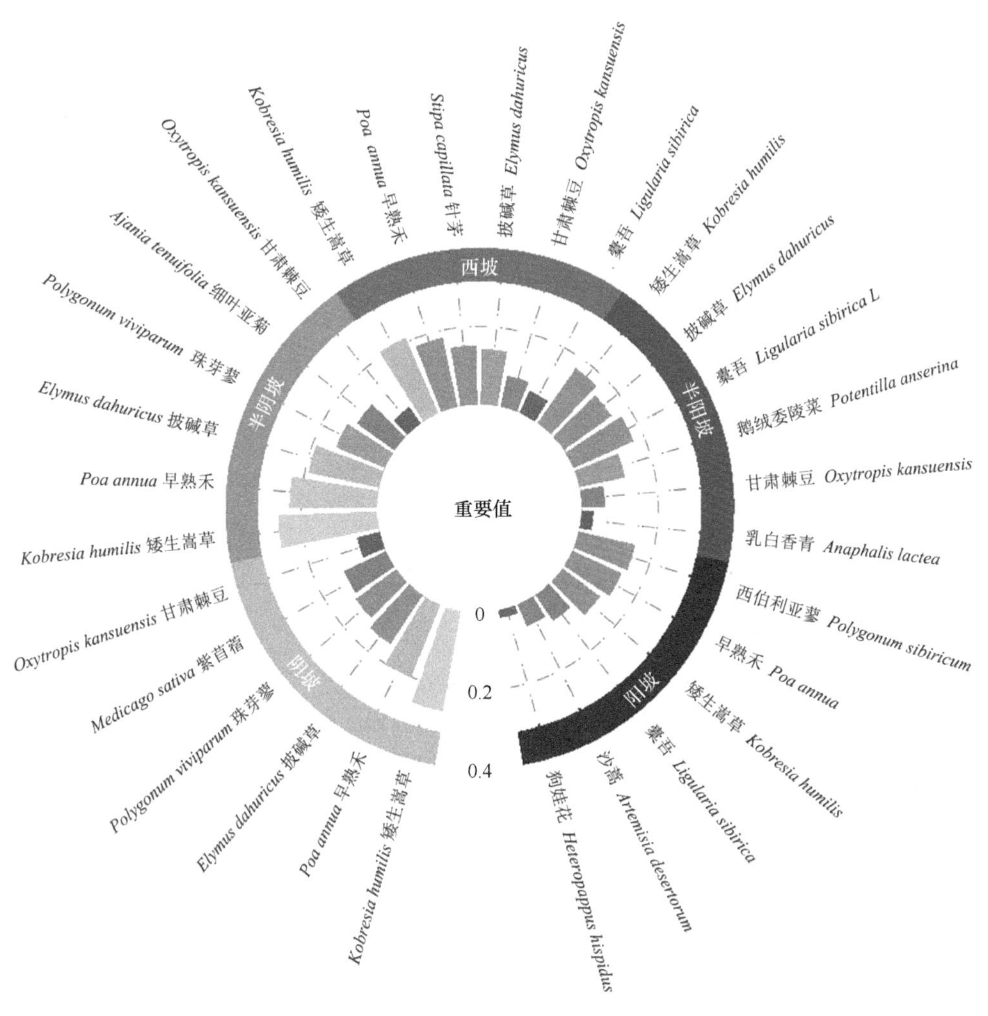

图 6-1　不同坡向的主要物种组成及其重要值

表 6-1　不同坡向植物群落高度、盖度、优势物种组成及功能群变化

坡向	高度（cm）	盖度（%）	优势物种及其重要值	功能群
阴坡	16.82±1.52a	91.13±3.16c	矮生嵩草（*Kobresia humilis*）0.29	莎草科（Cyperaceae）
			早熟禾（*Poa annua*）0.20	禾本科（Gramineae）
			披碱草（*Elymus dahuricus*）0.15	禾本科（Gramineae）
			珠芽蓼（*Polygonum viviparum*）0.13	杂类草（Forbs）
			紫苜蓿（*Medicago sativa*）0.12	豆科（Fabaceae）
			甘肃棘豆（*Oxytropis kansuensis*）0.06	豆科（Fabaceae）
半阴坡	15.21±1.20b	86.21±3.19b	矮生嵩草（*Kobresia humilis*）0.26	莎草科（Cyperaceae）
			早熟禾（*Poa annua*）0.23	禾本科（Gramineae）
			披碱草（*Elymus dahuricus*）0.19	禾本科（Gramineae）
			珠芽蓼（*Polygonum viviparum*）0.14	杂类草（Forbs）
			细叶亚菊（*Ajania tenuifolia*）0.12	杂类草（Forbs）
			甘肃棘豆（*Oxytropis kansuensis*）0.05	豆科（Fabaceae）

续表

坡向	高度（cm）	盖度（%）	优势物种及其重要值	功能群
西坡	10.36±1.64c	73.35±2.66a	矮生嵩草（*Kobresia humilis*）0.21	莎草科（Cyperaceae）
			早熟禾（*Poa annua*）0.18	禾本科（Gramineae）
			针茅（*Stipa capillata*）0.15	禾本科（Gramineae）
			披碱草（*Elymus dahuricus*）0.14	禾本科（Gramineae）
			甘肃棘豆（*Oxytropis kansuensis*）0.08	豆科（Fabaceae）
			橐吾（*Ligularia sibirica*）0.06	杂类草（Forbs）
半阳坡	4.50±0.32d	59.57±8.32c	矮生嵩草（*Kobresia humilis*）0.17	莎草科（Cyperaceae）
			早熟禾（*Poa annua*）0.15	禾本科（Gramineae）
			橐吾（*Ligularia sibirica*）0.17	杂类草（Forbs）
			鹅绒委陵菜（*Potentilla anserina*）0.12	杂类草（Forbs）
			甘肃棘豆（*Oxytropis kansuensis*）0.06	豆科（Fabaceae）
			乳白香青（*Anaphalis lactea*）0.03	杂类草（Forbs）
			披碱草（*Elymus dahuricus*）0.17	禾本科（Gramineae）
阳坡	3.67±0.41e	53.93±7.37d	西伯利亚蓼（*Polygonum sibiricum*）0.15	杂类草（Forbs）
			早熟禾（*Poa annua*）0.14	禾本科（Gramineae）
			矮生嵩草（*Kobresia humilis*）0.12	莎草科（Cyperaceae）
			橐吾（*Ligularia sibirica*）0.08	杂类草（Forbs）
			沙蒿（*Artemisia desertorum*）0.06	杂类草（Forbs）
			狗娃花（*Heteropappus hispidus*）0.02	杂类草（Forbs）

注：同列不同小写字母表示差异显著（α=0.05）

图 6-1 和表 6-1 还表明，伴随高寒草甸坡向的转变，主要物种由阴坡及半阴坡的矮生嵩草（*Kobresia humilis*）、早熟禾（*Poa annua*）和披碱草（*Elymus dahuricus*），逐渐转变为阳坡和半阳坡的西伯利亚蓼（*Polygonum sibiricum*）、橐吾（*Ligularia sibirica*）等毒杂草类植物。这是因为阳坡面向阳光，所受日照强度大，具有高温和干燥的气候特点。且由于水分的缺失，阳坡的土壤也较为贫瘠。这种生境条件对于一些毒杂草植物来说更为有利，相较于莎草科、禾本科及豆科植物，它们更能适应高温和干旱等严酷环境，具有更强的忍受力和繁殖力。相比之下莎草科、禾本科及豆科植物对水分、土壤养分含量等环境因素的要求较高。由于阴坡接受的雨水相对较多，蒸发量较少，因此其水分充足，土壤也相对较肥沃，更适应莎草科、禾本科及豆科植物的生长。

表 6-2　不同坡向各植物功能群生物量（g/m^2，平均值±标准误）

坡向	莎草科	禾本科	豆科	杂类草
阴坡	176.31±19.56a	62.78±16.83c	29.06±7.75a	44.51±9.24d
半阴坡	157.58±13.92b	65.62±10.26b	20.18±8.32b	45.68±7.57d
西坡	102.82±8.01c	69.17±13.73a	12.29±1.93c	56.94±7.26c
半阳坡	73.08±9.05d	62.50±8.91c	11.06±1.82c	67.25±12.33b
阳坡	51.32±12.39e	53.57±7.21d	5.19±0.57c	76.80±5.18a

注：同列不同小写字母表示差异显著（α=0.05）

由不同坡向的植物功能群组成比例可以看出（图 6-2），在阴坡—阳坡梯度上，莎草科地上生物量比例依次降低。禾本科地上生物量在功能群中所占的比例则随坡向梯度略有上升。豆科地上生物量比例呈下降趋势，而杂类草地上生物量的比例则随阴坡—阳坡梯度变化依次升高。这可能是由于莎草科和豆科植物通常更适应相对湿冷的气候条件，而禾本科和杂类草对较温暖的条件更具适应性，且禾本科和杂类草对水分条件的要求相对较低，能更好地适应较干燥的环境条件。此外，阴坡和阳坡的土壤质地、土壤养分含量等土壤特性的差异也可能是导致功能群差异的重要因素。莎草科和豆科植物可能对阴坡特定的土壤类型更适应，而禾本科和杂类草则能够适应更广泛的土壤条件。因此，如果阳坡的土壤类型不利于莎草科和豆科植物的生长，它们的生物量比例就会下降，而禾本科和杂类草的生物量比例则可能会因为种间竞争激烈程度的下降，资源可利用率的提高而出现上升。

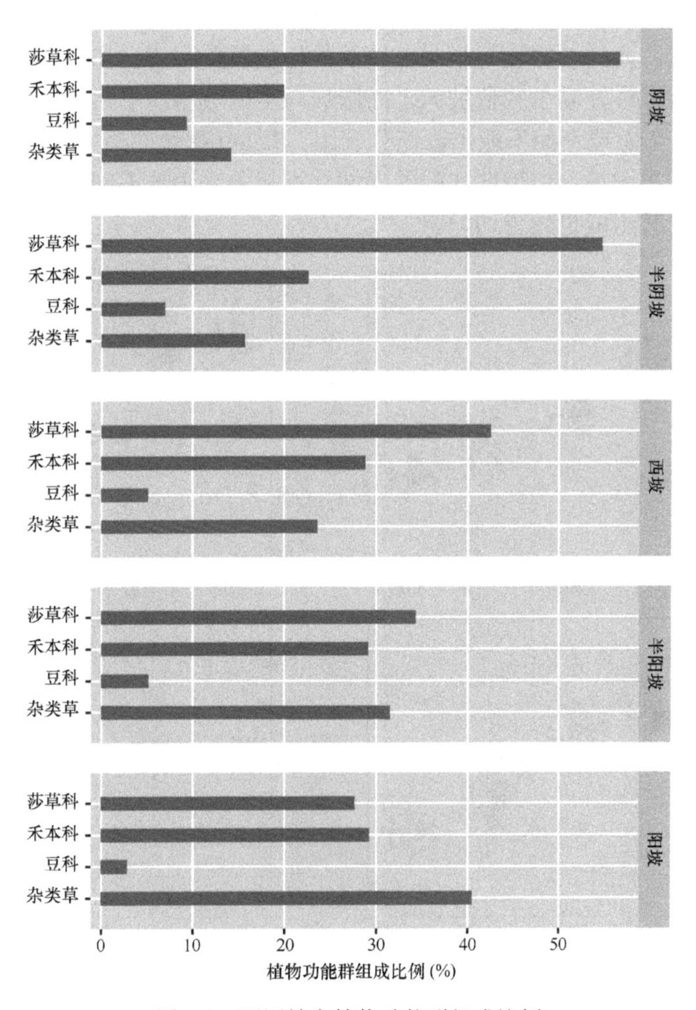

图 6-2　不同坡向植物功能群组成比例

6.3.2 植物物种多样性对坡向的响应

由图 6-3 可知，Margalef 指数、Simpson 指数、Shannon-Wiener 指数均呈现出在阴坡最高，在阳坡最低的趋势特点。阴坡与半阴坡、阳坡与半阳坡的 Margalef 指数、Simpson 指数无显著差异，但其他坡向间差异显著（$P<0.05$）。阴坡、半阴坡以及西坡的 Shannon-Wiener 指数差异性不显著，但与半阳坡和阳坡之间存在显著差异性（$P<0.05$）。在阴坡—阳坡梯度上，物种多样性（Margalef、Simpson 和 Shannon-Wiener 指数）降低的主要原因是，伴随坡向转变，土壤养分与含水量逐渐减少，且坡向在转变的过程中还会受降水、地表径流等因素的影响，使得物种多样性急剧下降。具体而言，阴坡土壤含水量较高、土层较深、土壤发育良好、土壤微生物对枯枝落叶的消化能力强，土壤的养分也不易流失，给植物提供了良好的生长环境。此外，阴坡与半阴坡较高的植被覆盖率均会加剧资源的竞争，因此阴坡的物种多样性高于其他坡向。而阳坡与半阳坡植物的生长发育受到生存环境的限制，其生态位空间不能得以充分利用。Pielou 指数的最大值出现在半阴坡，最小值出现在半阳坡，但坡向间的差异性并不显著。由于不同的坡向存在不同的功能群，因此其组成也较为均匀。

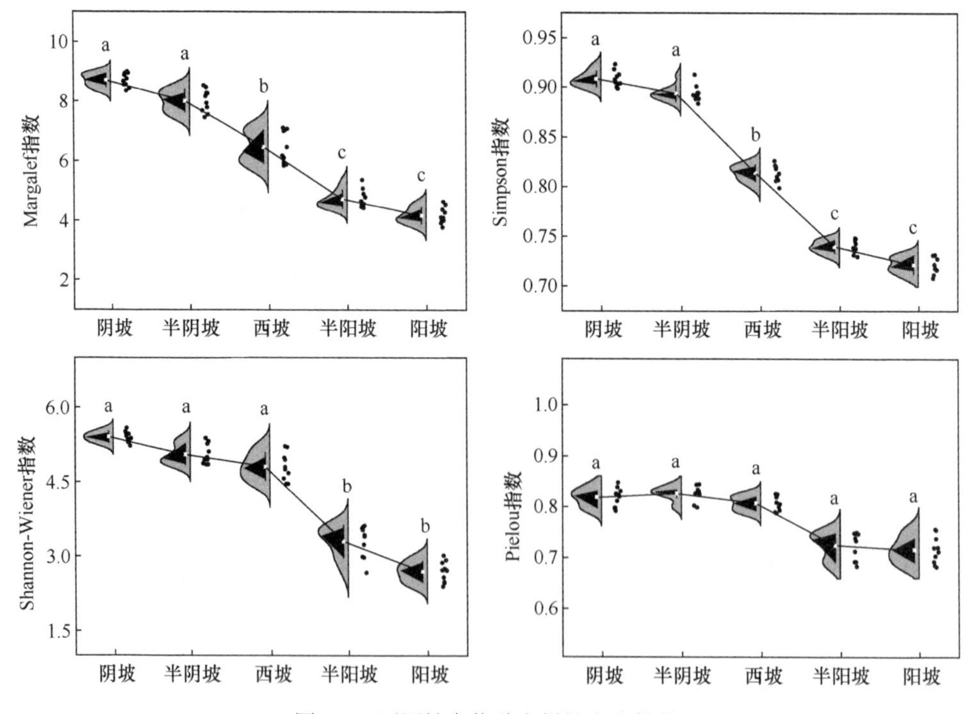

图 6-3 不同坡向物种多样性变化趋势

总体来说，青藏高原高寒草甸过度放牧、草地沙化以及鼠害的加剧等，导致某些物种的丧失，使物种丰富度降低，在资源相对缺乏的阳坡更为显著。

6.3.3 植物功能性状对坡向的响应

植物功能性状可以直接影响生态系统的能量流动与物质循环，间接改变其他非生物条件，调节生态系统过程（Symstad et al.，2003）。图 6-4 显示，不同坡向植物群落中的植物功能性状均具有显著性差异（$P<0.05$）。其中 PH、LWC、SLA、LCC、LPC 及 LKC 在各个坡向的变化趋势一致，均由阴坡向阳坡递减，坡向间差异显著（$P<0.05$）；阴坡的 LNC 显著高于西坡，各坡向（除西坡与半阳坡）均有显著差异（$P<0.05$）。阴坡及半阴坡的 PH、LWC、SLA 均高于其他坡向，这是因为阴坡、半阴坡有相对较高的土壤含水量和养分含量，土壤发育更好，这使得各种植物能够很好地生长。LNC、LPC、LKC 在阴坡最高，大于其他坡向，且均随着土壤 pH 的升高而降低，随土壤养分含量的增加明显增加，说明 LNC、LPC、LKC 均受土壤含水量与养分的影响。LDMC 则由阴坡向阳坡递减，坡向间差异显著（$P<0.05$），说明植物的 LDMC 在阳坡的种间差异程度大于阴坡。相关研究表明，LDMC 与土壤含水量和土壤养分的竞争有关（李谆，2016）。因此，随着坡向的转变，LDMC 随土壤含水量、有机碳、全氮、全磷含量的增加而减小，从而使阳坡植物的 LDMC 较低。综合上述分析，可以得出植物功能性状会随着坡向的变化而变化，一定程度上受到土壤水分和养分的影响。

6.3.4 植物功能多样性对坡向的响应

功能多样性是生物多样性的重要组成，可以准确预测生态系统的功能或过程变化，是生态系统功能或过程的主要决定者。植物群落功能多样性表征群落中物种功能属性的变异范围，是对群落内所有物种功能性状的差异和多样性的测定，可指示群落对未用资源生态位、环境波动的缓冲能力，可提供更多群落结构、功能及对资源利用状况的信息（Mason et al.，2012）。功能多样性高的群落具有更大的功能性状差异，这些差异将会进一步增大对资源的优化利用，从而提高生态系统功能。图 6-5 所示为不同坡向上功能多样性的变化，整体而言，从阴坡向阳坡变化的过程中，功能丰富度（FRic）、功能离散度（FDis）和 Rao 二次熵指数（Rao’Q）呈递减趋势。功能丰富度（FRic）和功能离散度（FDis）指数在半阴坡略高于阴坡，但差异性不显著。功能均匀度（FEve）变化趋势较为平缓，坡向间差异性不显著。

功能丰富度（FRic）表示群落中的现有物种占据功能性状空间的体积，相对于生产力来讲，较高的 FRic 表示植物对资源环境的利用效率较高，进而增大植物

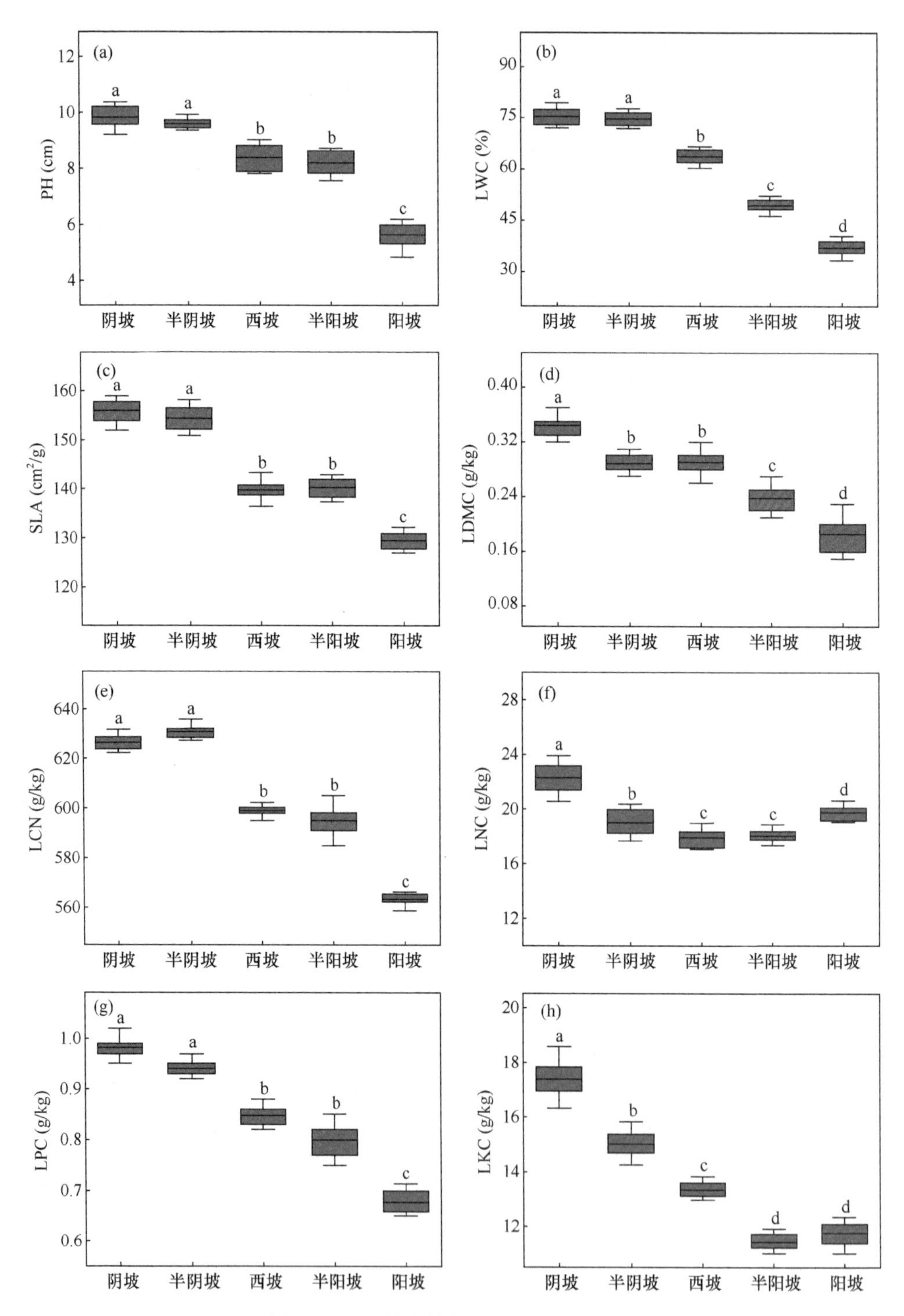

图 6-4 不同坡向植物功能性状变化趋势

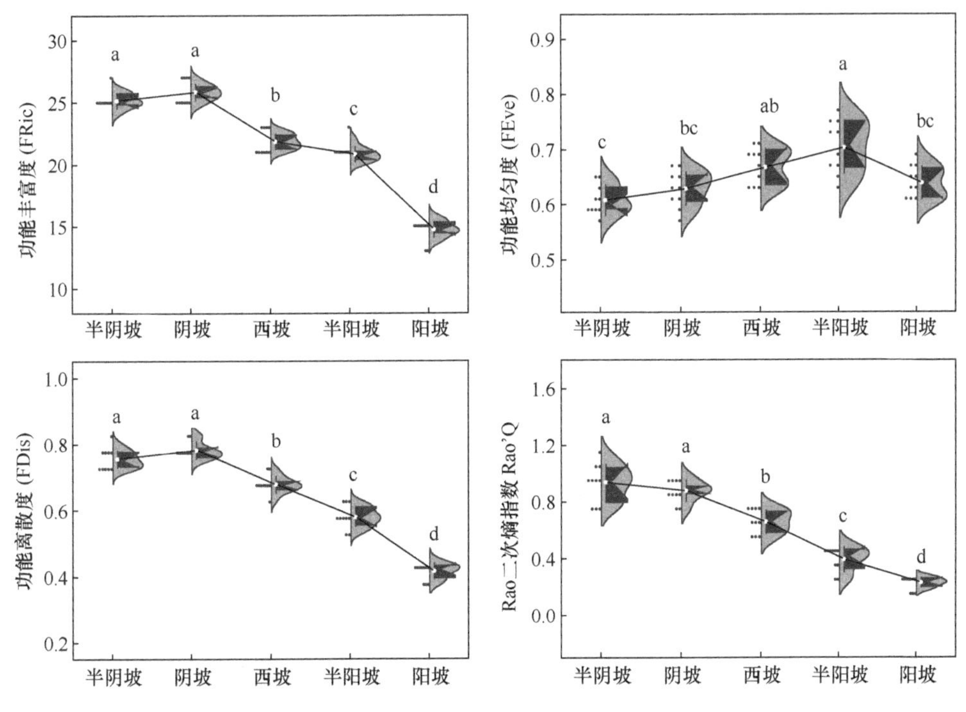

图 6-5　不同坡向功能多样性变化趋势

群落的生产力，较低的功能丰富度则意味着群落中有尚未被利用的资源，因此降低了群落生产力。在本章研究中，功能丰富度从阳坡到阴坡显著增加，表明功能丰富度对环境压力具有很强的响应。这是由于环境压力可增加功能性状的同质性，阳坡因各种因素如土壤含水量低、坡度高等容易造成土壤营养成分流失，限制了植物的生长发育，对其生态空间未进行充分利用。因此，阳坡的群落生产力也低于其他坡向。且阳坡的植物种类较阴坡显著减少，而物种的减少也限制了功能性状的数值与范围，进而使得功能丰富度下降。

功能均匀度（FEve）主要测量群落中物种之间的功能距离，反映了物种功能性状分布的均匀程度。较高的 FEve 意味着该群落物种在功能空间内的分布较为规则均匀，资源利用效率高，物种分布紧密，其稳定性和生产力都较高。相反，较低的 FEve 使得其他物种的入侵机会急剧增加。在本研究中，功能均匀度在各坡向间的差异性不显著，由此可以看出，不同坡向上的物种功能性状在生态位空间的分布较为规律，资源利用总体较为均衡。

功能离散度（FDis）反映的是功能群或者功能性状在群落性状空间的离散程度，进一步反映生态位的重叠及种间竞争的强弱。若区域的功能离散度较低，则意味着该区域生态位分化程度较低，资源未被充分利用，竞争较为激烈。在本研究中，阴坡的功能离散度显著高于阳坡，这意味着阴坡的生态位分化程度高于阳坡且资源利用较充分，资源竞争强度较弱，生态系统也更稳定，而阳坡植物的生存则要面临更强的资源竞争，生态系统的稳定性也较弱。

Rao 二次熵指数（Rao' Q）是描述功能多样性的综合指标，其涵盖了 FRic 和 FDis 指数的综合信息。由于 Rao'Q 包含了植物群落的综合功能空间信息，因此其在阴坡—阳坡梯度上的递减，进一步印证了本研究中坡向梯度上群落功能空间结构的变化过程和特征。

6.3.5 不同坡向植物群落功能多样性与环境因子之间的关系

通径分析结合相关分析，将相关系数划分为直接作用与间接作用，可以清晰地展现各因素的相关性与重要性，展现变量之间的因果关系，更深刻地揭示变量之间的关系，通径分析中的直接作用可以揭示出因变量对自变量作用的事实。

表 6-3 为不同坡向植物群落功能多样性与环境因子的逐步回归分析。由表 6-3 可知，功能丰富度（Y_1）、功能均匀度（Y_2）、功能离散度（Y_3）与环境因子的逐步回归方程都达到了显著水平（$P<0.05$）。从式（6-10）可以看出，功能丰富度随着土壤 pH（X_4）、土壤含水量（X_3）的升高而降低，随着土温（X_2）和土壤全磷含量（X_8）的升高而升高，说明土温和土壤全磷含量对功能丰富度起促进作用，而土壤 pH 和土壤含水量起限定作用；从式（6-11）中可知，功能均匀度随着坡度（X_5）与土壤全磷含量（X_8）的增加而增加，随着土壤 pH 增加而降低，说明坡度和土壤全磷含量对功能均匀度起促进作用，而 pH 起限定作用；从式（6-12）中可知，功能离散度随着土温、土壤含水量、光照度（X_1）的升高而升高，随着土壤 pH 的升高而降低，说明土温、土壤含水量、光照度对功能离散度起促进作用，而 pH 起限定作用。

$$Y_1=2.334-3.212X_4+0.996X_2+1.928X_8-0.007X_3 \quad (6\text{-}10)$$

$$Y_2=0.515+0.025X_5-0.079X_4+0.063X_8 \quad (6\text{-}11)$$

$$Y_3=-7.047-1.677X_4+0.049X_2+0.013X_3+0.121X_1 \quad (6\text{-}12)$$

表 6-3 功能多样性与环境因子的逐步回归分析

坡向	环境因子								功能多样性		
	X_1	X_2	X_3	X_4	X_5	X_6	X_7	X_8	Y_1	Y_2	Y_3
阴坡	76.980	19.870	31.060	6.450	22.040	56.850	5.375	0.693	2.529	0.606	0.754
半阴坡	77.580	20.650	30.440	6.680	23.440	52.861	4.829	0.702	2.589	0.624	0.783
西坡	77.820	21.460	25.280	6.940	26.170	48.421	3.667	0.482	2.173	0.659	0.672
半阳坡	79.000	22.220	21.260	7.250	28.020	50.763	4.730	0.561	2.115	0.686	0.583
阳坡	81.220	23.540	19.690	7.850	28.410	50.890	4.468	0.518	1.431	0.646	0.417

注：X_1 表示光照度（10^3lx）；X_2 表示土温（℃）；X_3 表示土壤含水量（%）；X_4 表示土壤 pH；X_5 表示坡度（°）；X_6 表示土壤有机碳含量（g/kg）；X_7 表示土壤全氮含量（g/kg）；X_8 表示土壤全磷含量（g/kg）；Y_1 表示功能丰富度；Y_2 表示功能均匀度；Y_3 表示功能离散度

由表 6-4 可知，功能丰富度的直接通径系数大小为 ST>STP>SWC>pH，决策系数为 SWC>STP>ST>pH，ST 对功能丰富度的直接通径系数为 3.059，通过其他因子的间接通径系数之和的绝对值较大（–4.008），抵消了正直接作用，ST 与功能丰富度呈负相关，影响功能丰富度决策系数最小的因子为 pH，说明 pH 是影响功能丰富度的主要限定因子；功能均匀度的直接通径系数大小为 SG>STP>pH，决策系数为 STP>SG>pH，SG 对功能丰富度的直接通径系数较大（2.286），而通过其他因子的间接通径系数之和的绝对值较小（–1.440），抵消了负直接作用，SG 与功能丰富度呈正相关，土壤 pH 对功能均匀度的决策系数最小，说明功能均匀度的主要限定性因子为 pH；功能离散度的直接通径系数大小为 ST>LI>SWC>pH，决策系数为 SWC>LI>pH>ST，ST 对功能离散度的直接通径系数为 4.312，而其通过其他因子的间接通径系数之和的绝对值较大（–5.271），抵消了正直接作用，ST 与功能离散度呈负相关，SWC 对功能离散度的决策系数最大，说明 SWC 是影响功能离散度的主要决定因子，ST 对功能离散度的决策系数最小，说明 ST 是影响功能离散度的主要限定因子。

表 6-4　植物群落功能多样性与环境因子的通径分析

功能多样性	影响因子	相关系数	直接通径	间接通径					决策系数
				pH	ST	STP	SWC	合计	R^2
功能丰富度（FRic）	pH	–0.967	–3.789		3.044	–0.296	0.074	2.822	–7.029
	ST	–0.949	3.059	–3.770		–0.3140	0.075	–4.008	–3.551
	STP	0.741	0.422	2.660	–2.276		–0.064	0.320	–0.803
	SWC	0.899	–0.079	3.573	–2.906	0.341		1.008	–0.148
				SG	pH	STP		合计	R^2
功能均匀度（FEve）	SG	0.848	2.286		–1.271	–0.171		–1.440	–1.349
	pH	0.571	–1.385	2.099		–0.144		1.956	–3.500
	STP	–0.73	0.206	–1.902	0.972			–0.935	–0.343
				pH	ST	SWC	LI	合计	R^2
功能离散度（FDis）	pH	–0.976	–6.18		4.290	–0.435	1.347	5.203	–26.129
	ST	–0.96	4.312	–6.149		–0.442	1.320	–5.271	–26.872
	SWC	0.938	0.461	5.828	–4.135		–1.212	0.480	0.652
	LI	–0.969	1.368	–6.087	4.161	–0.408		–2.335	–4.523

注：pH 表示土壤 pH；ST 表示土温；STP 表示土壤全磷含量；SWC 表示土壤含水量；SG 表示坡度；LI 表示光照度

6.3.6 不同坡向的植物群落稳定性差异

如表 6-5 和图 6-6 所示，阴坡的稳定性拟合曲线与直线的交点坐标为（36.64，63.36），与植物群落稳定参考点（20，80）的欧氏距离（Euclidean distance）为 23.52。半阴坡、西坡和半阳坡的稳定性拟合曲线与直线的交点坐标分别为（37.14，62.86）、（36.76，63.24）和（40.27，59.73），与植物群落稳定参考点（20，80）的欧氏距离分别为 24.21、23.67 和 28.67，半阴坡、西坡和半阳坡的稳定性拟合曲线与直线的欧氏距离均大于阴坡。阳坡的稳定性拟合曲线与直线的交点坐标为（41.66，58.34），交点坐标与植物群落稳定参考点（20，80）间的欧氏距离为 30.57，大于上述所有坡向的欧氏距离。

表 6-5　不同坡向的植物群落稳定性（Godron 贡献定律法）

坡向	交点坐标（x，y）	欧氏距离	R^2
阴坡	（36.64，63.36）	23.52	0.954
半阴坡	（37.14，62.86）	24.21	0.986
西坡	（36.76，63.24）	23.67	0.966
半阳坡	（40.27，59.73）	28.67	0.994
阳坡	（41.66，58.34）	30.57	0.967

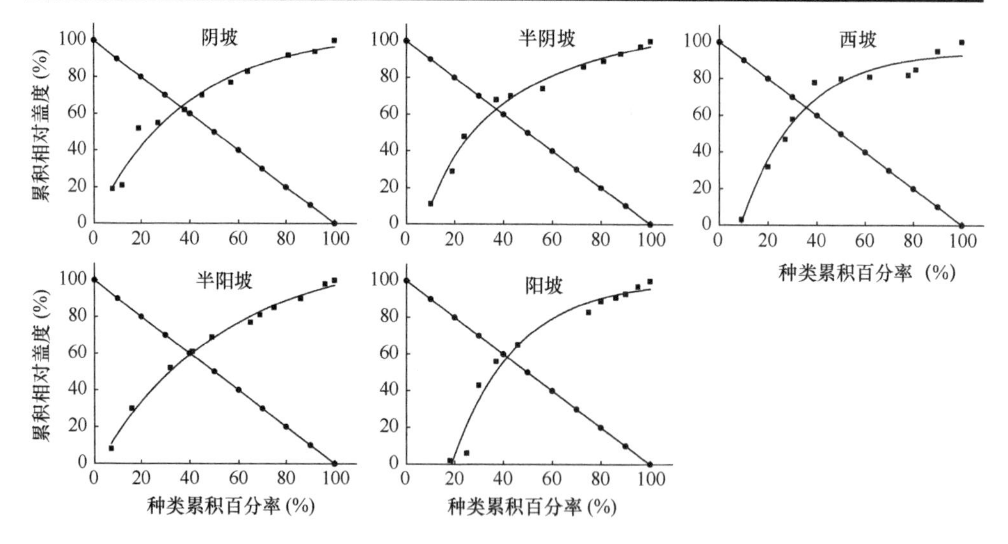

图 6-6　不同坡向的植物群落 Godron 稳定性

植物群落的稳定性可以反映植物的种间竞争、群落抵抗环境压力以及人为扰动的能力。在坡向梯度上，应考虑植物群落结构和组成变化对稳定性的影响，因为这些变化可对生物多样性和生态系统服务功能产生显著影响。稳定的植物群落有助于维持较高水平的生物多样性，研究坡向梯度上植物群落的稳定性可以帮助我们了解不同坡向物种的相对稳定性和对环境的适应能力，这些信息对于当前严峻气候变化和人类干扰背景下，保护和管理生物多样性至关重要。稳定的植物群落还可以提供持续的生态系统服务，如土壤保持、水循环和气候调节。研究坡向梯度上植物群落的稳定性可以帮助我们了解生态系统对坡向变化的响应能力，以及其对功能的保持和恢复能力。在本研究中，5 个群落稳定性排序为阴坡＞西坡＞半阴坡＞半阳坡＞阳坡。即阴坡、西坡、半阴坡和半阳坡处于稳定状态，而阳坡处于不稳定状态。这意味着在甘南高寒草甸阴坡—阳坡梯度上，生态系统服务功能会随坡向的转变而显著降低。在所有的坡向梯度中，阳坡的群落稳定性表现相对较差，这可能是阳坡恶劣贫瘠的生境条件所造成的，其土地裸露率高，土壤蓄水能力弱，养分和水分匮乏，植物仅聚集生存在局部适宜的斑块中共享稀缺的资源，因此加剧了种内和种间竞争，导致群落稳定性较差。此外，人为活动干扰也是降低阴坡植物群落稳定性的重要因素，如放牧和挖种植穴等，对群落稳定性产生了负面影响。

6.4　高寒草甸植物群落物种多样性和功能多样性随生境的变化

坡向、坡度、海拔等地形因子主要是通过改变太阳辐射强度、温度、降水量以及土壤的条件来影响植物群落在物种分布格局、资源利用等方面的协调与平衡。这些环境因子对植物群落的影响，使得植物群落物种多样性和功能多样性随生境的变化而发生显著改变（Cavanaugh et al.，2014）。

在本章的研究中，物种丰富度在从阴坡到阳坡生境梯度变化的过程中呈显著降低趋势，正如之前的分析，坡向之间显著的辐射差异，导致一系列环境理化因子，诸如土壤水分、养分等的差异，正是这些差异影响了植物物种的生长和分布，使得资源条件较优的阴坡物种多样性显著高于资源较贫瘠的阳坡（郑成洋等，2004）。对于功能多样性而言，植株株高、叶片含水量、比叶面积、叶片干物质含量、叶片有机碳含量等植物功能性状，以及基于这些功能性状所得出的功能多样性指数均随坡向的变化而发生显著改变，整体从阴坡向阳坡递减。说明在阴坡大多数性状表现不相似，呈发散态，而在阳坡群落植物物种间大多数功能性状表现相似，呈聚拢态。基于之前对不同坡向功能多样性和功能性状的分析结果可以得出，在阴坡坡向上，植物群落的功能多样性较高，说明性状表现趋异，受环境选择作用弱，群落中共存的植物以不同功能策略适应所处环境，利用环境资源，物种间是以极限相似性机制为主要过程维持稳定共存的。相反地，阳坡植物功能多样性较低，说明性状表现趋同，受环境选择作用强，群落中共存的植物物种以相似的功能策略很好地适应所处环境，即如果具有相似性状的物种在同一群落中共存，则群落构建的主要机制为生境过滤。物种多样性和功能多样性是两个既有区别，又有紧密联系的概念，二者的变化模式是不同的（de Bello et al.，2006）。在较理想的物种随机均匀分布的条件下，群落物种丰富度越高，物种种类越多，则具有的功能性状范围广，性状种类多样，功能多样性就高，此时二者变化趋势近似，可以近似等同看待。但它们的变化有时也并不一致，这是因为，功能多样性的变化还由两种影响因素决定，即生境过滤的强度和种间的相互作用力大小。生境过滤筛选适宜环境的性状，其结果会使性状趋同，从而使功能多样性降低（Ingram and Shurin，2009）。而物种间的相互作用有着相反的影响，种间相互作用越强，表明物种间为争夺利用相同的资源而发生的竞争越激烈，群落发展趋向于通过物种占据不同的生态位来维持共存，产生互补利用资源的方式以减小竞争，使得资源利用相关的性状趋异，使功能多样性得以升高（Kraft and Ackerly，2010）。

综上，生境过滤和种间的相互作用是影响群落构建中物种和功能多样性形成和维持的两种重要生物学机制。由于生境过滤和种间的相互作用过程是通过对物种功能性状的筛选作用而决定物种共存（牛克昌等，2009），因此，不同生境下物种和功能多样性的变化机制，可以从与生态位理论相联系的生境过滤和种间的相互作用中寻找答案。已有研究表明，种间相互作用为主导时，会产生比物种随机均匀分布群落更高的功能分歧度，生境过滤作用为主导时，会产生比物种随机均匀分布群落更小的功能丰富度和功能分散度，而干扰的加剧会增加功能性状的均匀程度。

6.5 本章小结

物种多样性与功能多样性是维持生态系统服务功能的重要基础，阐明物种多样性和功能多样性随生境的变化，以及物种多样性和功能多样性与环境因子之间的关系，对于揭示物种多样性和功能多样性对生态系统功能的相对作用具有重要的生态学意义。本章从植物物种丰富度、物种多度和功能性状的研究入手，分析了高寒草甸不同坡向生境梯度上的土壤理化特征、植物物种多样性、功能性状、功能多样性、植物功能多样性与环境因子之间的关系等一系列差异变化。结果表明，坡向梯度的变化会影响土壤的理化特性，由于太阳辐射不同引起的坡向梯度水热条件的差异，使得在阴坡到阳坡的变化中，土壤含水量、有机碳含量呈递减趋势；光照度、土温、pH 随坡向变化呈递增趋势；土壤全氮、全磷含量在西坡明显低于其他各坡向。坡向梯度的变化会影响植物的物种多样性，Margalef 指数、Simpson 指数、Shannon-Wiener 指数以及 Pielou 指数均由阴坡向阳坡依次递减。坡向梯度的变化会影响植物的功能性状和功能多样性，坡向梯度上光照和水资源的差异，使得阳坡的植物功能性状水平显著低于阴坡；功能丰富度与功能均匀度均由阴坡向阳坡呈递减的趋势，各坡向的功能均匀度差异性不显著。通过相关分析与通径分析发现，功能多样性指数与环境因子的相关性存在差异，且各环境因子对功能多样性指数的贡献系数也不尽相同，说明影响功能多样性的主要环境因子存在差异。物种多样性和功能多样性间既存在区别，又有紧密的联系，两者在一定条件下变化趋势近似，但有时功能多样性的变化需结合群落构建过程具体分析，生境过滤作用使性状趋同，则会使功能多样性降低；种间相互作用使性状趋异，则会使功能多样性升高。此外，阴坡的群落稳定性要高于阳坡。

参 考 文 献

丁圣彦, 宋永昌. 1999. 浙江天童国家森林公园常绿阔叶林演替前期的群落生态学特征. 植物生态学报, 23(2): 97-107.

贺金生, 陈伟烈, 李凌浩. 1998. 中国中亚热带东部常绿阔叶林主要类型的群落多样性特征. 植物生态学报, 22(4): 303-311.

简小枚, 税伟, 王亚楠, 等. 2018. 重度退化的喀斯特天坑草地物种多样性及群落稳定性: 以云南沾益退化天坑为例. 生态学报, 38(13): 4704-4714.

李新荣, 张新时. 1999. 鄂尔多斯高原荒漠化草原与草原化荒漠灌木类群生物多样性的研究. 应用生态学报, 10(6): 665-669.

李振基, 刘初钿, 杨志伟, 等. 2000. 武夷山自然保护区郁闭稳定甜槠林与人为干扰甜槠林物种多样性比较. 植物生态学报, 24(1): 64-68.

李谆. 2016. 青藏高原高寒草甸植物群落功能性状及功能多样性对不同地形的响应. 兰州: 兰州大学硕士学位论文.

牛克昌, 刘怿宁, 沈泽昊, 等. 2009. 群落构建的中性理论和生态位理论. 生物多样性, 17(6): 579-593.

石培礼, 李文华, 王金锡, 等. 2000. 四川卧龙亚高山林线生态交错带群落的种多度关系. 生态学报, 20(3): 384-389.

郑成洋, 刘增力, 方精云. 2004. 福建黄岗山东阳坡和半阴坡乔木物种多样性及群落特征的垂直变化. 生物多样性, 12(1): 63-74.

Bennie J, Huntley B, Wiltshire A, et al. 2008. Slope, aspect and climate: spatially explicit and implicit models of topographic microclimate in chalk grassland. Ecological Modelling, 216(1): 47-59.

Carreño-Rocabado G, Peña-Claros M, Bongers F, et al. 2012. Effects of disturbance intensity on species and functional diversity in a tropical forest. Journal of Ecology, 100(6): 1453-1463.

Cavanaugh K C, Gosnell J S, Davis S L, et al. 2014. Carbon storage in tropical forests correlates with taxonomic diversity and functional dominance on a global scale. Global Ecology and Biogeography, 23(5): 563-573.

de Bello F, Lepš J, Sebastià M T. 2006. Variations in species and functional plant diversity along climatic and grazing gradients. Ecography, 29(6): 801-810.

Díaz S, Cabido M. 2001. Vive la différence: plant functional diversity matters to ecosystem processes. Trends in Ecology and Evolution, 16(11): 646-655.

Gamier E, Navas M L. 2012. A trait-based approach to comparative functional plant ecology:

concepts, methods and applications for agroecology. A review. Agronomy for Sustainable Development, 32(2): 365-399.

Gao Y Z, Giese M, Han X G, et al. 2009. Land use and drought interactively affect interspecific competition and species diversity at the local scale in a semiarid steppe ecosystem. Ecological research, 24: 627-635.

Gong X, Brueck H, Giese K M, et al. 2008. Slope aspect has effects on productivity and species composition of hilly grassland in the Xilin River Basin, Inner Mongolia, China. Journal of Arid Environments, 72(4): 483-493.

Ingram T, Shurin J B. 2009. Trait-based assembly and phylogenetic structure in northeast Pacific rockfish assemblages. Ecology, 90(9): 2444-2453.

Kraft N J B, Ackerly D D. 2010. Functional trait and phylogenetic tests of community assembly across spatial scales in an Amazonian forest. Ecological Monographs, 80(3): 401-422.

Laliberté E, Legendre P. 2010. A distance-based framework for measuring functional diversity from multiple traits. Ecology, 91(1): 299-305.

Mason W H N, Mouillot D, Lee W, et al. 2005. Functional richness, functional evenness and functional divergence: the primary components of functional diversity. Oikos, 111(1): 112-118.

Mason W H N, Richardson S J, Peltzer D A, et al. 2012. Changes in coexistence mechanisms along a long-term soil chronosequence revealed by functional trait diversity. Journal of Ecology, 100(3): 678-689.

Mcintyre S, Lavorel S, Landsberg J, et al. 1999. Disturbance response in vegetation towards a global perspective on functional traits. Journal of Vegetation Science, 10(5): 621-630.

Pérez-Harguindeguy N, Díaz S, Gamier E, et al. 2013. New handbook for standardised measurement of plant functional traits worldwide. Australian Journal of Botany, 61(3): 167-234.

Poos M S, Walker S C, Jackson D A. 2009. Functional-diversity indices can be driven by methodological choices and species richness. Ecology, 90(2): 341-347.

Qin H, Wang Y, Zhang F, et al. 2016. Application of species, phylogenetic and functional diversity to the evaluation on the effects of ecological restoration on biodiversity. Ecological Informatics, 32: 53-62.

Reth S, Reichstein M, Falge E. 2005. The effect of soil water content, soil temperature, soil pH-value and the root mass on soil CO_2 efflux - a modified model. Plant and Soil, 268(1): 21-33.

Shipley B. 2007. Comparative plant ecology as a tool for integrating across scales. Annals of Botany, 99(5): 965-966.

Symstad A J, Chapin F S, Wall D H, et al. 2003. Long-term and large-scale perspectives on the relationship between biodiversity and ecosystem functioning. BioScience, 53(1): 89-98.

Tesfaye M, Dufault N S, Dornbusch M R, et al. 2003. Influence of enhanced malate dehydrogenase expression by alfalfa on diversity of rhizobacteria and soil nutrient availability. Soil Biology and Biochemistry, 35(8): 1103-1113.

Villéger S, Mason N W H, Mouillot D. 2008. New multidimensional functional diversity indices for a multifaceted framework in functional ecology. Ecology, 89(8): 2290-2301.

第7章 高寒草甸生物多样性与生态系统多功能性的关系

7.1 生物多样性与生态系统多功能性研究概述

生物多样性与生态系统功能（biodiversity and ecosystem function，BEF）的关系一直是群落生态学和生态系统生态学研究的热点之一（van der Plas，2019）。生物多样性是维持生态系统正常生产与服务功能的物质基础，也是指示生态系统恢复过程最重要的特征，而生态系统功能又是生态系统服务的基础（Mori et al.，2017）。因此，随着全球性的物种灭绝加快，物种减少如何影响生态系统功能成为一个备受关注的问题，生物多样性与生态系统功能之间关系的研究越发重要。以往的诸多研究已经证实，生物多样性是生态系统功能与其动态变化的重要乃至决定性因素，然而大多数研究集中于某单一或几种特定生态系统功能之间的独立关系，忽略了不同功能之间的权衡关系。例如，促进土壤养分循环通常会导致 CO_2 的释放从而促进作物生产但同时也会减少碳固存。生态系统功能本质上是多功能的，生态系统具备同时提供多种生态系统功能的能力，在此背景下用以量化这种生态系统功能的指标，即生态系统多功能性（ecosystem multifunctionality，EMF）应运而生。随之，近些年有关生物多样性与生态系统多功能性（biodiversity and ecosystem multifunctionality，BEMF）之间关系的研究已然成为生态学研究的热点之一。

7.1.1 生物多样性与生态系统多功能性的内涵

生物多样性与生态系统多功能性关系的研究作为近些年BEF领域新的热点研究方向，之所以受到学者的高度重视，主要归因于其对生态系统描述的整体性和全面性。从生物多样性的角度来讲，单一物种只能提供某种或几种特定的生态系统功能，不能同时支持所有生态系统功能，如禾本科等植物虽然具有很高的生产力以及水土保持能力，但其不具有物质分解能力；同一物种对不同的生态系统功能的相对重要性是不同的，并且这种重要性权重还会随时空以及环境等因素的变化而发生改变；此外，不同的物种对同一个生态系统功能的相对贡献率也是不同的，这主要是不同物种间物种多度、功能性状，以及竞争能力等方面的差异所导致的。从生态系统功能的角度而言，仅考虑某一生态系统功能会削弱生态系统提供其他功能的能力，难以反映生态系统同时维持多种功能的特性，同时考虑多种生态系统功能，生物多样性对生态系统的驱动性才得以凸显；考虑生态系统多功能性，可以使生物多样性中功能多样性的冗余减小；生态系统多功能性更贴近不同利益相关群体对生态系统服务的需求，比如生物多样性保护利益相关群体更多关注生物多样性保护，但同时也关注生态系统对病虫害的抵御能力（井新和贺金生，2021）。在此背景下，将各种生态系统功能作为整体考虑，可以全面理解全球变化对生物多样性和生态系统功能关系的影响，从而为生态系统可持续管理提供科学依据。

7.1.2 生物多样性与生态系统多功能性的研究内容

生态系统多功能性是指“生态系统的整体功能”或“生态系统同时提供多种功能和服务的能力”（Hector and Bagchi，2007）。生态系统多功能性一词最早由Sanderson 等提出，在研究植物多样性与草地生态系统牧草生产力关系时，他们认为应从更全面的视角来审视牧场的生态系统功能，以揭示牧场管理中生物多样性的巨大利用空间，由此总结了对人类和环境有价值的 15 种生态系统功能，提出了生态系统多功能性的概念（Sanderson et al.，2004）。在此基础上，Hector 和 Bagchi 于 2007 年使用功能-物种替代法首次定量分析了植物物种多样性同时对多个生态系统过程的影响，证实了生态系统维持 EMF 比维持单个生态系统功能需要更多的物种数目。此研究是真正意义上第一项有关 BEMF 的研究。

随后，该领域研究的侧重点转向了证明 EMF 的维持需要更多物种数量这一观点的普适性上面，即研究在不同的时间和空间尺度上植物物种丰富度与 EMF 之间的关系。例如，Zavaleta 等（2010）表明，在时间尺度上 EMF 的维持需要更高的植物丰富度，因为生态系统功能间存在权衡，这可能会导致时间尺度上生态系统功能发生改变。Pasari 等（2013）在探究空间尺度上植物丰富度对 EMF 的影响时发现，α 多样性对于单个生态系统功能和 EMF 均有显著的正效应，而 β 多样性和 γ 多样性仅对 EMF 具有显著的正作用，证明在空间尺度上 EMF 的维持不仅需要足够高的区域物种丰富度，还需要多种生物群落镶嵌在多样的景观中。随着对 BEMF 研究的再深入，生态学家意识到植物物种丰富度不是影响 EMF 的唯一指标，其他生物因素指标同样是 EMF 重要的驱动因素。因此，Soliveres 等（2016）的研究分别从不同植物多样性指标以及微观层面等角度开展了对 BEMF 的研究，目前对 BEMF 的研究已经成为生态学领域新的研究热点，并初步形成了不同干扰下、不同维度、不同尺度生物多样性对 EMF 影响的理论框架。

当前对生物多样性与生态系统多功能性的研究主要集中于：不同维度的生物

多样性（物种、功能和系统发育多样性等）与生态系统多功能性之间的关系，多营养级的生物多样性与生态系统多功能性，以及时空尺度上的生物多样性与生态系统多功能性。

生物多样性由多个维度构成，主要包括物种多样性、功能多样性和系统发育多样性等。其中，物种多样性是 BEMF 研究最多的内容，有关物种多样性的研究主要集中在植物物种丰富度、均匀度、优势度和种间关系对生态系统功能的影响上，结果表明，生态系统功能会随物种多样性的上升而增加，比如 Li 等（2021）的研究表明，生产力会随物种多样性的上升而增加。随着功能性状在生态学研究中的应用，有关功能多样性与生态系统功能的关系又成为 BEMF 研究的重点内容。一些研究表明，功能多样性比物种多样性可以更好地预测和解释生态系统功能（Schneider et al.，2017）。这是由于与物种多样性相比，功能多样性更多强调的是群落内不同物种对外界环境适应策略的差异，并可以根据物种的性状特征来表征不同的生态系统功能。此外，系统发育多样性也逐渐被学者应用到 BEMF 关系的研究中，开始利用系统发育多样性来预测生态系统功能（Cadotte et al.，2017）。这是因为，评估所有与生态系统相关的功能性状往往是不现实的，用系统发育多样性可以代替物种间功能性状的信息也可以解决功能性状过多或无法被测量的情况。总之，利用物种多样性、功能多样性和系统发育多样性这 3 个生物多样性维度来检验其对生态系统功能的影响，对于探讨生物多样性与生态系统多功能之间的关系具有重要意义。

相比于多营养级的 BEMF 关系，单一营养级下的 BEMF 具有一定的局限性，其可能会低估生物多样性对 EMF 的影响。这是因为生态系统是由多个营养级组成的，不同的营养级之间可能存在相互作用，如生产者为分解者提供碳元素而分解者可以为生产者提供无机物。并且不同营养级对生态系统功能的贡献权重存在差异，不同营养级对生态系统功能的相对重要性可能存在协同或权衡关系。因此，近些年逐渐有学者开始关注多营养级生物多样性对 EMF 的影响。多营养级生物多样性如何影响生态系统多功能性的相关研究主要有以下三个方面。①通过对植物、土壤微生物、动物群落生物多样性进行标准化或归一化，分析其与 EMF 的关系，如 Jing 等（2015）采用 Z 值法探究了青藏高原草原生态系统地上和地下群落的生物多样性如何影响 EMF，发现植物多样性和土壤微生物多样性的综合效应比两者的单独效应能更好地解释环境梯度上的 EMF 差异。②通过对不同营养级之间级联效应具体机制的探究来表明 BEMF 关系，如 Kou 等（2023）在半干旱区湖泊沿岸湿地生态系统中发现 Margalef 指数和土壤含沙量通过多营养级（植物功能性状的多样性以及细菌和真菌多样性）的级联效应影响 EMF。③对各个营养级生物多样性对生态系统多功能性的效应进行比较，如 Lefcheck 等（2015）通过阈值法探究了不同生境和不同营养级下生物多样性与 EMF 的关系，结果表明，土壤微生物多样性对 EMF 有较弱的作用，植物多样性对 EMF 的驱动效应更强，但在高阈值时逐渐减弱，而食草动物多样性在低阈值及高阈值两个区间内对 EMF 均有较强的效应。

物种在时空上的分布不是随机的，由物种提供支持的生态系统功能在时空上也非随机分布，这决定了 BEMF 关系会随时空尺度的不同而改变。生态系统功能（如养分循环）不仅受当前生物多样性和环境因素的驱动，同时也受过去生物和非生物因素的遗留效应影响，这些过去的因素也可以通过土壤质地、植物功能性状、微生物群落的介导，而对 EMF 产生间接影响。除时间尺度外，群落的空间格局也会影响资源的可利用性、生物多样性等，进而影响 EMF，生物群落和生态系统功能都会随空间格局的不同而改变。α 多样性、β 多样性和 γ 多样性最常用来研究生物多样性的空间分布格局（Chase et al.，2018）。Thompson 和 Gonzalez（2016）运用集合群落理论，探讨了群落多样性、群落组成以及空间尺度对 EMF 的影响。

7.1.3 生态系统多功能性的测度方法

EMF 的测度方法是研究 BEMF 关系问题的技术关键。但到目前为止，国际上对于 EMF 的测度方法仍然没有达成共识，有关 EMF 的量化存在不一致性。现有测度方法的分类及使用情况如下。

1. 单功能法（single function approach）

通过一般线性回归模型，建立每个单一生态系统功能和生物多样性的回归关系，再根据每个回归模型的结果综合判断 EMF 对生物多样性变化所作出的响应（Duffy et al.，2003）。该方法的优点是测定过程较为简单，并可以获取哪一种生态系统功能是驱动 EMF 的关键功能。但其也存在多个方面的缺点：对生态系统功能的整体性评估不足；当生物多样性对各单一生态系统功能的影响同时存在正、负效应时，很难对实验结果做出确切的描述；只能定性分析，不能定量分析生物多样性对生态系统功能的重要性；不同单一生态系统功能对 EMF 的贡献率存在差异，该方法不能表现不同单一生态功能对 EMF 的相对贡献权重（徐炜等，2016）。

2. 功能-物种替代法（turnover approach）

不同的功能由不同的物种所驱动，因此存在物种替代，物种替代率的高低可根据物种重叠率的高低来判断。该方法通过量化维持 EMF 的物种数，以及这些物种对 EMF 的贡献冗余来评估功能的替代。其计算步骤为：通过模型模拟每个物种的作用，以此来量化物种对 EMF 的影响，根据赤池信息量准则（akaike information criterion，AIC），选择影响 EMF 的最简物种组合（即最优模型）。随后，通过泊松分布族的广义线性模型，获取每增加一个生态系统功能所需的平均物种数，以及影响两个生态系统功能的物种组合的平均重叠率。最终，通过得出的平均物种数和平均重叠率，定量预测生态系统中，随着所考虑的生态系统功能数的增加，维持这些功能所需的平均物种数（Hector and Bagchi，2007）。该方法的优点是能够获取每个物种对不同生态系统功能的相对重要性。同时，还能定量分析生态系统中同时维持多种生态系统功能所需要的物种数。但功能-物种替代法的缺点也很显著，如对研究所使用的数据量及数据的准确度都有着较高的要求，数据分析的过程也相对较为复杂（徐炜等，2016）。

3. 平均值法（averaging approach）

平均值法是将所选取的所有生态系统功能指标的测定值进行标准化（如 z 评分标准化），随后求其加权平均值，得到一个可以表征这些生态功能指标平均水平的综合指数，即生态系统多功能性指数（ecosystem multifunctionality index）。最后，通过广义线性模型来评估生物多样性与生态系统多功能性指数之间的关系。平均值法是 EMF 量化方法中最常被使用的方法，这主要归因于该方法计算过程简单，所得结果直观且容易解释。可以明确地揭示生物多样性的变化对生态系统多个功能的平均水平所造成的影响。该方法的缺点是：未按照不同生态系统功能对生态系统的相对重要性进行加权；无法分辨生物多样性对各单一生态系统功能的影响；默认一种生态系统功能的下降可以通过其他生态系统功能的上升所弥补。而在一个生态系统中，不同的生态系统功能之间并非都可以互相替代，因此其不能精准地反映生态系统的实际情况（徐炜等，2016）。

4. 单阈值法（single-threshold approach）

单阈值法是评估随着生物多样性的增加达到某一阈值水平时，生态系统功能数的变化。该方法是通过计算生态系统中达到或超过某一特定阈值的生态系统功能数来获取一个具体的数值，此数值表示在该阈值下这个生态系统功能的水平，阈值是指每个功能所观察到的最大值的比例（Zavaleta et al.，2010）。首先通过最大值法得到每个生态系统功能的最高水平，再用每个生态系统功能的最大值乘某一百分比得到这一生态系统功能的阈值，而所选的百分比必须有合理的解释，最后得到每个生态系统功能相应阈值下的生态系统多功能性指数（Gamfeldt et al.，2008）。该方法的优点是较灵活且适用范围广，因为测定的是超过某一水平的功能数量，故而多样性与多功能性的关系不管是线性还是非线性都不影响测定的结果，即使功能间存在权衡、交互作用等问题，也能很好地获取达到阈值的功能数（Byrnes et al.，2014）。然而该方法的缺点也很明显，在实际应用中，选取恰当的阈值是非常困难的，因此单阈值法逐渐被多阈值法所取代（徐炜等，2016）。

5. 多阈值法（multi-threshold approach）

多阈值法是在单阈值法的基础上进行算法优化得到的，其计算达到阈值功能数的方法与单阈值法相同。两者的差异在于，相较于单阈值法，多阈值法不需要选择特定的阈值，其对0～100%的每个阈值都进行计算，得出每个阈值相应的多功能性指数。多阈值法通过4个指标的使用来评估生物多样性对生态系统多功能性的驱动性，最低阈值（生物多样性开始对生态系统多功能性具有显著影响时的最小阈值）、最高阈值（生物多样性对生态系统多功能性的影响从显著变为不显著时的阈值）、多样性效应最大时的阈值（生物多样性对生态系统多功能性具有最大影响时的阈值）及多样性的最大效应（生物多样性对生态系统多功能性具有最大影响时的斜率）。通常当最低阈值很小，最高阈值很大，且多样性效应最大时的阈值和多样性的最大效应都较大时，生物多样性是生态系统多功能性直接的驱动因素（Byrnes et al.，2014）。多阈值法相较单阈值法更为灵活和全面，能提供更多的信息，因此不仅取代了单阈值法，还成为研究生态系统多功能性的主流方法之一，但其缺点是不能探究生物多样性对每个生态系统功能的影响，且未按照不同生态系统功能对生态系统的重要性进行加权（徐炜等，2016）。

6. 多元模型法（multivariate model approach）

多元模型法是以BEF研究中使用的多样性交互模型为基础扩展形成的多元模型（Kirwan et al.，2009），以尽可能避免在分析过程中丢失一些重要的信息，而导致对EMF分析不全面。该方法的计算过程是，首先对所有生态系统功能进行标准化后代入多样性交互模型中，并用最大似然法拟合每个生态系统功能，从而得到最简模型，再通过t检验比较每个模型的系数。然后，将生物因素指标（物种相对多度、均匀度、群落组成等）代入多样性交互模型中，从而探究生物因素指标与生态系统多功能性之间的联系（Dooley et al.，2015）。该方法可以检测生态系统整体功能达到最大值时的物种组成和相对多度，探究功能之间的权衡和相关性，揭示各物种及种间交互作用对各个生态系统功能的作用及相对重要性。但该方法的应用也有较大局限性，仅适用于功能数和物种数都较少的研究（徐炜等，2016）。

每种生态系统多功能性的测定方法都有其优点和局限性，因此，在研究中同时利用两种或两种以上的测定方法可以使研究结果更真实，更具可信性（Jing et al.，2015）。

7.1.4 高寒草甸生物多样性与生态系统多功能性的研究意义

高寒草甸作为全球最重要的生态系统之一，在维持生态平衡和人类生计等方面发挥着举足轻重的作用。青藏高原东缘的甘南高寒草甸是典型的高寒草甸，是许多珍稀濒危物种的栖息地，其生物多样性丰富且独特；是重要的碳储存库和水源涵养区，对我国碳循环和水循环具有重要影响；具有丰富的可利用资源，如水资源、草地畜牧业和旅游等，可为人类社会提供众多生态系统服务。同时，甘南高寒草甸生态系统作为一个十分复杂的生态系统，其生态环境极度脆弱，对气温、降水等环境因素的变化有非常敏感的响应。此外，相关研究还表明，生物多样性的改变会对生态系统产生重要影响（Lambers et al.，2011）。基于此，本章以甘南高寒草甸植物群落为研究对象，采用室内实验和野外调查的方法，对该地区的物种、功能和系统发育多样性与 EMF 的垂直梯度差异进行了比较；并探索了高寒草甸物种、功能和系统发育多样性与 EMF 之间的响应关系，对了解不同地貌类型的植被分布情况及其对环境的适应性具有重要意义。本研究旨在分析物种、功能和系统发育多样性在不同海拔高度的变化，以及物种、功能和系统发育多样性对生态系统多功能性的影响。通过对不同物种、功能和系统发育多样性指数以及生态系统功能的分析，有助于进一步认识、理解多样性对维持生态系统功能的作用机理，从而为当地生态修复，生态系统功能的优化、管理、资源保护，以及可持续利用等提供科学依据。

7.2 实验设计与方法

7.2.1 样本采集及性状测量

本研究团队于 2019～2021 年植被生长的高峰期（7～8 月），在甘南高寒草甸开展了野外实地调查。样本功能性状表现为：植物的外观、形态、营养特征、生理特征等。研究选取相对叶绿素（soil and plant analyzer development，SPAD）、株高（plant height，PH）、叶片碳含量（leaf carbon content，LCC）、叶片含水率（leaf water content，LWC）、叶片厚度（leaf thickness，LT）、比叶面积（specific leaf area，SLA）、叶片干物质含量（leaf dry matter content，LDMC）、叶片全氮含量（leaf nitrogen content，LNC）、叶片全磷含量（leaf phosphorus content，LPC）9 个功能性状。这些性状对高寒草甸的微环境变化很敏感，对生境的长期适应使植物具有显著的外貌特点，能够捕捉到植物的生长和功能的改变，能反映出资源的竞争性，并易于量化。采集的物种覆盖度为 80%～95%，每个物种都随机抽取 8～10 株测量其株高，然后在每一种植株的中部采集成熟、健康、无病虫害的叶片，每一物种都要采集足够的叶片，装入自封袋，做好记号，然后带回实验室，进行叶面积和鲜重的测定。经自然干燥后过筛（筛孔直径 0.25 mm），测定叶片养分含量，以上养分含量的测定方法同土壤。用精密度 0.001 mm 的螺旋测微仪对叶片厚度进行测量，并沿着叶片的主脉方向均匀地选择 3 个叶片主脉处的点进行厚度测量，最后进行平均；利用

SPAD-502 plus 叶绿素分析仪对叶片进行相对叶绿素含量的检测；用 CanoScan LiDE 110 扫描仪对要扫描的叶片进行扫描，随后将其放入烘箱（烘箱温度设定到75℃），干燥后用电子天平（JA2003，上海）称重，然后使用 Image J 软件计算叶面积，之后再计算其比叶面积以及叶片干物质含量。比叶面积=叶面积/干重；叶片干物质含量=干重/叶饱和鲜重；叶片含水率=（叶饱和鲜重–干重）/叶饱和鲜重。

7.2.2 生态系统多功能性的计算

选择 6 个生态系统功能指标，对 EMF 进行定量（Valencia et al.，2015）。地上生物量（aboveground biomass，AGB）用于表征植物生长功能，也是研究 EMF 的关键指标；土壤有机碳（soil organic carbon，SOC）含量用于表征土壤有机碳蓄积功能；土壤全氮（soil total nitrogen，STN）含量、土壤全磷（Soil total phosphorus，STP）含量、土壤速效氮（soil available nitrogen，SAN）含量、土壤速效磷（soil available phosphorus，SAP）含量等指标用来反映生态系统的物质作用。采用平均值法对生态系统多功能进行量化（Byrnes et al.，2014），并通过 Bartlett 球形度检验对各功能变量进行降维，以减少多个变量之间的信息冗余，并以提取公因子得分为基础，计算生态系统多功能。其计算公式如下：

$$f_x = \frac{x_i}{\max_i}$$

$$\mathrm{Mf} = \frac{1}{F}\sum_{i=1}^{F} g(f_i) \tag{7-1}$$

$$M_i = \frac{\sum_{i=1}^{8} \mathrm{Mf}}{6}$$

$$M = \sum_{i=1}^{6} a_i z_i \tag{7-2}$$

$$z_i = \sum_{i=1}^{6} w_{ij} x_{ij}$$

式中，x_i 为样地的生态系统功能指标，$\max_i$ 为最大值(生态系统功能)，F 为各生态系统功能总的样地数，g 为标准化所有函数，将 Mf 保持在 0～1 的水平，M_i 为 i 样地的生态系统多功能参数。a_i 为各个因子的贡献率；z_i 为各因子的得分；w_{ij} 为各因子得分的系数；x_{ij} 为每个功能的标准化值。

此外，我们还利用 R 软件中的“multifunc”包（Byrnes et al.，2014）进行了多阈值计算，以评估物种丰富度和功能丰富度对 EMF 的影响。

7.3　不同海拔生物多样性与功能多样性的变化

高寒草甸作为全球最重要的生态系统类型之一，能够提供如初级生产力、养分循环、水分保持等生态功能。维持这些功能在很大程度上依赖于植物种类的多样性，也就是说，高寒草甸群落的多样性对保持生态平衡起着关键的作用。因此，研究两者之间的因果关系对于未来的高寒草甸生态系统管理以及生态学研究具有重要意义。而海拔是影响生物多样性的重要地形因素，气温、降水等环境因素均会随海拔的变化而变化，因此海拔梯度是研究植物群落生物多样性与生态多功能性的理想场所。本节研究依次在甘南高寒草甸 5 个不同海拔（3000 m、3250 m、3500 m、3750 m 和 4000 m）上建立研究区，采用野外调查和室内实验方法，通过所选取的 9 种可塑性较强的功能性状和 6 个有关生态系统功能的指标，分析了不同海拔高度下物种多样性、功能多样性与生态系统功能的变化。同时，对物种多样性、功能多样性与生态系统多功能的关系进行了讨论。

7.3.1　物种多样性随海拔梯度的变化

如图 7-1 所示，植物群落物种多样性指数，包括物种丰富度（*R*）、Simpson 指数、Shannon-Wiener 指数和 Pielou 指数的变化趋势一致，其最大值均出现在海拔 3500 m，各海拔之间差异显著（$P<0.05$）。物种丰富度指数从小到大的顺序依次为 3500 m（46.85）、3250 m（43.08）、3000 m（41.00）、3750 m（37.77）、4000 m（33.23），且最大值与最小值之间的差异为 13.62。Simpson 指数在海拔 3500 m 处最高（0.95），在 4000 m 处最低（0.76），最低值比最高值减少了 20%。Shannon-Wiener 指数也随海拔升高先增加后降低，且海拔 3250 m 和 3500 m 之间差异显著（$P<0.05$），其余海拔间差异不显著，Pielou 指数的最高值出现在海拔 3500 m 处，而最低值出现在海拔 4000 m 处，其值分别为 0.82 和 0.70。

上述研究结果表明，草甸植被物种多样性随着海拔高度的增加呈现出明显的单峰分布特征，且在不同海拔范围内差异很大。这一结果支持了中域效应假说（mid-domain-effect），即因边界对物种分布构成限制，使不同物种分布区在区域中间重叠程度较大，而在边界附近重叠较少，从而形成物种丰富度从边界向中心逐渐增加的格局（王襄平等，2009）。在本研究中，产生这一结果的原因是，随海拔的升高，水热条件及人为干扰强度等因素的改变引起植物群落物种多样性的变化，低海拔地区虽然具有较充足的热量，但水分蒸发量高；相反，高海拔地区虽拥有相对较高的水分含量，但风速大，温度低，气候条件相对恶劣。这导致低海拔和高海拔地区植物物种多样性降低，而中海拔地区水热条件较为优越，适宜植物生存及生长发育。

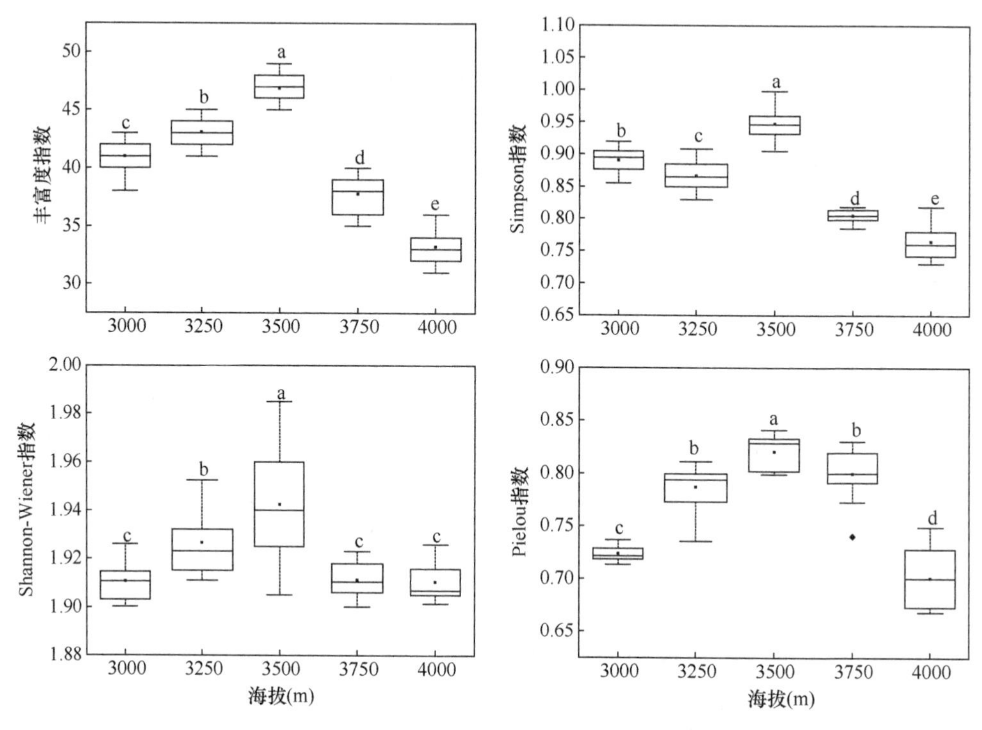

图 7-1 物种多样性在不同海拔梯度间的差异

不同小写字母表示差异显著，下同

7.3.2 功能多样性随海拔梯度的变化

由图 7-2 可以看出，植物群落功能多样性指数在海拔梯度上表现出明显的差异。FRic、FEve、FDis 和 Rao'Q 指数在海拔梯度上存在着显著的差异性（P<0.05）。FRic、FEve、Rao'Q 随着海拔的升高而降低，从低海拔到高海拔，FRic 的均值依次为 22.19、27.65、19.24、15.53、11.81，FEve 的均值依次为 0.77、0.72、0.66、0.61、0.60，Rao'Q 的均值依次为 1.38、1.32、0.82、0.78、0.61，而在 4000 m 海拔地区，FRic、FEve 和 Rao'Q 分别较 3000 m 海拔地区降低了 47%、22%、56%；FDis 指数随海拔升高呈增加趋势，其均值依次为 0.813、0.815、0.816、0.823、0.861，4000 m 海拔与 3000 m 海拔相差 0.048。

功能多样性是反映植物种类和功能之间关系的一个重要方面，可以为生态系统的平衡提供理论依据（Zhang et al.，2018）。FRic 是指在一个群落中，可以被植物所利用的资源和生产力的多少。在本研究中，海拔由高到低，其功能丰富度呈现出明显的上升趋势，其原因是受群落物种组成、结构变化和环境因素变化的影响。在高海拔，物种多样性较低，增加了生态位的空间，但是，为适应这种高海

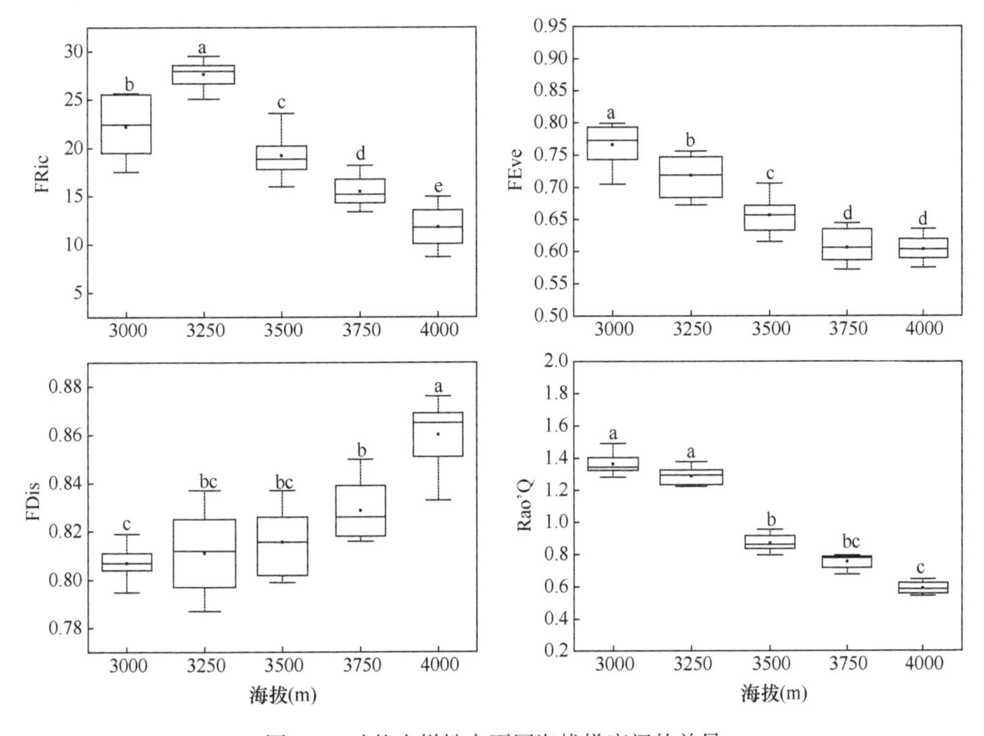

图 7-2　功能多样性在不同海拔梯度间的差异

拔的恶劣环境，植物的种间特征差异会减少，功能丰富度下降；在中海拔，以外来种（如黄帚橐吾）为优势种，具有较强的资源竞争能力，限制了其功能特征的数量和范围，从而使其功能多样性下降；而低海拔的水热条件相对优越，物种较为丰富，种间竞争加剧，生态位分化，物种性状的范围扩大到最大，使得群落植被资源得以充分利用，功能丰富度较高。

FEve（功能均匀度）是一种不仅可以预测植物对资源的利用，还可以衡量生产力的恢复，以及抵御外来物种入侵可能性的有效的指数（王恒方等，2017）。FEve 水平的高低反映了功能特征在生态位中的空间分布情况，如果 FEve 水平低，则会使种群的生产力和稳定性下降，从而提高了入侵的可能性。本研究结果显示，随着海拔高度的增加，其功能均匀度降低。这表明，高海拔地区的植物对环境资源的利用效率较低，物种分布存在间隙。

功能离散度（Rao'Q 和 FDis）是指种群间的不同性状之间存在的差异。本研究结果表明，随着海拔高度的增加，Rao'Q 呈现出下降的趋势，而 FDis 指数则呈现出相反的变化趋势。这是因为低海拔区域的植物资源利用率较高，有利于改善生态系统的功能。但在高海拔区域，物种数量缩减，以耐旱植物为主，群落结构趋向简单；同时，由于该地区气温偏低，植物在这种气候条件下，为适应低温而演化出类似的形态，物种的功能特性趋于一致，植被对资源利用的互补性减弱，FDis 的增加会使植物的资源利用率得到提高（石娇星等，2021）。这是由于植物受到不同海拔地区的温度、湿度等因素变化的影响，这也是环境对植物进行筛选的结果。

7.3.3 单一生态系统功能及 EMF 随海拔梯度的变化

不同海拔梯度间各单一生态系统功能的差异见图 7-3，植物生长（AGB）、土壤有机碳（SOC）蓄积量、土壤养分循环（STN、STP、SAN、SAP）功能均具有

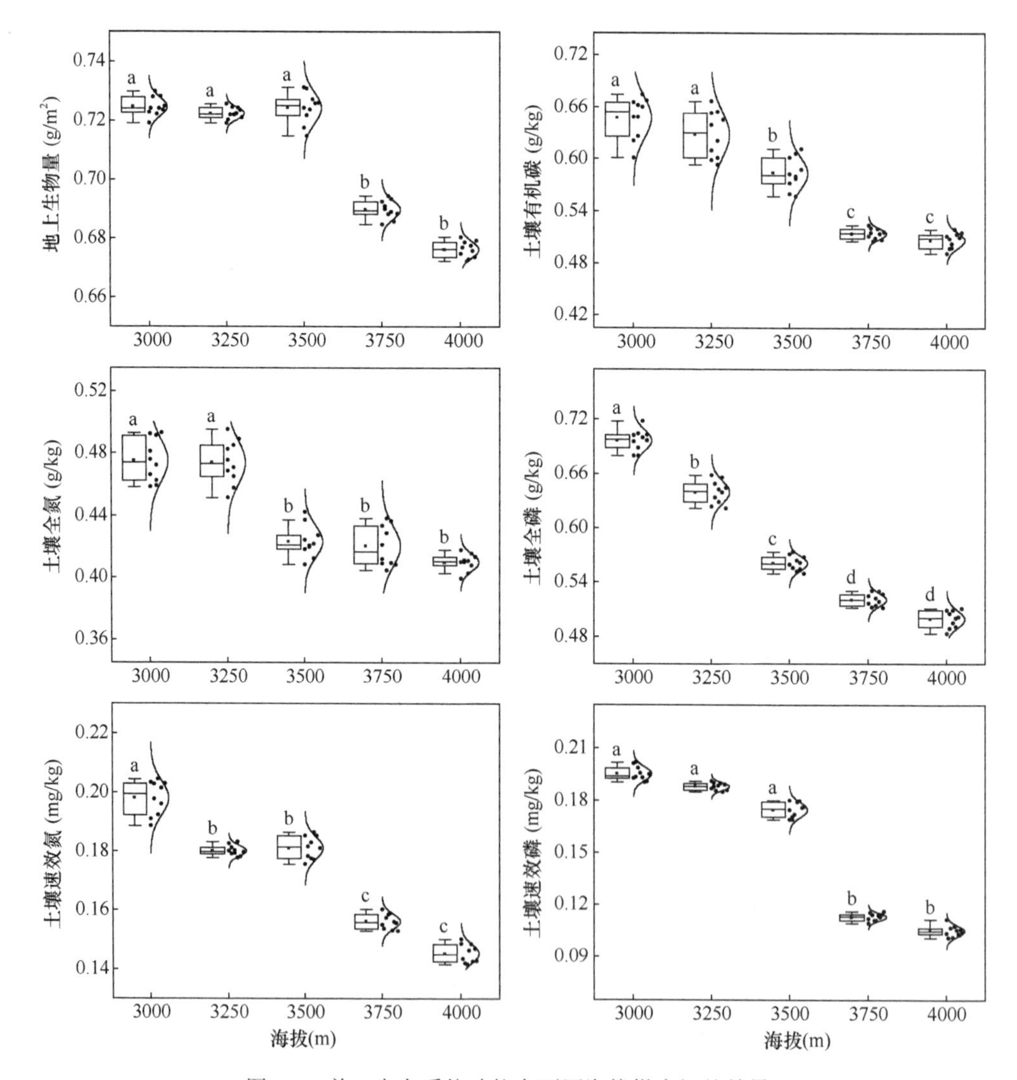

图 7-3 单一生态系统功能在不同海拔梯度间的差异

显著性差异（$P<0.05$）。就植物生长方面而言，高海拔地区的 AGB 要比低海拔地区低；SOC 蓄积量从高到低依次为 3000 m、3250 m、3500 m、3750 m、4000 m，且低海拔与高海拔的 SOC 蓄积量差异显著（$P<0.05$）；土壤肥力保持方面，低海拔 STN、STP、SAN 及 SAP 含量显著高于高海拔，且各海拔间具有显著性差异（$P<0.05$）。由图 7-4 可知，生态系统多功能性（EMF）指数与生态系统各功能指标（AGB、SOC、STN、STP、SAN、SAP）表现出的趋势基本一致，即随海拔升高，整体表现出显著的下降趋势（$P<0.05$）。这可能是因为相对于高海拔地区的物种数来说，低海拔地区的物种数更丰富，提供了更高的生产力、土壤营养水平和生态系统功能，这也是土壤水分、温度与土壤养分综合作用的结果。

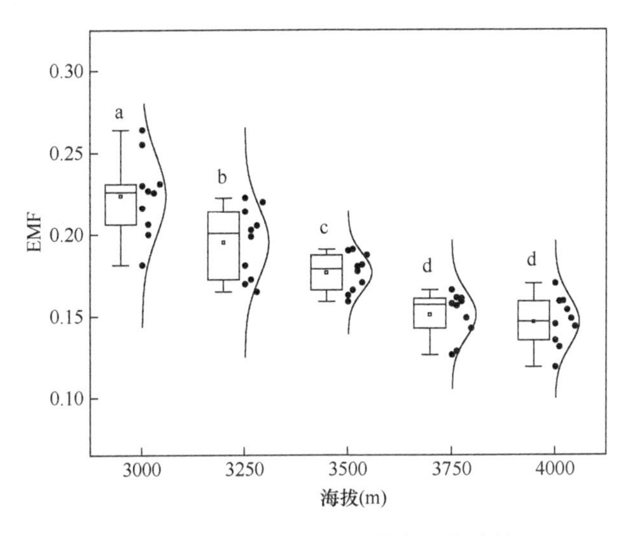

图 7-4　EMF 在不同海拔梯度间的差异

如图 7-5 所示，用 Bartlett 球形度检验法对 6 个单一生态系统功能指标进行了降维系数分析与提取公因子。通过对贡献率、公因子特征值和因子载荷矩阵的计算，得出了 3 个公因子，总特征值为 6.2。公因子 1、公因子 2、公因子 3 的方差贡献率依次为 52.9%、23.9%、12.2%。其中，公因子 1 受 AGB、SOC、STN、STP 含量的影响，公因子 2 则受 SOC、STN、SAN 含量的支配，而公因子 3 则受 AGB 支配（图 7-5）。

从表 7-1 可以看出，海拔梯度上生态系统多功能的量化结果为 3000 m>3250 m>3500 m>4000 m>3750 m。其中，相比于其他海拔高度，海拔 3000 m 的生态系统多功能指数最高，因具有较高的 STN 含量，使得其在公因子 2 上的得分最高，而更高的 AGB 则使它在公因子 1 和公因子 3 上的得分均有很大的提高。因此，在该海拔梯度上的生态系统多功能评分也最优，海拔 3250 m 处的生态系统多功能评分次之。而其他海拔的 3 个公因子的得分都偏低，使得生态系统多功能得分也偏低，这一结果与用平均值法计算所得的生态系统多功能性在海拔梯度上的变化趋势相吻合（图 7-4）。

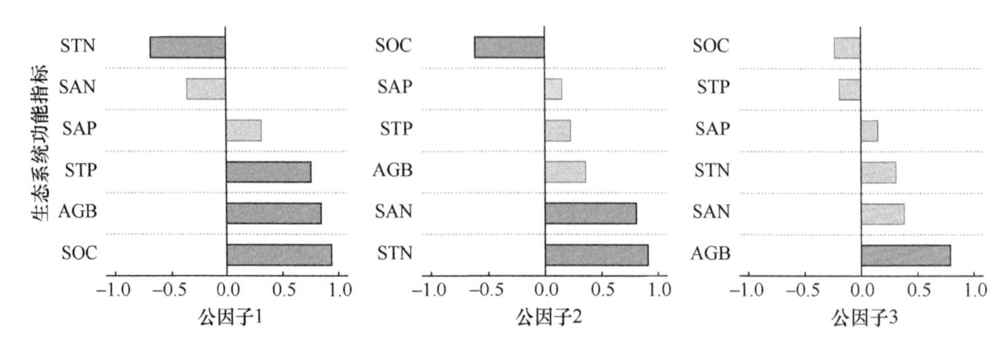

图 7-5 生态系统功能指标的方差贡献率和因子载荷

表 7-1 各海拔梯度的因子得分和生态系统多功能性（EMF）指数

海拔（m）	因子得分			EMF
	公因子 1	公因子 2	公因子 3	
3000	0.482	0.523	0.477	0.483
3250	0.589	0.481	0.673	0.471
3500	0.233	0.332	0.213	0.382
3750	0.198	0.281	0.179	0.221
4000	0.058	0.112	0.105	0.264

综合图 7-5 和表 7-1 的分析，可以看出公因子 1 的贡献率最高，其主要受土壤有机碳的支配，而且低海拔公因子 1 得分也较高，公因子 2 和公因子 3 的贡献率相对较低。这是由于在草甸生态系统中，土壤有机碳是植物所需养分的主要来源，而土壤有机碳的主要输入方式是分解植物残落物和根系，当生物量降低时，地表凋落物、土壤有机质含量就会降低，从而减少了土壤碳累积和氮含量（Yao et al., 2015）。氮元素作为生态系统的限制因子，土壤氮含量的减少会使植物光合作用等生态系统功能受到影响。李文等（2015）通过分析不同放牧方式对高寒草地土壤呼吸特性的影响，发现随着土壤氮含量的减少，植物的光合作用受到了影响，牲畜开始选择采食，造成凋落物都来自于劣质牧草，分解速率降低，致使土壤养分含量进一步降低，从而进一步导致生物多样性和土壤功能指标恶化，这与本研究结果一致。

7.4 不同海拔生物多样性与生态系统多功能性的关系

7.4.1 物种、功能多样性与生态系统多功能性的关系

基于不同海拔梯度分析物种多样性与生态系统多功能性的关系。对不同海拔

梯度上各物种多样性指数与生态系统多功能性指数做回归分析，结果显示（图7-6），物种丰富度（*R*）和 Simpson 指数与生态系统多功能性有很强的相关性（P<0.001），其中物种丰富度（*R*）对生态系统多功能性的解释率最高（51.6%），而 Shannon-Wiener 指数和 Pielou 指数对生态系统功能没有明显的影响。物种丰富度反映的是群落中物种种类的数量多少，Pielou 指数反映的是种群分布的均一性，Shannon-Wiener 指数受稀有种的影响较大，而受普遍种的影响较小，Simpson 指数则与之相反。产生上述结果的原因可能是物种丰富度高的群落，能够使生态系统的多种功能，如生产力、土壤养分循环等的比例更高，这也更说明了维持生态系统功能的稳定很大程度上取决于物种丰富度。本研究结果与多数学者的研究结果一致。例如，Li 等（2021）基于亚热带针叶林区物种丰富度与生态系统功能关系的研究结果，黄小波等（2017）基于云南天然次生林群落的研究，以及 van der Plas（2019）对自然群落中生态系统功能对生物多样性响应的研究。以上结果均显示，物种丰富度对生态系统功能有正面的影响。综上，研究结果说明高寒草甸生态系统功能主要受群落普遍物种数目的影响而不是受物种分布均匀程度的影响，这也进一步说明了高寒草甸生态系统需要较高的物种数量来维持和提供多种

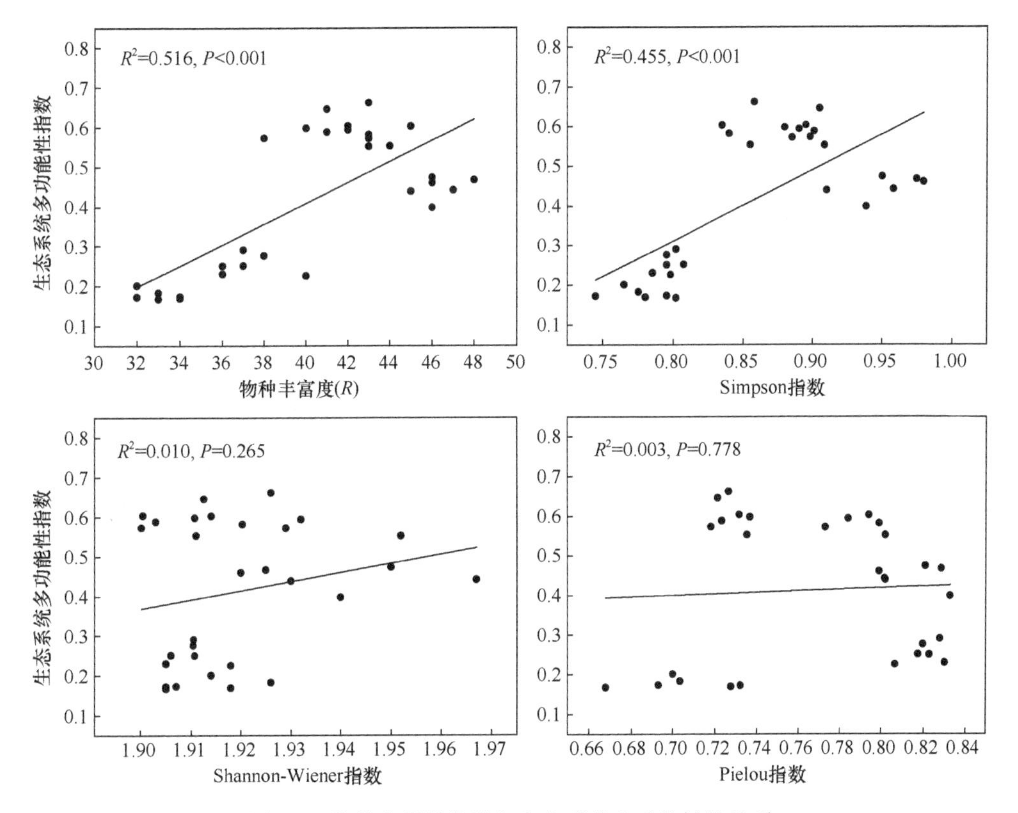

图 7-6　物种多样性指数与生态系统多功能性的关系

生态系统功能。同时，Simpson 指数与生态系统功能之间的相关性也显示出生态系统功能主要受丰富度的影响。在低海拔处，较高的水分和适宜的温度，使得物种较为丰富，生态系统各功能表现得较好，而在高海拔地区，由于干旱、低温等原因，某些植物的生长状况受到一定程度的影响后，某些物种的消失，造成物种多样性的降低，对各生态系统功能指标也有一定的制约作用。

基于植物功能性状分析功能多样性与生态系统多功能性的关系。对不同海拔梯度上各功能多样性指数与生态系统多功能性指数做回归分析（图 7-7）。结果表明，各功能多样性指数均与生态系统多功能性指数有较好的拟合结果，具有显著的正相关关系（P<0.001），其中 FDis 与生态系统多功能性的关系最为密切（R^2 = 0.876，P<0.001）。上述结果说明，维持生态系统多功能性需要更高的功能特性，而功能性状通过利用资源互补性可以影响生态系统功能，即高的功能丰富度群落在资源利用上的生态位重叠较小，整个可利用资源的比例会增加；高的多样性群落在功能性状上的差异较大，从而使资源的最优利用程度得到进一步的提高，因此生态系统功能会增加。这一研究结果也符合功能多样性与生态系统多功能性关系的两种维持机制，即互补效应和选择效应（Roscher et al.，2012）。

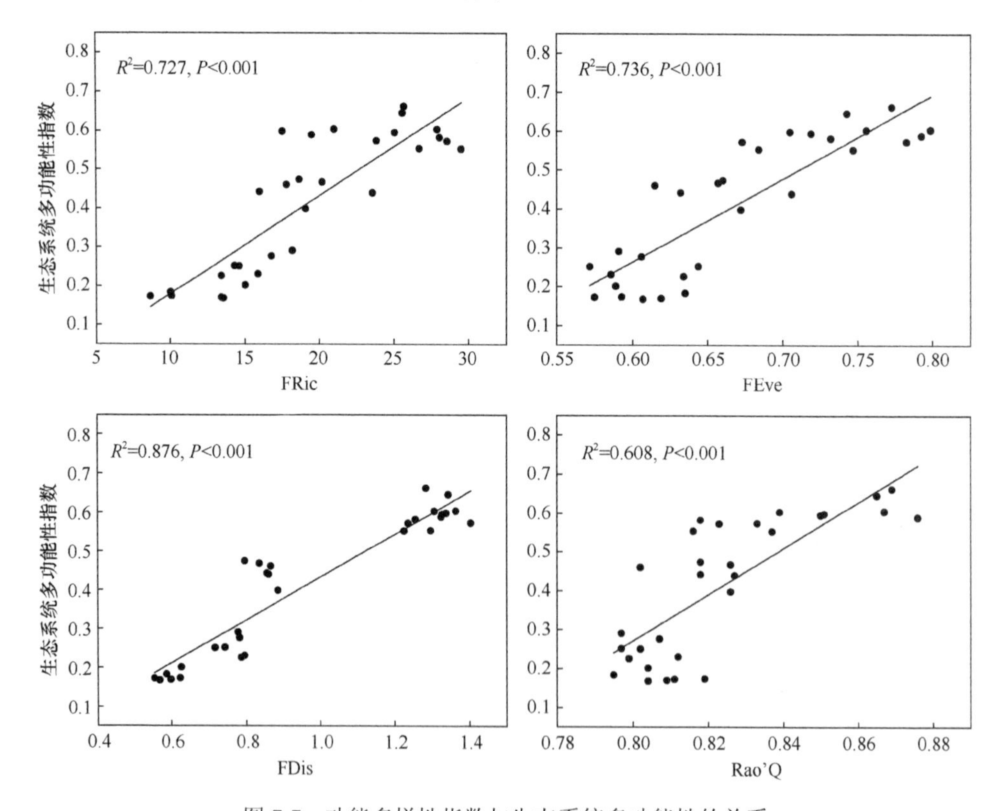

图 7-7 功能多样性指数与生态系统多功能性的关系

7.4.2　物种、功能多样性对生态系统多功能性的重要性

根据图 7-6 和图 7-7 得出的结果，选取物种、功能多样性指数中对生态系统多功能性最具显著性的指数，进行方差分解分析（图 7-8）。结果显示，生态系统多功能性是由物种和功能多样性共同影响的，FRic、FDis、Rao'Q 和 *R* 分别单独解释了生态系统多功能性的 5.3%、2.1%、2.8%和 6.7%。其中，*R* 的解释率最高，其次为 FRic。此外，*R* 和 Rao'Q 的共同解释率为 22.2%，*R* 和 Rao'Q 的交互影响是 *R* 的 2.3 倍。

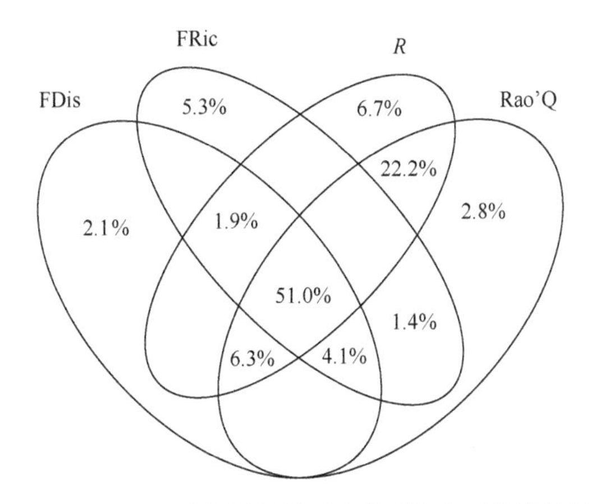

图 7-8　物种、功能多样性指数对生态系统多功能性的解释率

多阈值法的研究结果表明（图 7-9），*R* 对在 13%（最小阈值，T_{min}）和 93%（最大阈值，T_{max}）阈值区间内的 EMF 有着正向的驱动作用，FRic 对在 22%（最小阈值，T_{min}）到 91%阈值区间内的 EMF 有正向的驱动作用。*R* 对 EMF 的影响在 78%的阈值（多样性效应最大时的阈值，T_{mde}）处达到峰值。在此处物种丰富度具有的多样性最大效应（R_{mde}）为 0.08，即每增加一个物种，生态系统将会增加 0.08 个功能数。功能丰富度对 EMF 的影响则是在 76%的阈值（多样性效应最大时的阈值，T_{mde}）处达到峰值。在此处功能丰富度具有的多样性最大效应（R_{mde}）为 0.05，即每增加一种功能，生态系统将会增加 0.05 个功能数。因此，相较于功能丰富度，物种丰富度对生态系统多功能性的驱动效应更强。

上述结果说明，物种丰富度是维持 EMF 的主要驱动力，而保持较高水平的生态系统多功能性则需要更多的物种。植物种类越多，草场地上生物量和凋落物生产力越高，从而增加了生态系统生产力和土壤养分循环能力，最终可能支持多种生态系统功能性。然而，物种多样性的高低并不能说明物种间生态位的互补程度，已有研究显示，功能丰富度可以弥补这一缺陷（Valencia et al.，2015），其主要原因在于，功能丰富度可以反映出群落内功能生态位空间被占据的数量，功能丰富

度的增加会导致功能性状的变异程度增大，进而促进生境中的资源利用率，生态系统功能也得到了进一步的增强。

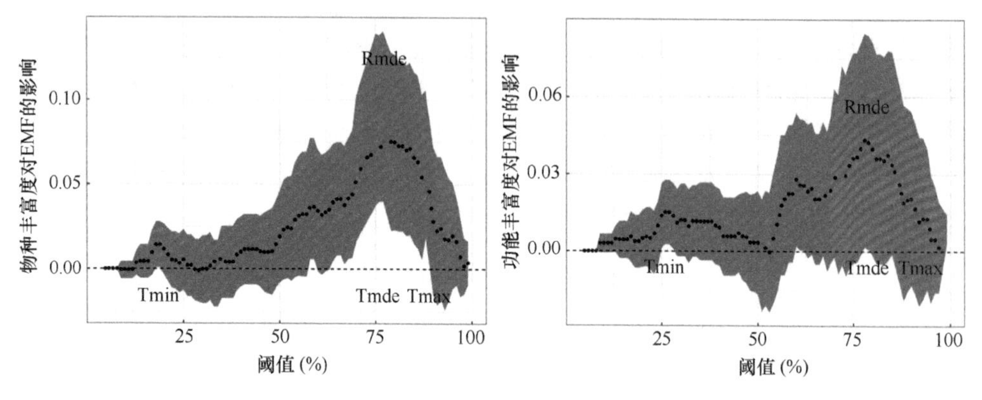

图 7-9 物种丰富度和功能丰富度对 EMF 的影响

7.4.3 甘南高寒草甸海拔、生物与非生物因素对生态系统多功能性影响的潜在机制

如图 7-10 所示，由于海拔梯度和多样性指数都可以解释 EMF，因此本研究综合了海拔梯度和多样性指数来共同拟合 EMF。发现 EMF 随着海拔梯度的升高以及多样性指数在海拔梯度上的变化而整体下降（$P<0.001$）。

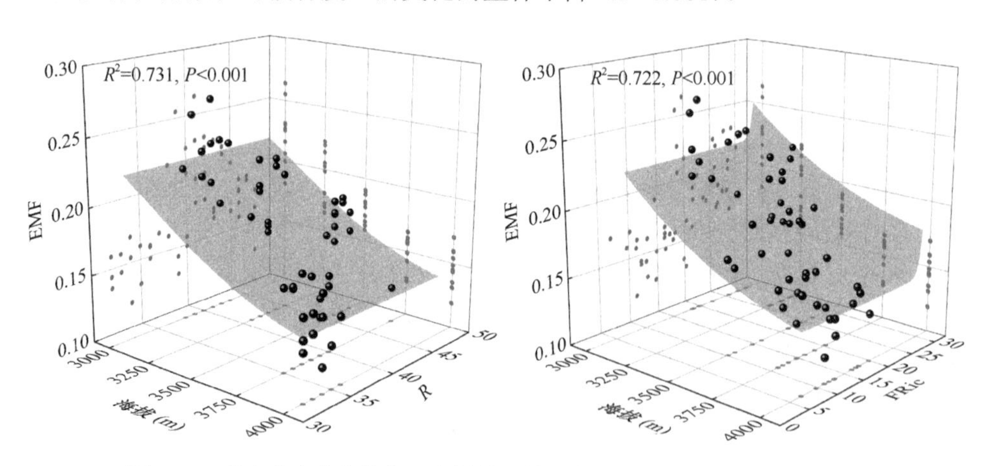

图 7-10 甘南高寒草甸海拔、多样性指数和生态系统多功能性之间的关系

通过上述生物多样性指数与生态多功能指数的相关性分析，以及海拔梯度对具体环境因子的影响权重。本研究选取海拔（Alt）、R、FRic、Rao’Q、土壤温度（ST），以及土壤含水量（SWC），构建结构方程模型（SEM）分析生物因素（植

物多样性）和非生物因素（土壤环境因子）对 EMF 影响的潜在机制（图 7-11）。结构方程模型显示（图 7-11），海拔对 R 有显著的负效应（路径系数= –0.22；$P<0.05$）。海拔对 FRic 和 Rao'Q 的影响更强，有极显著的直接负效应，其路径系数分别为–0.58 和–0.76，$P<0.001$。同时，R（路径系数=0.56；$P<0.001$）、FRic（路径系数= 0.47；$P<0.001$）以及 Rao'Q（路径系数=0.21；$P<0.05$）均对 EMF 有着显著的积极影响。这表明在本研究中，植物多样性（R、FRic 和 Rao'Q）介导了 EMF 对海拔变化的响应，海拔对 EMF 的影响是通过其对植物多样性的影响而间接传递的。土壤非生物因素方面，海拔对土壤温度表现出极显著的负效应（路径系数= –0.92；$P<0.001$），而对土壤含水量则没有显著的直接影响（路径系数= –0.09；$P>0.05$）。同时，土壤温度对 EMF 没有显著的直接影响（路径系数=0.04；$P>0.05$），土壤含水量对 EMF 表现出显著的直接正效应。这表明在海拔对 EMF 影响的潜在机制中，土壤非生物因素并没有发挥显著的介导作用，其相对重要性要低于植物多样性。通过模型还可以看出，土壤温度和土壤含水量均会对植物多样性指数产生显著影响。

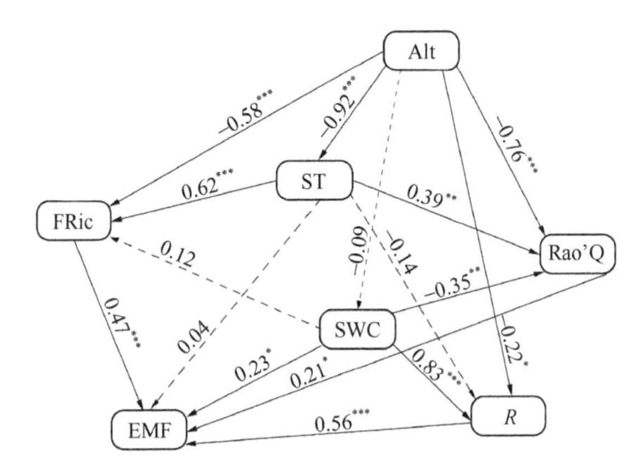

图 7-11　甘南高寒草甸海拔、植物多样性（R、FRic 和 Rao'Q）、土壤非生物因素（ST 和 SWC）对 EMF 的影响

图中所标注的数字为标准化路径系数（正值表示正效应，负值表示负效应）。实线代表相关性显著，虚线代表相关性不显著。*表示 $P<0.05$；**表示 $P<0.01$；***表示 $P<0.001$

本研究验证了海拔对 EMF 的影响是通过植物物种多样性和功能多样性来介导的，高寒草甸海拔梯度对生态系统多功能性具有显著的负效应。这主要是因为，水热条件是限制植物群落多样性的重要因素，而植物多样性对维持生态系统功能起着重要甚至是决定性的作用。具体而言，随着海拔的升高，气候条件发生了显著变化，较低的温度和较短的生长季节，以及在高海拔地区土壤中水分的稀缺，限制了植物的生长和根系发育，导致植物生物量和多样性减少。此外随海拔的升高，水热条件等环境因子对植物的限制作用逐渐加剧，生态位资源变得有限。这使得物种间为了获取生存资源而展开激烈的种间竞争，高竞争压力导致一些物种

在竞争过程中被淘汰或无法生存，从而减少了植物多样性，进而导致 EMF 的下降。

7.5 本章小结

本章是针对高寒草甸生物多样性与生态系统多功能性之间关系的专项研究。从生物多样性的物种和功能多样性角度分析了甘南高寒草甸不同海拔高度下生物多样性与生态系统功能的关系，研究发现，生物多样性与生态系统功能指标的关系极其显著，这表明生物多样性对提高生态系统功能起着重要的作用，并且各功能之间也是相互促进、相互影响的。物种和功能多样性对生态系统多功能的诠释程度存在差异，物种多样性较功能多样性能更好地解释生态系统多功能性，但功能多样性对生态系统多功能性的驱动作用也是不可被取代的，二者是综合预测和解释生态系统多功能性的重要因素。本研究结果可为草甸生态系统可持续发展管理、治理退化草地及改善当地生态环境提供理论依据。

参考文献

井新, 贺金生. 2021. 生物多样性与生态系统多功能性和多服务性的关系: 回顾与展望. 植物生态学报, 45(10): 1094-1111.

李文, 曹文侠, 刘皓栋, 等. 2015. 不同放牧管理模式对高寒草甸草原土壤呼吸特征的影响. 草业学报, 24(10): 22-32.

石娇星, 许洺山, 方晓晨, 等. 2021. 中国东部海岛黑松群落功能多样性的纬度变异及其影响因素. 植物生态学报, 45(2): 163-173.

王恒方, 吕光辉, 周耀治, 等. 2017. 不同水盐梯度下功能多样性和功能冗余对荒漠植物群落稳定性的影响. 生态学报, 37(23): 7928-7937.

王襄平, 方精云, 唐志尧. 2009. 中域效应假说: 模型、证据和局限性. 生物多样性, 17(6): 568-578.

徐炜, 井新, 马志远, 等. 2016. 生态系统多功能性的测度方法. 生物多样性, 24(1): 72-84.

Byrnes J E K, Gamfeldt L, Isbell F, et al. 2014. Investigating the relationship between biodiversity and ecosystem multifunctionality: challenges and solutions. Methods in Ecology and Evolution, 5(2): 111-124.

Cadotte M W, Livingstone S W, Yasui S L E, et al. 2017. Explaining ecosystem multifunction with evolutionary models. Ecology, 98(12): 3175-3187.

Chase J M, McGill B J, McGlinn D J, et al. 2018. Embracing scale-dependence to achieve a deeper understanding of biodiversity and its change across communities. Ecology Letters, 21(11): 1737-1751.

Dooley Á, Isbell F, Kirwan L, et al. 2015. Testing the effects of diversity on ecosystem multifunctionality using a multivariate model. Ecology Letters, 18(11): 1242-1251.

Duffy J E, Richardson J P, Canuel E A. 2003. Grazer diversity effects on ecosystem functioning in seagrass beds. Ecology Letters, 6(7): 637-645.

Gamfeldt L, Hillebrand H, Jonsson P R, et al. 2008. Multiple functions increase the importance of biodiversity for overall ecosystem functioning. Ecology, 89(5): 1223-1231.

Hector A, Bagchi R. 2007. Biodiversity and ecosystem multifunctionality. Nature, 448(7150): 188-190.

Jing X, Sanders N J, Shi Y, et al. 2015. The links between ecosystem multifunctionality and above- and belowground biodiversity are mediated by climate. Nature Communications, 6: 8159.

Kirwan L, Connolly J, Finn J A, et al. 2009. Diversity-interaction modeling: estimating contributions of species identities and interactions to ecosystem function. Ecology, 90(8): 2032-2038.

Kou X, Liu H, Chen H, et al. 2023. Multifunctionality and maintenance mechanism of wetland ecosystems in the littoral zone of the northern semi-arid region lake driven by environmental factors. The Science of the Total Environment, 870: 161956.

Lambers H, Brundrett M C, Raven J A, et al. 2011. Plant mineral nutrition in ancient landscapes: high plant species diversity on infertile soils is linked to functional diversity for nutritional strategies. Plant and Soil, 348: 7-27.

Lefcheck J S, Byrnes J E K, Isbell F, et al. 2015. Biodiversity enhances ecosystem multifunctionality across trophic levels and habitats. Nature Communications, 6: 6936.

Li S F, Liu W D, Lang X D, et al. 2021. Species richness, not abundance, drives ecosystem multifunctionality in a subtropical coniferous forest. Ecological Indicators, 120: 106911.

Mason N, Mouillot D, Lee W, et al. 2005. Functional richness, functional evenness and functional divergence: the primary components of functional diversity. Oikos, 111(1): 112-118.

Mori A S, Lertzman K P, Gustafsson L. 2017. Biodiversity and ecosystem services in forest ecosystems: a research agenda for applied forest ecology. Journal of Applied Ecology, 54(1): 12-27.

Pasari J R, Levi T, Zavaleta E S, et al. 2013. Several scales of biodiversity affect ecosystem multifunctionality. Proceedings of the National Academy of Sciences of the United States of America, 110(25): 10219-10222.

Roscher C, Schumacher J, Gubsch M, et al. 2012. Using plant functional traits to explain diversity productivity relationships. PloS ONE, 7(5): e36760.

Sanderson M A, Skinner R H, Barker D J, et al. 2004. Plant species diversity and management of temperate forage and grazing land ecosystems. Crop Science, 44(4): 1132-1144.

Schneider F D, Morsdorf F, Schmid B, et al. 2017. Mapping functional diversity from remotely sensed morphological and physiological forest traits. Nature Communications, 8: 1441.

Soliveres S, van der Plas F, Manning P, et al. 2016. Biodiversity at multiple trophic levels is needed for ecosystem multifunctionality. Nature, 536(7617): 456-459.

Thompson P L, Gonzalez A. 2016. Ecosystem multifunctionality in metacommunities. Ecology, 97(10): 2867-2879.

Valencia E, Maestre F T, Bagousse-Pinguet Y L, et al. 2015. Functional diversity enhances the resistance of ecosystem multifunctionality to aridity in Mediterranean drylands. The New Phytologist, 206(2): 660-671.

van der Plas F. 2019. Biodiversity and ecosystem functioning in naturally assembled communities. Biological Reviews, 94(4): 1220-1245.

Yao T, Wu F, Ding L, et al. 2015. Multispherical interactions and their effects on the Tibetan Plateau's earth system: a review of the recent researches. National Science Review, 2(4): 468-488.

Zavaleta E S, Pasari J R, Hulvey K B, et al. 2010. Sustaining multiple ecosystem functions in grassland communities requires higher biodiversity. Proceedings of the National Academy of Sciences of the United States of America, 107(4): 1443-1446.

Zhang H, Chen H Y, Lian J Y, et al. 2018. Using functional trait diversity patterns to disentangle the scales-dependent ecological processes in a subtropical forest. Functional Ecology, 32(5): 1379-1389.

第 8 章　降水与生物多样性及生态系统多功能性的关系

8.1　地上和地下生物多样性与生态系统多功能性的研究概述

陆地生态系统，包括了不同的地上和地下分区，以往的研究已经证实植物多样性与生态系统功能关系密切。然而，我们对于地上和地下生物多样性对各种生态系统功能的相对和综合影响，以及气候如何调节这些关系，了解甚少。虽然地上和地下群落以及它们之间的相互作用共同塑造了多种生态系统功能，但要将它们的相对影响明确区分开来却颇具挑战性，这或许是因为不同的分类单元在不同的空间尺度上发挥作用。以地下群落为例，其在相对较小的空间尺度上展现出高度的多样性，且在生态系统的维持机制中发挥着至关重要的作用。然而，尽管我们对地下生物多样性的认知正在逐渐增强，但我们仍处于揭示地下生物多样性对生态系统功能的影响方面的初步阶段。针对这一挑战，采用生物多样性和生态系统多功能性（ecosystem multifunctionality，EMF）的综合测量方法能够为我们提供更全面的视角。这有助于提高我们对生物多样性在地上和地下形成生态系统功能和服务能力的理解。虽然我们正在不断加深对地上和地下生物多样性的认识，但要更精确地预测其对生态系统的贡献，需要更深入的研究以及全面而系统的测量方法。

8.1.1　地上和地下生物多样性与生态系统多功能性的内涵

对于地上植物群落而言，随着对生物多样性与生态系统多功能性（biodiversity and ecosystem multifunctionality，BEMF）之间联系的深入研究，生态学家逐渐认识到地上植物的丰富度并非唯一影响生态系统多功能性的植物群落指标。其他植物群落指标同样在驱动生态系统多功能性方面扮演着重要角色。以 Maestre 等（2012）的研究为例，他们发现，植物群落不仅仅受植物丰富度的影响，还与空间格局的随机性以及均匀度的水平有关。具有更高植物丰富度、更随机的空间格局和更低均匀度的植物群落表现出更高的生态系统多功能性，这证明了只有具备特定群落指标组合的植物群落才能达到最佳的生态系统多功能性。类似地，Le Bagousse-Pinguet 等（2019）通过对全球 123 个旱地的调查发现，除了植物分类学上的多样性之外，植物的系统发育多样性和功能多样性同样是决定生态系统多功能性的关键因素。这一研究结果表明，在考虑生物多样性与生态系统多功能性的关系时，不仅需要关注植物的分类多样性，还需要考虑植物的系统发育多样性和功能多样性，以获取更为全面和深入的认识。

而在地下生物群落中，由于土壤生物呈现极高的多样性，每克土壤中可包含多达数十万种物种和数十亿个生物个体，包括细菌、真菌、线虫、原生生物等。然而，鉴于许多土壤生物类群的功能仍不为人了解，先前的研究主要集中在地上生物多样性与生态系统多功能性之间的关系上。随着现代自然科学技术的飞速发展，尤其是高通量测序和宏基因组学等新兴实验技术的兴起，研究地下生物多样性与生态系统多功能性之间的联系已成为全球关注的焦点之一。以 Wagg 等(2014)的研究为例，通过对群落组成和物种丰富度差异的土壤生物群落进行过滤，揭示了土壤生物群落的简化和地下生物多样性的减损会显著降低生态系统的多功能性。这些发现突显了地下生物多样性与生态系统多功能性之间复杂而重要的关联，进一步巩固了我们对于土壤生物在维持生态平衡中所起作用的认识。

此外，考虑到生物类群不是独立存在的，了解地上和地下不同生物类群之间的相互联系对于提高生态系统稳定性、维持生物多样性以及促进生态系统的恢复等生态系统功能至关重要。因此，深入研究地上和地下多个营养级的生物多样性与生态系统多功能性之间的关系，有助于加深我们对于生物多样性如何维持生态系统功能的理解。Soliveres 等（2016）的研究表明，地上植物多样性、食草昆虫多样性以及地下微生物多样性都是生态系统多功能性的重要驱动因素。这一发现强调，仅仅专注于单一生物分类群的丰富度会大大低估生物多样性对于维持多个生态系统功能的重要性，深入研究多个生物类群对于整体生态系统功能的贡献的重要性，有助于更全面地理解生态系统的生物多样性与生态系统多功能性之间的复杂关系。

8.1.2　地上和地下生物多样性介导生态系统多功能性对降水的响应

降水在全球生物地球化学循环中扮演着至关重要的角色，特别是对于草地生态系统而言，水分是其主要的限制因子（Weltzin et al.，2003）。草地生态系统的功能受到降水变化的直接影响，因为这一变化能够直接调整水分的有效性，从而间接改变“植物-土壤-土壤生物”之间的相互作用关系，这种变化最终影响了生态系统的多功能性及其提供的功能服务（Li et al.，2017）。以往的研究表明，地上植物群落对降水变化十分敏感，一项在我国北方内蒙古草原地区 21 个自然干旱和半干旱生态系统站点的长期实验研究发现，较高的降水量能增加植物物种丰富度；同时，植物初级生产力和凋落物质量一般均因降水增加而显著提高（Bai et al.,

2008）。微生物群落对降水变化的响应并不一致，尽管通常假设增加降水会提高土壤养分水平，进而增加营养类群的相对丰度。例如，在美国科罗拉多州矮草草原生态系统开展的一项研究表明，干旱条件下放线菌（*Actinobacteria*）数量减少（Li et al.，2017）。然而，在美国加利福尼亚的一年生草地进行的一项实验表明，增加降水量后酸杆菌（*Acidobacteria*）的相对丰度增加，而放线菌的相对丰度减少（Barnard et al.，2015）。

降水量的变化能够影响多种生态系统物质循环功能。以氮循环为例，降水变化通过影响土壤水分有效性、侵蚀和淋溶直接改变氮循环过程，并通过影响植物对氮的吸收能力和植物生产力而间接地改变氮循环。Cregger 等（2014）研究发现，当降水量增加时，土壤水分含量增加，有利于土壤无机氮的淋溶与反硝化作用，从而使土壤氮素利用率下降，氮矿化速率加快。相比之下，降水量的减少会使土壤含水量降低，从而抑制植物的生长与微生物的活动，进而使土壤氮矿化速率与反硝化活性进一步降低，并且使土壤氮素利用率进一步提高。此外，由于研究区域生态系统类型、干扰强度和所考虑的生态系统功能的差异，以及不同类型的植物和土壤微生物群落对于土壤水分变化具有不同的适应阈值范围，导致了降水变化对草地生态系统功能影响研究结果间的不一致性。因此，关于降水量改变对草地生态系统功能的影响需要更广泛、多途径的实验研究加以验证。

8.1.3 高寒草甸生物多样性与生态系统多功能性的研究意义

青藏高原高寒草甸是典型的高寒草原生态系统之一，对气候变化特别敏感。据报道，气候变化正以前所未有的速度发生，预计到 21 世纪末，青藏高原的年平均降水量和年平均气温将分别增加 15%～21%和 2.8～4.9℃（Gao et al.，2014）。现有的针对高寒草甸进行的研究，已调查了降水量变化对生态系统个体功能的影响（Chen et al.，2020）。然而，目前尚不清楚长期自然条件下，降水量增加是否会通过改变植物特性或土壤特性来驱动生态系统多功能性的变化。此外，就青藏高原地区的降水梯度而言，虽然 Jing 等（2015）在对青藏高原生物（地上和地下）和非生物因素对生态系统多功能性的影响进行研究后，首次提出在模型中包括地下生物多样性可以提高解释和预测生态系统多功能性的能力，且气候变化是影响生物多样性对自然生态系统中生态系统多功能性作用的关键因素。但有关植物多样性的三个关键方面，即物种多样性、功能多样性和系统发育多样性，以及土壤纤毛虫多样性、细菌多样性和真菌多样性与生态系统多功能性之间的关系，目前仍存在经验和数据不足的情况，这使得对生态系统多功能性的评估具有局限性，无法全面地对其进行预测。更为关键的是，尽管 Yang 等（2023）的研究已经表明了地区尺度的降水量变化可能成为地上或地下生物对生态系统多功能性影响的中介因素，然而，有关气候因素和地上或地下生物如何相互作用而影响生态系统多功能性，目前尚未得到明确解答。在降水梯度中，这些因素对生态系统多功能性的相对贡献率如何变化亦尚未确定。这限制了我们对不同降水条件下，生物因素与非生物因素对生态系统多功能性的潜在影响的预测能力。

为了探讨降水量增加及其与地上和地下生物多样性相互作用对生态系统多功能性的影响，我们在青藏高原东北部不同降水程度的草地上进行了一项为期 3 年的野外实验，涉及 8 个不同站点的 120 个样品。我们通过对实验样地内植物和土壤样本的采集，并通过对土壤理化性质、土壤纤毛虫指标及土壤细菌和真菌指标的测定，探究了生物和非生物因素对生态系统多功能性对不同降水响应的相对重要性，以更好地了解生物和非生物因素调控不同降水梯度对生态系统多功能性影响的机制。因此，本章中我们将探究如下问题：①降水对生态系统多功能性、地上植物多样性、地下生物多样性的影响；②降水和地上植物、地下生物多样性之间的相互作用对生态系统多功能性的影响；③降水对生态系统多功能性影响的直接途径，以及通过地上植物多样性、地下生物多样性和土壤非生物特性对生态多功能性影响的间接途径。

8.2　实验设计与方法

8.2.1　实验地点

本研究地处我国青藏高原东部，经由 8 个野外站点，沿途包含了甘谷、玛曲、合作、和政、海北、青海湖、永登和皋兰。野外工作的展开依托国家或地方级的野外研究站。在降水梯度带上，年均温的跨度为 0.5～7.3℃；年均降水量跨度为 269～723 mm；植被类型以莎草科［矮生嵩草（*Kobresia humilis*）、线叶嵩草（*Kobresia caPillifolia* ）等］、禾本科［垂穗披碱草（*Elymus nutans*）、草地早熟禾（*Poa Pratensis*）等］以及一些其他杂草［银叶火绒草（*LeontoPodium souliei*）、鹅绒委陵菜（*Potentilla anserina*）等］为主。实验地点及降水分布如图 8-1。

8.2.2　实验样品的采集及性状测量

本研究于 2019～2021 年植被生长的高峰期（7～8 月），沿降水梯度带进行野外样品、数据的采集。为了尽量减少人为因素的干扰，本研究选择保护良好的自然保护区或尽量远离居住区的地方布置样地。每个样地尽量平坦，地形、地貌、坡向等基本一致。在每一块样地内选取 15 个 1 m×1 m 的样方，我们对每个样方

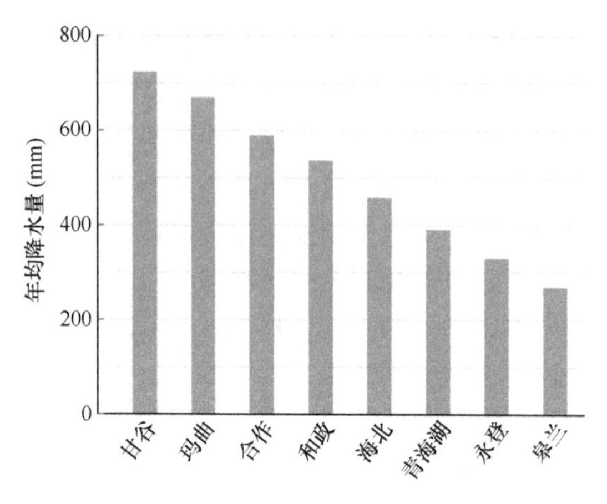

图 8-1　8 个研究点具体年均降水量

内的植物样本按照其物种进行分类收集并统计其植物多度数据。完成对地上植物的统计后，简单去除地表的凋落物，使用土钻（直径 5 cm）采用三点法采集每个样方的 3 钻土样（0～15 cm），并在自封袋内混合均匀后分为 3 份，用于测定土壤理化性质、土壤线虫指标及土壤细菌和真菌指标。植物功能性状的测定包含外观、形态、营养特征以及生理特征等方面。

在本研究中，选择对生境变化响应显著且易测定的性状，同时，所选性状应能够很好地反映不同降水下植物生长和功能的变化。因此，本研究选择株高、叶干物质含量、比叶面积、叶片厚度、叶片碳含量、叶片全氮含量、叶片全磷含量进行研究，株高的测定在野外调查时得出。使用精密度为 0.001 mm 的螺旋测微仪测量叶片厚度。将野外采集的叶片带回实验室后称取鲜重，然后使用 CanoScan LiDE 110 扫描仪扫描叶片，使用 Image J 软件进行叶面积的计算，完成之后将叶片放入 75℃的烘箱进行烘干处理，待叶片干燥后取出并用电子天平（JA2003，上海）称取叶片干重，以此计算叶干物质含量和比叶面积，比叶面积=叶面积/干重；叶片干物质含量=干重/叶饱和鲜重；计算完成后将植物叶片样品粉碎并过筛以测定叶片有机碳含量、叶片全氮含量和叶片全磷含量，叶片养分含量的测定方法同土壤。

8.2.3　土壤纤毛虫的提取及鉴定

从每份新鲜土样中取适量等体积的 3 份土样置于培养皿中，采用“非淹没培养皿法”（non-flooded Petri dish method）培养鉴定土壤纤毛虫，即在加有土样的培养皿中加入土壤浸出液，将土壤充分润湿，但不被淹没，在 25℃的恒温下培养土壤纤毛虫，在培养后的第 2 天、第 4 天、第 7 天、第 11 天、第 14 天、第 21 天、第 30 天放置于光学显微镜下鉴定土壤纤毛虫的物种，并记录每个物种的个体数（Foissner，1992）。土壤纤毛虫的物种鉴定技术采用“活体观察法”和“固定染色法”，固定染色技术主要依据宋微波和徐奎栋（1994）的蛋白质银染色法。物种鉴定依据 Corliss 于 2016 年发表的关于纤毛原生动物特征及分类指南的著作，采用 Foissner 计数法对纤毛虫进行培养计数，即将已风干的 30 g 土壤样品置于直径为 5 cm 的培养皿中，加入蒸馏水使其略微高出土壤表面，25℃恒温培养 9 d，在第 10 天时使培养皿倾斜 45°，5 min 后吸取土壤浸出液并用 Bouin's 固定液固定，取 1 mL 摇匀的上述液体于显微镜下计数。

8.2.4　土壤细菌和真菌的提取及测序

称取 0.500 g 土壤，精确到 0.001 g，按照 PowerSoil® DNA Isolation Kit（MoBio Laboratories，美国）提供的方法提取土壤 DNA，并用 1%琼脂糖凝胶电泳检测所抽提的土壤 DNA 的浓度和纯度。

土壤细菌的 PCR 扩增条件为：94℃变性 3 min，随后进行 30 个循环，包括变性（94℃持续 10 s）、退火（55℃持续 15 s）和延伸（72℃持续 30 s），最后在 72℃延伸 7 min。引物组为：341F（5′-CCTACGGGNGGCWGCA G-3′）/785R（5′-GACTACHVGGGTATCTAATCC-3′），扩增土壤细菌 V3～V4 区的 16S rRNA 基因（Klindworth et al.，2013）。土壤真菌的 PCR 扩增条件为：95℃变性 10 min，然后进行 30 个循环，包括变性（95℃持续 30 s）、退火（56℃持续 1 min）和延伸（72℃持续 1 min），最后在 72℃延伸 7 min。引物组为：NSI1（5′-GATTGAATGGCTT AGTGAGG-3′）/58A2r（5′-CTGCGTTCTTCATCGAT- 3′），扩增土壤真菌的 ITS1 区的 18S rRNA 基因（Martin and Rygiewicz，2005）。PCR 扩增体系共 20 μL，包含 4 μL 5×FastPfu 缓冲液、0.4 μL FastPfu 聚合酶、2 μL 2.5 mM dNTPs、0.8 μL 5 μM 正向引物、0.8 μL 5 μM 反向引物和 10 ng 模板 DNA。将扩增产物进行 2%琼脂糖凝胶电泳检测后，用 AxyPreP™ Mag PCR Clean-UP Kit（Axygen，美国）进行回收纯化。纯化后得到的 PCR 产物使用 Illumina Miseq PE300 测序平台完成后续测序工作。

所有测序所得的原始数据都用 QIIME 软件进行进一步的处理。首先，使用 uclust 对原始数据进行质量控制，以删除读长小于 100 bp 或质量分数低于 25 的序列，再使用 uchime 删除嵌合序列，然后使用 flash 对优化的双端数据进行拼接得到有效数据，之后使用 uParse 将有效数据中具有 97%以上序列相似性的序列聚类为同一运算分类单元（operational taxonomic unit，OTU），进而得到每个样品中每个 OTU 的丰度表格。最后使用 RDP classifier 将土壤细菌和真菌的 OTU 代表序列分别与 Silva 和 Unite 数据库进行比对，得到每个 OTU 的物种注释信息（Koljalg et al.，2005）。

8.2.5 生态系统多功能性指数的测定

在这项研究中，我们基于土壤有机碳、土壤全磷、土壤速效磷、土壤全氮、土壤硝态氮、土壤铵态氮、地上生物量、土壤 DNA 浓度、植物叶片碳和植物叶片氮含量，使用平均值法将上述 10 个生态系统功能指标转化为一个综合指标（生态系统多功能性指数）。以上 10 个指标都是土壤养分循环、营养池积累及地上、地下生产力良好的量化指标，其中磷和氮是生态系统生产的关键限制因素，土壤 DNA 浓度经常用来代表土壤生物量，植物叶片碳和植物叶片氮与植物群落的变化有密切关系，而植物群落的变化是初级生产力良好的表征。

8.2.6 线性混合模型与滚动窗口分析

线性混合模型是一项统计工具，其主要用途是建立响应变量与一个或多个解释变量之间的关系。在线性混合模型中，每个随机因素都被赋予随机效应，而固定效应则对应于恒定的解释变量（Bondell et al.，2010）。在本研究中，我们采用线性混合模型来分析降水对生物多样性与生态系统多功能性关系的影响，考虑到土壤养分含量、生物多样性指标等多种其他因素的影响。具体而言，我们将土壤和植被类型作为随机项，而将生物多样性指数作为固定项。此外，为了有效处理自相关问题，我们引入了自相关结构。这一步骤是通过 R 软件中的“lme”功能完成的。

滚动窗口分析是一种时间序列分析方法，用于分析时间序列数据的趋势和周期性。该方法将时间序列划分为连续的时间窗口，并分析每个时间窗口内的时间序列数据（Berdugo et al.，2019）。本研究使用滚动窗口分析来分析植物和土壤生物多样性以及生态系统多功能性之间关系的趋势，并确定了降水变化和这种关系变化之间的阈值。

8.3 不同降水条件下生物多样性与功能多样性的变化

众所周知，气候变化会改变草原生态系统的结构和功能，而生态系统多功能性有助于全面了解气候变化对生态系统功能的影响。水分是影响草地生态系统的关键因素，降水量的变化对草地生态系统功能起着重要的作用。降水改变通过影响生物与非生物因子进而影响植物-土壤-微生物相互作用关系，最终影响土壤养分循环等多种生态系统过程。有关研究预测青藏高原东北部的气候变化趋势为温度上升降水增多。然而，对自然梯度上长期降水量增加如何影响草地生态系统多功能性的理解仍然有限。在这里，我们进行了一项为期 3 年的野外实验，涉及降水量变化下的多种草地类型，以探索降水量及其与生物多样性的相互作用如何影响生态系统多功能性。

8.3.1 降水对生物多样性的影响

如图 8-2 所示，生物多样性指数受到降水的显著影响。随着降水量的减少，植物物种丰富度、植物功能丰富度、植物系统发育多样性、土壤细菌丰富度、土壤真菌丰富度和土壤纤毛虫丰富度等指标均呈显著下降趋势（P<0.01）。具体而言，植物功能丰富度对降水量的响应表现最为显著，皋兰地区（年平均降水量为 268.4 mm）的植物功能丰富度相对于甘谷地区（年平均降水量为 722.9 mm）下降幅度高达 85%。此外，在高降水量区域，随着降水量的增加，植物物种丰富度的增速呈下降趋势。

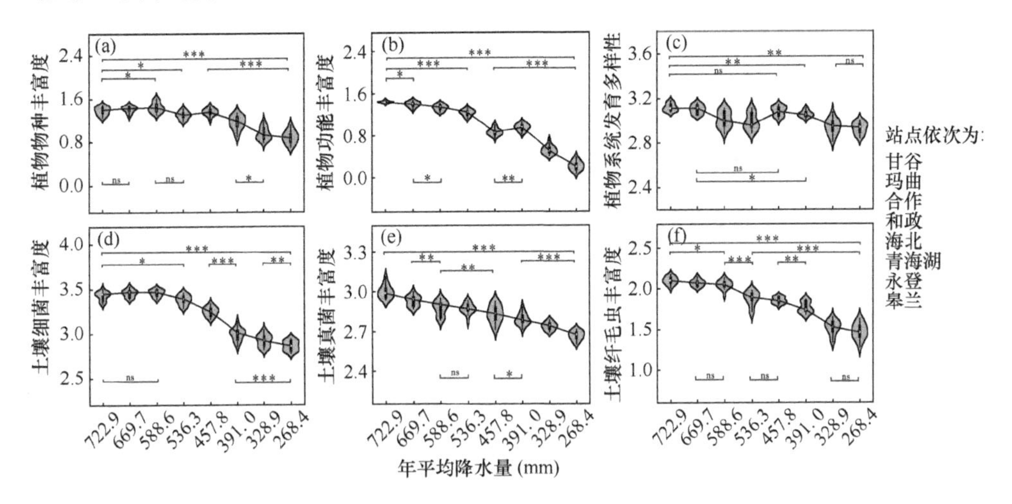

图 8-2　降水对生物多样性指标的影响

图中 ns 表示不显著；*表示 P<0.05；**表示 P<0.01；***表示 P<0.001。下同

上述研究结果表明，草地生态系统生物多样性对降水量的变化极为敏感。植物物种丰富度在降水量减少的情况下呈显著下降趋势，这可能是降水的缺乏所导致的干旱会改变草地植物群落组成，使群落优势种发生更替。并且，与多年生植物相比，高寒草甸一年生植物对缺水的响应更加敏感；在荒漠草原，极端干旱限制了禾草种子萌发，最终杂类草成为群落的优势种，限制了优质植物的生长和分布，从而影响了整个植物群落的多样性（Harrison et al.，2015）。我们观察到植物

功能丰富度对降水量的响应最显著，功能丰富度是指生态系统中各种功能性群体的多样性，其反映了植物在长期进化过程中形成的适应变化环境的生存策略，植物功能丰富度的下降可能意味着生态系统中关键生态功能的减弱。例如，特定的植物物种可能对水分的利用方式发生了变化，或者与植物相互作用的土壤微生物的代谢活动受到抑制，从而影响生态系统的稳定性和生态功能。此外，植物系统发育多样性的下降表明降水量变化可能导致生物群落结构改变。这可能是特定生境条件的变化导致某些物种的适应性发生变化，从而改变了它们在生态系统中的地位和作用。而土壤生物的研究结果表明，随着降水量的减少，细菌、真菌和纤毛虫的丰富度显著下降，这主要是土壤生物群落对降水量的响应受到土壤水分有效性的限制，降水后处于干旱地区的土壤生物生物量受到激发（苏慧敏等，2011）。这种激发效应主要是因为土壤生物具有较强的自我调节机制，在降水强度较低，较为干旱的时期，长期处于干旱条件下的土壤生物体内的营养物质会快速流失，新陈代谢降低，且土壤水分的减少导致土壤生物生态位的压缩，这也减少了土壤中不同类群的生物多样性。而随着降水强度的增加，土壤微生物的新陈代谢会迅速升高，并且大多数土壤微生物在体内可以通过合成可溶性有机物来降低渗透压，使得微生物内部水势与外界达到平衡，从而适应环境得以生存（Schimel et al.，2007）。

8.3.2 降水对单一生态系统功能和生态系统多功能性的影响

如图 8-3 所示，不同降水条件下单一生态系统功能和生态系统多功能性发生了差异性变化。降水显著减少了地上生物量、土壤 DNA 含量，以及土壤有机碳、土壤全氮、土壤硝态氮、土壤铵态氮、土壤全磷、土壤速效磷含量（$P<0.01$），且中等水平降水条件下各生态系统功能的变化幅度并不大。当降水量减少时，植物叶片碳和植物叶片氮指数呈上升的趋势（$P<0.001$）。同时，降水的减少也显著降低了生态系统多功能性（$P<0.001$），最低降水量样地的生态系统多功能性比最高降水量样地下降了约 51.2%。

如图 8-4 所示，在随后的研究中，我们根据降水量大小对上述的个体生态系统功能进行了相关性分析，以评估它们之间的潜在冗余关系。仅有地上生物量、土壤有机碳含量、土壤全氮含量与其他生态系统功能指标之间呈现出较高的相关性，其皮尔逊相关系数大多均超过 0.7。这表明，单一生态系统功能之间的冗余水平相对较低，变量之间不存在显著的自相关。这一结果对于我们深入理解生态系统内部相互作用和功能分化提供了重要的线索，强调了这些关键指标对维持生态系统多功能性的独特贡献。

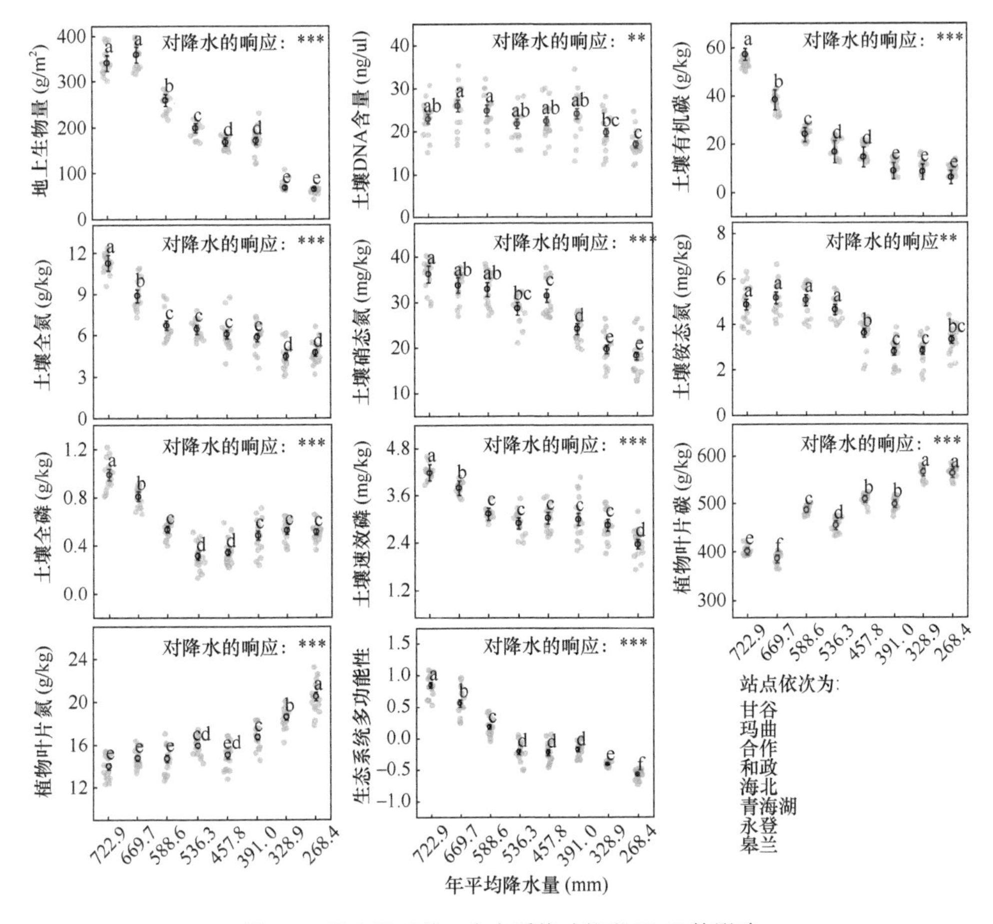

图 8-3　降水量对单一生态系统功能和 EMF 的影响

对角线以上的右上部分区域显示的是不同功能变量间的皮尔逊相关系数，对角线以下的左下部分区域显示的是不同变量之间的散点图，对角线处为密集度分布图。深色表示降水量>400 mm 的样本，浅色表示降水量<400 mm 的样本。

降水条件对单一生态系统功能和生态系统多功能性的影响呈现了复杂而有趋势性的变化。随着降水量的减少，这些功能指标整体呈现出显著下降的趋势，反映了降水减少对生态系统结构和功能产生的负面影响。值得注意的是，中等水平降水条件下各生态系统功能的变化幅度相对较小，这表明在此降水区间，生态系统对于外部降水变化具有一定的适应性和稳定性，这可能是因为中等水平降水条件下，生态系统能够维持相对平衡的水分和养分供应，从而使功能指标的变化表现得较为缓慢。植物叶片碳和植物叶片氮含量的上升趋势揭示了植物对水分含量减少的响应机制，这可能是一种生存策略，植物通过提高叶片碳和氮含量，以降低水分胁迫对其生长和生存的影响，这种适应性调节可能有助于植物在降水减少

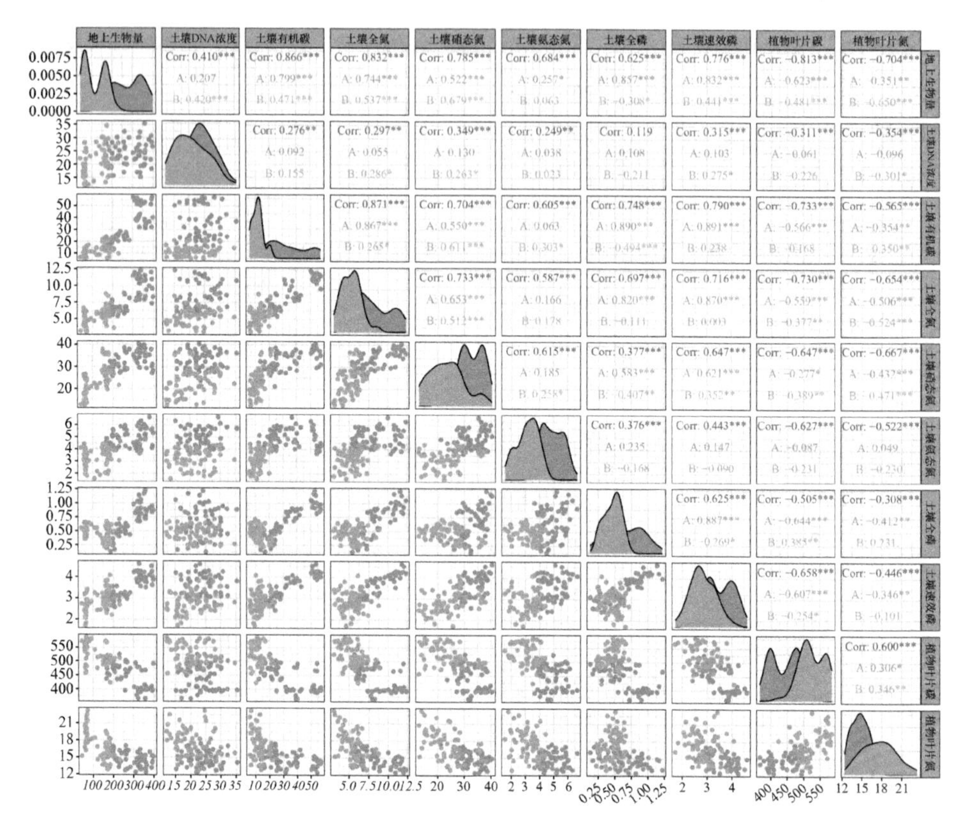

图 8-4　单一生态系统功能的相关性

图中对角线左下方横纵坐标的数字分别表示两个相关变量的具体含量，
右上方数字表示各变量间的相关性系数

的环境中更好地应对干旱胁迫。而生态系统多功能性在降水减少的条件下显著降低主要是降水的减少会降低土壤水分含量、地上生产力并减缓植被的生长发育，进而导致生态系统内各功能的协同作用受到破坏，最终使得生态系统整体的多功能性减弱（Shi et al.，2022）。这说明降水量增加可能导致生态系统多功能性增强，降水量的增加可以缓解缺水，抑制生物多样性的减少，从而增强生态系统多功能性。此外，降水量增加可以促进缺水地区的枯枝落叶分解和土壤养分矿化，并提高土壤养分利用效率，从而促进生态系统的多功能性。

8.4　降水改变了生物多样性与生态系统多功能性的关系

8.4.1　降水变化下生物多样性与生态系统多功能性的关系

如图 8-5 所示，考虑到检测到的降水变化下生物多样性和生态系统多功能性的明显改变（图 8-2，图 8-3），我们将样点分为两组，即降水量<400 mm 的样点和降水量>400 mm 的样点，分别代表较干旱和较湿润的地区。研究在较干旱和较湿润的地区，生物多样性的每个组成部分与生态系统多功能性之间是否存在显著的线性关系。普通最小二乘法（OLS）回归表明，在较干旱的地区，生态系统多功能性与植物物种丰富度、功能丰富度以及 3 种土壤生物多样性指数（细菌丰富度、真菌丰富度、纤毛虫丰富度）显著正相关（$P<0.01$），但与植物系统发育多样性无显著关系。在降水量较多的地区，生态系统多功能性与 3 种植物多样性指数以及真菌和纤毛虫的丰富度呈显著正相关（$P<0.001$），但与细菌丰富度无显著关系。此外，总拟合还表明，在所有多样性指标中，植物功能丰富度和土壤纤毛虫丰富度与生态系统多功能性的关系最为密切。

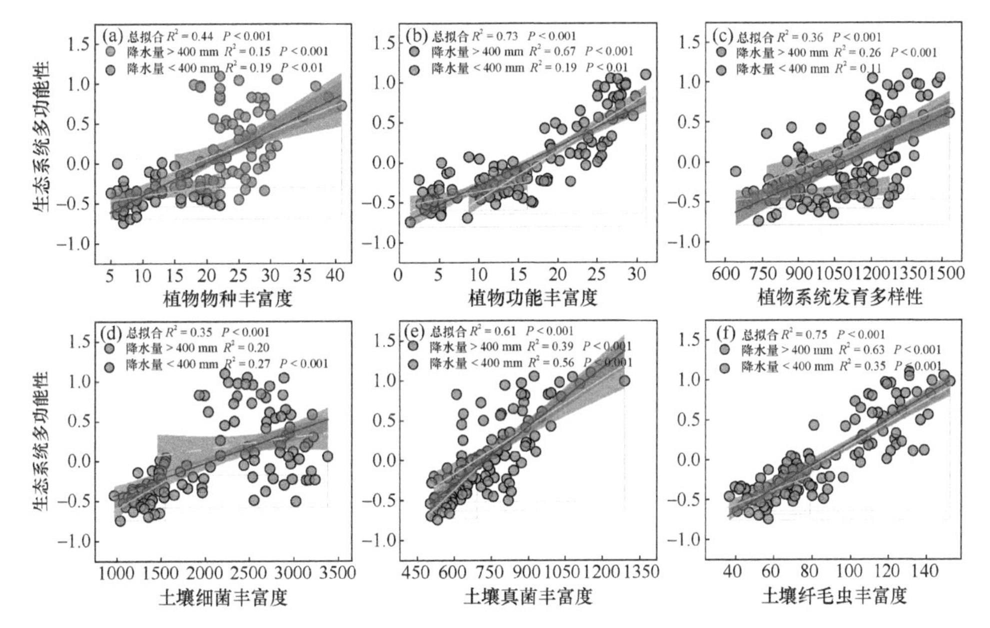

图 8-5　生物多样性指标与 EMF 的关系（彩图请扫封底二维码）

图中蓝色圆圈为降水量>400 mm 的样点，棕色圆圈为降水量<400 mm 的样点；直实线表示线性关系显著（$P<0.05$），虚线表示线性关系不显著（$P>0.05$）；灰色面积表示 95%的置信区间

如图 8-6 所示，多阈值法的结果表明植物物种丰富度的最大阈值（T_{max}）、最小阈值（T_{min}）和多样性最大效应（R_{mde}）分别为 0.85、0.20、0.18，植物功能丰富度与植物系统发育多样性的 T_{max}、T_{min}、R_{mde} 分别为 0.10、0.99、0.27 和 0.18、0.93、0. 006。这印证了功能丰富度是生态系统多功能性的重要驱动因素。土壤生物多样性方面：土壤细菌的 T_{max}、T_{min}、R_{mde} 分别为 0.27、0.64、0.0014，土壤真菌与土壤纤毛虫的 T_{max}、T_{min}、R_{mde} 分别为 0.21、0.95、0.0091 和 0.22、0.91、0.06。说明土壤纤毛虫也是生态系统多功能性的重要驱动因素。

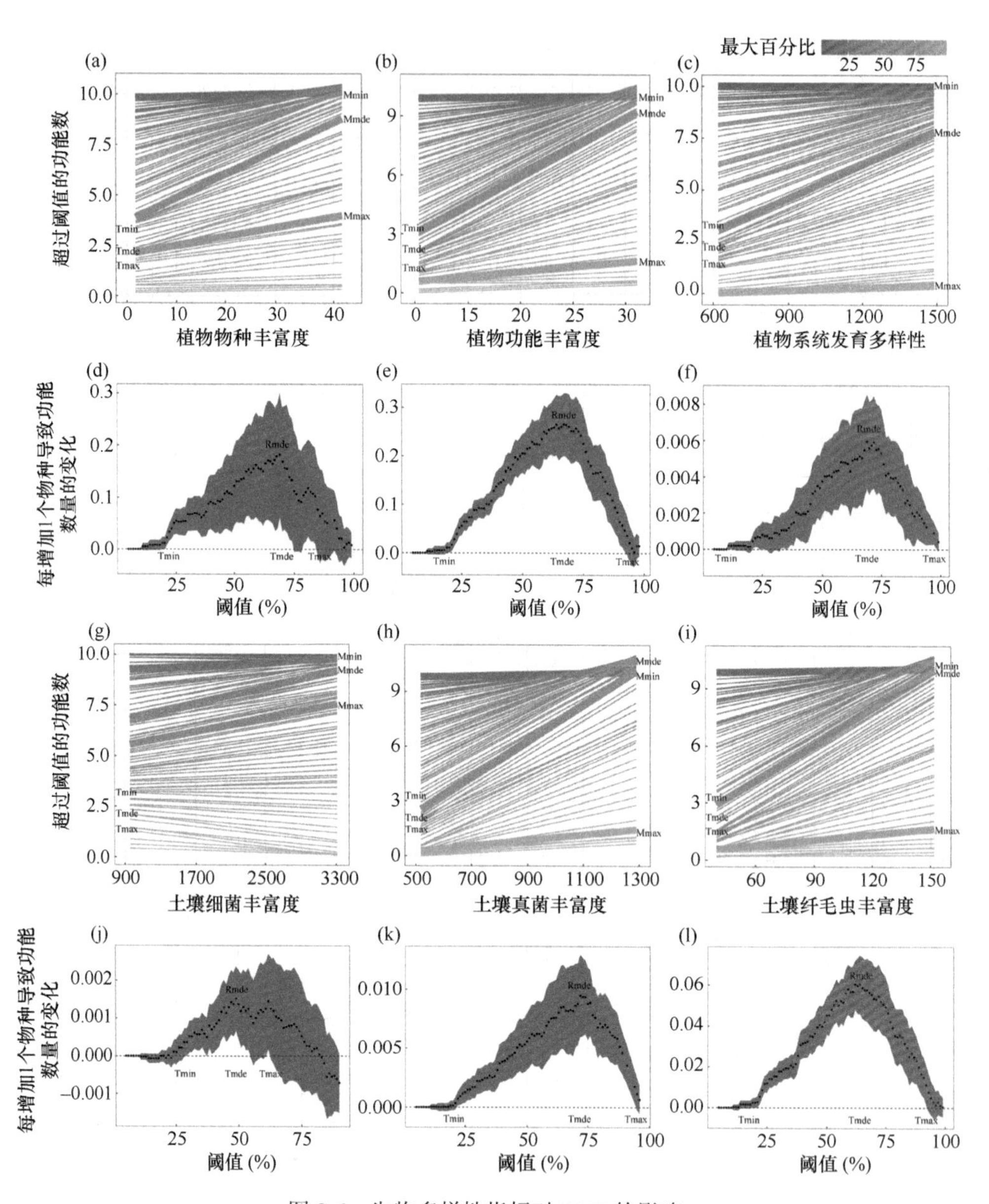

图 8-6　生物多样性指标对 EMF 的影响

图（a）、（b）、（c）、（g）、（h）、（i）为达到或超过最大观测功能阈值的功能数量与各对应生物多样性指数的回归图；图（d）、（e）、（f）、（j）、（k）、（l）为达到或超过最大观测功能阈值的功能数量与各对应生物多样性指数的回归斜率图。点和阴影区域分别表示斜率的拟合值和±1 的置信区间

我们的研究结果表明，植物多样性指标与生态系统多功能性之间存在显著的正相关关系，这是因为地上植物的物种丰富度、功能丰富度或是系统发育多

样性的增加有助于促进生态位的分化，降低物种之间竞争的强度，从而使地上植物群落能够获取更多资源，提高生态系统生产力，即体现为生态位互补效应。随着地上植物丰富度的增加，生态系统中功能性状卓越的物种出现的概率增加，进而提高了生态系统生产力，即表现为抽样效应。并且，地上植物物种丰富度的增加导致植物群落的变异性降低，即植物群落对环境波动的缓冲能力增强，有助于维持生态系统功能。这些机制的相互作用共同促使地上植物多样性对生态系统多功能性产生积极影响。我们还发现，功能多样性与生态系统多功能性的关系最为密切，这是因为功能多样性是基于功能特征的，功能特征是单个物种和种群影响生态系统功能的关键机制。较高的功能多样性能够提高生态系统的抵抗力，尤其是抵抗不利影响的能力，Enrique 等（2015）的研究也表明，较高的功能多样性能够缓冲降水缺乏对生态系统多功能的负面影响，从而增加生态系统对干旱的抵抗力，降水量较高的条件下，功能多样性相对也较高，植物群落内物种的功能特性丰富，植物功能性状的资源利用率高，这会提高生态系统多功能性。

此外，我们还进一步发现土壤生物多样性与生态系统多功能性之间存在显著的正相关关系，这是因为大量微生物，如固氮细菌和菌根真菌，与地上植物形成了密切的共生关系，通过为植物提供养分直接提高了生态系统的生产力。并且，土壤生物通过提高植物对土壤养分的吸收效率、促进土壤养分的储存、调节土壤养分的分配以及保护植物免受疾病侵害等方式，间接提高了生态系统的生产力。这些机制共同作用，使得土壤生物多样性在维持和促进生态系统多功能性方面发挥着重要的驱动作用。在所选取的土壤生物指标中，土壤纤毛虫对生态系统多功能性的驱动性最强，这主要归因于土壤纤毛虫在其生活过程中可以通过食物链摄取有机物，促使土壤中有机物的分解。这一过程有助于释放养分，提供植物所需的营养元素。

8.4.2　生物多样性与降水交互效应的模型分析

如表 8-1 和图 8-7 所示，我们建立了线性混合模型来评估多种影响因素与生态系统多功能性之间的关系，结果表明，植物多样性（F=72.1，P<0.05）和降水（F=4.7，P<0.01）均与生态系统多功能性呈正相关，而土壤生物多样性（F=100.2，P<0.01）（即细菌、真菌和纤毛虫丰富度的平均值，见方法）与生态系统多功能性的相关性并不显著，但土壤生物多样性与降水的相互作用项与生态系统多功能性呈显著正相关（F=11.8，P<0.001）。

表 8-1　降水、生物多样性指数及其交互效应对 EMF 影响的线性混合模型

R^2 conditional （条件决定系数）= 0.86；R^2 marginal （边际决定系数）= 0.80							
变量	df	ddf	MS	F	P	Estimate	VIF
植物多样性	1	6.8	12.6	14.1	<0.05	0.48	3.03
土壤生物多样性	1	16.7	17.5	3.2	0.10	0.18	5.57
降水	1	94.0	0.8	8.7	<0.01	0.24	5.94
降水×植物多样性	1	28.0	1.2	2.1	0.13	−0.06	1.67
降水×土壤生物多样性	1	43.1	2.1	11.8	<0.001	0.41	2.20
降水×植物多样性×土壤生物多样性	1	95.3	0.1	0.7	0.41	0.08	4.25

注：R^2 conditional 衡量的是包括固定效应和随机效应在内的整个模型对数据的解释能力，R^2 marginal 衡量的是固定效应的模型对数据的解释能力，df 为分子自由度，ddf 为分母自由度，MS 均方，F 为方差比，P 为显著性，VIF 为方差膨胀因子

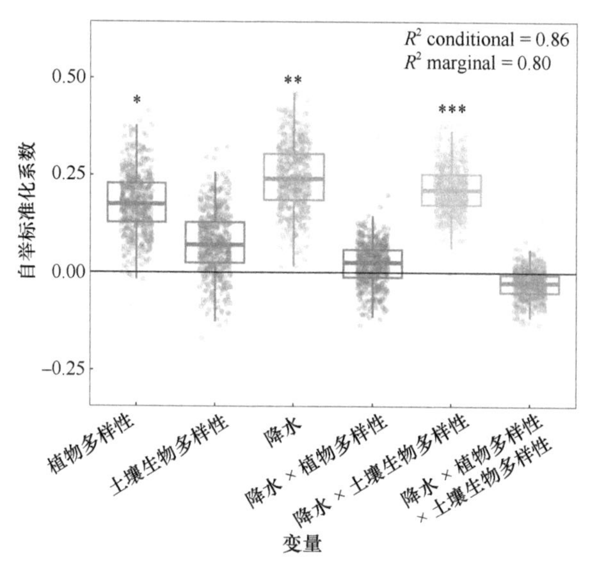

图 8-7　线性混合效应模型获得的降水及生物多样性指标的自举标准化系数

图中箱体显示了每个分布的中位数（中心线），延伸直线表示保持在分布中位数以下或以上 1.5 倍四分位范围的最小值和最大值。R^2 marginal 表示固定项解释的方差值，R^2 conditional 表示固定和随机项解释的方差值

如图 8-8 所示，滚动窗口分析的结果表明，在 450 mm 左右的降水阈值下，植物多样性、土壤生物多样性与生态系统多功能性之间的相关性斜率发生了突变。植物多样性和土壤生物多样性对生态系统多功能性的影响在 450 mm 左右降水阈值时发生变化，在 463 mm 之前，植物多样性系数的增长趋于平缓，当降水量增加至 463 mm 时，植物多样性与生态系统多功能性之间的正相关关系急剧增强。而土壤生物多样性系数在降水量大于 428 mm 时无显著增加，但当降水量减少至

428 mm 时，土壤生物多样性对生态系统多功能性的影响随降水的减少显著增强，植物多样性和土壤生物多样性与降水之间的交互效应系数模式也在降水梯度上发生了变化，植物多样性有先增加后减少的趋势，而土壤生物多样性有增加的趋势。植物多样性和土壤生物多样性与降水之间的相互作用项在降水梯度上都具有统计学意义（图 8-9）。

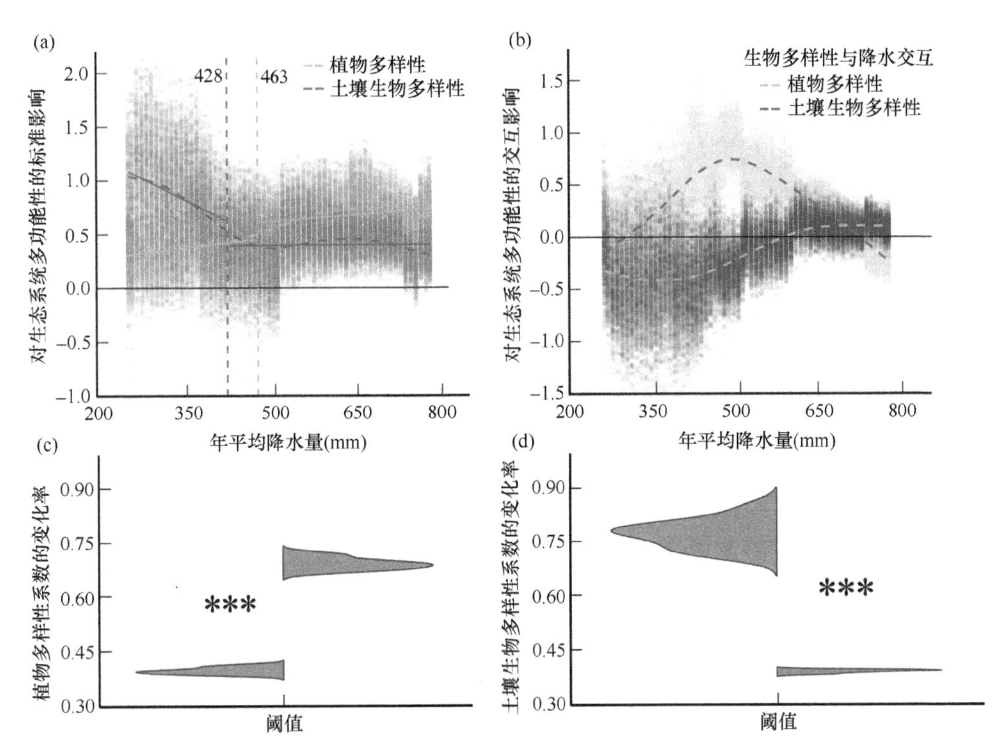

图 8-8　生物多样性及其与降水的交互效应对 EMF 的影响（彩图请扫封底二维码）

图（a）和（b）中的点显示了每个子集窗口中固定项的自举系数。虚线表示由线性可加模型（linear additive model）拟合的非线性趋势，数字表示降水的阈值大小。小提琴图（c）和（d）分别显示了植物和土壤生物多样性在降水阈值两侧的两个回归的自举斜率。棕色表示阈值之前的回归，蓝色表示阈值之后的回归。使用 t 检验评估阈值前后的显著差异，***表示阈值前后的显著性水平为 $P<0.001$

上述结果表明，降水改变了植物或土壤生物多样性与生态多功能性之间的关系。植物多样性在整个降水梯度上与生态系统多功能性保持一致且呈正相关，如假设的那样，在降水量较高的地区，植物多样性与生态系统多功能性表现出更强且更积极的关联，而在降水量相对低的较干旱地区，土壤生物多样性，尤其是土壤纤毛虫多样性，与生态系统多功能性的关联更强且更为积极。植物多样性与生态系统多功能性之间的正相关关系从降水少的地区向降水多的地区逐渐增强，这至少可以部分归因于植物物种的可用生物群落空间增加，降水量增多，物种之间生态位互补的潜力加强，从而增加了对土壤的资源利用。因此，降水量较高地区

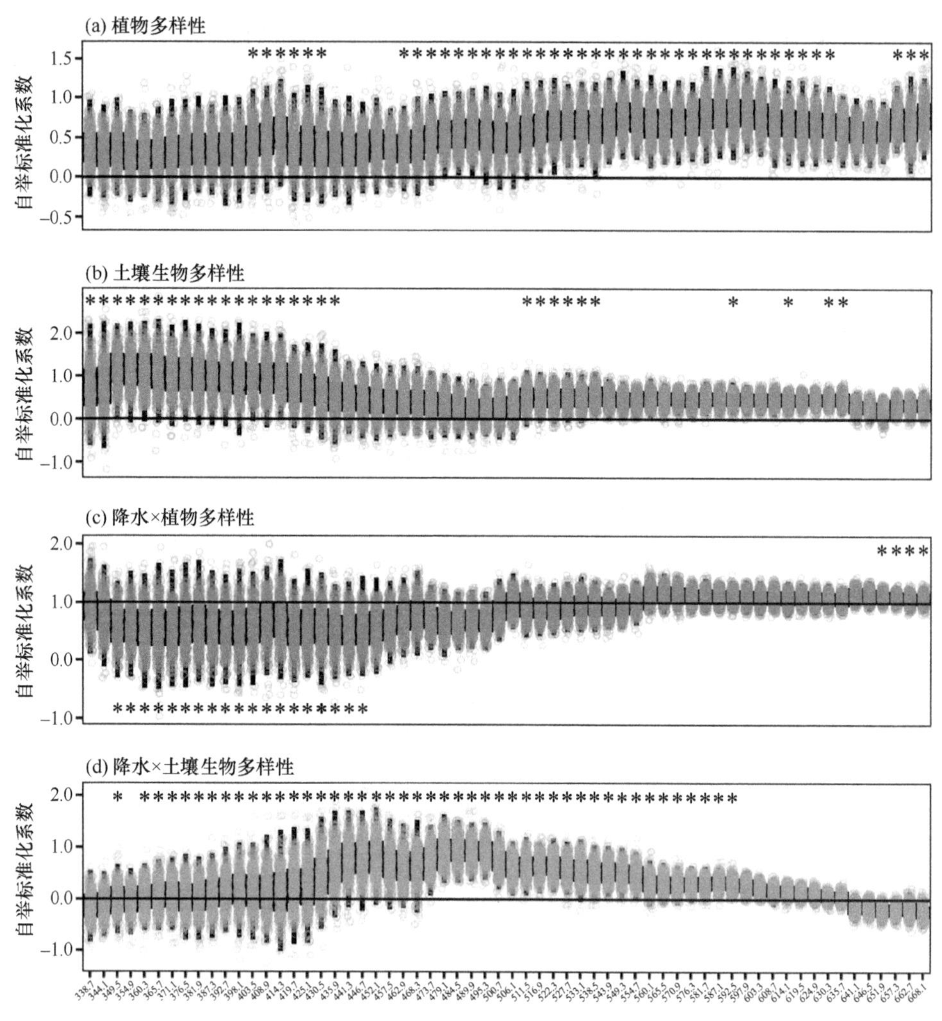

图 8-9 生物多样性和生物多样性与降水交互效应的自举标准化系数

*表示 95%置信区间下系数的显著值 $P<0.05$

的植物多样性可能通过植物物种之间的互补资源利用和促进作用促进生态功能，而竞争性相互作用可能导致降水较少地区植物多样性与生态系统多功能性的关系减弱（Jousset et al.，2011）。而土壤生物多样性对生态系统多功能性的影响随降水减少而增强，这主要是由于不同的土壤生物群体在分解有机物、固定氮、提供养分等方面具有不同的功能，降水的减少可能在一定程度上提高了土壤生物群体对资源的有效利用和对环境变化的适应性，以维持生态系统的基本功能（Wardle et al.，2004）。降水的减少还可能导致资源稀缺，从而改变了土壤生物之间的竞争和共生关系，某些生物可能对降水减少更为适应，而其他生物可能面临更大的竞争压力，这种变化可能导致一些特定类型的生物更加显著地影响生态系统功能。此外，土壤生物多样性还能在较干旱的环境中，通过多种生物过程，如细菌和真菌通过分泌黏附性物质，以及纤毛虫通过蠕动等行为，对土壤结构进行改善，进而提升生态系统功能，这些生物过程不仅在土壤中创造了更为复杂的微环境，也对土壤的物理性质和水分管理产生了积极影响。

8.4.3　降水对生态系统多功能性影响的路径分析

如图 8-10 所示，我们使用结构方程模型来推断和解释降水、土壤 pH、土壤含水量、土壤容重、植物和土壤生物多样性与生态系统多功能性之间的假设的直

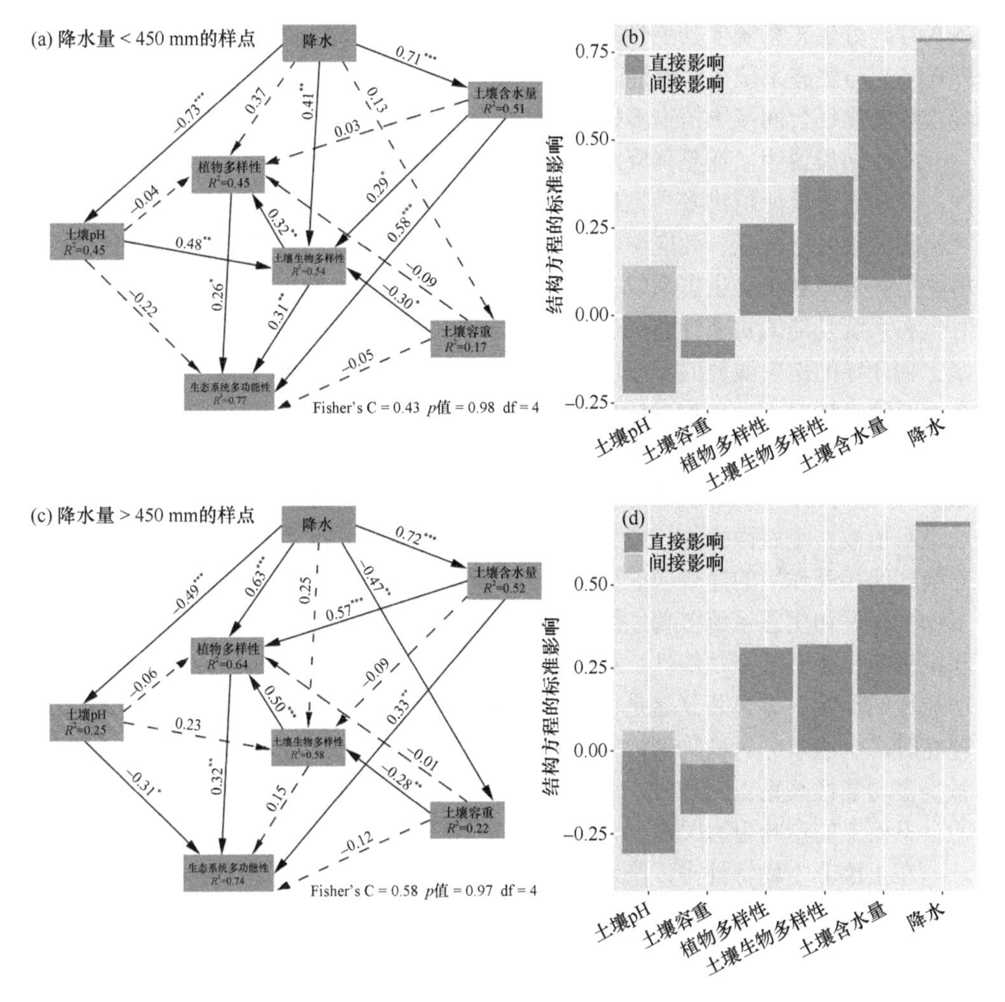

图 8-10　生物多样性和生物多样性与降水相互作用的自举标准化系数

图中所标注的数字为标准化路径系数（正值表示正效应，负值表示负效应），R^2 值表示所解释的比例。实线代表相关性显著，虚线代表相关性不显著，Fisher's C 是基于协方差矩阵用来评估模型拟合度的指标

接和间接关系，并测试不同的间接途径是否会驱动降水量<450 mm 和降水量>450 mm 两个区域的降水-生物多样性-生态系统多功能性的关系。结构方程模型的分析解释了降水量<450 mm 样点引起生态系统多功能性变化 77%的原因，以及降水量>450 mm 样点引起生态系统多功能性变化 72%的原因。我们发现，降水对生态系统多功能性的直接影响，要小于其引起的生物多样性和土壤非生物特性改变而造成的间接影响。在降水量<450 mm 的样点中，我们观察到植物多样性（路径系数=0.26；$P<0.05$）、土壤生物多样性（路径系数=0.31；$P<0.01$）和土壤含水量（路径系数=0.58；$P<0.001$）对生态系统多功能性存在显著正效应。在降水量>450 mm 的样点中，植物多样性（路径系数=0.32；$P<0.01$）、土壤含水量（路径系数=0.33；$P<0.01$）对生态系统多功能性存在显著正效应。而土壤 pH（路径系数= –0.31；$P<0.05$）与生态系统多功能性间存在着显著的负效应。此外，降水所引起的土壤含水量变化还会间接影植物多样性。

上述结果说明，在整体降水梯度上植物多样性更多地解释了生态系统多功能性，降水通过改变植物多样性进而对生态系统多功能性造成显著的影响，这可能是植物通过生态位互补效应影响了生态系统功能，生态系统中的空间和资源会被植物更高效地利用，生态系统多功能性便可以一直处在较高水平。与植物多样性对生态系统功能的实质性和快速的积极影响相比，土壤生态系统过程和功能对土壤生物介导的次生演替的反应可能相对较弱和缓慢（Zhao et al.，2017）。因此，在不同降水情况下，植物多样性对生态系统多功能性的驱动作用比土壤生物多样性更大。当降水量>450 mm 时，植物多样性对生态系统多功能性的影响更为强烈。相反，当降水量<450 mm 时，土壤生物多样性对生态系统多功能性的驱动更关键，这说明植被、土壤微生物，或者土壤动物多样性和生态系统多功能性可能由于营养级之间相互作用的净效应的变化而沿着降水梯度发生变化。降水变化直接介导生物多样性和生态系统多功能性的变化，同时通过其对非生物和生物因素的影响间接影响生态系统多功能性。相比于土壤生物多样性，植物多样性对生态系统多功能性的影响更为显著。这是由于降水量的增加有利于保持土壤水分，当降水量较高时，土壤水分对植物多样性的限制作用较弱。当植物多样性、生产力和生态系统多功能性关系更密切时，由植物生产者的多样性（通过控制资源投入）驱动的自下而上的影响更为关键。

在土壤非生物特性中，降水量的增加对土壤含水量有促进作用，这与青藏高原中部高寒草甸的类似研究结果一致（Chen et al.，2020）。土壤含水量对生态系统多功能性有正向促进作用，这一结果在一定程度上可以解释为，高土壤水分与高植物生产力、有机质分解率和养分循环密切相关。土壤水分可利用性的增加，特别是在干旱和半干旱地区，直接促进了生态系统功能，如碳固存、营养循环、有机物分解和生态系统生产力（Delgado-Baquerizo et al.，2013）。在本研究中，降水量的增加对土壤 pH 产生了负面影响，这种现象可能归因于土壤中碱性阳离子浸出和 H^+产生的增加（Yu et al.，2020）。土壤 pH 和生态系统多功能性之间存在显著的负相关性，这可能是由于较低的土壤 pH 通过刺激微生物活性和周转来促进植物从土壤中吸收养分（Yang et al.，2018），从而增加植物地上功能（如地上生物量，植物地上群落和草的碳、氮和磷库，以及地上豆科植物的磷库）和生态系统多功能性。

8.5　本 章 小 结

本章是针对降水变化下青藏高原草地生态系统生物多样性与生态系统多功能性之间关系的专项研究。研究揭示了降水梯度上生物因素（植物、土壤纤毛虫、土壤细菌和真菌）和非生物因素（土壤湿度、土壤 pH、土壤容重）在草地生态系统中对生态系统多功能性的具体驱动机制。研究发现，降水增加显著提升了植物和土壤生物多样性，同时对个体生态系统功能和生态系统多功能性具有显著的积极影响。当降水量在 450 mm 左右时，地上植物多样性、地下土壤生物多样性和生态系统多功能性之间的关系发生了变化。当降水量高于 463 mm 时，植物多样性对生态系统多功能性的影响更为显著。相反，当降水量低于 428 mm 时，土壤生物多样性对生态系统多功能性的影响更为重要。这项研究提供的证据，证明植物多样性、土壤细菌、真菌和纤毛虫多样性以及生态系统多功能性之间的关系随着降水量的变化而改变。研究结果揭示了在降水变化的背景下，草地生态系统地上和地下生物群落的响应机制，为维持草地生态系统多功能性提供了崭新的认识。这一发现将促进我们对沿降水梯度，生物多样性（包括植物和土壤生物）与生态系统多功能性之间关系变化的理解及预测。

参 考 文 献

宋微波, 徐奎栋. 1994. 纤毛虫原生动物形态学研究的常用方法. 海洋科学, 6: 6-9.

苏慧敏, 李叙勇, 何丙辉, 等. 2011. 不同土地利用方式下降雨对土壤微生物量和呼吸的影响. 水土保持学报, 25(6): 92-95.

Bai Y, Wu J, Xing Q, et al. 2008. Primary Production and rain use efficiency across a precipitation gradient on the Mongolia Plateau. Ecology, 89(8): 2140-2153.

Barnard R L, Osborne C A, Firestone M K. 2015. Changing Precipitation Pattern alters soil microbial community response to wet-up under a Mediterranean-type climate. The ISME Journal, 9(4): 946-957.

Berdugo M, Maestre F T, Kéfi S, et al. 2019. Aridity preferences alter the relative importance of abiotic and biotic drivers on plant species abundance in global drylands. Journal of Ecology, 107(1): 190-202.

Bondell H D, Krishna A, Ghosh S K. 2010. Joint variable selection for fixed and random effects in

linear mixed - effects models. Biometrics, 66(4): 1069-1077.
Chen Q, Niu B, Hu Y, et al. 2020. Warming and increased precipitation indirectly affect the composition and turnover of labile-fraction soil organic matter by directly affecting vegetation and microorganisms. Total Environ, 714: 136787.
Corliss J O. 2016. The Ciliated Protozoa: Characterization, Classification and Guide to the Literature. New York: Pergamon Press Inc.
Cregger M A, McDowell N G, Pangle R E, et al. 2014. The impact of precipitation change on nitrogen cycling in a semi-arid ecosystem. Functional Ecology, 28(6): 1534-1544.
Delgado-Baquerizo M, Maestre F T, Gallardo A, et al. 2013. Decoupling of soil nutrient cycles as a function of aridity in global drylands. Nature, 502(7473): 672-676.
Enrique V, Maestre F T, Yoann L B-P, et al. 2015. Functional diversity enhances the resistance of ecosystem multifunctionality to aridity in Mediterranean drylands. The New PHytologist, 206(2): 660-671.
Foissner W. 1992. Estimating the sPecies richness of soil Protozoa using the "non-flooded Petri dish method"// Lee J J, Soldo A T. Protocols in Protozoology,. Society of Protozoology, Allen Press, USA. P. B-10.1.
Gao Q, Li Y, Xu H, et al. 2014. Adaptation strategies of climate variability impacts on alpine grassland ecosystems in Tibetan Plateau. Mitig AdaPt Strat Gl, 19(2): 199-209.
Harrison S P, Gornish E S, CoPeland S, et al. 2015. Climate-driven diversity loss in a grassland community. Proceedings of the National Academy of Sciences of the United States of America, 112: 8672-8677.
Jing X, Sanders N J, Shi Y, et al. 2015. The links between ecosystem multifunctionality and above and belowground biodiversity are mediated by climate. Nature Communications, 6: 8159.
Jousset A, Schmid B, Scheu S, et al. 2011. GenotyPic richness and dissimilarity opposingly affect ecosystem functioning. Ecology Letters, 14(6): 537-545.
Klindworth A, Pruesse E, Schweer T, et al. 2013. Evaluation of general 16S ribosomal RNA gene PCR primers for classical and next-generation sequencing-based diversity studies. Nucleic acids research, 41(1): e1.
Koljalg U, Larsson K H, Abarenkov K, et al. 2005. UNITE: a database providing web-based methods for the molecular identification of ectomycorrhizal fungi. New PHytologist, 166: 1063-1068.
Le Bagousse-Pinguet Y, Soliveres S, Gross N, et al. 2019. Phylogenetic, functional, and taxonomic richness have both positive and negative effects on ecosystem multifunctionality. Proceedings of the National Academy of Sciences, 116(17): 8419-8424.
Li H, Yang S, Xu Z W, et al. 2017. Responses of soil microbial functional genes to global changes are indirectly influenced by aboveground plant biomass variation. Soil Biology and Biochemistry, 104: 18-29.
Maestre F T, Castillo-Monroy A P, Bowker M A, et al. 2012. Species richness effects on ecosystem multifunctionality depend on evenness, composition and spatial pattern. Journal of Ecology, 100(2): 317-330.
Martin K J, Rygiewicz P T. 2005. Fungal-specific PCR primers developed for analysis of the ITS region of environmental DNA extracts. BMC microbiology, 5: 1-11.
Schimel J, Balser T C, Wallenstein M. 2007. Microbial stress-response physiology and its implications for ecosystem function. Ecology, 88(6): 1386-1394.
Shi L, Lin Z, Wei X, et al. 2022. Precipitation increase counteracts warming effects on plant and soil C: N: P stoichiometry in an alpine meadow. Front Plant, 13: 1044173.
Soliveres S, van der Plas F, Manning P, et al. 2016. Biodiversity at multiple trophic levels is needed

for ecosystem multifunctionality. Nature, 536(7617): 456-459.

Wagg C, Bender S F, Widmer F, et al. 2014. Soil biodiversity and soil community composition determine ecosystem multifunctionality. Proceedings of the National Academy of Sciences of the United States of America, 111(14): 5266-5270.

Wang Y, Lv W, Xue K, et al. 2022. Grass land changes and adaptive management on the Qinghai Tibetan Plateau. Nat Rev Earth Env, 3(10): 668-683.

Wardle D A, Bardgett R D, Klironomos J N, et al. 2004. Ecological linkages between aboveground and belowground biota. science, 304(5677): 1629-1633.

Weltzin J F, Loik M E, Schwinning S, et al. 2003. Assessing the resPonse of terrestrial ecosystems to potential changes in precipitation. Bioscience, 53(10): 941-952.

Yang W, Zhao J, Qu G, et al. 2023. The drought-induced succession decreased ecosystem multifunctionality of alpine swamp meadow. Catena, 231: 107358.

Yang Z, Zhu Q, Zhan W, et al. 2018. The linkage between vegetation and soil nutrients and their variation under different grazing intensities in an alpine meadow on the eastern Qinghai-Tibetan Plateau. Ecological Engineering, 110: 128-136.

Yu S, Mo Q, Chen Y, et al. 2020. Effects of seasonal precipitation change on soil respiration processes in a seasonally dry tropical forest. Ecology and Evolution, 10(1): 467-479.

Zhao F, Ren C, Shelton S, et al. 2017. Grazing intensity influence soil microbial communities and their implications for soil respiration. Agriculture, Ecosystems & Environment, 249: 50-56.

第 9 章 基于物种、系统发育及功能性状的亚高寒草甸群落构建

9.1 群落构建的背景与意义

9.1.1 群落构建的理论基础

解释多物种如何在群落中共存是群落生态学和生物多样性研究的核心内容（方精云，2009）。生物多样性丧失的原因是生态学家关注的焦点之一，研究生态系统中物种间如何共存，在什么情况下物种分布发生变化，对于解释生物多样性变化有一定的借鉴意义（魏辅文等，2014）。物种共存机制，可以说是保护生物多样性的基石，但是它也始终是生态学研究的一项很有争论的内容（牛克昌等，2009）。关于群落构建的研究近十年来不断增加。目前，群落构建主要包括两个理论框架：生态位理论和中性理论。生态位理论认为群落构建是生物和非生物的多重作用将区域物种库中的物种选入局地群落的确定过程（牛克昌等，2009）。与之相对，中性理论认为群落物种在生态学上是等价的，群落构建是物种扩散限制、繁殖率、死亡率、迁入（出）率和灭绝率等共同作用下的随机零和过程（Hubbell，2001）。它们试图从不同的角度出发解释群落物种多样性，从而揭示群落构建机制的基本理论。近年来，尽管已有大量的基于这两个理论来探究物种多样性的研究，但对局域群落构建机制的认识仍不清晰。现如今，大多数生态学家致力于将这两个理论的要素结合起来构建综合模型（牛克昌等，2009），来探究群落构建中的随机和生态位过程。

9.1.2 群落构建的研究方法

群落构建的研究方法主要有 3 种：基于物种的研究方法，基于系统发育的研究方法，基于功能性状的研究方法。

物种的存在与否以及在研究区出现的频次是群落生态学分析当中直观出现的最真实的数据，基于此人们通过分析共存指数来反映空间的分离与聚集情况。由于物种变化和共存情况可能是由多种因素形成的，所以这些指数并不能够完全描述真实的共存情况。因此物种多样性的提出对群落的组成和变化有了更加深刻和真实的描述。

系统发育（phylogeny）也称系统发展，指某一具体类群的发展史，相对于个体而言系统发育更加宏观，同时也是一个动态的变化过程，研究尺度和分类不同所得到的发展史不同。系统发育结构可以揭示一个地区的进化历史、过去物种的生态位进化及当代物种的共存机制（Cavender-Bares et al.，2009）。

植物功能性状是植物为适应生存环境形成的植物形态和生理特征，其差异反映了植物自身生理过程及其对外部环境异质性的适应策略，而且能将群落结构与群落环境、生态系统过程等联系起来。由于物种功能性状的种内和种间变异能更有效地描述物种间的相互关系，越来越多的证据表明，基于功能性状的研究方法有助于阐明生物多样性效应的潜在机制（刘晓娟和马克平，2015）。

甘南亚高寒草甸位于青藏高原东北部，生物资源丰富，是当地牧草的主产区。但由于其特殊的地理位置，极其严酷的自然环境，加之频繁的人类活动的影响，草场退化十分严重，生物多样性不断丧失，使得其生态系统非常脆弱，一旦破坏就很难恢复，因此保护亚高寒草甸草地生态系统刻不容缓。随着环境的变化，亚高寒草甸群落组成、物种多样性和物种共存方式即群落构建机制也会发生变化，这引起了群落生态学家的关注。与大尺度上的纬度和海拔梯度类似，坡向梯度在数十米至数百米的小尺度上使得生境条件（光照、温度、水分及土壤养分等）发生了有规律的变化。这些生境条件的变化影响植物群落的生长和分布，进而影响植被类型、群落的物种多样性等，同时，植物的生长及群落结构又会反作用于土壤。因此，研究植物群落功能性状及功能多样性随坡向的变化规律，对于认识不同坡向上植物群落的形成和植物对复杂环境的适应，以及对高寒草甸生态系统功能和结构的维持都有重要的意义。近年来，对亚高寒草甸植物群落的研究逐渐增多，主要集中在植物分布格局、物种多样性（董世魁等，2017）、群落生产力（Liu et al.，2015）及环境因子对群落构建的影响，如土壤环境、刈割、施肥、营养元素的添加、人为干扰放牧（柴瑜等，2023）等方面。也有一些关于高寒草甸群落构建机制的研究，但多选用物种、功能性状或系统发育单一的指标（王俊伟等，2023），鲜有结合三者来揭示群落构建机制的研究。本章将结合植物的功能性状、环境因子和群落的系统发育结构，从进化历史和生态过程的角度，更深入地探讨甘南亚高寒草甸群落沿坡向梯度的构建机制。这将为了解群落发展的本质，预测群落未来的演替方向，为当地生态环境保护以及合理的开发利用提供理论依据。

9.2 实验设计与方法

9.2.1 实验样地概况

野外实验样地位于青藏高原东北部边缘的兰州大学高寒草甸与湿地生态系统

定位研究站附近（34.54°N，102.49°E）。这里平均海拔 2950 m，气候寒冷湿润。年平均气温 2℃，年平均降水量 557.8 mm，降水集中于 6～8 月，雨热同期。主要植被类型为亚高寒草甸，土壤为亚高寒草甸土。

9.2.2 样方设计和调查

2016 年在植物生长的旺盛期（7 月、8 月）进行野外取样。通过 360°电子罗盘坡向定位，依次将所选山坡分为 5 个坡向，即阳坡（0°）、半阳坡（45°）、西坡（90°）、半阴坡（135°）和阴坡（180°）。在各坡向样地顺着山体垂直的方向设置两行样方，间距 3 m，每行 4 个，大小为 50 cm×50 cm，每个样方间的距离是 1 m。调查统计样方内植物的数量、高度、盖度等。选取各样地的优势物种，测定其叶片性状。在每个样方内取 0～20 cm 深的土壤用于后续实验（表 9-1）。

表 9-1　研究区样地概况

坡向	海拔（m）	纬度（°N）	经度（°E）	坡度（°）	坡向定位（°）
阳坡	3034	34.65	102.53	32	44
半阳坡	3032	34.65	102.53	27	88
西坡	3031	34.65	102.53	24	132
半阴坡	3038	34.65	102.53	20	176
阴坡	3042	34.65	102.53	22	220

9.2.3 研究方法

1. 植物功能性状的测定

本研究选用 7 个与光照和土壤含水量相关的植物功能性状，即比叶面积、叶片干物质含量、叶片全氮含量、叶片全磷含量、叶片有机碳含量、植株高度与叶片厚度。其中比叶面积是衡量物种生长状况和光能利用效率的重要指标，叶片干物质含量主要反映植物营养元素的保持能力，氮、磷元素在植物的新陈代谢中起着非常重要的作用，对光合速率有重要影响。在所选样地每个物种取 3～5 片成熟展开的叶（取样物种盖度为 90%～95%），用扫描仪扫描后保存图像，用 Image J 软件进行叶面积计算。SLA 的计算公式为 SLA=$Area_i$/$Drymass_i$，式中，$Area_i$ 为叶面积，$Drymass_i$ 为叶片干质量。LDMC=叶片干质量/叶片鲜质量。其余叶片烘干磨成细粉，用凯氏定氮法测定叶片全氮含量，用钼锑抗比色法测定叶片全磷含量。每个样方中所测物种的功能性状都用相对多度来计算，物种功能性状的群落加权平均值（CWM）的计算公式如下：

$$\mathrm{CWM}_i = \sum_{i=1}^{n} D_i \times \mathrm{Trait}_i \tag{9-1}$$

式中，CWM_i 表示所测物种 i 功能性状的群落加权平均值，D_i 表示物种 i 的相对多度，Trait_i 表示物种 i 的平均功能性状值。

2. 基于 DNA 条形码技术的系统发育构建及分析

将各个样方中调查的植物种类加以整理，并收集健康新鲜的叶片作为 DNA 材料，之后用硅胶快速干燥，然后再送回研究室以备进一步 DNA 提取利用。选择 2 个叶绿体片段（rbcL 和 matK）和 1 个核基因片段（ITS）用于 DNA 条形码测序，对各个物种 DNA 样本的 rbcL（约 750 bp）、matK（约 900 bp）和 ITS（约 600 bp）区域进行 PCR 扩增。本研究中 PCR 扩增体系为 50 μL，但因为每个片段的 GC 含量不相同，因此设定的 PCR 反应程序略有不同。实验选用的这 3 个基因片段大小不一，但为了提高序列数据的准确度，因此均选用双向测序的方法，方便后续实验数据的分析处理。将获得的每个物种的 3 个序列依次在 GenBank 上进行 BLAST 搜索，记录其匹配率，一旦发现结果中存在着明显的不相符现象，则在经过查找原因之后再次抽样并进行 DNA 测序，直到 BLAST 最终的结果都和原物种信息完全相符。

构建系统发育树的方法参考 Kress（2009）的研究，以 APGIII系统为“约束树”的基础，用 DNA 条形码分子序列分析各分支末端类群之间的亲缘关系。所有物种，按照样地内外不同群落地区，将科/属/种的格式输入到 Phylomatic 软件中运行，获得群落的简易系统发育关系，以科为分类单元，把科内的所有物种亲缘关系平行化，形成 APG 系统的约束树；再将 3 个 DNA 片段联合形成一个矩阵，即 DNA 序列超矩阵；然后把 DNA 超矩阵和约束树用 RAxML 程序进行最大似然方法（ML）分化并通过 1000 次的重复获得拓扑结构上的节点支持率，最终获得用于群落系统发育结构分析的进化树。最后采用平均路径长度（mean path length，MPL）校准的方法对最大似然法构建的系统发育树进行处理，最终获得用于群落系统发育分析的进化树（Kress，2009）。

物种系统发育 α 多样性采用 Faith’s PD 指数、净亲缘关系指数（net relatedness index，NRI）和最近分类单元指数（nearest taxon index，NTI）来量化和描述群落系统发育结构。PD 是一个局域群落内所有物种在谱系树上所占枝长的总和(Faith，1992)。NRI 表示的是群落中所有物种两两之间系统发育距离的平均值，可以反映群落物种对间的亲缘关系。NTI 表示群落内的所有物种与其亲缘关系最近的物种的系统发育距离的平均值，可以很好地量化和描述系统发育结构。由于 PD、MPD 和 MNTD 的原始值没有给出群落之间标准化比较的方法(即考虑到观察到的物种丰富度，这些测量值是否与预期不同)，所以实施了零模型，在随机模型下将谱系距离标准化，从而获得群落系统发育结构指数。我们在系统发育的尖端随机分配物种名称并重新计算每个指标，同时保持物种数量不变。标准化谱系指数（SES.PD）、NRI、NTI是使用R中picante包的ses.pd函数、ses.mpd函数和ses.mntd计算的。群落系统发育结构指数的计算公式如下：

$$\text{SES.PD}=\frac{\text{PD}_{\text{obs}}-\text{meanPD}_{\text{null}}}{\text{sd（PD}_{\text{null}}\text{）}} \tag{9-2}$$

$$\text{NRI}=-1\times\frac{\text{MPD}_{\text{obs}}-\text{meanMPD}_{\text{null}}}{\text{sd（MPD}_{\text{null}}\text{）}} \tag{9-3}$$

$$\text{NTI}=-1\times\frac{\text{MNTD}_{\text{obs}}-\text{meanMNTD}_{\text{null}}}{\text{sd（MNTD}_{\text{null}}\text{）}} \tag{9-4}$$

式中，PD_{obs}、MPD_{obs}和$MNTD_{obs}$分别表示系统发育枝长总和、平均谱系距离和最近相邻谱系距离的观测平均值，而$meanPD_{null}$、$meanMPD_{null}$和$meanMNTD_{null}$分别表示零模型中随机模拟出的平均值；sd（PD_{null}）、sd（MPD_{null}）和sd（$MNTD_{null}$）是在零模型中生成的随机群落指数的标准差。

为了衡量群落的谱系结构，通常采用与零模型比较的方法。本研究选用Phylocom软件中的2号模型。该模型中每一个样地中的种均是随机从谱系库中抽取的，保留了每个样地的物种丰富度，但是每个样地出现的种被随机化。例如，对于一块样地，物种是从谱系库中不放回抽取的。若SES.PD、NRI和NTI值>0，则表示该样方群落的系统发育结构聚集；若SES.PD、NRI和NTI值<0，则表示该样方群落的系统发育结构发散；若SES.PD、NRI和NTI值=0，则表示该样方群落的系统发育结构随机。Phylocom软件在计算SES.PD、NRI和NTI值时，会默认将观测值与模拟值比较999次，如果观测值大于或小于模拟值的次数达到975次以上，就认为所测样方具有显著的系统发育结构，即$P<0.05$。最后运用t检验判断每个坡向群落系统发育结构不显著的样方偏离零模型的显著性。

3. 基于功能性状的群落结构计算方法

与上面的系统发育分析方法一样，功能性状数据通过欧氏距离计算标准化处理后得到功能性状聚类树，使用功能性状的树状图来研究同一样方基于性状的物种结构，也可以很容易地区分基于系统发育和功能性状的方法。所有分析只涉及至少具有一个特征值的物种，即如果该物种没有指定的特征值，则被排除在统计分析之外。计算每个样方代表性性状的最近功能类群指数（nearest function index，NFI），该指数是标准化群落中每个物种与其功能性状最相似的物种之间的欧氏距离之和的平均值。NFI计算公式如下：

$$\text{NFI}=-1\times\frac{\text{NFND}_{\text{obs}}-\text{meanNFND}_{\text{null}}}{\text{sdNFND}_{\text{null}}} \tag{9-5}$$

式中，正的 NFI 表示群落的功能结构聚集，而负的 NFI 值表示功能结构过于发散（Yang et al.，2014）。功能性状分析和系统发育分析采用相同的零模型。

4. 样方间群落相异性

β 多样性所反映的是物种组成在不同时空尺度上的变化，描述的是群落间的相异性：两个群落所处的环境差异越大，物种组成越复杂，则其 β 多样性就越高；环境差异越小，物种组成越简单，则其 β 多样性就越低。一般用相异系数来量化 β 多样性。本研究选取基于多度数据的 Bray-Curtis 相异系数，它的值在 0～1，值越大相异性越高。所有的计算都在 R 的 vegan 包和 picante 包中实现，其值越大说明两个群落间的系统发育多样性差异越大。

5. 功能性状的系统发育信号检验

本章采用 Blomberg 等（2003）提出的 K 值法检验功能性状的系统发育信号强度。若 $K=1$，则表明该功能性状表现出按布朗运动模型的方式进化；若 $K<1$，则表示功能性状表现出的系统发育信号比按布朗运动模型进化弱；若 $K>1$，则表示功能性状表现出的系统发育信号比按布朗运动模型方式进化强。功能性状系统发育信号的显著性采用与零模型比较的方式来衡量，若在 999 次比较中实际值大于零模型值的次数达到 950 次以上，就认为功能性状表现出显著的系统发育信号（$P<0.05$）。

6. 群丛分类

多元回归树（multivariate regression tree，MRT）是一种较新的数量分类方法，它将环境因子梯度作为分类节点，利用递归划分法，将样方划分为尽可能同质的类别，同时采用交叉验证（cross-validation）来确定分类结果。赖江山等（2010）首次将 MRT 应用于亚热带群丛分类中，将浙江古田山 24 hm^2 森林监测样地的森林群落分为 3 个群丛，所得群丛既反映了群落在时间和空间上的相对间断分布，也符合植被分类基本单位的特点。本研究运用改进后的 Godron 稳定性方法对用 MRT 分类后的甘南高寒草甸群丛进行了分析。

7. 物种多样性指数的计算

选取 4 种常用多样性指数：丰富度指数（Margalef）、综合指数（Shannon-Wiener、Simpson）和均匀度指数（Pielou）（殷祚云等，2009）。根据样方调查所得数据，统计不同样地中物种的基本数据，确定不同坡向的物种多样性及相似度指数，并计算各物种的丰富度、群落物种多样性指数和均匀度指数。

各指数的计算公式如下。

Margalef 指数，参考的是某一个群落中的物种数和每个物种的个体数目，并且将两个样方中的物种的总数量一样的样方数据叫作多样性指数，计算公式为

$$D = \frac{S-1}{\ln N} \tag{9-6}$$

式中，D 为 Margalef 指数，N 为总个体数量，S 为总物种数量。

Simpson 指数，假设采样地的群落结构是无限大的，并且对其进行随机取样，该指数主要是指在这个取样地，不同的两个物种在取样的时候相遇的一个概率，同时也是一种测度的工具，计算公式为

$$E = \sum_{i=1}^{S}\left(\frac{N_i}{N}\right)^2 \tag{9-7}$$

式中，E 为 Simpson 指数，N 为总个体数量，N_i 为第 i 个物种的个体数量。

Shannon-Wiener 指数，假设采样地的群落结构是无限大的，并且对其进行随机取样，该指数主要是指在这个取样地，不同的物种在取样的时候出现的一个概率，这个概率则是我们所得到的一个多样性指数，计算公式为

$$H = -\sum_{i=1}^{S} P_i \ln P_i \tag{9-8}$$

式中，H 为 Shannon-Wiener 指数，P_i 为第 i 个物种在全体物种中的重要性比例，如以个体数量而言，n_i 为第 i 个物种的个体数量，N 为总个体数量，则有 $P_i=n_i/N$；S 为物种总数。

Pielou 指数，在某一个群落中，每个物种分布的均匀程度是不一样的，在某一具体的样方中采用最高的物种多样性来对其他的物种进行一个比对计算，从而采用最高的物种多度来获得所有物种的物种多样性指数，计算公式为

$$E = \frac{H}{\ln S} \tag{9-9}$$

式中，E 为 Pielou 指数，H 为 Shannon-Wiener 指数，S 为物种总数。

9.2.4 数据处理与分析

使用 Excel 2010 对物种、植物性状数据等各种数据进行统计分析与运算，用 IBM SPSS Statistics 25 进行单因素方差及多元回归分析。基于植物群落物种个体数使用 PAST 软件构建稀疏化曲线，基于物种丰富度比较不同坡向样方多样性。样方数据（包含物种、样方等）使用 phylocom 进行处理计算；使用 RStudio 以及 phylomatic 软件对系统发育树进行拟合作图，谱系结构及谱系多样性指数由 RStudio Picante 软件包计算。对植物功能性状数据的计算和绘图均在 RStudio 中进行。绘图使用 ggplot2 包，数据分析使用 nlme 包和 varcomp 函数。其余作图由 Origin

2017 软件完成。

9.3　不同坡向亚高寒植物群落结构特征

9.3.1　群落物种组分的变化

本研究共调查了 5 个坡向的梯度群落样方，群落类型主要是草地群落及一种灌丛群落（金露梅）。基于群落数据双向聚类分析得出的样地和物种分布如图 9-1 所示。根据《中国植物志》对全部调查物种进行鉴定分析，在物种层次，本研究共调查了 26 科 54 属 75 个物种。从阳坡到阴坡，各样方生境内的物种数逐渐增多，分别为 27、35、38、41、45 种。阳坡优势种有矮生嵩草（*Kobresia humilis*）和少花米口袋（*Gueldenstaedtia verna*），半阳坡优势种为矮生嵩草，西坡优势种为圆穗蓼（*Polygonum macrophyllum*），半阴坡和阴坡的优势种为金露梅（*Potentilla fruticosa*）。矮生嵩草、蒲公英（*Taraxacum mongolicum*）、少花米口袋和狼毒（*Stellera chamaejasme*）为 5 个坡向的共有种。在研究区域内，优势群落为对逆境耐受性较强的禾本科（8 种）、莎草科（3 种）植物，其在各个坡向的高寒草甸均有分布，同时菊科（11 种）植物是半阴坡和阴坡高寒草甸的优势种，其物种数量最多，隶属于 9 个属；其次数量较丰富的科是禾本科，共包含 8 种物种，隶属于 6 个属。

9.3.2　植物群落稀疏化曲线

根据每个样方中调查的所有物种及每个物种出现的具体次数绘制了植物群落的物种稀疏化曲线，如图 9-2 所示，同时分别对 40 个样方进行了稀疏化分析。结果显示，随着物种个体数目的逐渐增多，植物群落的物种数也逐步上升，当物种个体数量超过一定数量时，样方曲线向右趋于平缓，群落也随之趋于稳定；且在物种个体数相同时，物种多样性较高的样方，其物种数随个体数增加而增加的速度较快。各个坡向样方物种数的排序为 E<D<C<B<A，当样方物种个体数为 150～200 时样方 A 和样方 B 的物种数保持平稳，而样方 C 和样方 D 达到物种数较为平稳时则需要的物种个体数在 450～800，样方 E 达到物种数平稳时需要的物种个体数为 900 以上。

在本研究所调查的亚高寒草甸生境中，坡向决定的土壤含水量是坡向梯度上物种分布的主要影响因子（宫骁，2016）。由于不同坡向决定了表层土壤接受太阳辐射的量。阳坡—阴坡坡向上的表层土壤水分蒸发量差异，导致了坡向梯度上土壤水分梯度的形成。此外，阳坡坡向上的坡度更陡，水分容易流失；反之，阴坡坡向上的坡度较缓，适于水土保持。对植物群落的坡向梯度的生境条件而言，温度

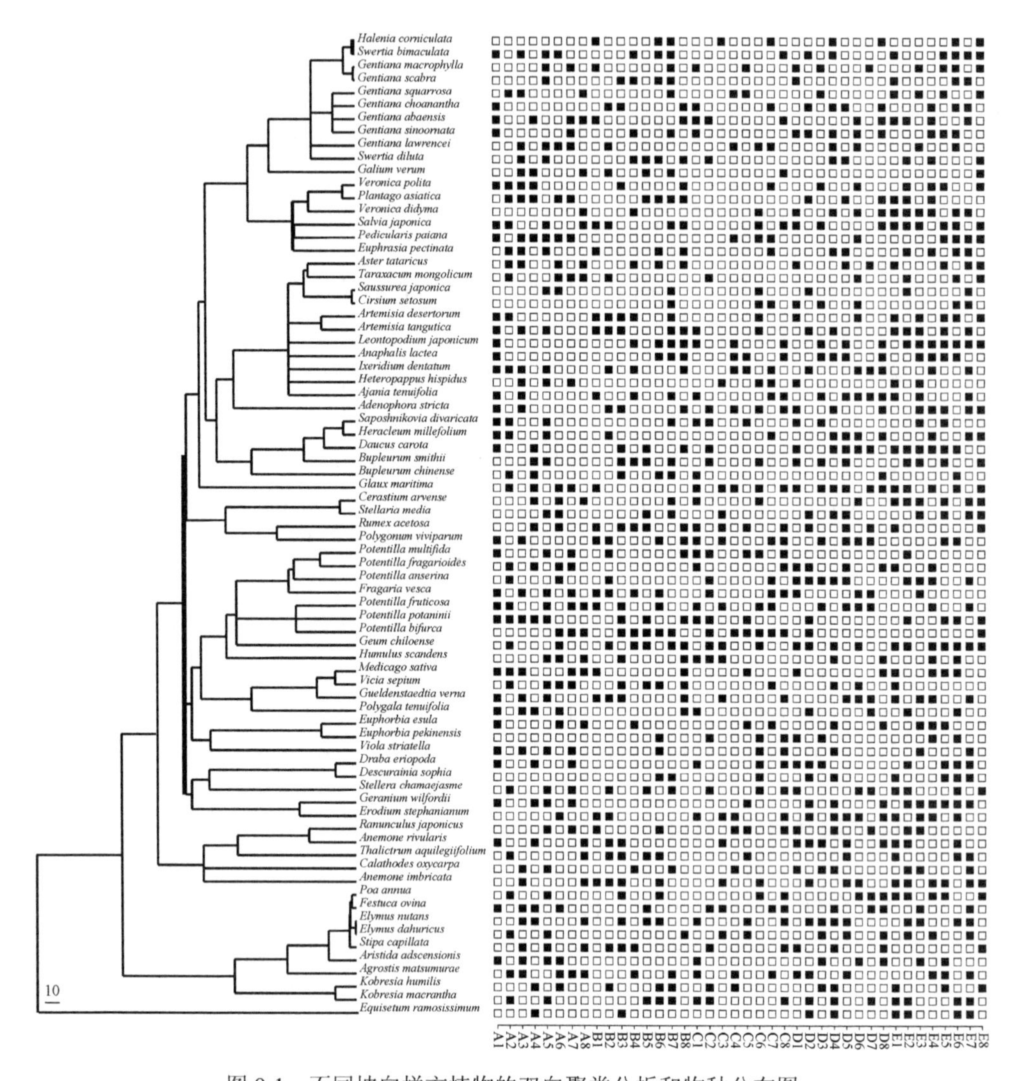

图 9-1　不同坡向样方植物的双向聚类分析和物种分布图

图中黑色方框代表物种在样方内存在，白色方框代表物种不存在，A1～A8 为阳坡的样方，B1～B8 为半阳坡的样方，C1～C8 为西坡的样方，D1～D8 为半阴坡的样方，E1～E8 为阴坡的样方

在很多情况下都是较为重要的因子。高寒草甸水热条件在海拔梯度上差别显著，从而导致植物组成的分布在坡向梯度上也出现差异。受生境条件异质性的影响，不同的生态学过程形成了青藏高原高寒草甸植物群落特殊的空间分布格局。本次研究调查到的草本植物主要是一年生或多年生草本植物，数量最多的是禾本科和菊科植物，其次是莎草科、豆科、龙胆科、蔷薇科及毛茛科植物（图 9-1）。这主要是由于研究区受青藏高原气候的制约，生境恶劣，在这些自然环境较恶劣、生存困难的条件下，禾本科、莎草科、菊科植物的适应性比其他科更强大一些，因此这

些物种丰富且分布广泛。单一科和属的物种组成较低，图 9-2 表明，在不同坡向处，随植物样方物种个体数的增加，其物种数亦趋于增大，当物种数达到一定数目时，曲线趋于平缓，此时群落趋于稳定（黄冰，2012），这一方面表明高山草甸生境的独特性和严酷性，另一方面表明高山草甸草本植物多样性较低。物种的个体数目是有一定范围的，并不是无限制增加的，空间范围也在限制植物物种个体数目的多少，随着坡向的变化，一些更具优势性的物种取代了一些原始物种，导致斑块逐渐减少。本研究结果表明，高寒草甸地区草本植物坡向分布范围各不相同，只有禾本科、莎草科的草本植物在各个坡向内分布，而广泛划分的科内属的植物分布特征中仅有极少数为全域布局，这也表明青藏高原地区高寒草地的植物分布区水平地带性显著，不同坡向条件下植物类型带物种组成也各不相同，并占据着不同的生境，另外，本研究还表明，在半阴坡和阴坡区域内植物种类数量变化最大，说明在这一坡向区域内的草本植物种类多样性一直处于高水平，由于这一坡向区域的降水、温度和照明条件适中，人类活动也相对较少，因此有利于植物的成长；然而，不适当的湿度或温度和频繁的人类活动也会影响不同坡向的植被生长、发育、繁殖和生存（李坤鹏等，2020）。

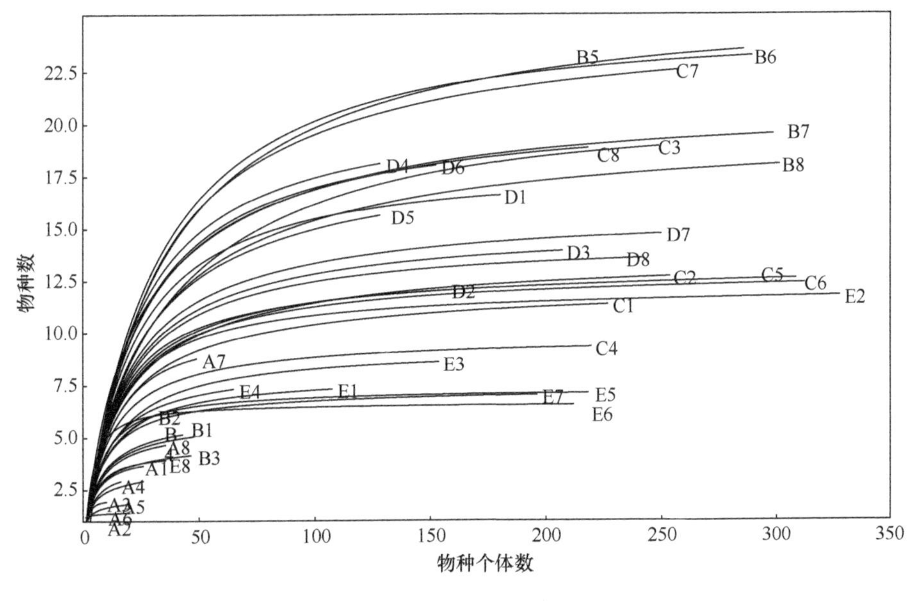

图 9-2　植物群落稀疏化曲线

9.3.3　坡向对群丛分类的影响

如图 9-3 所示，根据 1-SE 规则将甘南亚高寒草甸群落中 40 个样方划分为 4 个群丛（图 9-4），命名如下。

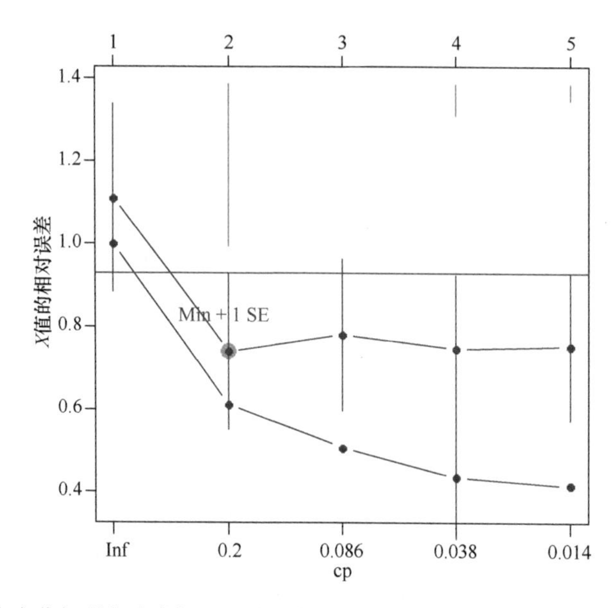

图 9-3 甘南亚高寒草甸群落分类相对误差和交叉验证相对误差变化图（彩图请扫封底二维码）

浅灰色折线表示交叉验证相对误差变化趋势；黑色折线表示相对误差变化趋势；| 为标准误差；黑灰色点是根据 1-SE 规则确定的分类树规模点；Min+1SE 表示交叉验证相对误差最小值加上一个标准误差；cp 为复杂性参量

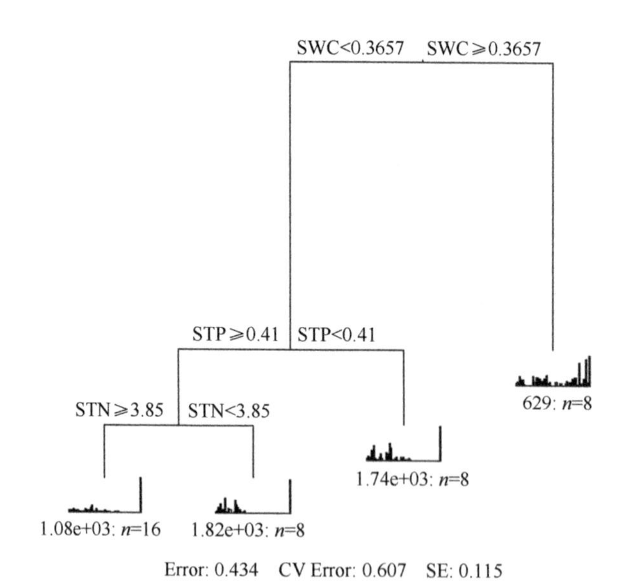

图 9-4 甘南亚高寒草甸群落多元回归树状图

n 表示每个群丛包含的样方数，CV Error 表示交叉验证相对误差，Error 表示相对误差，SE 表示标准误差，STN 表示土壤全氮，STP 表示土壤全磷，SWC 表示土壤含水量

群丛 1：金露梅+矮生嵩草+珠芽蓼+圆叶堇菜群丛（*Potentilla fruticosa*+*Kobresia humilis*+ *Polygonum viviparum*+*Viola pseudo-bambusetorum*），群丛 1 中包含 8 个样方，该群丛均位于阴坡，该群丛分布在土壤含水量大于 36.57%的地区，可以看出阴坡与其他坡向的主要差异表现在土壤含水量。

群丛 2：火绒草+矮生嵩草+唐松草群丛（*Leontopodium leontopodioides*+*Kobresia humilis* +*Thalictrum aquilegifolium*），该群丛均位于半阴坡，该群丛分布在土壤含水量小于 36.57%和土壤全磷含量小于 0.41 mg/kg 的地区，可以看出影响半阴坡群落结构的环境因子主要是土壤含水量和土壤全磷的含量。

群丛 3：矮生嵩草+火绒草群丛（*Kobresia humilis*+*Leontopodium leontopodioides*），该群丛均位于西坡，该群丛分布在土壤含水量小于 36.57%、土壤全氮含量小于 3.85 g/kg 和土壤全磷含量大于 0.41 mg/kg 的地区，可以看出影响西坡群落结构的环境因子主要是土壤含水量、土壤全磷及土壤全氮的含量。

群丛 4：矮生嵩草+三芒草群丛（*Kobresia humilis*+*Aristida adscensionis*），该群丛位于半阳坡和阳坡，该群丛分布在土壤含水量小于 36.57%、土壤全氮含量大于 3.85 g/kg 和土壤全磷含量小于 0.41 mg/kg 的地区，可以看出影响半阳坡和阳坡群落结构的环境因子主要是土壤含水量、土壤全磷以及土壤全氮的含量，与群丛 3 相似。

本研究以甘南亚高寒草甸群落中 40 个 0.5 m×0.5 m 样方为基础，用 MRT 对其进行分类，可以分为 4 个群丛（地形和坡向不同）。由表 9-2 可以看出，群丛 1 的多样性指数高于其他 3 个群丛。这主要是因为土层中的养分和含水量增加，使得物种多样性指数呈现递增趋势；其次，由于坡向转变中受到外力作用（降水、地表径流等）的影响，物种多样性急剧下降，导致原有生态位空缺，从而出现了新物种维持现有的生态平衡。也有研究表明，该地区的土壤养分和土壤含水量是影响生物多样性的主要因素。刘旻霞和马建祖（2012）在该地区土壤含水量等环境因子的研究中也提出，土壤含水量和养分随着阳坡—阴坡梯度递增，从而使阴坡的生境优于其他坡向，最终导致该地区物种多样性也呈递增趋势。4 个群丛多样性排序为群丛 1＞群丛 2＞群丛 3＞群丛 4。Simpson 指数与 Shannon-Wiener 指数具有不同的生态学意义，前者为物种集中度的度量，后者表示优势种在群丛中的生态优势度，表 9-2 中群丛 1 的 Shannon-Wiener 指数最大，说明该群丛的优势度比其他 3 个群丛明显。物种均匀度指数（Pielou 指数）可以衡量物种的分布状况，均匀度越高说明物种分布越均匀，群落的总体多样性由群落中的物种数量与其分布状况共同决定，由表 9-2 可以看出，群丛 1 的 Margalef 指数和 Pielou 指数均最大，说明该群丛分布较均匀。

表 9-2 不同群丛的物种多样性指数

物种多样性指数	群丛 1	群丛 2	群丛 3	群丛 4
Margalef	6.97	5.05	2.45	1.79
Simpson	0.94	0.91	0.80	0.76
Shannon-Wiener	3.23	2.84	2.01	1.72
Pielou	0.85	0.83	0.79	0.78

9.4 不同坡向亚高寒草甸群落构建机制

9.4.1 群落系统发育结构沿坡向的变化

本研究整理得到了研究地 75 个物种名录和分布信息，并基于 75 种草本植物的 DNA 序列构建了物种水平高分辨率的约束型条形码系统发育树（图 9-5）。从系统发育树可以明确看出亚高寒草甸群落草本植物的亲缘关系，不同节点代表不同的分化时间，各分支长度代表物种的进化历史，物种在系统发育树上枝长越长则表示该物种的进化历史越长。本研究结果表明，5 个坡向的谱系多样性指数（PD）差异明显（图 9-6），卢孟孟等（2014）关于哀牢山的研究结果表明，PD 在海拔相近的样方间差异明显，这与本研究结果相似，本研究中各坡向样方海拔高度基本无差异（表 9-1），但样方 PD 随坡向变化显著。随坡向从阳坡到阴坡的变化，PD 依次增加，这与 Coronado 等（2015）的研究结果一致，PD 与物种的亲缘关系成反比，随着 PD 的增加，物种间的亲缘关系逐渐减弱。从阴坡到阳坡，PD 逐渐减小，物种间的亲缘关系增强，而亲缘关系比较近的物种之间通常具有相似的功能性状，由于生境过滤作用，使得那些具有特定性状、适应特定生境的物种保留，其余的被淘汰，从而导致生境内的物种性状趋同（肖欣爽，2016）。从阳坡到阴坡，各样方生境内的物种数也逐渐增多，阳坡最少，阴坡最多。这可能是种间作用力导致的。Stubbs 和 Wilson（2004）指出，种间作用限制了共存物种性状的相似性，功能多样性在一定范围内与物种间相互作用程度呈正相关。对每个坡向生境内的 8 个样方进行相异性分析，我们发现所选择的定量的 Bray-Curtis 相异系数在有多度加权的情况下，阳坡、半阳坡、西坡的生境内样方差异性显著小于半阴坡和阴坡。相异系数在半阳坡最低，换句话说就是半阳坡上群落物种构成的相似性最高（图 9-6）。由图 9-6 可以看出，随着坡向由阳坡到阴坡，生境内物种数越来越多，样方内的物种丰富度也越来越大。 样方相异性热图（图 9-7）直观表现出了不同坡向中样方的相异程度。其中颜色越深代表二者相异性越小，即相似性高；颜色越浅代表相异性越大。图 9-6 中阳坡（A）和半阳坡（B）的样方表现出较为明显的相似性。而西坡（C）和半阴坡（D）表现出区域内的样方有较大的相似性。阴坡（E）的样方即使在区域内也没有表现出百分之百的相似性。而对各坡向 PD 值进行标准化处理后，在阳坡和半阳坡，SES.PD 值为正，在西坡、半阴坡和阴坡的 SES.PD 值为负，表明实际的 PD 值比期望值低。就阳坡和半阳坡的物种来说，由于具有大量近缘种，SES.PD 值为正；而西坡、半阴坡和阴坡的生物种类亲缘关系较远一些，因此包含了系统发育树中较多的支系，从而保留了生物种类中较多的进化历史（徐璐等，2021）。

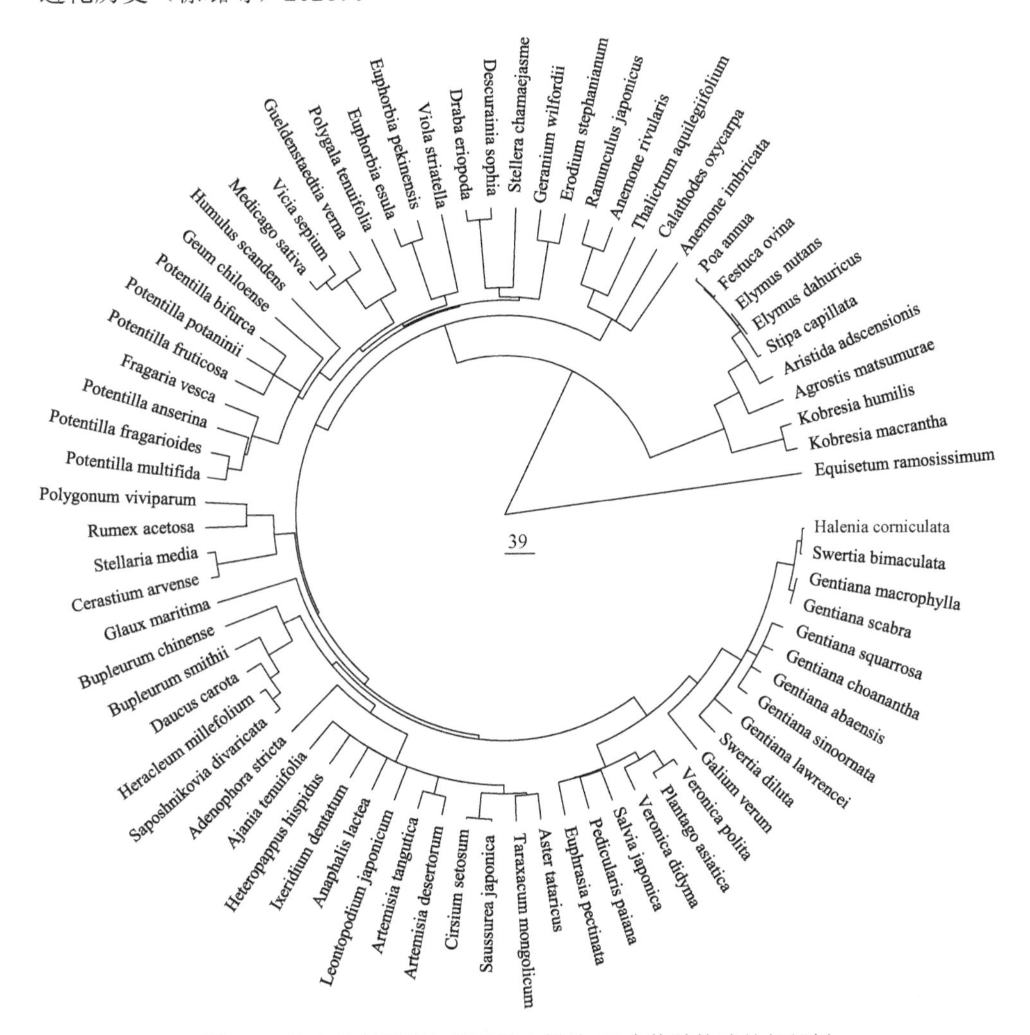

图 9-5　甘南亚高寒草甸基于坡向样地 75 个物种构建的超级树

系统发育指数 NRI 和 NTI 沿坡向有相同的变化趋势（图 9-8）。阳坡和半阳坡植物群落的系统发育结构聚集，半阴坡和阴坡的植物群落系统发育结构发散，而且从阳坡到阴坡，样方群落的系统发育聚集程度逐渐降低。西坡样方群落的系统

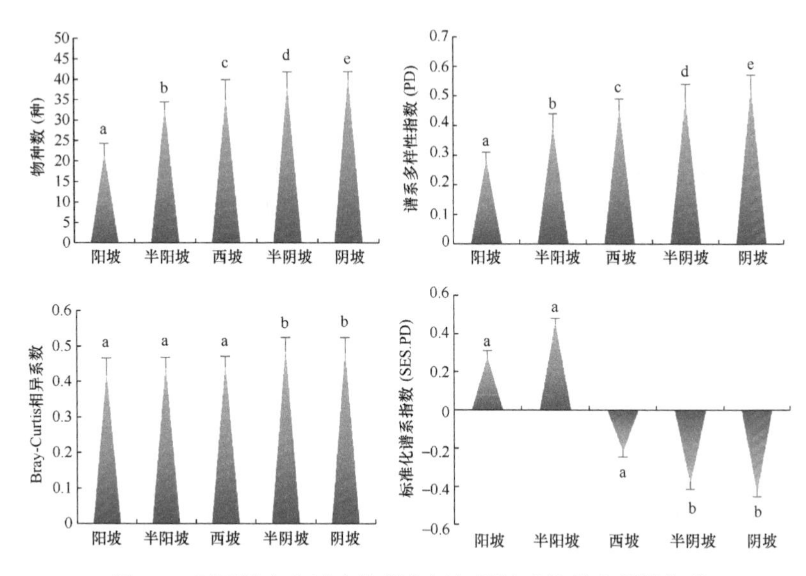

图 9-6 不同坡向生境内的样方间相异性及物种多样性指数

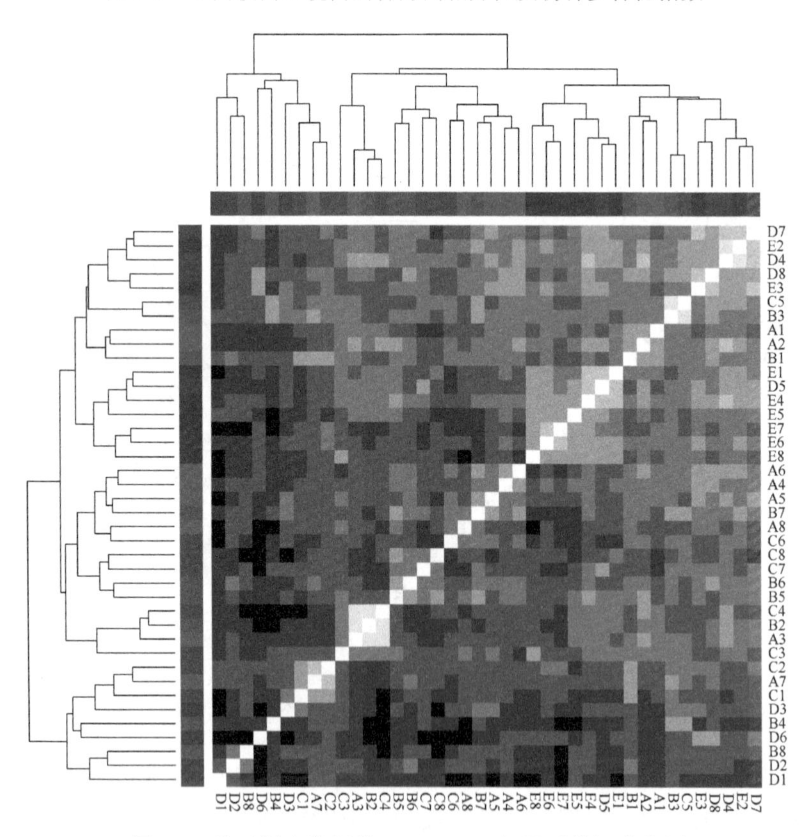

图 9-7 基于样方数据的 Bray-Curtis 相异系数矩阵热图

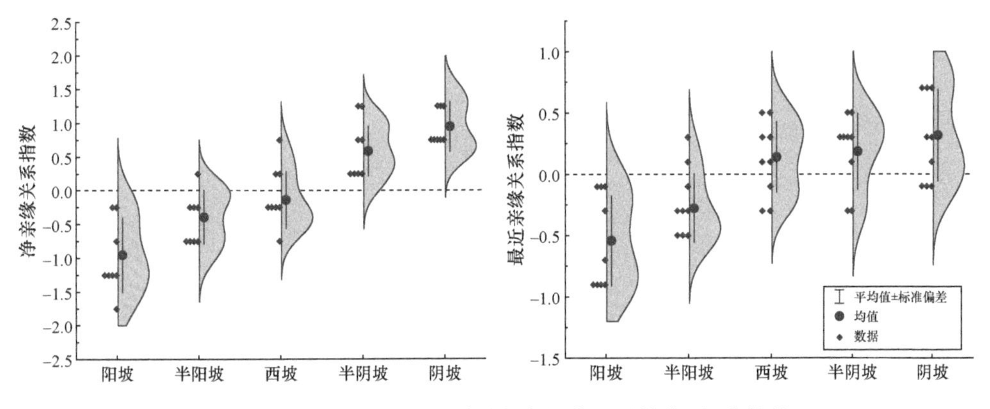

图 9-8　不同坡向生境内的系统发育指数（平均值±标准偏差）

发育指数结果表现不一致，其中 NRI 表现出小于零假设的趋势，代表西坡样方群落的系统发育结构发散，而 NTI 表现出大于零假设的趋势，代表系统发育结构聚集。对于各坡向样方群落系统发育结构不显著的群落进行 t 检验，发现均未表现出显著偏离零假设的趋势。

从生境内样方间的相异性也可以看出，阳坡和半阳坡坡向上的群落经过生境筛选后生境内样方间的相异性更小，具有更加一致的物种组成和多度格局。但是随着坡向向阴坡转动，坡向内样方丰富度越来越大，样方内物种组成的差异也越来越大。结合多样性的结果可以看出，阳坡方向上的样方内物种多样性最大，阴坡的物种多样性最小。这种差异的产生我们认为，随着坡向向阴坡转动群落生态位宽度增加，金露梅等灌丛越来越密集，这些密布的灌木对样方的群落组成产生了重要的影响。金露梅的平均高度达到 40 cm，这种高度可能直接对喜阳喜光的物种构成威胁。本研究表明，在阴坡出现的物种数高于阳坡和半阳坡（图 9-6）。综合样方相异系数和物种多样性数据，我们推测金露梅的存在并不是起到单纯的竞争排斥作用。在样方尺度上，由于金露梅的存在减少了样方中的喜阳喜光物种的丰富度。在整个坡向尺度上，金露梅为耐阴的物种提供了合适的生长生活环境。密集的金露梅灌丛增加了阴坡生境的异质性，为稀有种的存活提供了有利条件。群落相异性的结果也印证了阳坡的群落构建过程是生境过滤下的趋同进化，阴坡是生物间相互作用下的生态位分化这一结论。阳坡和半阳坡样方群落的两种系统发育指数 NRI 和 NTI 均大于零模型期望值，表明这两个坡向样方种群的谱系结构是聚集的，因而生境过滤是其种群组建的首要驱动因素。肖欣爽（2016）基于功能性状对阴坡、阳坡上群落构建的研究表明，生境过滤是影响阳坡植物生长的主要作用力。聂莹莹等（2010）指出，太阳辐射的差异使得坡向生境上水热因子的变化是阴坡、阳坡环境格局差异的主要原因。

图 9-9 中植株叶片性状随坡向改变，阳坡物种的比叶面积较低，因而更适宜

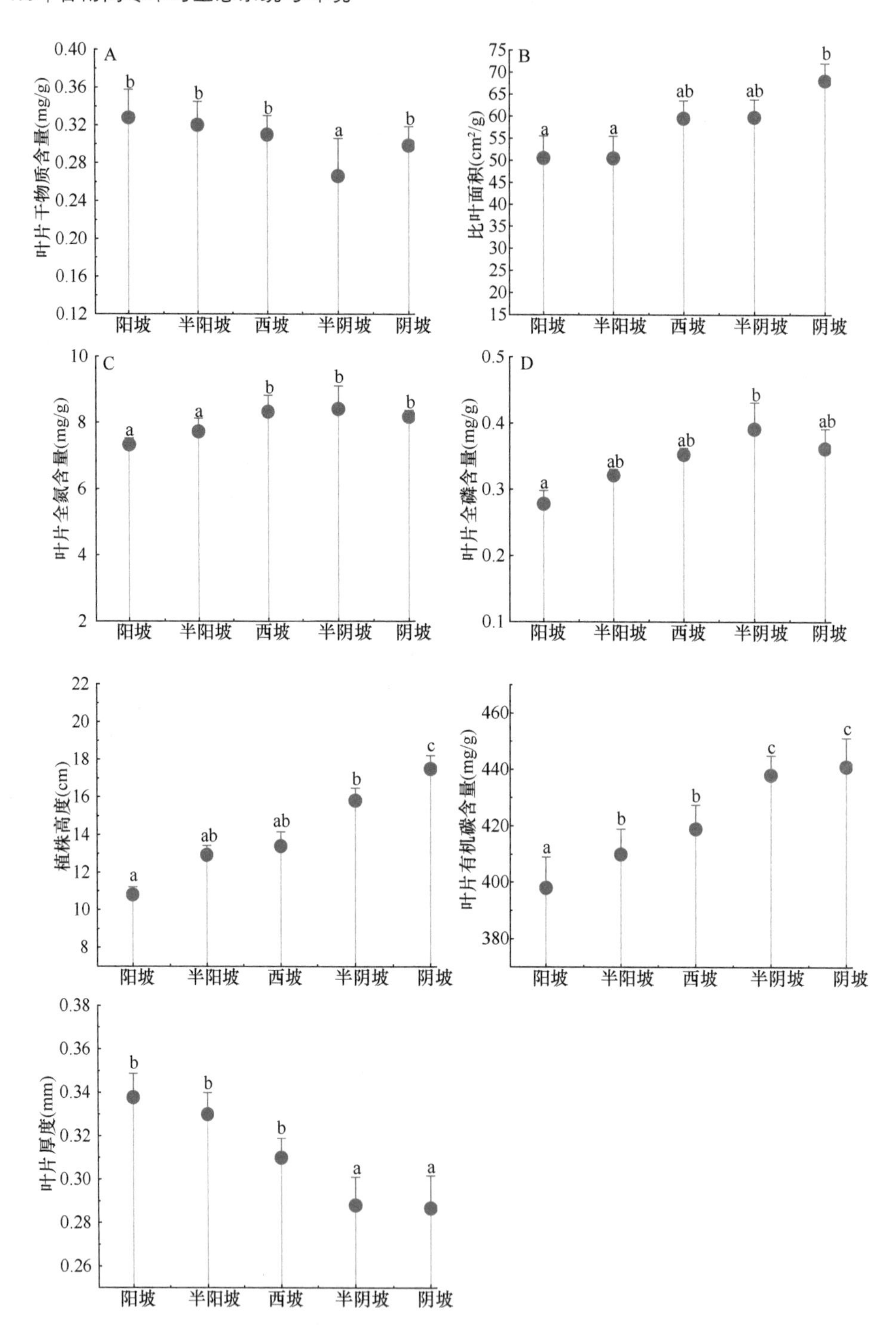

图 9-9 植物功能性状沿坡向的变化（平均值±标准偏差）

不同小写字母表示坡向间差异显著（$P<0.05$）

耐旱的植物物种，而耐旱物种又具有相似的性状，从而使得功能多样性降低，这主要是因为环境过滤使得局域生境内适宜性状趋同的物种生存，从而降低了物种的种类。这一结果与图 9-8 的结果相符，支持了阳坡及半阳坡样方群落构建过程的主要驱动力是环境过滤这一结论。阳坡 PD 小，物种间亲缘关系较阴坡近，性状趋同，所以可以认为环境过滤对阳坡种群组建影响较阴坡大。西坡样方群落的系统发育指数数值差异较大，NTI 大于零，可以认为西坡群落结构是聚集的，但是如图 9-6 所示，西坡 NRI 接近于零但小于零，表示西坡群落结构是接近发散的，故而综合来看西坡的群落结构可以看作是处于系统发育聚集与随机之间，亦或是聚集的但倾向随机。可以认为种间竞争可能是其群落构建过程中主要的作用力。西坡发育指数不一致，这可能是因为除了极限相似性作用，还有其他的生态过程影响该坡向的种群构建。Pottier 等（2013）选取了 3 个功能性状研究了瑞士阿尔卑斯山脉的草本群落，发现生境过滤、种间竞争、随机过程等均对低海拔地区的群落有影响，其群落组建过程受三者共同作用。前人的研究中也有出现两种系统发育指数结果不一致或数值相差较大甚至出现相反的结果的情况。Kress（2009）关于森林群落的研究中，出现了 NRI 小于零，而 NTI 大于零的结果；卢孟孟等（2014）在研究海拔尺度森林种群的谱系结构时，发现中海拔区域的 NRI 和 NTI 不一致；宫骁（2016）的研究中出现了西坡与半阴坡的 NRI 和 NTI 不一致的结果。这种不一致性可能是两种指数差异引起的，其中 NRI 指数代表群落中两两物种间系统发育距离的均值，NRI 指数是基于群落整体水平，反映的是整个发育树的系统发育模式；而 NTI 指数代表植株与其亲缘关系最近的植株间的谱系距离的平均值，这一指数基于最近亲缘关系，反映的主要是发育树的末端。高寒草甸半阴坡和阴坡样方群落两种亲缘关系指数（NRI 和 NTI）均小于零，这表明种群的谱系结构是发散的，因而竞争排斥是阴坡种群组建的首要影响力。这一结论与肖欣爽（2016）关于该地区的研究结果一致，可能的解释是阴坡受光照、水分等因素的影响较小，加之阴坡土壤水分含量、养分条件优于阳坡；同时从图 9-9 中可看出，阴坡植物叶片的比叶面积大于其他坡向，叶片干物质含量较其他坡向（半阴坡除外）低，叶片氮磷等营养元素的含量相对较高，这些均表明阴坡的生境条件相对较好，适宜植物生存（Sternberg and Shoshany，2001），阴坡生境内植物种类多，因而环境过滤对物种生存的影响较小。此外阴坡金露梅等物种占据了大量的生长空间，从而抑制了其他科属植物的生长，表明物种间的竞争作用影响了阴坡植物的生长；图 9-6 中阴坡 PD 高于其他坡向，这可能是阴坡物种间竞争排斥作用较强导致的，因此可以认为种间竞争是阴坡样方群落物种共存的首要作用力。

9.4.2 植物群落功能性状结构沿坡向梯度的变化

由图 9-9 可知，在不同坡向上，植物的各功能性状差异显著。其中叶片干物质含量在阳坡、半阳坡较高，半阴坡最低。叶片全氮、全磷含量沿坡向变化趋势相同，从阳坡到阴坡，其值呈先增大后减小的趋势，在半阴坡达到最大。从阳坡到阴坡植物平均高度、比叶面积和叶片有机碳含量均呈上升趋势且变化差异显著（$P<0.05$），而叶片厚度沿坡向的变化趋势则相反。在高寒草甸植物群落中，如果从植物功能性状来阐述群落外貌结构，我们可以得知该基本外貌结构特征表现为以小型叶为主、叶片较厚、比叶面积较小，叶片碳、氮、磷含量适中，大部分植物的叶片功能性状在不同坡向间差异显著，其中叶片干物质含量在阳坡、半阳坡较高，叶片干物质含量的大小表示植物对生境资源利用能力的强弱，代表了植株营养元素的保持能力（张慧文等，2010）。如图 9-9 所示，叶片干物质含量和叶片厚度在阳坡明显高于其他坡向，这是因为在干旱且养分贫瘠的生境中，为减少水分的散失，物种的叶片通常较厚且坚韧，因为干旱贫瘠的土壤上生长的植物往往有较强的抗环境胁迫能力，植物对干旱和贫瘠环境具有高度的适应性和耐受性，植物为了维持自身新陈代谢倾向于更好地保护内部资源而采取减小比叶面积增加叶片厚度的生存策略，以减少水分蒸腾，提高水分利用率，并且为了增强耐旱性会积累更多的干物质来抵抗不利环境，因此叶片干物质含量较高，叶片较厚，比叶面积小。

比叶面积和叶片氮、磷含量在阴坡、半阴坡较高。比叶面积可以作为评定植株生境条件优劣和获取光资源的关键因子（Garnier et al.，2001）。前人的探究发现，植株叶性状（如比叶面积）、叶片富含营养元素的多寡与植株的生长速率成正比，比叶面积越大、养分含量越高的植株能够快速获得外部资源，植株的生长速率也会更快（Grassein et al.，2010）。Garnier 等（2001）认为，植物叶片的比叶面积大小与生境条件有很大的关系，比叶面积较小的植株往往更多地在贫瘠土壤和水分缺乏的生境中生存，反之亦然。也有研究表明，光照的强弱和土壤养分条件对植物叶片比叶面积的大小有很大的影响，当光照较弱时，植株为吸收更多的光资源，会增大光照面积，即增大植株的比叶面积（张林和罗天祥，2004）。植株为了在养分贫瘠和水分缺乏的环境中生存，减少叶片水分的蒸发，植株通常会缩减叶片的比叶面积。阴坡的土壤含水量、土壤全氮、土壤全磷含量等均高于阳坡，此外，阴坡生境条件相较阳坡，更适宜植物的生长，因而阴坡植物比叶面积大于阳坡。阳坡因为土壤含水量较低，温度和光照度较高，蒸发量大，养分含量低，所以物种生长速率慢，比叶面积较小，且叶片营养元素含量较低。在坡向从阳坡到阴坡的变化过程中，植株高度增加，体现了该区域植物对青藏高原严苛生境的利用和适应能力，阳坡具有较强的光照和较低的土壤含水量，植物对水分的可获得性极低，使适应环境的较矮及比叶面积较小的植物存活下来。从阳坡到阴坡各样方生境内的物种数逐渐增多（图 9-1），这与聂莹莹等（2010）的研究结果一致，即物种的多样性与光照和土壤温度负相关，与土壤含水量正相关。综上所述，土壤含水量是坡向多种环境因子中最主要的限制因子，这与刘旻霞等（2013）和卢孟孟等（2014）的研究结果一致。

本研究对不同坡向植物功能性状结构进行了分析，结果如图 9-10 所示，在由南到北的坡向梯度上，各性状结构的聚类和分散分布存在差异。在阳坡和半阳坡处，叶片有机碳含量、全氮含量、全磷含量及比叶面积这 4 个功能性状的 NFI 均大

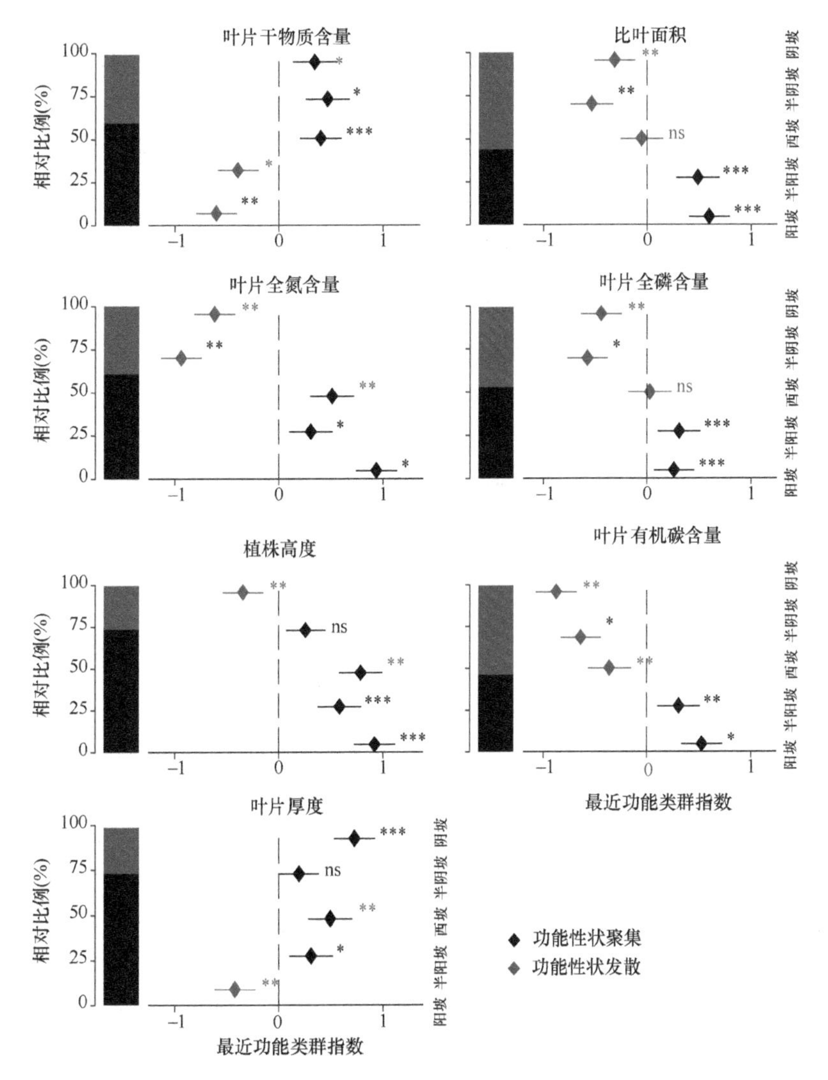

图 9-10　不同海拔植物群落功能结构的变化趋势（平均值±95%置信区间）

正值表示系统发育分散，负值表示系统发育聚类；*表示 $P<0.05$，**表示 $P<0.01$，***表示 $P<0.001$，ns 表示不显著

于 0，表明功能结构呈聚集性，而叶片干物质含量的 NFI 小于 0，表明其在阳坡和半阳坡上功能结构发散。在西坡，比叶面积和叶片全磷含量都接近于 0，表明功能结构接近随机分布，在半阴坡和阴坡，叶片有机碳、全氮、全磷含量及比叶面积的 NFI 均小于 0，表明植物群落功能结构过度发散；而叶片干物质含量则正好相反。对于植物叶片厚度的功能结构，除阳坡小于 0 外，其余 4 个坡向均表现为大于 0，而植株高度在整个坡向梯度上的 NFI 均大于 0，表明功能性状结构聚集。

在我们的研究中，不同坡向的所有性状略有不同，但总体模式基本相同。研究结果显示了半阴坡和阴坡性状的过度发散模式（图 9-10），这一结果主要是因为阴坡具有更好的水热条件和最高的生产力，竞争排斥导致功能性状多样化（使特征更加分化）（Yue，2017）。相比之下，功能结构在阳坡和半阳坡表现出明显的聚集模式，这是由于强烈的栖息地过滤过程影响了有限热量资源的群落聚集，在具有特定环境条件的地点定居的物种往往会在某些表型性状上表现出相似性，从而导致性状趋同，并表现出聚集模式，在西坡，表明性状的分布模式接近聚类或随机分布，这一结果主要是因为半阳坡和西坡为阴阳坡的生境过渡带，受外界干扰大，栖息地过滤和物种竞争排斥的相对作用在过渡区难以区分，仅仅表明生态位过程主导了基于功能性状的群落组装。在我们的科学研究中，植物高度这一植物功能性状所受环境因子的影响是相当大的，主要是由于在同一环境之中植物为了能够获得更多的光资源，促使自身高度增长，这便是生境对植株性状的影响。不同的物种遗传属性、不同的生境、不同群落组合的功能性状之间会表现出不同的规律，也就是这些在不同群落植物功能性状间的多样化促进了生物多样性，即植物功能性状的多样化才是生物多样性的主要构成之一（刘晓娟和马克平，2015）。

9.4.3 系统发育信号的检验

本研究选用叶片干物质含量、比叶面积、叶片全氮含量、叶片全磷含量、植株高度、叶片有机碳含量及叶片厚度 7 个功能性状，来检验甘南亚高寒草甸植物群落功能性状的系统发育信号。结果表明：只有比叶面积和植物叶片全磷含量表现出微弱的系统发育信号，其余功能性状表现出的系统发育信号强度比按布朗运动模型进化弱，都没有较强的系统发育保守性，系统发育信号都不显著，表明 7 个功能性状受物种进化历史的影响不大（表 9-3）。Liu 等（2015）对亚高寒草甸的研究表明，只有部分功能性状，如叶片全磷含量、植物高度有微弱的系统发育信号，叶片全氮含量、比叶面积等均未检测到显著的系统发育信号，我们的研究结果与之较一致。宫骁（2016）在坡向梯度研究中发现，比叶面积和稳定碳同位素都没有显著的系统发育信号。而在沿海拔梯度对植物群落的研究中，实验所选功能性状均具有显著的系统发育信号（杨洁等，2014）。因此我们推测，在坡向这样的微生境梯度上，植物功能性状受物种进化历史的影响不是很大，没有表现出明显的系统发育信号。系统发育信号的变化可能会提供沿坡向梯度的谱系和功能性状关系的信息（Yue，2017）。由于坡向梯度变化，许多环境因素发生了改变，特别是水、热因素，这也直接影响功能性状的异同。之前的研究表明，植物生活史策略的关键功能性状被发现在整个系统发育过程中在系统发育上是保守的（Kunstler et al.，2016）。在我们的研究中，只有植物比叶面积和叶片全磷含量的系统发育信号较弱（P<0.05），其他功能性状没有显示系统发育信号，表明只有比叶面积和叶片全磷含量在一定程度上受物种进化史的影响，其余功能性状均受环境异质化的干扰比较大（表 9-3，图 9-11）。因为近缘种长时间生存于不同的自然

表 9-3　甘南亚高寒草甸植物群落功能性状的系统发育信号

功能性状	物种数	K 值	P
植株高度（cm）	75	0.39	0.182
比叶面积（cm^2/g）	75	0.57	0.047
叶片有机碳含量（mg/g）	75	0.59	0.069
叶片全氮含量（mg/g）	75	0.46	0.21
叶片全磷含量（mg/g）	75	0.61	0.046
叶片干物质含量（mg/g）	75	0.36	0.073
叶片厚度（mm）	75	0.28	0.105

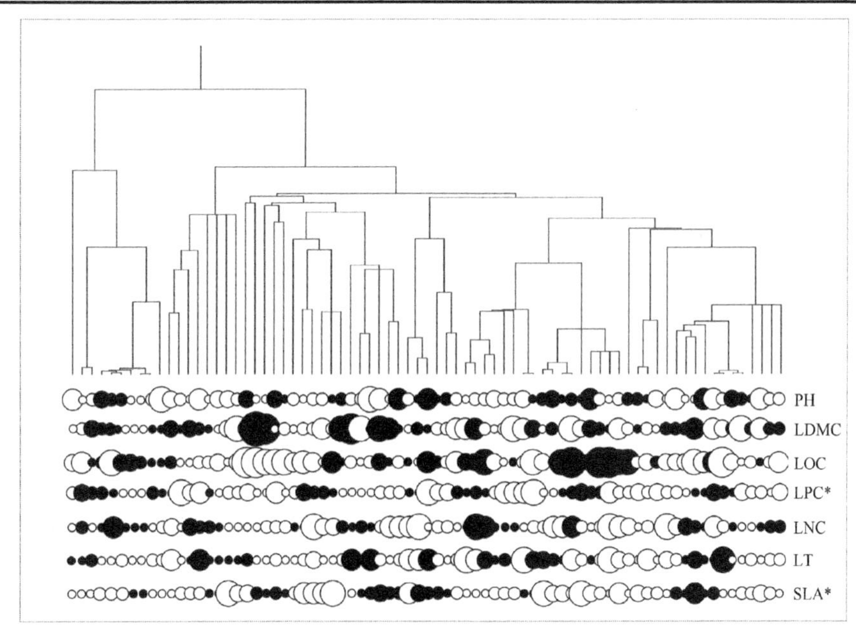

图 9-11　系统发育信号的可视化图

PH 表示植株高度，SLA 表示比叶面积，LDMC 表示叶片干物质含量，LNC 表示叶片全氮含量，LPC 表示叶片全磷含量，LOC 表示叶片有机碳含量，LT 表示叶片厚度；终端节点显示 7 个功能性状的平均值，数据在中心标准化，填充圆为正值，空心圆为负值，形状大小表示性状大小值，*表示存在系统发育信号

环境条件下，而环境异质性的影响远大于发展历史的因素，所以，有些功能性状就可以显示出在形态和功能上的不同，因此没有明显的系统发育信号（Swenson，2011），或者当压力主要由非资源因素（如低温）决定时，保守的策略可以给物种更多的时间在压力条件下利用可用资源。例如，由于强烈的太阳辐射和较低的土壤湿度，栖息地过滤效应在阳坡更强，这限制了植物生长和群落物种组成（Yue，2017）。

9.5 本 章 小 结

本研究综合环境因子、物种及系统发育和功能性状探索了亚高寒草甸群落的构建过程，可以看到，植物叶片功能性状随坡向呈现出有规律的变化，比叶面积、叶片有机碳含量及叶片全氮和全磷含量等功能性状在坡向由南到北的变化过程中逐渐发散，系统发育结构随着坡向梯度的变化表现出发散程度逐渐降低的规律。由表 9-3 可知，本研究中所选功能性状的 K 值均小于 1，故功能性状表现出的系统发育信号强度比按布朗运动模型进化弱，都没有较强的系统发育保守性，因此甘南亚高寒草甸植物群落的生态性状趋同。西坡群落的系统发育指数不一致，表现出随机的趋势，但这不一定是中性作用导致的。因为除了生境过滤和竞争排斥，其他的生态过程也会影响群落的物种多样性格局，如生物间的捕食、互利共生、促进等作用，这可能是由几种驱动机制共同作用的结果。对亚高寒草甸群落的研究表明，功能性状的系统发育信号不一定相同，因为不同生态过程形成的群落的功能和系统发育结构可能因不同的进化规律而不同。一些研究表明，如果群落中的物种特征差异很大，仅分析系统发育距离可能不足以反映物种间的生态差异。而本研究采用 phylomatic 软件来构建系统发育树，当同一科、同一属包含多个类群时，就会出现多分支结构，导致结构的系统发育分析存在偏差。植物的功能性状之间彼此关联，又互相平衡，从而共同确定了植物的生存策略及其生态位。

基于物种分布研究群落构建时存在无法区分竞争和环境异质性的问题。一方面，若不对环境异质性进行控制，使用共存指数得出的结论具有极大的不确定性。另一方面，通过物种数量变化反映生态位限制同样存在缺陷，物种数量和其所占用的生态位总宽度没有先验的关系。而使用谱系多样性研究群落构建的前提假设是亲缘关系相近的物种具有相似的性状，但是即便性状具有显著的系统发育信号，群落内的谱系关系仍然无法很好地反映性状的分布。而且，谱系和性状的构建过程可能由不同的生态机制主导，与物种或谱系多样性相比，功能多样性与群落构建中的生态位思想最为契合，但面临的问题是选择哪些性状、使用性状的数量以及考虑不同指数的生态学含义。因此，有必要从物种、谱系和功能多样性的综合角度展开研究，以全面了解群落组装动态，这对于理解群落在环境变化下的行为至关重要。当然，我们对改变群落聚集因素相对重要性的历史、生态和空间环境的理解，以及对环境因素和生态位的多维功能性状数据的理解，还有很多需要改进的地方。

参 考 文 献

柴瑜, 李希来, 马盼盼, 等. 2023. 施肥和控鼠对退化高寒草甸植物-土壤-微生物碳氮磷化学计量特征的影响. 中国草地学报, 45(1): 12-22.

董世魁, 汤琳, 张相锋, 等. 2017. 高寒草地植物物种多样性与功能多样性的关系. 生态学报, 37(5): 1472-1475.

方精云. 2009. 群落生态学迎来新的辉煌时代. 生物多样性, 17(6): 531-532.

宫骁. 2016. 基于群落系统发育对沿坡向梯度上亚高寒草甸群落构建的分析. 兰州: 兰州大学硕士学位论文.

黄冰. 2012. 浅谈稀疏标准化方法(Rarefaction)及其在群落多样性研究中的应用. 古生物学报, 51(2): 200-208.

赖江山, 米湘成, 任海保, 等. 2010. 基于多元回归树的常绿阔叶林群丛数量分类——以古田山24 公顷森林样地为例. 植物生态学报, 34(7): 761-769.

李坤鹏, 胡辉, 罗超, 等. 2020. 祁连山乌鞘岭地区植被组成与分布特征研究. 环境生态学, 2(1): 79-84, 88.

刘旻霞, 马建祖. 2012. 甘南高寒草甸植物功能性状和土壤因子对坡向的响应. 应用生态学报, 23(12): 3295-3300.

刘旻霞, 王刚, 盛红梅. 2013. 高寒草甸阳坡—阴坡梯度上环境因子特征及其与地上生物量和物种丰富度的关系. 兰州大学学报(自然科学版), 49(1): 76-81.

刘晓娟, 马克平. 2015. 植物功能性状研究进展. 中国科学: 生命科学, 45(4): 325-339.

卢孟孟, 黄小翠, 慈秀芹, 等. 2014. 沿海拔梯度变化的哀牢山亚热带森林群落系统发育结构. 生物多样性, 22(4): 438-449.

聂莹莹, 李新娥, 王刚. 2010. 阳坡—阴坡生境梯度上植物群落 α 多样性与 β 多样性的变化模式与环境因子的关系. 兰州大学学报(自然科学版), 46(3): 73-79.

牛克昌, 刘怿宁, 沈泽昊, 等. 2009. 群落构建的中性理论和生态位理论. 生物多样性, 17(6): 579-593.

王俊伟, 明升平, 许敏, 等. 2023. 高山生态关键带植物群落多样性格局与系统发育结构. 草地学报, 31(9): 2777-2786.

魏辅文, 聂永刚, 苗海霞, 等. 2014. 生物多样性丧失机制研究进展. 科学通报, 59(6): 430-437.

肖欣爽. 2016. 基于功能性状的亚高寒草甸坡向生境梯度群落构建过程研究. 兰州: 兰州大学硕士学位论文.

徐璐, 刘旻霞, 穆若兰, 等. 2021. 高寒草甸植物群落谱系结构与多样性格局. 中国环境科学, 41(3): 1387-1397.

杨洁, 卢孟孟, 曹敏, 等. 2014. 中山湿性常绿阔叶林系统发育和功能性状的 α 及 β 多样性. 科学通报, 59(24): 2349-2358.

殷祚云, 任海, 彭少麟, 等. 2009. 华南退化草坡自然恢复中物种多度分布的动态与模拟. 生态环境学报, 18(1): 222-228.

张慧文, 马剑英, 孙伟, 等. 2010. 不同海拔天山云杉叶功能性状及其与土壤因子的关系. 生态学报, 30(21): 5747-5758.
张林, 罗天祥. 2004. 植物叶寿命及其相关叶性状的生态学研究进展. 植物生态学报, 28(6): 844-852.
Blomberg S P, Garland T, Ives A R. 2003. Testing for phylogenetic signal in comparative data: behavioral traits are more labile. Evolution, 57(4): 717-745.
Cavender-Bares J, Kozak K H, Fine P V A. 2009. The merging of community ecology and phylogenetic biology. Ecology Letters, 12(7): 693-715.
Coronado E H, Dexter K G, Pennington R T, et al. 2015. Phylogenetic diversity of Amazonian tree communities. Diversity and Distributions, 21(11): 1295-1307.
Faith D P. 1992. Conservation evaluation and phylogenetic diversity. Biological Conservation, 61(1): 1-10.
Garnier E, Laurent G, Bellmann A, et al. 2001. Consistency of species ranking based on functional leaf traits. New Phytologist, 152(1): 69-83.
Grassein F, Till-Bottraud I, Lavorel S. 2010. Plant resource-use strategies: the importance of phenotypic plasticity in response to a productivity gradient for two subalpine species. Annals of Botany, 106(4): 637-645.
Hubbell S P. 2001. The Unified Neutral Theory of Biodiversity and Biogeography. Princeton, New Jersey: Princeton University Press.
Kress G. 2009. Multimodality: A Social Semiotic Approach To Contemporary Communication. London: Rout-ledge.
Kunstler G, Falster D, Coomes D A, et al. 2016. Plant functional traits have globally consistent effects on competition. Nature, 529(7585): 204-207.
Liu J J, Zhang X, Song F, et al. 2015. Explaining maximum variation in productivity requires phylogenetic diversity and single functional traits. Ecology, 96(1): 176-183.
Pottier J, Dubuis A, Pellissier L, et al. 2013. The accuracy of plant assemblage prediction from species distribution models varies along environmental gradients. Global Ecology and Biogeography, 22(1): 52-63.
Sternberg M, Shoshany M. 2001. Influence of slope aspect on Mediterranean woody formations: comparison of a semiarid and an arid site in Israel. Ecological Research, 16(2): 335-345.
Stubbs W J, Wilson J B. 2004. Evidence for limiting similarity in a sand dune community. Journal of Ecology, 92(4): 557-567.
Swenson N G. 2011. Phylogenetic beta diversity metrics, trait evolution and inferring the functional beta diversity of communities. PLoS ONE, 6(6): e21264.
Xu J S, Chen Y, Zhang L X, et al. 2017. Using phylogeny and functional traits for assessing community assembly along environmental gradients: a deterministic process driven by elevation. Ecology and Evolution, 7(14): 5056-5069.
Yang J, Ci X Q, Lu M, et al. 2014. Functional traits of tree species with phylogenetic signal covary with environmental niches in two large forest dynamics plots. Journal of Plant Ecology, 7(2): 115-125.
Yue M. 2017. Using phylogeny and functional traits for assessing community assembly along environmental gradients: a deterministic process driven by elevation. Ecology and Evolution, 7(14): 5056-5069.

第 10 章　亚高寒草甸不同坡向植物光合性状特征

10.1　植物光合性状研究综述

光合作用是植物特有的供能方式，其本身属于较为复杂的综合性植物生理过程，且各个条件并不能单独作用，光合作用是植物吸收光能转化为化学能的过程，是植物干物质积累和新陈代谢最重要的生理过程，对实现自然界能量转换、维持大气碳-氧平衡具有重要意义（潘业兴和王帅，2016）。光合作用既受叶片自身性状的影响，又与光照、温度、湿度、CO_2浓度以及水分等外界环境因子密切相关，不同的环境因子会表现出不同的生态适应性和适应机制。从宏观角度来看，光合作用负责地球上氧气的生产和维持。目前，全球通过光合作用捕获的能量约为 1.3×10^{14} J（Nealson and Conrad，1999），约为人类耗电量的 8 倍（Outlook，2010），光合生物将年均 1.2×10^{11} t 的碳资源转化为生物量（Field，1994）。具体来说，光合作用是植物体所具备的重要功能之一，主要作用是帮助植物把光能转化为自身生长所需的化学能。光合作用是植物实现物质代谢与能量代谢的重要基础保障，植物能进行良好的光合作用是保证生态平衡、维持人类正常生存的重要因素。首先，植物在进行光合作用时能够将自然界中存在的数量庞大的物质进行相互转换，即将自然界中的多种无机物质进行处理，使其成为有机物质。其次，植物在光合作用的过程中还不断进行着能量转变工作，即将来自太阳的辐射能进一步转化成可以被储存在有机物中的化学能，实现能量储存。另外，光合作用在进行的过程中还能有效地改善自然界环境，即将空气中大量的CO_2进行吸收与处理，最终释放氧气。此外，光合作用在实际进行过程中还会带动自然界中的其他物质实现循环，为自然界的稳定与平衡提供助力。但是，影响光合作用的因素有多种，且一旦其中的某一关键因素发生改变，则将可能对光合作用造成较大的影响。

通过对植物光合性状指标的测定来反映植物的光合作用已成为研究者的常用手段。一般来说，光合性状指标可从不同的侧面来体现植物光合能力的大小。

10.1.1　植物光合性状研究的内涵

植物通过光合作用制造自身有机物，其决定着植物的生长、发育和繁殖，既是植物物质生产的重要生理生化过程，也是碳循环的关键环节。植物通常会受到环境中不良因子的胁迫，研究表明，植物对逆境胁迫具有其自身相应的适应机制，光照是光合作用的主导因子（Marshall and Biscoe，1980）。植物的光合生理性状可以反映植物长期适应环境、与外界进行物质能量交换的情况，在一定程度上能够体现其对生境的响应，尤其表现在植物的光合速率（photosynthetic rate，P_n）、气孔导度（stomatal conductance，G_s）、蒸腾速率（transpiration rate，T_r）及水分利用效率（water use efficiency，WUE）等方面。因此，研究植物叶片的光合生理性状有助于分析光合产物积累与环境因素的关系，是研究植物光合作用机制的重要手段（韩瑞锋等，2012）。光合作用是植物利用光能并将 CO_2 和水合成有机物的过程（潘瑞炽，2008）。光能是光合作用的能量来源，所以光照强度与光合作用的响应关系一直是人们关注的焦点（Raven，2009）。植物光响应曲线反映了净光合速率［net photosynthetic rate，P_n，μmol/(m^2·s)］随光强的变化规律。随着统计学方法的不断增多，光响应曲线的拟合方法也逐渐增多，这不仅提高了 P_n 随光强变化的拟合精确度，还可以从中得到多个光合特征参数，这些参数可以有效反映出植物对生境的适应情况。

10.1.2 植物光合性状特征研究

植物光合性状如净光合速率、光补偿点、光饱和点、CO_2 补偿点和 CO_2 饱和点等的差异性研究是植物光合性状特征研究的重要内容（姜武等，2007）。近些年来，随着实验设备及分析方法的不断改进，光合作用的研究已从细胞水平深入到分子水平和量子水平。目前，国外在光合作用方面的研究多以不同植被在不同环境因子控制下的中短期光合生理参数为主。国内研究大多基于外界环境对植物光合生理的影响，对植物光合生理特性与自身性状关系的研究还比较少。植物光合日变化表示一天中植物的净光合速率、蒸腾速率、气孔导度等光合生理指标随环境因子的变化而表现出相应变化的动态曲线（黄云鹏等，2022）。日动态变化曲线大致分单峰型和双峰型两种类型。单峰型在中午光合速率最高，植物早上由于受到低光照、低温、气孔关闭等因素影响，净光合速率偏低，随着光合有效辐射的增强，温度逐渐升高、气孔不断开放，净光合速率逐步增大并达到一天中的最大值，然后随光强、温度、湿度等条件的变化，净光合速率开始降低，曲线呈现出一种中间高两端低的形状；双峰型在上午、下午均有一高峰，而中午时较低，即出现了“光合午休”现象。植物的“光合午休”现象是植物在高温、干旱等逆境环境下对自身的一种保护机理，关于“光合午休”的原因，研究者给出了多种解释，其中气孔因素和非气孔因素理论被大家广泛认可（王渌等，2021）。

作为生态系统的初级生产者，绿色植物为整个生物圈提供能量，是其他有机体赖以生存的基础，而叶片则是绿色植物获取能量的最重要的组织结构，因此叶片水平光合性状的研究是植物生态学长期以来研究的重点之一（郭金博等，2021）。植物叶片的光合生理和形态特征（如比叶面积、净光合速率及蒸腾速率等）体现了植物的生长策略和资源利用方式，是植物与环境长期相互作用的结果，也是植物完成生活史周期和适应环境的重要生理生态特性。植物的光合生理和叶片形态特征除了受到诸多自然环境因子的影响外，在不同物种、功能群以及生长类型之间也有很大差异，如禾草类植物一般具有较高的 WUE，而杂草类植物具有较大的叶片面积和较低的 WUE；一年生植物较多年生植物具有高的 P_n 等。因此，研究同一地域不同植物物种的光合性状特征和叶片形态特征在不同物种间、功能群之间及生长类型之间的差异，以及这些差异之间的相关关系，对于理解和预测整个群落的资源利用及群落结构动态具有重要意义。

10.1.3　光合性状指标研究

植物的光合生理特性在一定程度上能够体现其对生境的响应情况，光合-光响应曲线反映了植物光合速率与光照强度的相关关系，通过曲线可得出植物表观量子效率（the apparent quantum efficiency，AQE）、光补偿点（light compensation poin，LCP）、最大净光合速率（P_{nmax}）、光饱和点（light saturation point，LSP）和暗呼吸速率（dark respiration rate，R_d）等重要光合参数（陈晓英等，2020），这些参数有助于了解光合作用中植物利用光能的能力及其对生境的适应情况，对于研究植物的光合生理特性、生长情况具有重要意义（刘旻霞等，2021）。

光谱参与植物的整个生理生化过程，是激发植物生长的信号。研究表明，对植物生长最有效的光谱能量分布在 400～700 nm（牛雯等，2018）。植物叶片的形态、碳水化合物合成等受蓝光的影响较大，植物的光合速率、形态建成等受红光的影响较大（宋宇航等，2023）。高光照强度时，植物的光合速率会受到影响，植物产生光抑制现象，严重干扰植物的生长；低光照强度时，植物为降低自身对光能的需求，呼吸速率和光补偿点也会随之降低（莫佳佳等，2023）。对植物进行光合作用的研究时，经常用到的光合指标有光合有效辐射、净光合速率等。植物用来进行光合作用的辐射光能叫作光合有效辐射，是影响植物光合作用的重要物理参数。植物叶片的净光合速率为单位时间内单位面积上有机物的积累，其是植物光合作用的重要检测指标（赵洪贤等，2022）。若净光合速率大于零，则表示植物进行有机物的积累；夜间植物净光合速率小于零，表示植物不进行有机物的积累。植物夜间受人工光照的影响使得净光合速率提高，进而进行有机物的积累，这严重干扰了植物的生长（段然等，2018）。

本章选取的光合性状指标除净光合速率外，还有气孔导度和蒸腾速率。气孔是植物与大气间进行水分和 CO_2 气体交换的调节通道，控制着植物的水分蒸腾和光合作用（裔传祥，2018）。有研究表明，干旱环境下植物光合速率降低的主导因素是气孔导度的降低，气孔导度即气体的通透性能强度，与外界环境的水分状况密切相关（李梦竹等，2023）。影响气孔导度的主要因素有光、温度、叶片含水量和 CO_2。①光。光是影响气孔运动的主要因素，在一般情况下，气孔在光照下开放，在黑暗中关闭。只有景天科植物例外，其气孔在晚上开放，而在白天关闭，这些植物在晚上吸收 CO_2，并以有机酸的形式贮藏起来，而在白天进行光合作用将其还原。②温度。一般说来，提高温度能增加气孔的开放度，30～50℃时，气孔可达最大开度，低温（10℃）下，虽进行长时间光照，气孔仍很难完全张开。高温下气孔增加开度是植物抗热的保护机制，它可以通过加强蒸腾作用，降低植物体温，但在夏天晴朗的中午由于高温低湿，植物会发生“光合午休”现象。③叶片含水量。叶片过高或过低的含水量，会使气孔关闭，如叶片被水饱和时，表皮细胞含水量高而膨胀，挤压保卫细胞，气孔在白天也关闭。在白天蒸腾强烈时，保卫细胞失水过多，即使在光照下气孔还是关闭的。④CO_2。CO_2 浓度对气孔的开闭有显著影响，低浓度时促进气孔开放，高浓度时不管在光照或黑暗条件下都能促进气孔关闭。随着 CO_2 浓度的增加，气孔导度会逐渐降低，并且下降的幅度随着 CO_2 浓度的升高而逐渐减弱。胞间 CO_2 浓度是光合生理性状研究中另一个具有重要地位的参数，特别是在光合作用的气孔限制分析中，胞间 CO_2 浓度是判断光合速率的变化是否为气孔因素的主要依据。许多现代化的光合作用测定仪在显示光合作用速率的同时，也会通过计算显示出胞间 CO_2 浓度的值，这为植物光合作用中的气孔限制分析提供了极其便利的条件。胞间 CO_2 浓度的大小主要取决于植物叶片周围空气中的 CO_2 浓度、气孔导度、叶肉导度和叶肉细胞的光合活性（陈根云等，2010）。

蒸腾作用是水分从活的植物体表面（主要是叶子）以水蒸气状态散失到大气中的过程，与物理学的蒸发过程不同，蒸腾作用不仅受外界环境条件的影响，而且还受植物本身的调节和控制，因此它是一种复杂的生理过程。蒸腾速率是计量蒸腾作用强弱的一项重要的生理指标，其快慢受植物形态结构和多种外界因素的综合影响，叶片蒸腾速率能够促进植物体内水分和营养元素的吸收及运输。影响蒸腾作用的外部因素取决于叶内外蒸气压差和扩散阻力的大小。所以，凡是影响叶内外蒸气压差和扩散阻力的外部因素，都会影响蒸腾速率，主要包括：①光照。光对蒸腾作用的影响首先是引起气孔的开放，减少气孔阻力，从而增强蒸腾作用，其次，光可以提高大气与叶片的温度，增加叶内外蒸气压差，提高蒸腾速率。②温度。温度对蒸腾速率的影响很大，当大气温度降低，叶温比气温高出 2～10℃时，气孔下腔蒸气压的增加大于空气蒸气压的增加，使叶内外蒸气压差增大，蒸腾速率增大；当气温过高时，叶片过度失水，气孔关闭，蒸腾减弱。③湿度。在温度相同时，大气的相对湿度越大，其蒸气压就越大，叶内外蒸气压差变小，气孔下腔的水蒸气不易扩散出去，蒸腾减弱；反之，大气的相对湿度较低，则蒸腾速率加快。④风速。风速较大时可将叶面气孔外水蒸气扩散层吹散，而代之以相对湿度较低的空气，既减少了扩散阻力，又增加了叶内外蒸气压差，可以加速蒸腾，强风可能会引起气孔关闭，使叶片内部阻力增大，蒸腾减弱。

10.1.4　高寒草甸植物光合特性研究

高寒草甸是青藏高原重要的草地类型，在这个特殊的地理单元上具有其独特的气候特征，被认为是气候变化的敏感区域。坡向是青藏高原地区的主要地形因子之一，坡向影响了地面与风向的夹角和地面接收的太阳光辐射，这使得不同坡向之间的光照度（Li）、土壤温度（ST）、土壤含水量（SWC）、养分和植被分布均受到影响，是研究群落在微气候生境的发展、群落结构和功能变化，以及植物功能性状对生态系统功能响应的良好载体。青藏高原地区的生存环境相对恶劣，高寒草甸是青藏高原地区独特的植被类型，其在长期的自然选择和适应过程中，不断与环境相互协调，形成了一系列对严酷自然条件的适应机制，这已经引起了国内外学者的普遍关注。由于不同坡向光、热、水、土等自然因素的不同，植被的光合特性会出现差异。另外，全球气候变化进程的日趋加剧势必会对高寒草甸生态系统的植物物种、种群及群落产生重要影响，同时会引发高寒草甸植物从不同层面作出相应的变化或响应。

光合作用是植物重要的生理生态过程，是陆地生态系统物质循环和能量流动的基础。植物光合生理过程反映了植物对环境的适应能力和受胁迫的程度，对水分胁迫响应极为敏感，尤其表现在植物的光合速率、蒸腾速率、气孔导度、水分利用效率等方面，并且植物光合作用是植物生长和生产力形成的决定因素，因而，研究高寒草甸及亚高寒草甸坡向梯度上植物的光合生理响应，对认识高寒草甸退化过程植被的响应机制有重要作用，这是高寒草甸植物生理生态研究中拟解决的关键问题，并且可为高寒草甸植被恢复过程中物种的选择提供可靠的科学依据。

目前，虽然国内外学者对青藏高原高寒草甸的研究做了很多工作，但是主要集中在物种多样性、群落构建、生产力等方面，也有一些研究探究了高寒草甸植物的光合器官形态、超微结构以及光合生理适应性等方面，但很少有涉及微气候生境上植物主要组分种间光合生理的响应研究。因此，本章以不同坡向植被作为研究对象，试图从植物光合生理特征及其环境梯度响应的角度探讨植物物种组成的变化及其适应特性，为高寒草甸植被退化的可能生理生态学机制提供一定的理论实践基础，并为将来植被恢复过程中物种的选择提供科学依据。

10.2 实验设计与方法

10.2.1 野外调查及取样

本研究在甘南合作境内的亚高寒草甸进行，地理位置为34°65′N、102°53′E，平均海拔3000 m。年均气温2℃，年均降水量557.8 mm。最冷的12月至翌年2月平均气温–8.9℃，最热月（6～8 月）月平均气温为 11.5℃，≥0℃的年积温为1730℃左右，植被属于亚高寒草甸，土壤为亚高山草甸土。2016年7月中旬到8月底，基于前期的调查基础，在合作实验站附近再选择一典型山地，在山体的中部（海拔约 3000 m）自阴坡、半阴坡、西坡、半阳坡、阳坡依次每隔 10～20 m 设置一个样点，在每个样点的上、中、下分别设置一个 50 cm×50 cm 的样方，各样方之间的距离约 1 m，调查样方内物种的组成及其频度、盖度、高度等。在每个样地周围用直径5 cm土钻取0～15 cm土层土样，用烘干法测量土壤含水量。用型号为MG-EM50的土温计测量0～15 cm土层土壤温度。用照度计（型号ZDS-10）测量各样地光照度，同时测量坡度（表10-1）。

表 10-1 研究地点生境概况

生境	植被总盖度（%）	纬度（N）	经度（E）	土壤含水量（%）	土壤温度（℃）	光照度（lx）	坡度（°）
阳坡	61.3±1.25d	34°65.627′	102°53.035′	15.65±0.77c	23.25±0.68a	712.74±9.63a	31±0.89a
半阳坡	72.6±2.67c	34°65.631′	102°53.026′	20.76±0.33b	21.23±1.03b	693.75±10.01a	25±0.67b
西坡	75.2±3.21c	34°65.637′	102°53.031′	24.35±0.28b	20.09±0.94b	658.35±8.26b	23±0.28b
半阴坡	85.2±1.87b	34°65.644′	102°53.037′	28.14±0.99b	19.01±0.98b	618.23±8.65b	22±0.75b
阴坡	95.4±2.11a	34°65.638′	102°53.051′	34.02±0.89a	18.13±1.21b	599.43±11.23c	21±1.01b

注：表中数据为平均值±标准误差，同列不同小写字母表示差异性显著（$P<0.05$）

10.2.2 光合性状指标的测定

利用 LI-6400 便携式光合仪（LI-COR，Lincoln，美国）于 2016 年 7 月中旬到8月底晴朗天气的9:30～11:30对不同坡向上12科41种植物测定其净光合速率［P_n, μmol CO_2/(m^2·s)］、蒸腾速率［T_r, mmol H_2O/(m^2·s)］、气孔导度［G_s, mol H_2O/(m^2·s)］ 等参数。测量过程中使用系统提供的红蓝光源，光强为1000 μmol/(m^2·s)，标准叶室（2 cm×3 cm）的流速设定为500 μmol/s。每个物种随机选取4～6个长势良好的植株，在每个植株上尽量选择同一部位、健康完整且充分伸展开的叶片进行测量，每个叶片测量3～4个重复。叶片充满叶室，按照标准叶室面积计算，对于不能充满叶室的小叶片，将叶片摘下，用扫描仪扫描叶片后将图像保存，用 Image J 软件进行叶面积的计算，然后换算其净光合速率。水分利用效率（WUE）用净光合速率（P_n）/蒸腾速率（T_r）来表示（WUE =P_n/T_r）。

10.2.3 数据处理与计算

植物叶片 P_n 对光响应的计算公式为（Ye et al.，2013）

$$P_n = \alpha \frac{1-\beta I}{1+\gamma I} I - R_d \tag{10-1}$$

式中，P_n 为净光合速率，α 为 P_n-I 曲线的初始斜率，I 为光合有效辐射，β 和 γ 分别是反映光限制和光饱和的两个参数，βI 为光限制项与光合有效辐射的乘积，γI 为光饱和项与光合有效辐射的乘积，R_d 为暗呼吸速率。

最大净光合速率（P_{nmax}）计算公式为

$$P_{nmax} = \alpha \left(\frac{\sqrt{\beta+\gamma} - \sqrt{\beta}}{\gamma} \right)^2 - R_d \tag{10-2}$$

P_{nmax} 对应的饱和光强（I_{sat}）计算公式为

$$I_{sat} = \frac{\sqrt{\frac{\beta+\gamma}{\beta}} - 1}{\gamma} \tag{10-3}$$

植物叶片气孔导度（G_s）对光响应的计算公式为

$$G_s = \alpha_0 \frac{1-\beta_0 I}{1+\gamma_0 I} + G_{s0} \tag{10-4}$$

式中，α_0、G_{s0}、植物叶片气孔导度（G_s）及其对应的饱和光强（I_{sat}）计算方法参考叶子飘和于强（2009）。

叶片蒸腾速率（T_r）用蒸腾水量/（叶面积×测定时间）来计算（吴强盛，2018）。

WUE、P_n、G_s 和 T_r 在物种间与功能群之间的差异分析使用 SPSS 15.0 统计软件的 ANOVA 进行，P 值设定为 0.05。用 SigmaPlot 12.0 和 Origin 17.0 软件作图。

10.3　亚高寒草甸坡向梯度上植物光合生理特征

10.3.1 亚高寒草甸沿坡向梯度主要组分种的光合性状特征

亚高寒草甸沿坡向梯度 41 个主要组分种的光合参数见表 10-2，其中禾本科植物 3 种，莎草科植物 4 种，豆科植物 6 种，杂草包括蔷薇科、菊科、蓼科、龙胆科、瑞香科等28个种。其中，禾本科植物的典型代表有三刺草、冰草、鹅观草等，莎草科主要有线叶嵩草、矮生嵩草、嵩草、矮藨草，豆科主要有黄花棘豆、米口袋、黄芪、黄花苜蓿和蓝花棘豆，蔷薇科主要有多裂委陵菜、莓叶委陵菜、华西委陵菜、野草莓、鹅绒委陵菜等，菊科主要有川甘蒲公英、山莴苣、沙蒿、大籽蒿、乳白香青、火绒草等，蓼科主要有珠芽蓼，龙胆科主要有秦艽等，瑞香科主要有狼毒等。单因素方差分析表明，4个主要光合参数在物种之间差异显著。净光合速率（P_n）最低的为阴坡蔷薇科的野草莓（*Fragaria vesca*），大小为5.06 μmol CO_2/(m^2·s)。最高的为阳坡莎草科的矮生嵩草（*Kobresia humilis*），大小为74.99 μmol CO_2/(m^2·s)。被调查的41个种的P_n较大的主要集中在莎草科和禾本科植物中。

表10-2 植物的净光合速率（P_n）、气孔导度（G_s）、蒸腾速率（T_r）和水分利用效率（WUE）（平均值±标准误差）

生境	物种	科	P_n [μmol CO_2/(m^2·s)]	G_s [mol H_2O/(m^2·s)]	T_r [mmol H_2O/(m^2·s)]	WUE (μmol CO_2/mmol H_2O)
阳坡	三刺草 *Aristida triseta*	禾本科 Gramineae	53.26±1.87	0.57±0.20	42.13±13.08	1.43±0.03
	线叶嵩草 *Kobresia capillifolia*	莎草科 Cyperaceae	18.56±2.35	0.29±0.09	19.96±6.33	1.05±0.19
	矮生嵩草 *Kobresia humilis*	莎草科 Cyperaceae	74.99±10.99	0.40±0.15	16.91±3.35	4.14±0.27
	米口袋 *Gueldenstaedtia multiflora*	豆科 Leguminosae	16.81±0.62	0.23±0.02	15.46±0.88	1.09±0.04
	黄花苜蓿 *Medicago falcate*	豆科 Leguminosae	15.07±0.67	0.21±0.00	14.19±0.75	1.07±0.07
	川甘蒲公英 *Taraxacum lugubre*	菊科 Compositae	19.64±0.98	0.48±0.06	19.67±2.19	0.92±0.07
	山莴苣 *Lactuca indica*	菊科 Compositae	18.29±2.02	0.60±0.06	20.09±4.83	0.60±0.02
	二裂委陵菜 *Potentilla bifurca*	蔷薇科 Rosaceae	13.65±0.25	0.21±0.04	10.13±2.13	0.84±0.13
	莓叶委陵菜 *Potentilla fragarioides*	蔷薇科 Rosaceae	19.10±2.44	0.26±0.08	17.17±3.54	1.15±0.09
	秦艽 *Gentiana macrophylla*	龙胆科 Gentianaceae	10.62±0.63	0.18±0.03	12.31±2.43	0.93±0.17
	狼毒 *Stellera chamaejasme*	瑞香科 Thymelaeaceae	12.10±0.06	0.58±0.07	5.88±1.58	2.36±0.06
	冰草 *Agropyron cristatum*	禾本科 Gramineae	43.04±7.40	1.24±0.92	30.17±18.21	1.95±0.76
	矮生嵩草 *Kobresia humilis*	莎草科 Cyperaceae	15.19±1.41	0.31±0.01	11.70±0.22	1.35±0.13
半阳坡	黄花苜蓿 *Medicago falcate*	豆科 Leguminosae	11.05±0.51	0.60±0.10	11.55±1.15	0.98±0.12
	黄花棘豆 *Oxytropis ochrocephala*	豆科 Leguminosae	12.73±1.80	1.18±0.42	17.18±4.05	0.92±0.38
	米口袋 *Gueldenstaedtia multiflora*	豆科 Leguminosae	16.80±1.71	1.22±0.47	17.82±4.69	0.95±0.33

续表

生境	物种	科	P_n [μmol CO_2/(m^2·s)]	G_s [mol H_2O/(m^2·s)]	T_r [mmol H_2O/(m^2·s)]	WUE (μmol CO_2/mmol H_2O)
半阳坡	川甘蒲公英 *Taraxacum lugubre*	菊科 Compositae	19.35±0.52	0.48±0.02	13.23±0.08	1.46±0.03
	沙蒿 *Artemisia desertorum*	菊科 Compositae	9.15±0.71	0.41±0.01	13.70±0.66	0.67±0.05
	大籽蒿 *Artemisia sieversiana*	菊科 Compositae	12.16±1.06	0.98±0.27	21.22±1.04	0.57±0.02
	乳白香青 *Anaphalis lactea*	菊科 Compositae	8.55±0.11	0.77±0.40	15.58±5.56	0.87±0.46
	山莴苣 *Lactuca indica*	菊科 Compositae	16.26±2.14	0.34±0.02	14.89±0.81	1.09±0.10
	川甘火绒草 *Leontopodium chuii*	菊科 Compositae	17.99±2.70	1.19±0.32	18.98±0.99	0.94±0.10
	多裂委陵菜 *Potentilla multifida*	蔷薇科 Rosaceae	12.11±1.29	1.08±0.33	17.76±3.14	0.75±0.21
	珠芽蓼 *Bistorta vivipara*	蓼科 Polygonaceae	16.11±1.10	0.55±0.05	13.57±1.11	1.22±0.20
	球花蓼 *Polygonum sphaerostachyum*	蓼科 Polygonaceae	14.56±0.09	0.68±0.12	18.46±3.09	0.84±0.16
	狼毒 *Stellera chamaejasme*	瑞香科 Thymelaceae	11.09±0.58	0.25±0.03	4.36±0.29	2.56±0.17
	嵩草 *Kobresia myosuroides*	莎草科 Cyperaceae	41.03±6.46	1.10±0.20	20.40±4.00	1.85±0.08
	矮藨草 *Scirpus pumilus*	莎草科 Cyperaceae	29.07±2.27	0.74±0.02	22.57±0.95	1.15±0.13
	黄花棘豆 *Oxytropis ochrocephala*	豆科 Leguminosae	9.01±0.76	0.25±0.07	10.21±2.71	1.06±0.36
	米口袋 *Gueldenstaedtia multiflora*	豆科 Leguminosae	14.05±0.87	0.25±0.03	10.08±1.29	1.41±0.06
	黄芪 *Astragalus membranaceus*	豆科 Leguminosae	12.45±1.09	0.52±0.09	11.83±1.67	0.99±0.21
西坡	黄花棘豆 *Oxytropis ochrocephala*	豆科 Leguminosae	10.32±0.45	0.32±0.09	10.25±2.45	1.08±0.46
	米口袋 *Gueldenstaedtia multiflora*	豆科 Leguminosae	12.13±0.56	0.26±0.08	11.82±1.29	1.53±0.07
	苜蓿 *Medicago sativa*	豆科 Leguminosae	11.23±0.54	0.64±0.13	11.57±1.15	0.98±0.24
	黄芪 *Astragalus membranaceus*	豆科 Leguminosae	13.43±1.21	0.68±0.06	12.54±2.31	1.03±1.23
	火绒草 *Leontopodium leontopodioides*	菊科 Compositae	16.83±2.70	1.25±0.45	17.64±0.89	0.97±0.12
	狗娃花 *Heteropappus hispidus*	菊科 Compositae	11.39±1.02	0.30±0.04	10.92±1.03	1.16±0.18
	沙蒿 *Artemisia desertorum*	菊科 Compositae	8.35±2.21	0.43±0.03	13.95±0.25	0.54±0.21
	狼毒 *Stellera chamaejasme*	瑞香科 Thymelaeaceae	9.54±0.65	0.36±0.08	8.36±0.64	1.36±0.06
	嵩草 *Kobresia myosuroides*	莎草科 Cyperaceae	45.05±5.32	2.15±0.40	31.40±4.16	1.92±0.12
	矮生嵩草 *Kobresia humilis*	莎草科 Cyperaceae	16.22±2.21	0.31±0.01	11.70±0.22	1.35±0.13
	莓叶委陵菜 *Potentilla fragarioides*	蔷薇科 Rosaceae	19.10±2.44	0.26±0.08	17.17±3.54	1.15±0.09

续表

生境	物种	科	P_n [μmol CO_2/(m^2·s)]	G_s [mol H_2O/(m^2·s)]	T_r [mmol H_2O/(m^2·s)]	WUE (μmol CO_2/mmol H_2O)
半阴坡	黄花苜蓿 *Medicago falcate*	豆科 Leguminosae	13.06±1.02	0.28±0.07	11.08±2.32	1.18±0.05
	狗娃花 *Heteropappus hispidus*	菊科 Compositae	12.33±1.02	0.30±0.04	10.92±1.03	1.16±0.18
	长毛风毛菊 *Saussurea hieracioides*	菊科 Compositae	10.36±0.10	1.11±0.30	11.70±3.23	1.01±0.22
	川甘蒲公英 *Taraxacum lugubre*	菊科 Compositae	12.17±2.82	0.46±0.08	15.57±1.79	0.82±0.23
	沙蒿 *Artemisia desertorum*	菊科 Compositae	9.28±2.01	0.46±0.02	14.05±0.34	0.67±0.15
	华西委陵菜 *Potentilla potaninii*	蔷薇科 Rosaceae	15.11±2.00	0.59±0.09	17.46±1.86	0.89±0.17
	野草莓 *Fragaria vesca*	蔷薇科 Rosaceae	5.70±0.86	0.48±0.07	12.47±1.41	0.48±0.13
	高山唐松草 *Thalictrum alpinum*	毛茛科 Ranunculaceae	8.79±0.74	0.37±0.05	16.16±2.03	0.57±0.11
	肉果草 *Lancea tibetica*	玄参科 Scrophulariaceae	7.56±1.55	0.36±0.03	13.28±1.89	0.60±0.17
	珠芽蓼 *Polygonum vivipurum*	蓼科 Polygonaceae	8.12±0.54	0.57±0.10	10.62±1.43	0.79±0.11
	老鹳草 *Geranium pylzowianum*	牻牛儿苗科 Geraniaceae	8.48±1.05	0.41±0.11	11.94±3.02	0.78±0.13
	狼毒 *Stellera chamaejasme*	瑞香科 Thymelaeaceae	8.96±0.95	0.27±0.06	7.20±0.74	1.24±0.03
	鹅观草 *Roegneria kamoji*	禾本科 Gramineae	48.21±8.39	0.36±0.05	15.78±1.99	3.36±0.26
	矮藨草 *Scirpus pumilus*	莎草科 Cyperaceae	25.86±3.83	0.41±0.04	13.17±2.06	1.90±0.28
	黄花苜蓿 *Medicago falcate*	豆科 Leguminosae	9.16±1.83	0.23±0.05	10.50±1.68	0.86±0.04
	米口袋 *Gueldenstaedtia multiflora*	豆科 Leguminosae	15.10±1.58	0.39±0.08	15.93±2.36	0.96±0.06
	蓝花棘豆 *Oxytropis coerulea*	豆科 Leguminosae	11.17±1.92	0.29±0.05	8.91±1.26	1.24±0.07
	野豌豆 *Vicia sepium*	豆科 Leguminosae	16.00±3.31	0.39±0.06	14.20±1.77	1.10±0.10
	绵毛风毛菊 *Saussurea lanuginose*	菊科 Compositae	8.83±0.74	0.72±0.22	13.60±0.11	0.65±0.05
阴坡	铃铃香青 *Anaphalis hancockii*	菊科 Compositae	13.58±0.58	0.21±0.03	11.75±1.33	0.82±0.22
	水杨梅 *Geum aleppicum*	蔷薇科 Rosaceae	27.16±2.85	0.71±0.22	20.11±6.43	1.40±0.21
	莓叶委陵菜 *Potentilla fragarioides*	蔷薇科 Rosaceae	18.06±1.54	0.50±0.03	19.46±0.56	0.93±0.09
	野草莓 *Fragaria vesca*	蔷薇科 Rosaceae	5.06±0.69	0.10±0.02	5.42±0.93	1.03±0.29
	鹅绒委陵菜 *Potentilla anserina*	蔷薇科 Rosaceae	13.75±1.71	0.25±0.04	11.67±1.23	0.99±0.15
	车前 *Plantago asiatica*	车前科 Plantaginaceae	11.20±1.69	0.57±0.05	18.73±2.19	0.59±0.02
	肉果草 *Lancea tibetica*	玄参科 Scrophulariaceae	10.17±1.96	0.33±0.02	12.84±0.37	0.55±0.14

续表

生境	物种	科	P_n [μmol CO_2/(m^2·s)]	G_s [mol H_2O/(m^2·s)]	T_r [mmol H_2O/(m^2·s)]	WUE (μmol CO_2/mmol H_2O)
阴坡	狼毒 *Stellera chamaejasme*	瑞香科 Thymelaeaceae	9.69±0.28	0.17±0.02	8.04±1.06	0.88±0.17
	珠芽蓼 *Bistorta vivipara*	蓼科 Polygonaceae	12.64±2.69	1.40±0.33	30.68±11.87	0.79±0.14

气孔导度（G_s）是反映植物叶片气孔的开张程度，影响着植物叶片的气体交换过程；蒸腾速率（T_r）是一个重要的光合参数，是植株水分代谢的一个重要生理指标，它能调节植物体内及植物与环境间的水分平衡动态，与植物的生长、营养元素的吸收和运输都有密切的关系。在研究的 41 个植物中，嵩草（*Kobresia myosuroides*）的 G_s 最大，为 2.15 mol $H_2O/(m^2·s)$，与之相对应的是，它的 T_r 也相对较大，达到 31.40 mmol $H_2O/(m^2·s)$。

水分利用效率（WUE）即植物每消耗单位含水量生产干物质的量（或同化 CO_2 的量），是衡量植物水分消耗与物质生产之间关系的重要综合性指标，通常作为评价植物生长适应程度的指标。阳坡的矮生嵩草不仅有最高的净光合速率，同时其水分利用效率也是最高的（4.14 μmol O_2/mmol H_2O）。

10.3.2　坡向梯度上环境因子及植物群落组成的变化

沿着阳坡—阴坡的梯度，环境因子变化较大，土壤含水量呈不断增加趋势，不同坡向有显著差异；土壤温度和光照度则相反，在从阳坡到阴坡不断变化的过程中，其值呈不断减小趋势，且各坡向差异显著（表 10-1）。

阳坡—阴坡梯度上，植物群落的组成发生了很大变化，莎草科和禾本科在阳坡占绝对优势地位，其相对多度（包括相对盖度、相对密度和相对生物量）都明显高于豆科和杂草，能够占到总群落的 50%以上。而阴坡的主要优势植物则是杂草（非豆科杂草），其相对多度（包括相对生物量、相对盖度和相对密度）占据了群落总多度的 60%以上，而莎草科和禾本科在阴坡的相对多度则降低到了 20%左右。与杂草、莎草科及禾本科植物的变化比较，豆科植物的数量只占到了相对较小的比例。沿着阳坡—阴坡的梯度，这 4 类优势植物的相对多度也表现出差异：杂草（非豆科杂草）的相对多度明显增多了，莎草科和禾本科植物的相对多度则明显下降了，而豆科植物的相对多度则在半阴坡和半阳坡较大（图 10-1）。

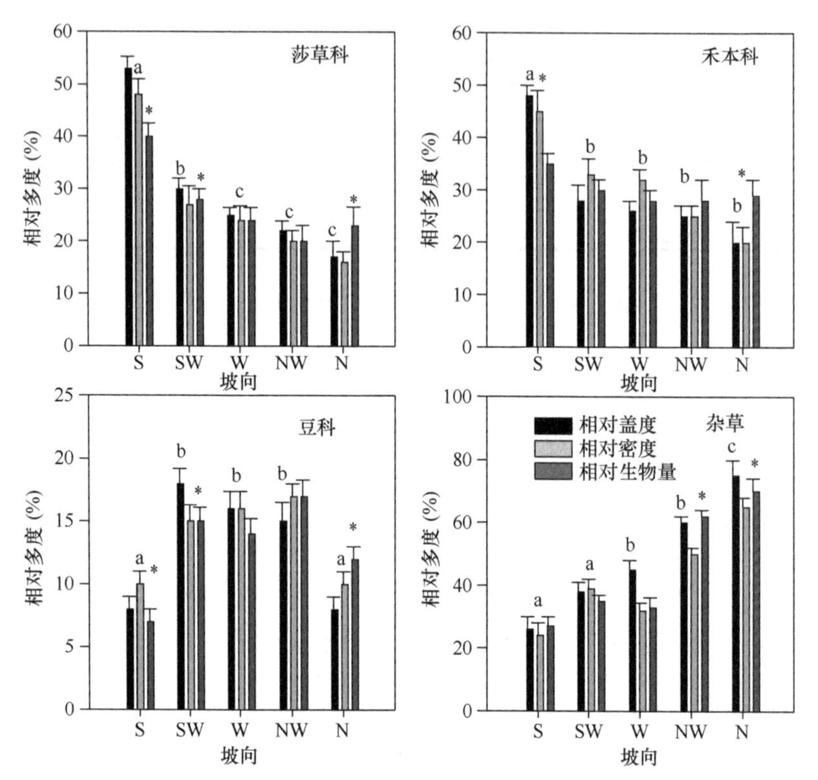

图 10-1　坡向梯度上植物的相对多度（平均值±标准误差）

不同小写字母表示在 $P<0.05$ 水平上差异显著，*表示不同组间差异显著，下同

10.3.3　亚高寒草甸植物各功能群的光合参数差异

本研究对所调查的 41 个植物种按照功能群（莎草科、禾本科、豆科和杂草），分别计算了每个功能群的平均光合参数。由图 10-2 可以看出，禾本科的平均 P_n 最大，达 50 μmol $CO_2/(m^2 \cdot s)$左右，其次是莎草科、豆科和杂草，豆科和杂草的平均 P_n，在 10 μmol $CO_2/(m^2 \cdot s)$左右，相对较小；莎草科和禾本科的平均 G_s 均高于豆科与杂草，且豆科与杂草之间差异不显著；禾本科的 T_r 高于其他 3 个功能群，禾本科与豆科和杂草差异显著，莎草科与禾本科差异不显著，但豆科与杂草之间无显著差异；平均 WUE 除豆科和杂草外，在各功能群之间差异显著。如图 10-2 所示，禾本类植物的平均 WUE 是最高的，远高于其他 3 个功能群的平均 WUE，其值分别约为莎草类的 1.4 倍、豆科和杂草的 2.0 倍。豆科植物和杂草的平均 WUE 相差很小，它们之间的差异不显著。图 10-3 显示了各植物物种的 G_s、P_n 和 WUE 之间的关系，WUE 与 P_n 呈显著的正相关关系，与 G_s 呈显著的负相关关系，即随着 P_n 的增加，WUE 也逐渐增加，而随着 G_s 的增大，WUE 有减小的趋势。

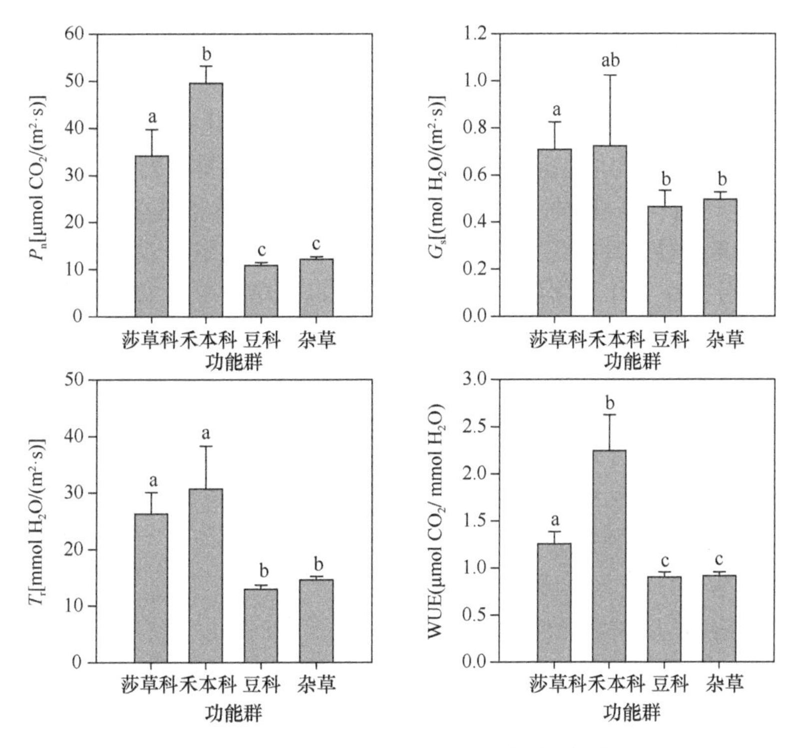

图 10-2　不同功能群的光合参数（平均值±标准误）

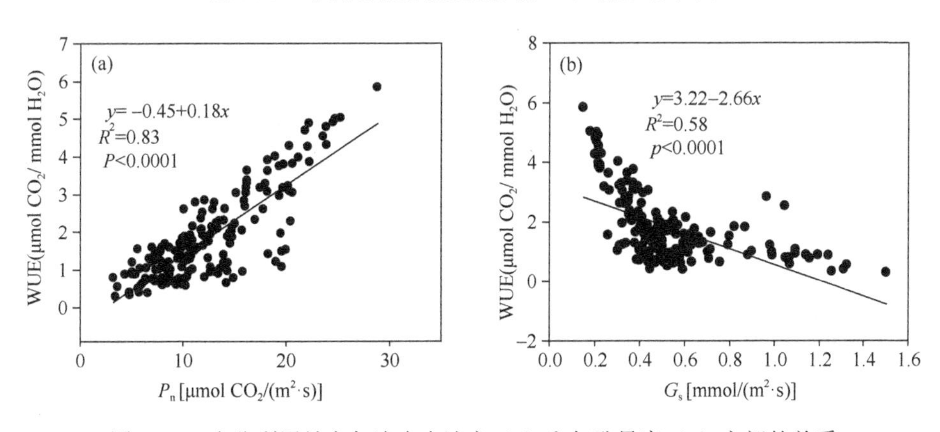

图 10-3　水分利用效率与净光合速率（a）和气孔导度（b）之间的关系

10.4　沿坡向梯度亚高寒草甸植物光合性状的变化特征

10.4.1　物种间的光合特征差异及其相互之间的关系

光合作用是植物重要的生命特征之一，它受到外界环境条件和内部因素的共同制约，如光照、温度、水分、CO_2 浓度、空气湿度等都可以改变植物内部的生理生化过程影响光合作用的进行。一个物种对环境的适应性间接或直接与其光合水平的适应性有关。反之，光合特性又影响叶片的生化和生理过程（杨婷等，2013）。亚高寒草甸植物的光合特性反映了植物对高原特殊自然环境条件的响应和适应。许多研究表明，物种之间在净光合速率（P_n）、蒸腾速率（T_r）以及水分利用效率（WUE）等光合特性上有着明显的差异，并认为这种差异是自然选择的结果。本章对分布在合作市周边山地不同坡向亚高寒草甸中的 12 科 41 种植物进行了分析，结果表明，不同物种在 P_n、T_r 和 WUE 之间差异显著。这说明，高寒草甸不同坡向上各主要组分种虽然处在相似的海拔条件下，但是在光合策略上物种之间还是有差异的，这主要是各坡向之间的土壤含水量、土壤温度及光照度等环境因子的差异（表 10-1），致使物种各自采用不同的方式来适应坡向这种微气候生境。本章研究表明，莎草科和禾本科植物普遍具有较高的 P_n 及 WUE（图 10-2），这可能与其叶片特殊的形态学、解剖学和生理学特征有关。杂草类植物在总体上显示了低的 WUE，这同样跟其叶片的结构特点相关。

莎草科植物与禾本科植物较高的 P_n 保证了它们可以充分利用资源来获得较高的生产力，进而保证了它们在阳坡中作为优势种的地位，极大地提高了阳坡草地的生产力。

10.4.2 坡向梯度上植物群落结构变化及其水分利用效率

在阳坡—阴坡梯度上，植物物种的组成发生了明显的改变，群落的优势种也发生了很大的变化。我们在样方调查中发现，与阳坡的植物相比，阴坡植物群落中杂草类的比例有很大的增加，豆科植物的相对多度则在半阴坡、半阳坡较大（图 10-1）。以往研究关注的重点都放在物种多样性、生产力的大小以及植物功能性状（刘旻霞和王刚，2013）。本研究则希望探究微气候生境下植被组成的变化与其光合特性对坡向的响应机制。在阳坡的草地群落中，由于土壤温度、光照度等均高于阴坡，植被在进行干物质积累的光合作用时，蒸腾作用对其土壤水分的影响是重要的。WUE 作为植物 P_n 与 T_r 的比值，反映了植物对水分使用的节约程度，高的 WUE 表示植物在生长过程中高效地使用了水分，生产单位干物质使用了较少的土壤水分，低 WUE 的植物则与之相反。

一些研究表明，生长光强对植物光合能力与叶片氮含量关系影响显著，其原因主要与氮在光合机构不同组分中的分配比例、单位叶绿素的电子传递能力以及 RuBP 羧化酶的活性有关（Takashima et al.，2004）。Evans（1989）认为，在特定环境下，即使叶片氮含量较高，其光合能力不一定很强，尤其是阴生植物，其适应低光环境的策略主要是分配较多的氮于类囊体中进行光合作用，但单位叶绿素的电子传递能力却下降了，从而限制了 P_n 的提高，因此植物光合能力与叶片氮含量并不一定成正比例关系，这与我们之前的研究结果一致，即阴坡的植物叶片氮含量高于阳坡，而本研究结果显示，在土壤含水量相对较高的阴坡，其杂草具有较低的 P_n，这也与 Maricle 和 Adler（2011）的研究结果一致，即降水过多使叶肉细胞处于低渗状态，降低了光合作用速率和光量子效率。

本研究表明，高光合适应性使得莎草科植物与禾本科植物具有高的资源利用效率，从而对阳坡的生境有着较好的适应性，保证其在阳坡生长良好，能够成为阳坡的优势种。莎草科植物、禾本科植物与豆科、杂草相比有着显著高的光合速率和差异显著的蒸腾速率，这使得它们具有高的水分利用效率（图 10-2）。

在坡向梯度上，各功能群平均 WUE 大小之间的比较（图 10-2）显示，禾本科植物具有最高的 WUE，莎草科植物次之，豆科植物和其他杂草类植物的 WUE 较小。结合样方调查的结果（图 10-1）可以推断，生长在阳坡的植物，在进行干物质生产过程中，通过蒸腾作用耗散到空气中的水分要大于阴坡生长的植物，从而使土壤水分的减少要多于阴坡。过多的土壤水分在生长季节通过蒸腾作用散失掉，从而使土壤含水量进一步减少。所以要保护和恢复退化草地资源，对典型草地群落物种的保护和在已经退化的草地上补充高 P_n 及高 WUE 的物种将是一个有益的途径。

10.5　本 章 小 结

本章利用净光合速率、气孔导度、蒸腾速率以及水分利用效率等光合指标，对青藏高原东缘亚高寒草甸山地的 12 科 41 种主要植物进行了光合指标测定，结合对不同坡向植物群落的样方调查，分析了各种植物之间以及不同功能群之间的净光合速率、气孔导度、蒸腾速率和水分利用效率等光合参数的差异。结果表明：调查样地沿坡向梯度物种组成丰富，局域尺度物种的组成变化明显，调查物种共计 7 科 41 种，各物种之间在 4 个主要光合参数上差异显著，其中，最低 P_n 为阴坡蔷薇科的野草莓（*Fragaria vesca*），大小为 5.06 μmol $CO_2/(m^2{\cdot}s)$。最高为阳坡莎草科的矮生嵩草（*Kobresia humilis*），大小为 74.99 μmol $CO_2/(m^2{\cdot}s)$。被调查的 41 个种的 P_n 较大的主要集中在莎草科和禾本科植物中。在研究的 41 个植物物种中，嵩草（*Kobresia myosuroides*）的 G_s 最大，为 2.15 mol $H_2O/(m^2{\cdot}s)$，与之相对应的是，它的 T_r 也相对较大，达到 31.40 mmol $H_2O/(m^2{\cdot}s)$。G_s 最小的是阴坡的野草莓，为 0.10 mol $H_2O/(m^2{\cdot}s)$，相应地，其 T_r 为 5.42 mmol $H_2O/(m^2{\cdot}s)$。阳坡的矮生嵩草不仅有最高的 P_n［74.99 μmol $CO_2/(m^2{\cdot}s)$］，同时其 WUE 也是最高的（4.14 μmol CO_2/mmol H_2O）。

合作地区亚高寒草甸的主要物种在净光合速率、气孔导度、蒸腾速率和水分利用效率 4 个光合特性参数上差异显著（$P<0.05$），表明各植物物种以各自独特的方式适应高寒草甸山地环境；在功能群水平上，各功能群之间的差异亦显著。光合速率最大的为禾本科，其次为莎草科，豆科与杂草的光合速率值大小相当。各功能群水分利用效率的大小变化趋势与光合速率相似，大小排序为禾本科>莎草科>杂草>豆科；蒸腾速率禾本科和莎草科显著高于豆科和杂草，豆科和杂草功能群变化不大；气孔导度则是豆科与杂草均低于莎草科与禾本科。可以看出，禾本科植物在亚高寒草甸有着较高的资源利用效率，这保证了各坡向梯度上禾本科植物的优势地位。另外，坡向梯度上植物群落组成发生了明显变化，阳坡主要组成物种为莎草科和禾本科；而阴坡则主要由杂草组成，豆科的相对多度在半阴坡、半阳坡较大。在蒸腾速率变化不大的情况下，莎草科与禾本科的水分利用效率明显高于豆科与杂草。因此，在高寒草甸保护和退化恢复过程中，所选的高光效、高水分利用效率的植物种在当地植被恢复与重建过程中有很高利用价值。

参 考 文 献

陈根云, 陈娟, 许大全. 2010. 关于净光合速率和胞间 CO_2 浓度关系的思考. 植物生理学通讯, 46(1): 64-66.

陈晓英, 李翠, 郭晓云, 等. 2020. 3 种紫堇属植物叶片光合特性研究. 植物资源与环境学报, 29(1): 1-7.

段然, 杨春宇, 苏加福. 2018. 园林照明对窄叶石楠光合指标的影响. 同济大学学报(自然科学版), 46(7): 951-955.

郭金博, 华建峰, 殷云龙, 等. 2021.‘中山杉 302’×墨西哥落羽杉回交子代叶片光合性状和叶绿素含量的 QTL 定位. 植物资源与环境学报, 30(3): 1-7.

韩瑞锋, 李建明, 胡晓辉, 等. 2012. 甜瓜幼苗叶片光合变化特性. 生态学报, 32(5): 1471-1480.

黄云鹏, 聂森, 黄雍容, 等. 2022. 不同林龄木麻黄光合生理日变化及影响因子. 福建林业科技, 49(4): 1-7.

姜武, 姜卫兵, 李志国. 2007. 园艺作物光合性状种质差异及遗传表现研究进展. 经济林研究, 25(4): 102-108.

李梦竹, 叶红朝, 贾方方, 等. 2023. 不同干旱程度胁迫条件下烤烟叶片气孔导度的光谱响应. 烟草科技, 56(2): 26-33.

刘旻霞, 王刚. 2013. 高寒草甸植物群落多样性及土壤因子对坡向的响应. 生态学杂志, 32(2): 259-265.

刘旻霞, 于瑞新, 穆若兰, 等. 2021. 兰州北山不同海拔 3 种典型绿化树种光合特性研究. 生态环境学报, 30(10): 1943-1951.

莫佳佳, 闫妍, 黄玉清, 等. 2023. 成熟期芒果阴阳叶光合速率对生理生化参数响应差异研究. 南宁师范大学学报(自然科学版), 40(1): 164-171.

牛雯, 蒋志荣, 杨育苗, 等. 2018. 四种锦鸡儿属植物光合指标变化与环境因子的关系. 甘肃农业大学学报, 53(6): 187-194.

潘瑞炽. 2008. 植物生理学. 北京: 高等教育出版社.

潘业兴, 王帅. 2016. 植物生理学. 延吉: 延边大学出版社.

宋宇航, 张孟寒, 周瑞祥, 等. 2023. 灌浆期郑麦 1860 旗叶的光合速率及叶绿体超微结构分析. 麦类作物学报, 43(6): 744-752.

王渌, 张志浩, 郭建曜, 等. 2021. 五个不同花椒品种抗旱特性比较. 植物生理学报, 57(2): 419-428.

吴强盛. 2018. 植物生理学实验指导. 北京: 中国农业出版社.

杨婷, 许琨, 严宁, 等. 2013. 三种高山杜鹃的光合生理生态研究. 植物分类与资源学报, 35(1): 17-25.

叶子飘, 于强. 2009. 光合作用对胞间和大气 CO_2 响应曲线的比较. 生态学杂志, 28(11): 2233-2238.

裔传祥. 2018. 基于遥感信息的植被冠层气孔导度参数化模型研究. 南京: 南京信息工程大学硕士学位论文.

赵洪贤, 张洋军, 徐铭泽, 等. 2022. 油蒿叶片氮分配对其最大净光合速率季节变异的影响. 生态学报, 42(17): 7156-7166.

Evans J R. 1989. Photosynthesis and nitrogen relationships in leaves of C_3 plants. Oecologia, 78(1): 9-19.

Field D J. 1994. What is the goal of sensory coding? Neural computation, 6(4): 559-601.

Maricle B R, Adler P B. 2011. Effects of precipitation on photosynthesis and water potential in *Andropogon gerardii* and *Schizachyrium scoparium* in a southern mixed grass prairie. Environmental and Experimental Botany, 72(2): 223-231.

Marshall B, Biscoe P V. 1980. A model for C_3 leaves describing the dependence of net photosynthesis on irradiance. Journal of Experimental Botany, 31(1): 41-48.

Nealson K H, Conrad P G. 1999. Life: past, present and future. Philosophical Transactions of the Royal Society of London. Series B: Biological Sciences, 354(1392): 1923-1939.

Outlook A E. 2010. Energy information administration. Department of Energy, 92010(9): 1-15.

Raven J A. 2009. Functional evolution of photochemical energy transformations in oxygen producing organisms. Functional Plant Biology, 36(6): 505-515.

Takashima T, Hikosaka K, Hirose T. 2004. Photosynthesis or persistence: nitrogen allocation in leaves of evergreen and deciduous *Quercus* species. Plant Cell & Environment, 27(8): 1047-1054.

Ye Z P, Suggett D J, Robakowski P, et al. 2013. A mechanistic model for the photosynthesis-light response based on the photosynthetic electron transport of photosystem II in C_3 and C_4 species. The New Phytologist, 199(1): 110-120.

第 11 章　高寒草甸阴坡—阳坡梯度上植物物种逆境生理变化

11.1　植物逆境生理研究的目的和意义

自然界的植物并不总是生活在适宜的环境条件下，植物生长所需的一些因子经常会低于或高于植物的正常需要，从而影响植物的生长发育，甚至导致植物死亡。通过对环境胁迫的分析，揭示植物在不良环境条件下的生理生化变化，来提高植物的抗胁迫能力，以获得更高的产量和品质。逆境（environmental stress）是对植物生长和生存不利的各种环境因素的总称，又称胁迫。植物在逆境下的生理反应称为逆境生理（stress physiology）。植物对环境胁迫的最直观反应表现在形态上。如植物遭受严重水分胁迫后，会产生一些明显的症状，如叶子卷曲、起皱、产生坏死斑点和过早凋落等。同时，植物的生长也会因环境胁迫而受影响，如植物对水分逆境就高度敏感，特别是叶子，轻度的水分亏缺就足以使叶生长显著减弱。尽管植物形态和生长方面对环境胁迫的反应较为直观，但往往滞后于生理反应，一旦造成伤害，则难以恢复。而通过研究植物对环境胁迫的生理反应，不但有助于揭示植物适应逆境的生理机制，更有助于生产上采取切实可行的技术措施，提高植物的抗逆性或保护植物免受伤害，为植物的生长创造有利条件。

11.1.1　植物逆境生理研究的内容

植物在自然界漫长的进化与演变过程中，需要经历各种环境因子胁迫，优胜劣汰，逐渐发展形成了适应逆境环境的各种有效生理机制（宗小天等，2023）。不同类型的植物适应环境变化的能力、方式和机制等各不相同，它们可以在不同结构水平上（如分子、细胞、组织、个体及群体等）对外界干扰作出不同的响应，根据它们的类型，可以分为生理适应性及生态适应性等（马子元等，2022）。正是因为植物自身具有一定的适应环境的能力，使得它们可以减轻逆境胁迫的不利影响。植物的逆境生理主要体现在以下三大方面，即水分、温度和盐胁迫。

1. 水分

水分胁迫。在一定的环境条件下，当植物蒸腾消耗的水分大于吸收的水分时，植物体内的水分含量就会出现亏缺现象，即发生水分胁迫（water stress）。在水分胁迫情况下，植物体内会发生一系列相应的生理生化变化，主要体现在以下几个方面。

（1）生长受到抑制。植物的生长对水分逆境高度敏感，特别是叶子，轻度的水分亏缺就足以使叶生长显著减弱，如研究不同程度的水分胁迫对玉米株高影响后发现，当叶水势降到–0.62 MPa 时，株高只有对照的 81%左右，当叶水势降到–1.00 MPa 时，株高只有对照的 59%左右（姬江涛等，2023）。水分亏缺对生长的影响有直接和间接两种，直接影响是缺水时细胞紧张度降低，使细胞不能增大和正常分裂，间接影响是通过缺水对光合作用的不利效应而影响生长。

（2）光合作用减弱。研究表明，随着土壤水势的降低，植物的光合速率会显著下降。据许琪等（2019）报道，在高温干旱条件下，板栗叶片温度升高、气孔阻力增大，光合速率大大降低。在水分胁迫下植物光合速率受抑制的原因既有对 CO_2 同化的气孔性限制，又有非气孔性限制。气孔性限制是指水分胁迫使气孔开度减小，气孔阻力增大，限制了植物对 CO_2 的吸收，致使光合作用减弱。非气孔性限制是指水分胁迫使叶绿体的片层结构受损，希尔反应减弱，光系统Ⅱ活力下降，最终表现为叶绿体的光合活性下降。

（3）内源激素代谢失调。水分胁迫可打破植物内源激素平衡，总趋势为促进生长的激素减少，而延缓或抑制生长的激素增多，主要表现为酸性磷酸酶（acid phosphatase，APA）大量增多，乙烯合成加强，细胞分裂素（cytokinin，CTK）合成受抑制（刘元玺等，2024）。如研究发现，小麦萎蔫 4 h 后，其叶片中 APA 含量增加了近 10 倍（张庆祝等，2004）。研究还证实，干旱时 APA 累积是一种主要的根源信号，经木质部蒸腾流到达叶的保卫细胞，抑制内流 K^+通道和促进苹果酸的渗出，使保卫细胞膨压下降，引起气孔关闭，蒸腾减少（高亚南等，2022）。

（4）氮代谢异常。在水分胁迫下，由于核酸酶活性提高，多聚核糖体解聚及高能磷酸化合物，即三磷酸腺苷（adenosine triphosphate，ATP）合成减少，使蛋白质合成受阻。水分胁迫引起氮代谢失常的另一个显著变化是游离氨基酸增多，特别是脯氨酸（proline，Pro）（尹美强等，2023）。

（5）酶系统发生变化。在水分胁迫情况下，植物细胞内酶系统总的变化趋势是合成酶类活性下降，水解酶类和某些氧化还原酶类活性升高（廖振锋等，2023）。如有研究证实，在水分胁迫下，植物叶绿体中与光合作用有关的酶类活性下降，而核酸水解酶活性升高。在水分胁迫下，植物保护酶体系的主要酶类——超氧化物歧化酶（superoxide dismutase，SOD）、过氧化氢酶（catalase，CAT）及过氧化物酶（peroxidase，POD）活性表现出上升和下降 2 种不同的变化趋势。耐旱植物在适度的干旱条件下 SOD 活性通常升高，清除活性氧的能力增强。干旱敏感型植物受旱时，SOD 活性通常降低。CAT 与 POD 活性的变化表现出与 SOD 相同的趋势。

（6）糖代谢发生变化。在水分胁迫情况下，植物体内的可溶性糖含量通常会增加，这是植物对水分胁迫的适应性反应（高彦婷等，2021）。

涝害胁迫。涝害（flood injury）是指土壤水分过多对植物产生的伤害（谢永凯等，2023）。水分过多的危害并不在于水分本身，而是由于水分过多引起缺氧，从而产生一系列危害。植物的涝害胁迫是指水分过多导致植物生长发育不良甚至死亡的现象，广义上的涝害又分为涝害和湿害，涝害是指田间积水时植物被淹没所受的伤害，湿害是种植在旱地里的植物在土壤水分过多时所受的危害。

2. 温度

高温胁迫。温度也是影响植物生长发育的重要因子之一，对植物产生有害效应的过高温度称为高温胁迫，由此对植物造成的伤害为热害（胡杏等，2022）。通常在强烈的太阳光下，叶温比气温略低，植物通过蒸腾作用向外界散失水分引起气孔的关闭，从而使叶温骤然升高造成高温伤害。在高温胁迫下，植物会出现各种热害反应，其中直接的反应有蛋白质变性和膜脂液化（张川等 2022）。植物在高温胁迫下的间接生理反应主要表现在有毒物质的积累、生长受抑制和蛋白质合成受阻三个方面。

低温胁迫。低温胁迫同样是影响植物生长发育和产量的重要胁迫因素之一（Shahzad et al.，2020）。在低温胁迫下，植物生长缓慢，叶片萎蔫失绿，产量和品质不同程度下降。为了适应低温环境，植物会启动一系列机制来响应低温胁迫，包括作物细胞内酶活性、信号传导原生质体的变化以及细胞膜功能和结构的变化。

3. 盐胁迫

土壤中可溶性盐分过多，对植物产生不利效应称为盐胁迫，对植物造成的伤害为盐害。由于灌溉和化肥使用不当、工业污染等原因使我国土壤的盐碱化程度严重，如果能够得当地开发和利用盐碱地并有效遏制土壤盐碱化，对于发展农林业具有巨大的促进作用（徐磊等，2023）。植物对盐胁迫的生理反应有以下几个方面。

（1）产生渗透胁迫。土壤中可溶性盐分过多使土壤水势降低，导致植物吸水困难，造成生理干旱。

（2）离子失调。土壤中某种离子过多往往排斥植物对其他离子的吸收。

（3）打破植物的能量平衡。盐胁迫对植物造成伤害的另一个可能的途径是，盐害会打破植物的能量平衡（迟晓峰和韩琳，2019）。能量平衡的打破是 ATP 的减少或碳水化合物转移的减少造成的。能量平衡的打破还可能是因为光合作用的产物由生长调节转向了渗透调节、生长调节物质产生了变化、维持呼吸和离子运输的能量增加等。

（4）有毒物质的积累。盐胁迫使植物体内积累有毒物质，如大量氮代谢的中间产物，包括 NH_3 和某些游离氨基酸（异亮氨酸、鸟氨酸和精氨酸）转化成的具有一定毒性的腐胺，它们又可被氧化为 NH_3 和 H_2O_2（赵韦，2019）。所有这些有毒物质都会对植物细胞造成一定的伤害。

11.1.2　植物逆境生理的研究方法

胁迫条件下，细胞主动形成渗透调节物质，提高溶质浓度，以适应逆境胁迫。通过对这些调节物质浓度的变化进行研究，可以很好地体现植物的逆境生理状况（韩晓栩等，2021）。叶绿素是植物吸收太阳光能进行光合作用的重要物质，叶绿素含量与叶片光合作用密切相关，直接影响植物有机物质的积累，进而影响植物的生长速度。植物体内的脯氨酸含量与植物的抗逆性密切相关，在干旱、低温、盐碱、高温、光照等胁迫下，植物体内迅速累积脯氨酸，通过渗透调节作用来维持细胞一定的含水量和膨压势，从而增强植物的抗旱能力和抗逆性。可溶性糖含量的增高也有利于植物适应干旱生境。

脯氨酸作为游离氨基酸之一，存在于大部分生物体内。脯氨酸积累是植物在生物和非生物胁迫下的一种重要的代谢适应性机制，其主要功能是作为渗透调节物质，维持细胞内外渗透平衡，增强植物抗逆性。此外在自由基清除、降低细胞酸性及作为金属螯合剂等方面也具有重要作用（张林等，2023）。盐度的升高会引起脯氨酸在植物体内的迅速积累，并通过不同方式帮助它们进行高盐适应性生存。同时，研究发现，脯氨酸的疏水端能够与蛋白质结合成疏水骨架进而可以维护生物膜结构，控制离子进出，通过保护细胞完整性让生物体进行更好的生存（陈运梁等，2023）。且脯氨酸在生物体内最后也会以氨氮的形式排出体外。脯氨酸作为重要的渗透调节剂之一，占生物体内氨基酸含量的比例较高，在盐度变化过程中可以通过自身合成积累与代谢帮助生物体维持渗透平衡。另外，在遭受干旱等胁迫时植物体内会快速积累脯氨酸，这些累积的脯氨酸可通过渗透调节，从而增强植物的抗逆性（刘丽苹等，2023）。

糖类由碳、氢、氧 3 种元素组成，是多羟基醛或酮类及水解后能生成多羟基醛或酮的一类化合物。植物体内的可溶性糖在生物细胞内呈溶解状态，包含绝大部分的单糖和寡糖，在植物的生命周期中具有重要作用：①可溶性糖是植物新陈代谢的基础，是植物在生长发育过程中重要的能量来源，可为植物的生长发育提供能量和代谢的中间产物，促进植物种子萌发和早期幼苗的发育。②是植物生长发育和基因表达的重要调节因子，可溶性糖作为小分子有机化合物，是参与植物细胞内渗透压调节的重要溶质，当受到渗透胁迫时，植物会主动积累一些溶质以降低渗透势，进而抵抗胁迫伤害。可溶性糖可调节植物衰老、叶片形成、果实成熟等过程。可溶性糖作为植物重要的渗透调节物质之一，其含量的增加可以认为是植物对水分胁迫的适应机制，其含量的变化也能反映植物受到胁迫的程度（田晓成等，2023）。

叶绿素是植物进行光合作用的主要色素，是一类含脂的色素家族，位于类囊体膜。叶绿素吸收大部分的红光和紫光但反射绿光，所以叶绿素呈现绿色，它在光合作用的光吸收中起核心作用。叶绿素为镁卟啉化合物，包括叶绿素 a、叶绿素 b、叶绿素 c、叶绿素 d、叶绿素 f 以及原位叶绿素和细菌叶绿素等。叶绿素不很稳定，光、酸、碱、氧、氧化剂等都会使其分解。酸性条件下，叶绿素分子很容易失去卟啉环中的镁成为去镁叶绿素。叶绿素含量的多少与光合作用密切相关，它们影响植物生长速度的快慢和有机物质的积累（马媛等，2022）。

11.1.3 高寒草甸植物叶片生理指标的研究

青藏高原是世界特殊或极端环境类型最多的地区之一，也是人类尚未充分开发利用的珍贵遗传资源宝库。近年来，青藏高原特殊的植物资源及其生境正面临着人类活动和全球气候变暖的威胁。微地形坡向是青藏高原的主要地形因子之一，在几百米的尺度上，生境因子、植物群落结构、物种多样性等变化剧烈，这些变化导致植物生理指标也随之发生了很大变化。迄今，学者对青藏高原高山植物忍受极端环境（如寒冷、强辐射、降水少、气压低和频繁的疾风与冰雹等）的生理生态特性进行了大量研究。但对于青藏高原高寒草甸植被，特别是其生理指标对研究微地形与高山植物之间的关系鲜有报道。为此，本章以青藏高原东北部的典型高寒草甸植物为研究对象，通过对不同坡向 6 种不同科属的常见物种［矮生嵩草（*Kobresia humilis*）、甘肃棘豆（*Oxytropis kansuensis*）、狼毒（*Stellera chamaejasme*）、莓叶委陵菜（*Potentilla fragarioides*）、火绒草（*Leontopodium leontopodioides*）、金露梅（*Dasiphora fruticosa*）］叶片生理指标变化的研究，探讨了高寒草甸植物碳稳定同位素技术及渗透调节物质与环境因子之间的关系，旨在从生理水平揭示高寒草甸植物的抗性机理，为高寒环境下选育优质牧草提供技术支撑。

11.2 实验设计与方法

11.2.1 样品采集

于 2016 年 7～8 月进行野外实验，在当周沟附近选择 2 个南北坡差异较为明显的山地，用 360°罗盘测定坡向，在山体中部位置，采用逆时针方向布设 5 个研究样地，分别标记为阴坡（N）、半阴坡（NW）、西坡（W）、半阳坡（SW）和阳坡（S），样地间距 22～32 m。在每个样地中部，沿山体垂直方向布设大小均为 50 cm×50 cm 的 4 个调查样方，间隔 1 m，调查样方内物种数、个体数及盖度。在不同的样地分别采摘相应的健康植物叶片并做标记，采集每种植物的叶子 90 g，放入液氮罐中保鲜，之后用于测定脯氨酸、叶绿素和可溶性糖等含量。用直径 5 cm 的土钻在每个样方内采用梅花五点法钻取 5 钻土壤（0～20 cm 土层），混合后装入铝盒。选择的 6 种典型代表物种见表 11-1。

表 11-1　典型代表物种

物种	科	属	地位	特点
矮生嵩草	莎草科	薹草属	建群种或伴生种	宜生长在冷湿的山地环境
甘肃棘豆	豆科	棘豆属	优势种或亚优势种	对土壤环境有着良好的适应
狼毒	瑞香科	狼毒属	优势种	具有极强的环境适应能力
莓叶委陵菜	蔷薇科	委陵菜属	优势种	喜冷凉湿润气候，耐寒、耐阴
火绒草	菊科	火绒草属	优势种	具有强大的繁殖和环境适应能力
金露梅	蔷薇科	金露梅属	优势种	耐寒，具有较高的药用价值

11.2.2　脯氨酸含量的测定

脯氨酸含量采用酸性茚三酮比色法测定（王学奎，2007）。磺基水杨酸对脯氨酸有特定反应，当用磺基水杨酸提取植物样品时，脯氨酸便游离于磺基水杨酸溶液中。然后用酸性茚三酮加热处理，茚三酮与脯氨酸反应，生成稳定的红色化合物，再用甲苯处理，则色素全部转移至甲苯中，色素的深浅即表示脯氨酸含量的高低。在 520 nm 波长下测定吸光度，即可从标准曲线上查出脯氨酸的含量。具体的操作步骤如下，称取新鲜叶片 0.5 g，共 3 份，分别置于试管中，然后向各试管中分别加入 3%的磺基水杨酸溶液 5 mL，沸水浴 10 min，冷却后取 2 mL 滤液加入 2 mL 冰醋酸和 2 mL 酸性茚三酮试剂，再沸水浴 30 min，冷却后加入 4 mL 甲苯振荡 30 s 后静置片刻，取上清液 10 mL 至离心管中，在 3000 r/min 下离心 5 min，以甲苯为空白对照，测定波长为 520 nm 的吸光度值，用标准曲线根据式（11-1）计算脯氨酸含量。

$$\text{单位鲜质量的脯氨酸含量}=\frac{X\times V_{\mathrm{T}}}{W\times V_{\mathrm{S}}} \tag{11-1}$$

式中，X 为从标准曲线查出的 2 mL 滤液中的脯氨酸含量（μg/2mL）；V_{T} 为提取液体积（mL）；V_{S} 为测定时取用的样品体积（mL）；W 为样品质量（g）。

11.2.3　可溶性糖含量测定

可溶性糖含量采用蒽酮比色法测定（王学奎，2007）。糖类物质是植物体的重要组成成分之一，也是新陈代谢的主要原料和贮存物质。不同栽培条件、不同成熟度都可以影响植物体内糖类的含量。因此，对植物体内可溶性糖的测定可以反映植物的生长质量。糖类遇浓硫酸脱水生成糖醛或其衍生物，糖醛或羟甲基糖醛进一步与蒽酮试剂缩合产生蓝绿色物质，其可见光 620 nm 波长处有最大吸收，且其光吸收值在一定范围内与糖的含量成正比，此法具有灵敏度高、简便快捷、适用于微量样品的测定等优点。具体的操作步骤如下：称取新鲜植物叶片 0.2 g，共 3 份，加入 5～10 mL 蒸馏水，塑料薄膜封口，于沸水中提取 30 min（提取 2 次），提取液过滤入 25 mL 容量瓶中，吸取样品提取液 0.5 mL 于 20 mL 刻度试管中（重复 3 次），加蒸馏水 1.5 mL。然后按顺序向试管中加入 0.5 mL 蒽酮乙酸乙酯试剂和 5 mL 浓硫酸，充分振荡后放入沸水浴中保温 1 min，取出自然冷却后在 630 nm 波长下测其吸光度，用标准曲线根据式（11-2）计算可溶性糖含量。

$$\text{可溶性糖含量} = \frac{C \times V_{\mathrm{T}} \times N}{W \times V_{\mathrm{S}} \times 10^3} \tag{11-2}$$

式中，C 为从标准曲线查得的蔗糖量；N 为样品提取液稀释倍数；其余字母含义同式（11-1）。

11.2.4 叶绿素含量测定

叶绿素含量采用乙醇浸提法测定（王学奎，2007）。叶绿素不溶于水，而易溶于有机溶剂，可用多种有机溶剂，如丙酮、乙醇或二甲基亚砜等研磨提取或浸泡提取。叶绿素在特定提取溶液中对特定波长的光有最大吸收，用分光光度计测定该波长下叶绿素溶液的吸光度（也称为光密度），根据叶绿素在各波长下的吸光度不同，测定各特定峰值波长下的吸光度，再根据色素分子在特定峰值波长下的吸取系数即可计算出叶绿素含量。具体操作步骤如下：称取剪碎叶片鲜样 0.3 g，共 3 份，加入 95%乙醇和少许石英砂及 $CaCO_3$ 研磨后，提取液经漏斗过滤到棕色容量瓶中，用 95%乙醇定容后，利用分光光度计分别测定波长 665 nm、649 nm 和 470 nm 处的吸光度值，用式（11-3）～式（11-6）计算其叶绿素含量。

$$C_{\mathrm{a}} = 13.95A_{665} - 6.88A_{649} \tag{11-3}$$

$$C_{\mathrm{b}} = 24.96A_{649} - 7.32A_{665} \tag{11-4}$$

$$C_{\mathrm{X \cdot C}} = \frac{1000A_{470} - 2.50C_a - 114.8C_b}{245} \tag{11-5}$$

式中，C 为叶绿素含量；C_{a} 为叶绿素含量 a；C_{b} 为叶绿素含量 b；$C_{\mathrm{X \cdot C}}$ 为总的叶绿素含量；A 为吸光度；A_{665} 为色素分子在波长 665 nm 处的吸光度；A_{649} 为色素分子在波长 649 nm 处的吸光度；A_{470} 为色素分子在波长 470 nm 处的吸光度。

式（11-3）～式（11-5）相加后得

$$\text{叶绿素含量（mg/g）} = \frac{C \times V \times N}{W} \tag{11-6}$$

11.3　坡向梯度植物生理特征

11.3.1　光照度、土壤含水量和土壤温度随坡向的变化

由图 11-1 可以看出，在所选的两座山坡的坡向梯度上，光照度、土壤温度和土壤含水量沿坡向从阴坡到阳坡变化明显。光照度总体体现为阳坡高于阴坡，在山坡 1，从阴坡到半阴坡光照度呈降低的趋势，之后从西坡开始呈增大的态势，在阳坡达到最大值。而在山坡 2，光照度从阴坡到阳坡递增，其中，在西坡坡向，光照度从半阴坡的 615.32 lx 增大到 695.46 lx，在阳坡达 716.25 lx。

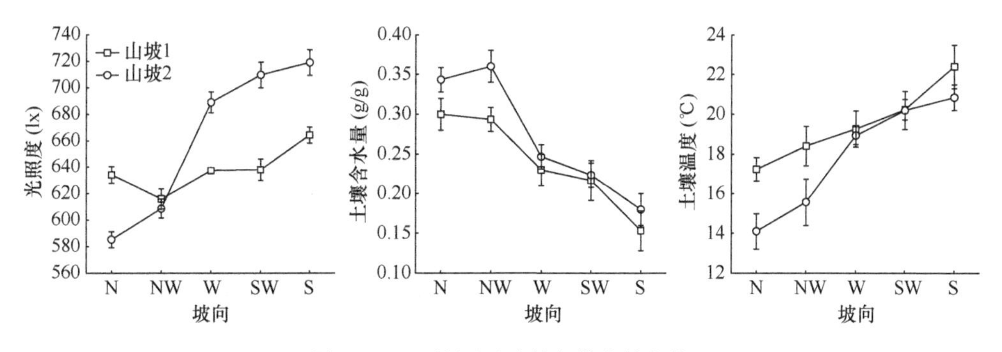

图 11-1　环境因子随坡向梯度的变化

所选两座山坡土壤含水量的变化规律一致，均是在阴坡较高，阳坡较低，其中，两座山坡从半阴坡到西坡的递减程度较大，总体表现为阴坡>半阴坡>西坡>半阳坡>阳坡，各坡向之间差异明显，在阳坡两山坡的土壤含水量达到最低值。两山坡土壤温度的变化趋势基本一致，其中，最高土壤温度在阳坡高达 23.85℃，阴坡只有 14.76℃，变化趋势为阳坡>半阳坡>西坡>半阴坡>阴坡，阳坡与阴坡之间差异明显。

11.3.2　植物叶片脯氨酸含量随坡向的变化

脯氨酸的积累是植物响应环境胁迫，特别是水分胁迫的重要机制之一。水分胁迫下，脯氨酸含量都有明显增加，起到了渗透调节的作用。

在阴坡—阳坡梯度上，随着土壤温度和光照度逐渐增大，土壤含水量在不断减少，即水分胁迫增强，6 种植物的脯氨酸含量均有增加（图 11-2）。狼毒的脯氨酸含量在阴坡、半阴坡、西坡、半阳坡和阳坡分别为 5.43 μg/g、6.52 μg/g、7.43 μg/g、11.21 μg/g 和 22.05 μg/g，阴坡、西坡、半阳坡与阳坡之间差异显著；甘肃棘豆的脯

氨酸含量分别从阴坡的 10.2 μg/g 增加到半阴坡的 12.46 μg/g、西坡的 13.12 μg/g、半阳坡的 14.21 μg/g 及阳坡的 23.37 μg/g，除阴坡与半阴坡外，其余坡向均有显著差异；莓叶委陵菜的脯氨酸含量分别从阴坡的 5.98 μg/g 增加到西坡的 7.11 μg/g、半阳坡的 8.23 μg/g 和阳坡的 11.69 μg/g，除西坡和半阳坡外，其余坡向差异显著；火绒草的脯氨酸含量分别从阴坡的 4.57 μg/g 增加到半阳坡的 11.51 μg/g 和阳坡的 15.09 μg/g，阳坡与半阳坡差异显著；矮生嵩草的脯氨酸含量在阴坡、西坡和阳坡差异显著，分别为 7.98 μg/g、9.07 μg/g 和 12.49 μg/g，阴坡、半阴坡与西坡、半阳坡、阳坡之间有显著差异；金露梅在阴坡及阳坡的脯氨酸含量分别是 12.37 μg/g、13.89 μg/g，阴、阳两个坡向之间有显著差异，半阴坡、西坡、半阳坡间的差异不显著。

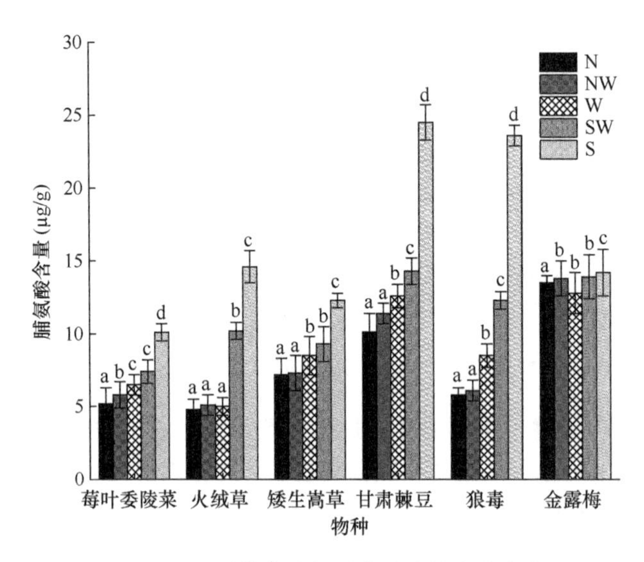

图 11-2　6 种植物脯氨酸含量随坡向的变化

不同小写字母的表示同一物种不同坡向之间差异显著（$P<0.05$）。下同

总的来说，沿坡向梯度从阴坡到阳坡，狼毒、甘肃棘豆、莓叶委陵菜、火绒草和矮生嵩草的脯氨酸含量整体呈升高的趋势，其中，火绒草、甘肃棘豆和狼毒在阳坡的增幅最大。植物脯氨酸的累积量越大，表明其抗逆性越强，在阴坡—阳坡梯度上，脯氨酸的平均含量大小依次为甘肃棘豆>狼毒>金露梅>火绒草>矮生嵩草>莓叶委陵菜。

11.3.3　植物叶片可溶性糖含量随坡向的变化

逆境胁迫不仅可以诱导一些小分子溶质，还可诱导可溶性糖含量的变化，这些可溶性糖在植物体内也起到了渗透调节作用。

由图 11-3 可见，在阴坡—阳坡梯度上，狼毒的可溶性糖含量分别为 28.23 mg/g，26.21 mg/g、30.05 mg/g、38.86 mg/g 与 48.63 mg/g；半阳坡与阳坡的可溶性糖含量较大，阳坡的可溶性糖含量大于其他坡向，阴坡、半阴坡及西坡与阳坡之间差异显著。甘肃棘豆的可溶性糖含量在阴坡—阳坡梯度分别为 14.65 mg/g、14.45 mg/g、16.23 mg/g、41.35 mg/g 和 48.37 mg/g，阴坡、半阴坡、西坡、半阳坡与阳坡之间差异显著。莓叶委陵菜的可溶性糖含量在阴坡—阳坡梯度分别为 27.47 mg/g、28.73 mg/g、31.05 mg/g、33.23 mg/g 和 38.65 mg/g，除西坡与半阳坡外，其余坡向差异显著。矮生嵩草的可溶性糖含量在阴坡—阳坡梯度分别是 28.01 mg/g、29.33 mg/g、30.01 mg/g、43.89 mg/g 和 44.13 mg/g，阴坡与半阳坡、阳坡之间差异显著（$P<0.05$）。火绒草的可溶性糖含量在阴坡—阳坡梯度分别是 14.56 mg/g、16.32 mg/g、16.88 mg/g、17.52 mg/g 和 20.08 mg/g，阴坡与半阴坡、半阳坡、西坡、阳坡之间差异显著。金露梅在阴坡和阳坡的可溶性糖含量分别为 40.23 mg/g 和 42.50 mg/g，两个坡向之间差异显著，其余 3 个坡向间差异不显著。

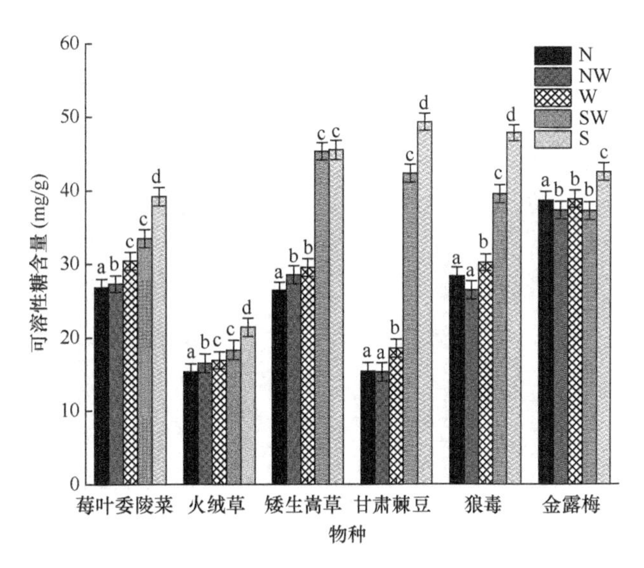

图 11-3　6 种植物可溶性糖含量随坡向的变化

沿阴坡—阳坡坡向梯度，6 种植物的可溶性糖含量整体呈增加的趋势，其中，矮生嵩草、甘肃棘豆、狼毒 3 物种在阴坡的增量最大，火绒草和金露梅的增幅较小。植物的可溶性糖积累量越大，其抗逆性越强，在阴坡—阳坡梯度上，由可溶性糖含量的增加幅度我们可以看出，抗逆性强弱依次为甘肃棘豆>狼毒>矮生嵩草>莓叶委陵菜>火绒草>金露梅。

11.3.4　植物叶片叶绿素含量随坡向的变化

植物叶片叶绿素的含量可在一定程度上反映叶片的光合能力。其含量的多少一方面与植物本身叶绿体有关，另一方面与环境有关。

在阴坡—阳坡梯度上，物种的叶绿素含量都发生了不同程度的变化（图 11-4），莓叶委陵菜叶绿素含量分别是 2.23 mg/g、2.04 mg/g、1.82 mg/g、1.71 mg/g 和 1.62 mg/g，除阳坡与半阳坡外，各坡向之间差异显著；火绒草叶绿素含量分别是 1.79 mg/g、1.65 mg/g、1.58 mg/g、1.48 mg/g 和 1.36 mg/g，阴坡与半阴坡差异不显著，西坡与阳坡、半阳坡差异显著；甘肃棘豆叶绿素含量依次为 2.54 mg/g、2.43 mg/g、2.32 mg/g、2.25 mg/g 和 2.13 mg/g，阴坡、西坡、阳坡之间差异显著；狼毒的叶绿素含量分别是 2.01 mg/g，1.82 mg/g、1.59 mg/g、1.38 mg/g 和 1.43 mg/g，除阳坡与半阳坡外，其余坡向有显著差异；矮生嵩草叶绿素含量分别是 2.32 mg/g、2.03 mg/g、1.98 mg/g、1.82 mg/g 和 1.76 mg/g，阴坡、半阴坡、西坡与阳坡、半阳坡之间有显著差异；金露梅叶绿素含量在阴坡—阳坡分别为 1.72 mg/g、1.68 mg/g、1.66 mg/g、1.63 mg/g 和 1.51 mg/g，阴坡和阳坡间差异显著。

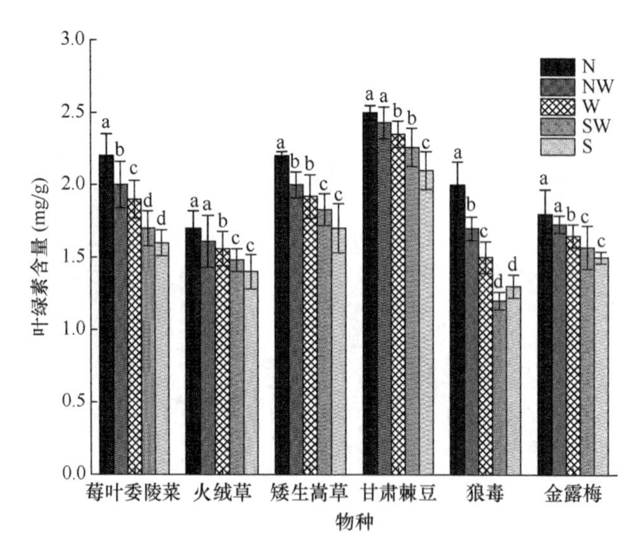

图 11-4　6 种植物叶绿素含量随坡向的变化

沿着阴坡—阳坡坡向梯度，6 种植物的叶绿素含量整体呈下降的趋势，其中，狼毒在半阳坡到阳坡出现小幅增加的现象。在阴坡—阳坡梯度上，随着水分胁迫的增强，植物叶肉细胞中叶绿体片层结构损伤，光合能力下降。叶绿素含量减小量依次为金露梅<甘肃棘豆<火绒草<矮生嵩草<狼毒<莓叶委陵菜。

11.3.5　植物叶片生理指标与环境因子的关系

图 11-5 和图 11-6 表明，土壤含水量与物种的脯氨酸、可溶性糖含量呈显著负相关，而与叶绿素含量呈显著正相关。土壤温度和光照度与植物物种的脯氨酸、可溶性糖含量呈显著正相关，与叶绿素含量呈负相关。其中，随着土壤含水量的增加，矮生嵩草、甘肃棘豆和狼毒的叶脯氨酸含量和可溶性糖含量下降较快，所选 3 种不同科属物种［矮生嵩草（AS）、甘肃棘豆（JD）、狼毒（LD）］脯氨酸和可溶性糖含量随 3 种环境因子的变化显著变化。

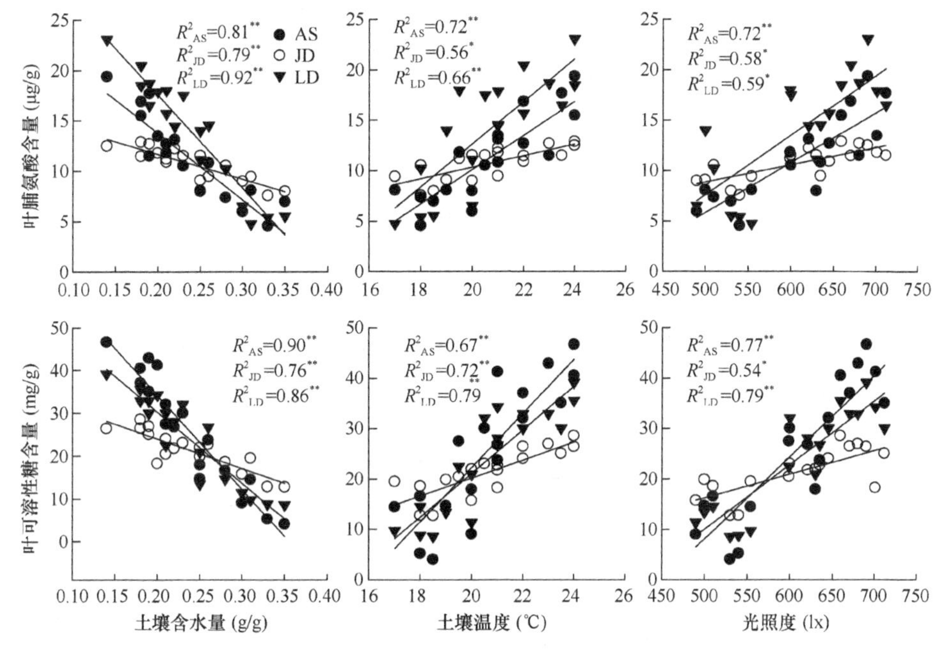

图 11-5　不同物种脯氨酸和可溶性糖含量与土壤因子之间的关系

*表示 $P<0.05$，**表示 $P<0.01$

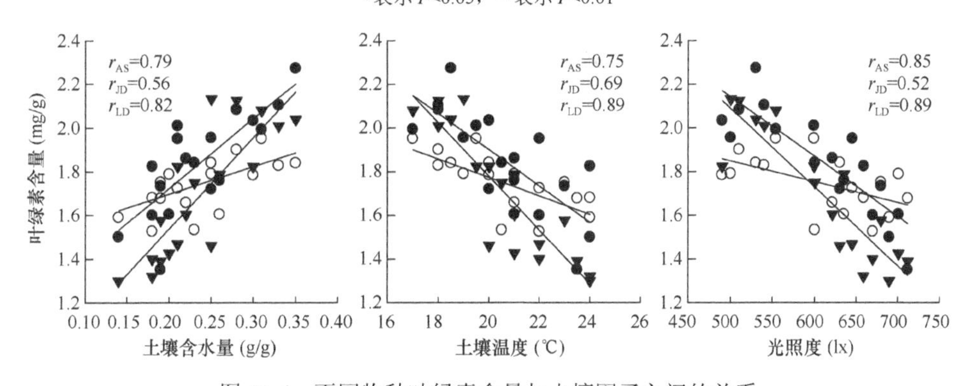

图 11-6　不同物种叶绿素含量与土壤因子之间的关系

11.4 植物叶片生理指标对坡向的响应

植物的抗逆性具有不稳定性，其表现是多方面的，受诸多因素的影响，并随温度、光照、日照长度、水分含量、发育时期、营养状况、植物种类、品种等因素变化而改变。前人的研究发现，植物在生长发育过程中，可能受到多种因子的胁迫，在受到不同环境因子胁迫时，植物内部会产生一系列物质代谢上的变化，体内常有游离脯氨酸的积累，其积累量与逆境水平和植物对这种逆境的抗性有关。对于亚高山草甸植被来说，干旱、低温、强光照等较为普遍。因而，测定其体内游离脯氨酸的含量、可溶性糖含量、叶绿素含量在一定程度上可以了解牧草遭受逆境的情况及其对逆境的抵抗能力。地形是一些生态过程形成的基本因素。地形的改变影响了土壤水分，从宏观上来讲，特殊的地形可以形成一个独特的小气候并间接影响土壤水分的含量和分布，同时通过改变太阳光辐射强度和降水量在土壤中的再分配进一步影响了土壤含水量。坡向是山地的主要地形因子之一。坡向之间虽然距离较短，但是其生境因子变化剧烈，并且也会影响植被的分布以及其他生态因子的变化（方精云等，2004）。本章研究结果表明，阴坡、半阴坡、西坡、半阳坡及阳坡的坡向梯度上，土壤因子与植被分布均发生了较大变化，这与其他相关研究结果一致。说明由光照和土温引起的土壤水分的变化改变了植物群落结构，进而导致植物生理生态等的一系列变化。

植物通过渗透调节作用适应逆境胁迫的能力强弱，取决于细胞中渗透调节物质（细胞溶质——细胞内合成或分解转化的有机物）种类和数量的多少。脯氨酸由于分子量低、水溶性高、在生理 pH 范围内无静电荷及低毒性等特点成为植物组织内一种理想的渗调物质（张林等，2023）。可溶性糖除具有上文提及的特点外，还具有生成迅速、对代谢活动和酶活性影响小等特点，不论是合成还是分解转化，其都具有原料来源充足的特性。脯氨酸氧化酶是一个需氧氧化酶，该酶的活性受氧气制约，当植物受到水分胁迫时缩小或关闭气孔，限制氧气进入植物体内，影响了该酶的活性，引发脯氨酸积累。叶绿素是植物光合作用中最重要的色素，是植物吸收太阳能进行光合作用的重要物质，在光合作用中起到接受和转换能量的作用。叶绿素含量是植物生长发育和适应环境的重要组成部分，它们不仅直接参与光合作用，还在保护植物免受光损伤、调节植物对环境的响应等方面发挥作用。在一定范围内，叶绿素含量越高，光合作用越强，制造的光合产物越多，以促进植物进一步生长。叶绿素含量的多少一方面与植物本身叶绿体有关，另一方面与环境有关。许多环境因素影响叶绿素的生物合成。

11.4.1　植物叶片脯氨酸含量对坡向的响应

脯氨酸作为一种理想的渗调物质，随着水分胁迫的增强，大多数植物体内会快速积累脯氨酸来进行渗透调节，以增加植株的保水能力（刘建新等，2023）。在本章的研究结果中，在阴坡—阳坡的坡向梯度上，6 种植物叶片的脯氨酸含量均有增加，其中，脯氨酸的积累量表现为甘肃棘豆>狼毒>金露梅>火绒草>矮生嵩草>莓叶委陵菜，甘肃棘豆积累量最大，而莓叶委陵菜积累量最小。脯氨酸在植物体内积累量的大小是其对水分胁迫忍耐程度大小及抗逆性强弱的体现，同时也是抵制逆境胁迫的一种生理机制、是维持正常生命的一种方法（图 11-2）。有学者研究了高粱、谷子、大麦及小麦等农作物后发现，脯氨酸积累较多的农作物，它们的抗旱性较强，作物品种的抗旱性和脯氨酸的积累量呈正的线性关系（陈璇等，2007）。鲍巨松等（1990）对玉米的研究结果表明：玉米在生长的不同生育期受到水分胁迫时，玉米叶片累积脯氨酸的量也有相应的变化，并且植株体内脯氨酸含量的变化反映了水分胁迫的程度。本研究中，6 种植物的脯氨酸积累量都增加了，但它们增加量的大小不一，这表明它们的抗逆性强弱不同。在外界环境因子一致的条件下，脯氨酸含量的高低可作为人工草地优良品种选育的指标之一，这对于日益沙化、毒草侵袭的天然草场植被的恢复有着重要意义。

11.4.2　植物叶片可溶性糖含量对坡向的响应

可溶性糖由于分子量低、高度水溶性，在生理 pH 范围内无静电荷及低毒性，而且可溶性糖还具有生成迅速、对代谢活动和酶活性影响小，不管是合成还是分解转化，其原料来源充足的特性，使可溶性糖成为植物组织内一种理想的渗透调节物质（王雲霞等，2023）。逆境胁迫时，可溶性糖含量的增加降低了原生质的渗透势，能使细胞持续吸水来维持它们正常的生理代谢活动。当然，这些可溶性糖类除了起到渗透调节的作用外，糖类化合物也可能在维持植物蛋白质稳定方面起到重要作用。有研究表明：耐旱植物与不耐旱植物比较，前者细胞累积了更高水平的可溶性糖，而可溶性糖含量高的植物有利于适应干旱生境（王移等，2011）。这与本研究结果一致，在阴坡—阳坡梯度上，随着逆境胁迫的加强，6 种植物的可溶性糖含量都有不同程度的增加，由可溶性糖积累量的增加我们可以看出甘肃棘豆>狼毒>矮生嵩草>莓叶委陵菜>火绒草>金露梅（图 11-3）。可溶性糖对于水分胁迫特别敏感，逆境条件下可快速大量积累，是植物适应逆境的一种体现。我们的研究表明，甘肃棘豆与狼毒的可溶性糖积累量相比其他几种植物的高，说明它们的抗逆性强于其他植物，矮生嵩草、莓叶委陵菜、火绒草及金露梅的抗逆性依次减小。

11.4.3 植物叶片叶绿素含量对坡向的响应

叶绿素的含量可以影响植物体内有机质的积累，是植物生长发育的重要生化指标。叶绿素含量的多少一方面与植物本身叶绿体有关，另一方面与环境有关，许多环境因素影响了叶绿素的生物合成。轻度水分胁迫时，多年生木本果树光合强度降低的原因主要是气孔因素。中、高度胁迫时，则主要是非气孔因素，即蛋白质分解大于合成，叶绿体分解加强，叶绿素含量下降，从而导致光合速率降低（石彩玲等，2022）。本章通过坡向梯度上 6 种植物叶绿素含量的比较发现，研究所选的 6 种植物叶片叶绿素含量随着阴坡到阳坡的过渡，逆境胁迫的增加，叶绿素含量都存在不同程度的下降（图 11-4），说明随着胁迫的加剧植物光合作用能力不断下降。本研究对 6 种植物的叶绿素含量变化分析表明，植物叶片叶绿素含量减小量依次为金露梅<甘肃棘豆<火绒草<矮生嵩草<狼毒<莓叶委陵菜，物种间变化程度不一，而叶绿素含量下降较慢的，表明其具有一定的抗旱能力，防止了叶肉细胞中叶绿体片层结构的损伤，从而能够进行较高效率的光合作用。品种间叶绿素的含量不仅取决于品种本身的遗传因素，而且受其环境因子的影响，在环境因子一致的条件下，叶绿素含量的高低可作为品种选育的指标之一。

11.4.4 植物生理因子与环境因子的关系

从本章的研究结果可以看出，在坡向梯度上，所选的 3 种不同科属植物叶片的脯氨酸含量、可溶性糖含量均有不同程度的增加，而叶绿素含量则有所下降，这说明在不同坡向梯度上，随着土壤温度和光照度的增加，土壤含水量不断减小，水分胁迫增加，脯氨酸和可溶性糖含量显著增加。无独有偶，刘三梅等（2016）的研究表明，水分胁迫下，不同生育时期蔗叶的可溶性糖及脯氨酸含量升高。耐旱植物与不耐旱植物比较，前者细胞累积了更高水平的可溶性糖，而可溶性糖含量高有利于植物适应干旱生境。水分胁迫也会引起叶绿素含量发生变化。杨晓康（2012）研究发现，在中度和严重水分胁迫下花生叶绿素含量迅速下降。本研究表明，6 种植物叶片叶绿素含量随着阴坡向阳坡的过渡，水分胁迫增加，叶绿素含量均存在不同程度的下降（图 11-4），说明随着水分胁迫的加剧植物光合作用能力不断下降。在逆境胁迫下，植物叶肉细胞中叶绿体的片层结构容易受损，希尔反应减弱，导致光系统Ⅱ活力下降，电子传递和光合磷酸化受抑制（康书瑜等，2022）。刘小勇等（2023）在研究黑麦草（*Lolium perenne*）游离脯氨酸和可溶性糖含量与土壤含水量之间的相互关系时发现，脯氨酸含量和可溶性糖含量与土壤含水量呈负相关。本研究中，植物脯氨酸含量和可溶性糖含量与土壤含水量之间呈负相关（图 11-5），说明脯氨酸含量和可溶性糖含量对土壤含水量的变化反应敏感，能够反映坡向梯度上土壤含水量的变化趋势。而它们与土壤温度和光照度呈正相关，这表明，在干旱逆境胁迫下，随干旱时间的延长和胁迫程度的加大，脯氨酸和可溶性糖含量均增加。脯氨酸和可溶性糖是一种有效的保护剂，其含量的增加是对胁迫程度加剧的适应性反应。有研究表明，红砂叶绿素含量与土壤含水量呈显著正相关（高红霞等，2016），这与本研究结果一致。

综上所述，微地形上植物叶片生理特征受环境因子影响显著，是其遗传特性和环境因子共同作用的结果。各坡向所选 3 物种生理指标的变化幅度和范围都不同，表明了其抗性和水分利用效率在物种间有差异，综合分析这几项指标表明，3 物种的抗逆性大小为矮生嵩草>狼毒>甘肃棘豆。在高寒草甸退化草地恢复和植被建设中，要考虑优先选择抗性强的物种。

11.5　本 章 小 结

本章通过对高寒草甸 6 种典型优势物种（莓叶委陵菜、火绒草、矮生嵩草、甘肃棘豆、狼毒及金露梅）沿坡向梯度上植物生理指标的变化规律的分析，结合对不同科属物种（矮生嵩草、甘肃棘豆和狼毒）与环境因子关系的探讨，研究了高寒植物的抗逆性能力。具体通过不同山地及不同坡向条件下 6 种植物叶片的叶绿素、游离脯氨酸和可溶性糖含量的变化，分析了水分胁迫条件下，植物适应水分胁迫的生理机制。结果表明：随着阴坡、半阴坡、西坡、半阳坡及阳坡的坡向变化，土壤含水量（阴坡 0.36 g/g，阳坡 0.15 g/g）呈降低趋势，土壤温度（阴坡 14.76℃，阳坡 23.85℃）和光照度（阴坡 580.34 lx，阳坡 724.12 lx）呈增加趋势；6 种植物叶片的脯氨酸、可溶性糖、叶绿素含量随着阴坡—阳坡的坡向变化都有不同程度的变化，且物种不同，其生理指标变化幅度也有差异。在不同的坡向梯度，脯氨酸的含量大小依次为甘肃棘豆>狼毒>金露梅>火绒草>矮生嵩草>莓叶委陵菜，可溶性糖的含量大小依次为甘肃棘豆>狼毒>矮生嵩草>莓叶委陵菜>火绒草>金露梅。在坡向梯度上，3 种不同科属草本植物的脯氨酸、可溶性糖含量与土壤含水量均呈负相关关系，与温度和光照度呈正相关；植物叶片叶绿素含量与土壤含水量呈正相关，与温度和光照度呈负相关。其中，土壤含水量是坡向梯度上影响植物生长的关键因子。植物叶片生理指标（脯氨酸、可溶性糖及叶绿素含量等）可以作为衡量植物抗逆性的因素，综合 6 种植物生理指标沿坡向梯度的变化，矮生嵩草的抗逆性较强，在高寒草甸植被修复过程中，我们可以把莎草科薹草属的物种作为优先选择种。

参 考 文 献

鲍巨松, 杨成书, 薛吉全, 等. 1990. 水分胁迫对玉米生长发育及产量形成的影响. 陕西农业科学, 36(3): 7-9.
陈璇, 李金耀, 马纪, 等. 2007. 低温胁迫对春小麦和冬小麦叶片游离脯氨酸含量变化的影响. 新疆农业科学, 44(5): 553-556, 544.
陈运梁, 邹竹荣, 杨双龙. 2023. 外源茉莉酸甲酯对盐胁迫下小桐子幼苗渗透调节和脯氨酸代谢的影响. 西北植物学报, 43(5): 794-804.
迟晓峰, 韩琳. 2019. 对植物逆境胁迫的研究. 种子科技, 37(13): 122, 124.
方精云, 沈泽昊, 崔海亭. 2004. 试论山地的生态特征及山地生态学的研究内容. 生物多样性, 12(1): 10-19.
高红霞, 苏世平, 李毅, 等. 2016. 基于渗透调节物质及叶绿素分析红砂抗旱优良家系的早期选择. 应用生态学报, 27(1): 40-48.
高亚南, 薛慧, 贺学勤. 2022. SNP、柠檬酸和苹果酸对干旱下中国石竹幼苗形态及生理指标的影响. 内蒙古农业大学学报(自然科学版), 43(4): 7-11, 24.
高彦婷, 张芮, 李红霞, 等. 2021. 水分胁迫对葡萄糖分及其蔗糖代谢酶活性的影响. 干旱区研究, 38(6): 1713-1721.
韩晓栩, 赵媛媛, 张丽静, 等. 2021. 干旱和 UV-B 辐射胁迫及其互作对白沙蒿抗性生理的影响. 草业学报, 30(8): 109-118.
胡杏, 钟丽媚, 倪建中, 等. 2022. 高温胁迫下 9 种轻型屋顶绿化植物的生理响应. 林业与环境科学, 38(6): 116-123.
姬江涛, 马天成, 牛晓丽, 等. 2023. 水分胁迫对玉米幼苗生长和内源化学信号的影响. 河南科技大学学报(自然科学版), 44(5): 90-99, 10.
康书瑜, 庞春花, 张永清, 等. 2022. 干旱胁迫下外源水杨酸对藜麦生理效应及产量的影响. 干旱区资源与环境, 36(12): 151-157.
廖振锋, 刘寒, 沈瑷瑷, 等. 2023. 逆境胁迫下药用植物抗氧化酶系统响应研究进展. 分子植物育种, 1-18 [2024-03-15]. http://kns.cnki.net/kcms/detail/46.1068.S.20230613.1233.006.html.
刘建新, 刘瑞瑞, 刘秀丽, 等. 2023. 硫化氢对盐碱胁迫裸燕麦脯氨酸和精氨酸代谢的影响. 中国草地学报, 45(6): 1-14.
刘丽苹, 汪军成, 司二静, 等. 2023. 外源甜菜碱和脯氨酸对盐胁迫下大麦种子萌发及幼苗生长的影响. 麦类作物学报, 43(6): 766-774.
刘三梅, 杨清辉, 李秀年, 等. 2016. 不同生育时期干旱胁迫对甘蔗形态指标及生理特性的影响. 南方农业学报, 47(8): 1273-1278.
刘小勇, 史常青, 赵廷宁, 等. 2023. 基于夏秋两季黑麦草光合特性的喷播基质含水量阈值分级. 浙江农林大学学报, 40(1): 198-208.
刘元玺, 王丽娜, 吴俊文, 等. 2024. 云南松幼苗非结构性碳水化合物对干旱胁迫的响应及其激素调控. 西北农林科技大学学报(自然科学版), (1): 1-11.
马媛, 张嘉航, 高娅楠, 等. 2022. 干旱胁迫下乙烯利对草地早熟禾叶绿素代谢基因表达的影响. 中国草地学报, 44(12): 1-10.

马子元, 钱志豪, 马红彬, 等. 2022. 宁夏荒漠草原 5 种乡土植物适应性评价. 草业科学, 39(5): 1006-1014.
石彩玲, 孙宁慧, 李欢, 等. 2022. 干燥方式和贮藏对甘薯可溶性糖组分组成和变化的影响. 食品安全质量检测学报, 13(11): 3525-3531.
田晓成, 祝令成, 邹晖, 等. 2023. 果实可溶性糖的积累模式及其调控研究进展. 园艺学报, 50(4): 885-895.
王学奎. 2007. 植物生理生化实验原理和技术. 2 版. 北京: 高等教育出版社.
王移, 卫伟, 杨兴中, 等. 2011. 黄土丘陵沟壑区典型植物耐旱生理及抗旱性评价. 生态与农村环境学报, 27(4): 56-61.
王雲霞, 单立山, 解婷婷, 等. 2024. 干旱-复水对红砂幼苗各器官非结构性碳水化合物的影响. 生态学杂志, 43(2): 383-394.
谢永凯, 宋晋瑶, 刘敏, 等. 2023. 水分胁迫下冬小麦脯氨酸含量高光谱监测. 应用生态学报, 34(2): 463-470.
徐磊, 胥晓, 刘沁松. 2023. 外源水杨酸对盐胁迫下珙桐幼苗抗氧化系统和基因表达的影响. 植物研究, 43(4): 572-581.
许琪, 郑林, 盛孝前, 等. 2019. 不同板栗品种苗期叶片生理特性及光合日变化差异研究. 湖南林业科技, 46(1): 47-51.
杨晓康. 2012. 干旱胁迫对不同抗旱花生品种生理特性、产量和品质的影响. 泰安: 山东农业大学硕士学位论文.
尹美强, 王钰麒, 温艳杰, 等. 2023. γ-氨基丁酸引发增强谷子种子抗旱萌发的生理机制. 植物生理学报, 59(5): 923-931.
张川, 刘栋, 王洪章, 等. 2022. 不同时期高温胁迫对夏玉米物质生产性能及籽粒产量的影响. 中国农业科学, 55(19): 3710-3722.
张林, 陈翔, 吴宇, 等. 2023. 脯氨酸在植物抗逆中的研究进展. 江汉大学学报(自然科学版), 51(1): 42-51.
张庆祝, 何中虎, 夏兰芹, 等. 2004. 小麦 *puroindoline* 基因高效植物表达载体的构建. 分子植物育种, 2(6): 771-776.
赵韦. 2019. 土壤盐碱化对玉米胁迫的研究进展. 黑龙江农业科学, (1): 140-143.
宗小天, 王凌云, 赵佳鼎, 等. 2023. 干旱胁迫对 6 种优势草本植物生长的影响. 水土保持应用技术, (3): 4-6, 26.

第 12 章　高寒草甸不同坡向条件下植物叶片 $\delta^{13}C$ 及水分利用效率

12.1　植物稳定碳同位素研究概述

碳是植物最重要的生命元素之一。植物叶片稳定碳同位素（$\delta^{13}C$）组成是植物叶片组织合成过程中光合活动的整合，可以反映一定时间内植物水分散失和碳收获之间的相对关系，常被用来间接指示植物的长期水分利用效率。近年来，$\delta^{13}C$ 被广泛用于植物生理生态、全球碳循环以及全球气候变化研究中。植物 $\delta^{13}C$ 值与细胞内外 CO_2 浓度比（C_i/C_a）密切相关，而 C_i/C_a 受植物光合效率（A）和植物气孔导度（G_s）的影响（Farquhar et al.，1982）。环境因子（如温度、降水、大气压等）通过对 A 和 g 产生影响，进而影响植物 $\delta^{13}C$。因此，植物 $\delta^{13}C$ 能够可靠记录植物生长所处的环境信息，提供外界环境和植物生理生态特征的综合信息，同时，也是碳循环过程中生物地球化学过程的综合体现。植物的 $\delta^{13}C$ 除了受遗传因素的控制外，还深受生长环境的影响，因而植物的 $\delta^{13}C$ 能够记录与植物生长过程相联系的一系列气候环境信息，成为植物生理生态和全球气候变化的敏感指示计。植物叶片 $\delta^{13}C$ 值的空间差异与降水量、温度等环境梯度变化有关。对 C_3 植物而言，在空间尺度上植物的叶片 $\delta^{13}C$ 值与水分之间呈现显著负相关关系，降水越多的地区叶片 $\delta^{13}C$ 值越低，水分利用效率越低（Liu et al.，2014）。

在植物叶片碳同位素的研究中，植物蒸腾作用被认为是一个重要的控制因素。植物通过开启和关闭气孔来调节蒸腾作用，并与大气中 CO_2 进行交换。这种交换过程中，植物叶片内的气体与大气中的气体发生分馏现象，导致叶片内的碳同位素比例发生变化。因此，植物蒸腾作用对于植物叶片碳同位素组成的稳定性具有一定影响。另一个重要的控制因素是光合作用。光合作用是植物通过叶绿素吸收光能，并将其转化为化学能的过程。在光合作用中，植物通过光合产物的分配和利用，调节叶片内碳同位素的比例。不同的光合作用途径和不同植物类型在同位素分馏方面可能存在差异，这也会对植物叶片的碳同位素组成产生影响。此外，植物生长环境是另一个重要的控制因素。植物叶片的碳同位素组成可以受到环境因素的影响。例如，土壤水分、氮素含量、温度等环境因素对植物叶片的碳同位素比例具有一定的调控作用。这些环境因素的变化可能导致植物叶片碳同位素组成的变化，从而影响植物对不同生境的适应性。

12.1.1　植物稳定碳同位素的概念及内涵

同位素是同一元素中质子数相同而中子数不同的元素。同位素可以分为放射性同位素（radioactive isotope）和稳定同位素（stable isotope）两类。某种元素含有的极其不易发生或根本不会发生放射性衰败的同位素称为稳定同位素。自然界中，碳有两种稳定同位素，分别是轻碳（^{12}C）和重碳（^{13}C），其原子丰度分别为 98.982%和 1.108%。两者中子数不同，形成了 ^{12}C 和 ^{13}C 的差异。

植物叶片稳定碳同位素（$\delta^{13}C$）组成的形成过程主要是指大气中 ^{13}C 经过一系列物理和生物化学反应合成植物物质的过程。其值包含了碳同化过程中胞间 CO_2 与大气 CO_2 浓度比率的综合情况，反映了 CO_2 同化速率与气孔导度之间的平衡，可综合反映植物长期的水分利用效率以及与光合相关的多种生理生态学特性（胡海英等，2018）。通过对植物叶稳定碳同位素组成的测定，可以研究植物与环境之间的关系，揭示不同环境条件下植物代谢功能的变异特征以及植物对环境胁迫的反应。前人的研究表明，植物稳定碳同位素组成受多种环境因素的影响，温度、降水、光照以及大气 CO_2 状况是主要影响因子（闻志彬等，2020）。我国最近几年也展开了植物稳定碳同位素与环境之间关系的研究，但多局限于木本及干旱草原植物。

植物稳定碳同位素的研究方法包括野外取样、样品预处理、同位素分析和数据解释等步骤，以获得准确的研究结果。野外取样：选择研究对象（植物）的生态系统或个体，根据研究目的在不同生境和时间点采集植物样品，如叶片、茎、根等，采集时要注意避免外部碳的污染，尽量避免样品中的同位素分馏。样品预处理：将采集的样品进行处理，如清洁、分离不同组织部分等，清洁可以采用去除表面沉积物的方法，避免附着的有机物的影响；分离不同组织部分可以采用手工或离心等方法。同位素分析：通过同位素分析仪器对样品中的碳同位素进行测定，常见的分析方法有质谱法和光谱法，质谱法包括有机质的燃烧-纯化-质谱分析，光谱法包括红外光谱、激光拉曼光谱等。数据解释：根据实验室得到的同位素分析结果，进行数据处理和解释，通常采用 $\delta^{13}C$ 值表示样品的碳同位素组成，以样品中 ^{13}C 同位素相对于 ^{12}C 同位素的丰度比值（$\delta^{13}C$‰）表示。通过对比不同样品和生境的同位素组成，可以推断植物的碳同化途径、水分利用策略及生境变化等信息。

12.1.2 植物稳定碳同位素的研究进展

1935 年，Urey 和 Greiff（1935）发现，植物碳氢化合物在不同温度下由不同稳定碳同位素组成。1950 年，生态学随着质谱测定技术的应用在测定植物碳同位素丰度比方面取得了进展。1953 年，Craig（1954）研究发现了 C_3 植物（大部分干旱区、寒冷地区的草木植物、灌木植物）、C_4 植物（热带灌木，草本植物）、CAM 植物（热带附生植物和沙漠中的肉质植物）等不同植物类型的稳定碳同位素组成差异。Binder 和 Fielder（1996）利用植物 $\delta^{13}C$ 含量区分了 C_3 和 C_4 植物。1974 年，Farmer 和 Baxter（1974）研究发现，大气 CO_2 的浓度影响植物稳定碳同位素值，气候环境的变化也影响植物稳定碳同位素值。1976 年，Pearman 等（1976）将树轮稳定碳同位素运用到了气候变化研究中。1980 年后，研究主要集中于不同类型植物稳定碳同位素（$\delta^{13}C$）的分馏机制与稳定碳同位素对气候环境因子的响应，以及稳定碳同位素组成在生态环境研究方面的应用等。1990 年后，植物叶片稳定碳同位素技术广泛应用，许多学者利用植物稳定碳同位素反演区域气候环境的变化，并在生态环境保护研究方面取得了重大成就。近年来，研究发现气候环境对植物稳定碳同位素值有明显影响，可以利用稳定碳同位素反演和重建气候环境变化信息，重建的气候因子主要包括温度、相对湿度、风速等。同时，稳定碳同位素变化对厄尔尼诺、旱涝灾害、寒潮灾害等极端气候事件也有一定的响应，出现极端气候事件的年份，植物稳定碳同位素也出现相应的极值（秦莉等，2021）。

12.1.3 植物稳定碳同位素的研究内容

$\delta^{13}C$ 是反映植物叶片长期生理状况的一个较为稳定的指标。CO_2 在通过光合作用形成有机质的过程中，会产生碳同位素的分馏，这种分馏的多少不仅与植物的遗传性密切相关，而且还受到了生长环境等因素的影响。由于环境的作用，同种植物的不同个体，甚至同一个体不同部位或器官的 $\delta^{13}C$ 值都存在很大的差异，植物种内 $\delta^{13}C$ 值差异可达 3‰～6‰（张元恺等，2022）。环境变化对叶片 $\delta^{13}C$ 值的影响主要是通过影响叶片的气孔导度（G_s）及净光合速率（P_n）而产生的。水、热和光照的差异会给叶片的光合速率和气孔开闭等造成影响，因而会影响植物 $\delta^{13}C$ 的组成。

大气中 CO_2 时空分布不均。时间方面，自工业革命兴起，化石燃料的大量燃烧，导致大气中的 CO_2 含量增加。空间方面，工业区、畜牧区、城市 CO_2 的含量比森林中 CO_2 的含量多。CO_2 浓度增加导致植物光合作用速率（A）提升，可同化更多的 CO_2，因此植物稳定碳同位素值降低，大气 CO_2 浓度与稳定碳同位素含量呈负相关。Feng 和 Epstein（1995）的研究表明，大气 CO_2 浓度每上升 100 ppm（1 ppm=10^{-6}）植物稳定碳同位素值下降 2.0‰±0.1‰。

水分状况影响植物中稳定碳同位素的组成，包括相对湿度、降水量、土壤含水量等。这些因素都会影响水分条件，进而制约植物稳定碳同位素值的变化。水分过量或水分较少时，植物会调节部分气孔的闭合，进而影响植物的稳定碳同位素值。当相对湿度降低、降水减少，植物自身调节会关闭部分气孔避免水分过多蒸发，在这一过程中气孔导度（G_s）减小，植物中 CO_2 浓度随之降低，植物光合作用固定的稳定碳同位素值则随之增大。

通过测定植物不同部位器官的 $\delta^{13}C$ 值能够反映出不同时间尺度累计的水分利用效率（WUE），而且植物一方面在进行光合作用过程中固定碳，另一方面进行蒸腾作用消耗水分，由光合产物转化为其他产物的过程中会产生碳同位素分馏；另外，植物不同部位器官具有的不同化学组成成分也会引起碳同位素分馏，导致植物不同部位器官的 $\delta^{13}C$ 值有差异。研究人员在小麦、花生、甘薯等植物的研究中得到了相同结论，表明了不同器官 $\delta^{13}C$ 的值不同，比如作物的籽粒和根比叶片和茎更容易吸收 ^{13}C，其原因是籽粒和根系属于库器官，CO_2 通过光合作用形成碳水化合物从源到库的运输过程中可能发生了碳同位素分馏（白海波等，2013）。

在局域上，植物分布随着海拔升高以及季节变化而变化，植物的 $\delta^{13}C$ 值和 WUE 也会随之变化，有研究表明，旱季植物叶片的 $\delta^{13}C$ 值和 WUE 均显著高于雨季（赵良菊等，2005）。哈丽古丽·艾尼等（2020）研究了新疆的南疆和北疆 8 种不同生境林龄群体胡杨叶片的 $\delta^{13}C$ 值，结果表明，随纬度升高，叶片 $\delta^{13}C$ 值呈增大趋势，且与 WUE 呈正相关性。植物分布研究发现，C_3 植物对 ^{13}C 的分馏能力较强，其 $\delta^{13}C$ 值一般在–35‰～–23‰，C_4 植物的 $\delta^{13}C$ 值一般在–19‰～–9‰（张昊和李建平，2021），根据测定的青藏高原植物 $\delta^{13}C$ 值的变化范围（这一变化可能与纬度升高所带来的温度降低有关），分辨出 C_3 植物主要分布在高纬度地区，C_4 植物主要分布在低纬度地区，因此得出温度可能是分辨 C_3、C_4 植物分布的一个主要因素（赵艳艳等，2016）。光照强度和时间是植物进行光合作用的一个重要限制因子，黄甫昭等（2019）通过对喀斯特季节性雨林同一树种不同生境下叶片 $\delta^{13}C$ 值及 WUE 的研究，表明同一树种 $\delta^{13}C$ 值和 WUE 也是从洼地到山顶逐渐增大，因为随着植物地理位置的升高，日照时间延长、光照强度增大以及土壤覆盖度的降低增加了光照面。也有研究表明，植物阳生叶和林冠上层叶的 $\delta^{13}C$ 值和 WUE 分别比阴生叶和下层叶高，并且植物叶片日内 WUE 上午略大于下午，这是由于光照强度增强加大了叶片水分的消耗，降低了叶片细胞内的 CO_2 浓度，使植物 $\delta^{13}C$ 值增大（余新晓等，2013）。

植物叶片中稳定碳同位素值与叶片光合作用、呼吸作用等生理生化之间存在密切的关系。植物的遗传特征会对植物 $\delta^{13}C$ 值产生影响，环境因素也会使 $\delta^{13}C$ 值有一定的变动，$\delta^{13}C$ 值是物种与环境共同作用的结果，处于良好而稳定的生境中，植

物 $\delta^{13}C$ 值的浮动范围较小。植物叶片 $\delta^{13}C$ 值可以用来间接指示植物的短期或长期水分利用效率，植物水分利用效率以植物对 CO_2 判别能力的大小作为有效指标。植物叶片的 $\delta^{13}C$ 值与其水分利用效率呈现一定程度的正相关关系，$\delta^{13}C$ 值越大，植物水分利用效率越高。温度是影响植物 $\delta^{13}C$ 值的重要因子之一。目前主要利用不同年份间和自然垂直梯度上存在的温度变化来研究植物 $\delta^{13}C$ 值与温度之间的关系。

12.1.4 植物水分利用效率的影响因子

对于水分利用效率来说，影响其发生变化的因素有许多，不同气候条件、不同地区、不同的植物类型等条件下的主要影响因子也不同。生态系统水分利用效率受叶面积、植被类型、太阳辐射、温度、降水等生物因子和非生物因子的双重影响。水分利用效率不仅受到植被系统内部的调节，还与外界环境条件密切相关，同时也会受到两者相互作用的影响。在外界环境条件中，气温、降水、太阳辐射等均是影响植被水分利用效率的关键气候因子。众所周知，气孔是植物进行气体交换的一个重要场所。而且气孔对光合作用和蒸腾过程的影响也不一样。光合作用对于气孔闭合的依赖性应小于水分流失对于气孔闭合的依赖性，水分流失对于光合作用的依赖性应小于对蒸腾的依赖性。李明旭等（2016）通过模型分析了秦岭地区生态系统的水分利用效率变化规律及其响应，结果表明，秦岭地区水分利用效率随着总生产力的增长而增长。同样，Ito 和 Inatomi（2012）研究发现，生态系统生产力的增强与大气 CO_2 浓度的增加导致水分利用效率升高。Tang 等（2014）基于遥感数据分析了全球水分利用效率时空变化，并认为全球水分利用效率下降的主要原因是土地利用覆盖的变化。de Kauwe 等（2013）则利用 GCM4、LJP-GUESS、SDGVM 等 11 个生态系统模型预测了大气 CO_2 浓度对水分利用效率的影响。陈烨彬等（2017）的研究结果表明，林缘海桑幼苗生物量累积和叶片生物量所占比重都处于最高水平，幼苗通过增加叶片面积和数量，来促进幼苗生长，并提高幼苗的光合速率、水分利用和光合利用率。

12.2 实验设计与方法

12.2.1 研究区概况及实验设计

实验于 2014 年 7～8 月在甘肃甘南兰州大学高寒草甸与湿地生态系统定位研究站（34°55′N、102°53′E）进行，在实验站附近选取一座过渡平缓且阴阳坡分异明显的山地，使用 360°罗盘测定坡向，沿着山体中部（海拔约 3000 m），采用逆时针方向设置了 5 个研究样地，样地间距 20～30 m，分别标记 S（阳坡）、SW（半阳坡）、W（西坡）、NW（半阴坡）及 N（阴坡）。在每个样地中部，顺山体垂直方向布设 4 个调查样方，大小为 50 cm×50 cm，间隔 1 m，调查每个样方内的物种数、个体数和盖度，并对每一种植物都选择植株顶部健康、完整叶片采摘装袋，每种植物采集 10～20 片叶子。在每个样方内使用对角线方法，用直径 5 cm 规格的土钻分别钻取 5 钻土壤（0～20 cm 土层），混合后装入铝盒。采用 Excel 2010 统计计算数据，用 SPSS 15.0 软件进行单因素方差分析和相关性分析（α=0.05），采用 SigmaPlot 10.0 软件和 Origin 2021 软件作图。

12.2.2　植物样品的测定

将植物叶片在实验室内用超纯水洗净并自然晾干，70℃烘干 48 h，使样品完全干燥，粉碎后，过 100 目筛。取植物粉末 2 mg 置入 TOC/TNb 分析仪中将样品燃烧成 CO_2，并收集。再将收集到的 CO_2 气体注入碳同位素分析仪（CCIA-36d）进行稳定碳同位素值分析。分析精度±0.1‰。其中，稳定碳同位素（$\delta^{13}C$）的计算公式为

$$\delta^{13}C‰=（R_{sam}/R_{sta}-1）\times 1000 \quad (12\text{-}1)$$

式中，R_{sam} 为植物样品的 $^{13}C/^{12}C$ 值；R_{sta} 为通用的 $^{13}C/^{12}C$ 标准化石标样（一种出自美国南卡罗来纳州的碳酸盐陨石）。由于植物样品的 $^{13}C/^{12}C$ 值总是低于标样的 $^{13}C/^{12}C$ 值，因此式（12-1）计算结果为负值，其绝对值越大，表示 ^{13}C 丰度越低。

水分利用效率（WUE）即植物每消耗单位含水量生产干物质的量（或同化 CO_2 的量），是衡量植物水分消耗与物质生产之间关系的重要综合性指标，通常作为评价植物生长适应程度的指标。净光合速率（P_n）与蒸腾速率（T_r）的测定及计算方法见第 10 章。

$$WUE=P_n/T_r \quad (12\text{-}2)$$

称取烘干磨碎的叶样品固定量置于消煮管中，利用 H_2SO_4-$HClO_4$ 消煮法处理样品，然后上机用化学分析仪（Westco Scientific Instruments，美国）测定叶片全氮（LNC）和全磷（LPC）含量，单位为 g/kg。

光合氮利用效率（PUNE）是植物 P_n 与 LNC 的比值，光合磷利用效率（PUPE）是植物 P_n 与 LPC 的比值，单位为μmol/(g·s)，计算公式为

$$PUNE=\frac{P_n}{LNC} \quad (12\text{-}3)$$

$$PUPE=\frac{P_n}{LPC} \quad (12\text{-}4)$$

12.3　植物叶片 $\delta^{13}C$ 值的基本特征

12.3.1　高寒草甸 C_3 植物 $\delta^{13}C$ 值变化

不同植物的水分利用效率不同，这取决于各类植物的生物学特性。许多研究

已经证明，植物水分利用效率和植物 δ^{13}C 值之间有很强的正相关关系，可以用δ^{13}C 值的大小来表征植物水分利用效率的相对大小。本研究共采集了 86 个 C_3 植物样品。由图 12-1 可以看出，甘南高寒草甸 C_3 植物的 δ^{13}C 值为–29.25‰～–24.23‰，其中，90%左右的数据分布在–29.00‰～–25.00‰，即在叶片 δ^{13}C 值变化范围内，最高值出现在中间，变化趋势呈倒“V”字形，<–29.00‰的植物约 4%，>–25.00‰的植物约 6%，所有 C_3 植物样品 δ^{13}C 平均值为–17.18‰±0.13‰。

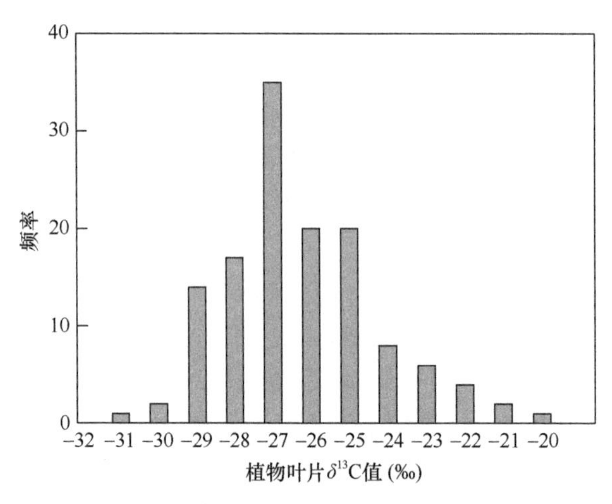

图 12-1　高寒草甸植物叶片 δ^{13}C 值频率分布

不同坡向的变化会引起光照与土壤水分的重新分配，这势必会影响植物水分利用效率，而植物叶片 δ^{13}C 作为水分利用效率的衡量指标，其值的变化可以直观反映出不同坡向植物水分利用效率的情况。图 12-2 表明，沿坡向梯度从阴坡到阳

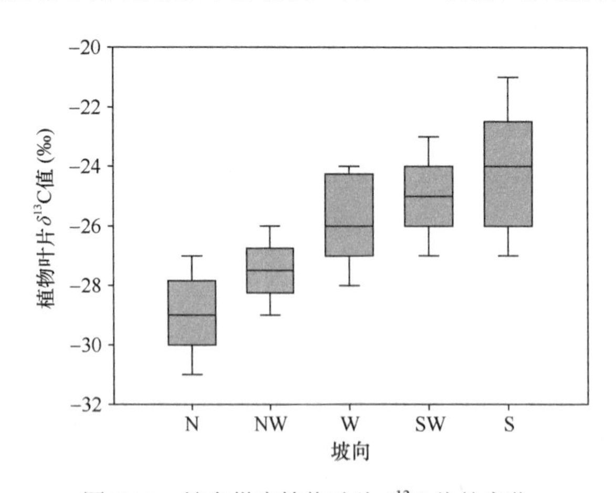

图 12-2　坡向梯度植物叶片 δ^{13}C 值的变化

坡，植物叶片 $\delta^{13}C$ 值逐渐增大，这与坡向梯度上叶片氮利用效率的变化趋势一致。在所有坡向中，各坡向植物 $\delta^{13}C$ 平均值存在明显差异，最大值出现在阳坡（–24.23‰），最小值出现在阴坡（–29.25‰）。

12.3.2　高寒草甸 C_3 植物 $\delta^{13}C$ 值与环境因子的关系

土壤含水量是影响植物碳同位素组成的一个重要因素，水分亏缺可使植物对 $\delta^{13}C$ 的分馏能力减弱。由图 12-3 可以看出，在阴坡—阳坡梯度上，随着土壤含水量的减少，植物叶片 $\delta^{13}C$ 值明显增大，坡向梯度上植物叶片 $\delta^{13}C$ 值与土壤含水量之间呈显著线性负相关。这种趋势与大多数报道一致。土壤温度和光照度也是影响植物 $\delta^{13}C$ 组成的重要因子。分析研究区的 C_3 植物样品 $\delta^{13}C$ 组成发现，植物 $\delta^{13}C$ 值与温度之间呈显著线性正相关，在阴坡到阳坡的生境梯度上，随平均温度的增加，植物 $\delta^{13}C$ 值呈增大的趋势。植物叶片 $\delta^{13}C$ 值与光照度呈线性正相关。

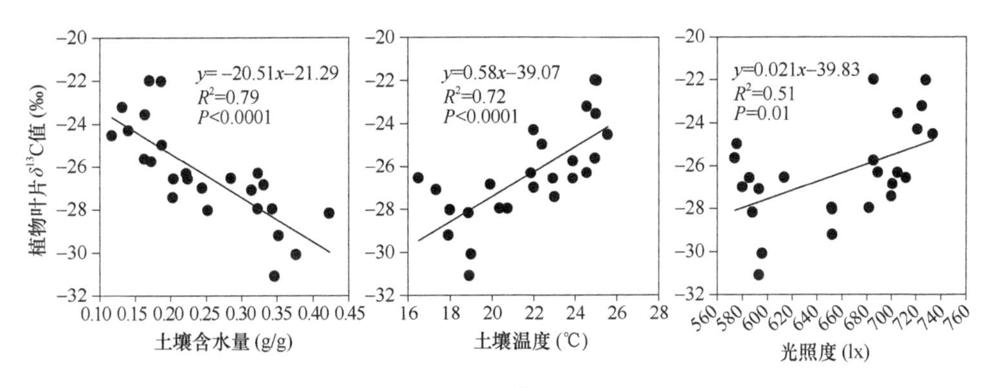

图 12-3　坡向梯度植物叶片 $\delta^{13}C$ 值与环境因子的相关性

12.3.3　沿坡向梯度水分利用效率的变化

植物叶片的 $\delta^{13}C$ 值指示了其 WUE 的高低，反映了植物对干旱环境的适应能力，能够综合反映出植物生长期内的生理生态适应特性，其值能够反映植物一定时期内的水分利用效率水平。为了进一步验证不同坡向梯度上植物的 WUE，本研究通过测定植物的净光合速率和蒸腾速率来表征不同坡向植物叶片的实时单叶片水平的 WUE，由图 12-4 可知，植物叶片的实时 WUE 与 $\delta^{13}C$ 值所指示的变化趋势一致，这在一定程度很好地验证了 $\delta^{13}C$ 值对 WUE 的作用。从阴坡到半阳坡所选植物样品的 WUE 均匀增加，从半阳坡到阳坡 WUE 激增，使得阳坡的 WUE 远高于其他坡向。

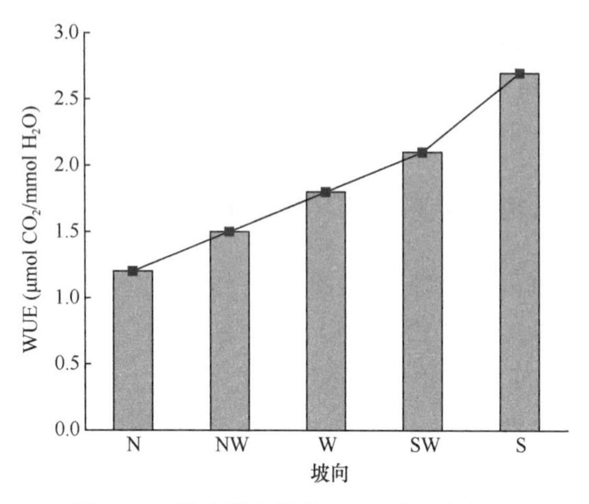

图 12-4　坡向梯度植物 WUE 的变化趋势

12.3.4　光合氮利用效率和光合磷利用效率随坡向的变化特征

植物稳定碳同位素与叶片氮、磷利用效率之间存在着一定的关系。具体来说，研究表明，高稳定碳同位素（较低的 δ^{13}C 值）的植物通常具有高氮利用效率和低磷利用效率，即植物具有高氮利用能力和较低的磷需求。这是因为在热带和亚热带等气候条件下，植物一般面临氮限制，而磷相对较丰富。高氮利用效率说明植物可以更有效地利用氮资源，提高其生长和代谢的效率。相比之下，低磷利用效率意味着植物对磷的需求较低，可能与其适应磷限制的策略有关。然而，在其他环境或生境条件下，植物的稳定碳同位素值与叶片氮、磷利用效率之间的关系可能会有所不同。图 12-5 表明，本研究中，从阴坡到阳坡，光合氮利用效率逐渐增大，在沿坡向梯度的变化过程中，光合氮利用效率从阴坡到西坡的增大趋势较缓，而从西坡到阳坡有明显的增幅，表明阳坡坡向的光合氮利用效率远高于阴坡；光合磷利用效率从阴坡到阳坡呈递减的趋势，其在阳坡的值远低于其余坡向。

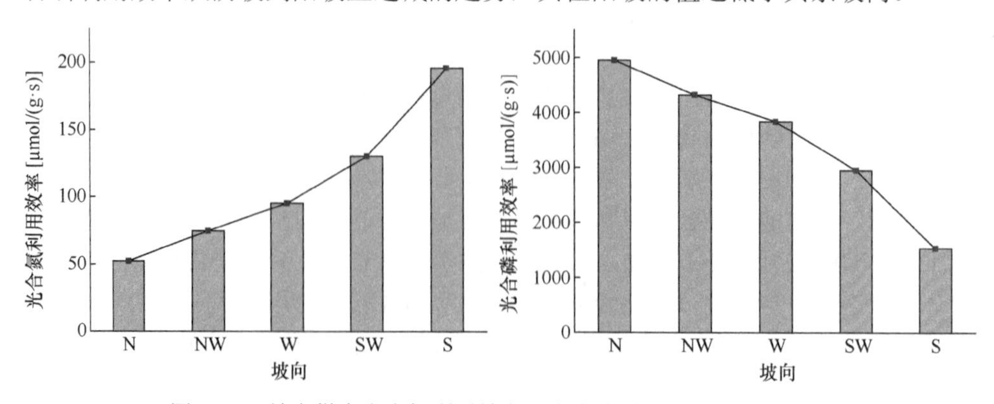

图 12-5　坡向梯度光合氮利用效率和光合磷利用效率的变化趋势

12.4　不同坡向条件下植物叶片 $\delta^{13}C$ 值及水分利用效率

12.4.1　沿坡向梯度叶片 $\delta^{13}C$ 值的变化特征及其与环境因子的关系

叶片 $\delta^{13}C$ 值与环境因子之间存在一定的相关关系。植物叶片的 $\delta^{13}C$ 值受到环境中的多个因子的影响，主要包括光照强度、土壤水分和温度等（杨树烨等，2022）。光照强度是影响植物光合作用的重要因素之一。较强的光照条件下，植物的光合速率会增加，叶片 $\delta^{13}C$ 值会相对较低。这是因为光合作用过程中，植物通过开放气孔来吸收 CO_2，同时释放水蒸气。开放气孔带来的水分蒸发将导致叶片细胞内的碳同位素比值偏向重碳同位素，从而使叶片 $\delta^{13}C$ 值增加。温度对植物的光合作用和蒸腾作用有显著影响。较高的温度会加速植物蒸腾作用，增加水分流失，导致叶片 $\delta^{13}C$ 值增加。相反，较低的温度会降低植物的蒸腾作用，减少水分流失，使叶片 $\delta^{13}C$ 值减小。土壤水分是限制植物生长和发育的主要因素之一（何春霞等，2008）。较干旱的土壤条件下，植物会降低蒸腾作用，减少水分流失，导致叶片 $\delta^{13}C$ 值增加。相反，较湿润的土壤条件下，植物的蒸腾作用增加，使叶片 $\delta^{13}C$ 值减小。

光照和水分的可利用性是影响植物 WUE 的主要因素，其中，水分更是植物 WUE 的关键性影响因子（李机密等，2009）。本研究表明，沿坡向梯度从阴坡到阳坡，叶片 $\delta^{13}C$ 值呈递增的趋势（图 12-2），叶片 $\delta^{13}C$ 值与土壤含水量呈显著负相关，与土壤温度及光照度呈显著正相关（图 12-3），这与沈芳芳等（2017）的研究结果一致。水分缺乏时，小麦稳定碳同位素组成高于对照（Saurer et al.，1995），Zhao 等（2009）研究了不同品种春小麦 $\delta^{13}C$ 值与土壤干旱之间的关系，也得出了相同的结论，而且 $\delta^{13}C$ 值可以作为筛选高效水分利用效率品种的指标。有研究表明，油松叶片稳定碳同位素含量随着土壤水分胁迫程度的增加呈显著上升趋势（李善家等，2011），这与本研究结果一致。在阴坡—阳坡梯度上，随土壤含水量降低，植物 $\delta^{13}C$ 值增大。这是因为当土壤含水量（空气湿度）降低时，水分胁迫加重；植物为减少体内水分蒸腾损失，往往会关闭部分气孔，使气孔导度和胞间 CO_2 浓度降低，C_i/C_a 减小，导致植物 $\delta^{13}C$ 值升高。另外，由于阴坡—阳坡梯度上，土壤温度及光照度不断增加，而土壤含水量降低，植物物种由阴坡对光资源的竞争转变为阳坡对水资源的竞争，水分胁迫加重，植物同样也会关闭部分叶片气孔以减少水分蒸发、提高水分利用效率，而气孔是大气 CO_2 进入叶内的通道，气孔部分关闭将引起叶片内 CO_2 浓度下降，最终导致叶片 $\delta^{13}C$ 值升高。李香云等（2020）的研究表明，由于温度的升高，羧化酶活性增强，植物光合速率增大，导致植物叶片内 CO_2 浓度减小，进而导致植物 $\delta^{13}C$ 值增大。沈育伊等（2021）研究认为，还有一个可能的机制是：温度升高导致土壤水分蒸发增强，土壤含水量减少，进

而植物 $\delta^{13}C$ 值增大。本研究中，在高寒草甸地区山地的坡向间，土壤含水量是影响叶片 $\delta^{13}C$ 值的主要因素，这是因为土壤含水量是该地区限制植物生长的主要因素；而有研究表明，植物生长的限制因素往往是叶片 $\delta^{13}C$ 值的主要影响因素（周咏春等，2016）。

12.4.2 水分利用效率沿坡向梯度的变化特征

水分是干旱与半干旱区的关键限制因子，植物 WUE 是指生产单位地上部分干物质量所消耗的水量，是植物产量和消耗水量之间关系的评价指标。WUE 是描述植物（作物）消耗单位水分的碳同化效率（周文君等，2020），是反映植物个体利用水分的效率和深层理解生态碳水循环及气候变化敏感性的重要指标（王强等，2021）。WUE 是植物适应不同生境、维持物种共存的策略之一（王乐等，2023）。叶片的 $\delta^{13}C$ 值能够指示植物长期利用水分的效率，$\delta^{13}C$ 值越高，表明植物的 WUE 越高（杨树烨等，2022）。运用稳定碳同位素方法测定植物叶片 $\delta^{13}C$ 值是现代生态学研究中一种公认的能直接反映植物 WUE 的最佳方法，$\delta^{13}C$ 不受客观因素的限制，具有高效、高精度及低破坏性等优点，而植物 WUE 的测定值与 $\delta^{13}C$ 值呈显著正相关。

本研究结果表明，$\delta^{13}C$ 值所表征的 WUE（图 12-2）和实时测定的叶片 WUE（图 12-4）变化趋势一致，沿着阴坡到阳坡的变化梯度呈递增的趋势。阴坡光照不足而土壤含水量较高，阳坡光照充足而水分不足，即随阴坡—阳坡的变化，土壤含水量的降低，植物 WUE 增大，这主要是植物在生长过程中坡向间温度和光照度升高引起蒸发需求增加，土壤水分的可利用性降低，植物为减少体内水分散失往往关闭部分气孔，造成叶内 CO_2 分压降低，C_i/C_a 减小，从而使光合产物的 $\delta^{13}C$ 比值增大，WUE 提高，这说明，生长在不同坡向下的植物当土壤水分可利用性（土壤含水量）降低时可以通过调节自身的生理功能以适应外界环境的变化。

12.4.3 光合氮、磷利用效率沿坡向梯度的变化特征

氮和磷是植物生长发育的关键营养元素，对植物的生产力和营养素利用效率具有重要影响。相比于氮，磷在土壤中的供应相对更为有限，这使得植物对磷的吸收和利用更显重要。研究发现，具有更高的氮和磷利用效率的植物能够更有效地利用有限的资源进行生长，因此其叶片的碳同位素比值更低（梁银丽等，2000）。

图 12-2 和图 12-5 表明，沿坡向梯度从阴坡到阳坡，光合氮利用效率与叶片 $\delta^{13}C$ 的变化趋势一致，从阴坡到阳坡逐渐增大，表明植物的水分利用效率也逐渐递增，而磷的利用效率则沿阴坡到阳坡呈递减的趋势。阴坡坡向上土壤含水量高而光照弱，充足的水分使得植物种群对水资源的竞争并不激烈，而在水资源匮乏

的阳坡，植物的水分利用效率反而更高。有研究表明，具有较低的 $\delta^{13}C$ 值的植物，通常表现出较高的磷利用效率。这是因为低 $\delta^{13}C$ 值更有效地利用了光合产物，使其在光合作用中吸收到的微量磷元素得到更好的利用。相反，具有高 $\delta^{13}C$ 值的植物则表现出较低的磷利用效率（曾欢欢等，2019）。这与本研究的结果一致，在较低叶片 $\delta^{13}C$ 值的阴坡，植物的光合氮利用效率较低，而光合磷利用效率在阴坡最高，阳坡坡向则与之相反。

12.5　本 章 小 结

本章通过对甘南高寒草甸 C_3 植物稳定碳同位素值的测定，结合光合氮、磷利用效率，系统地探讨了沿坡向梯度从阴坡到阳坡植物叶片 $\delta^{13}C$ 值及其表征的植物 WUE 的变化特征。结果表明，从阴坡到阳坡，植物叶片 $\delta^{13}C$ 值逐渐增大，阴坡 $\delta^{13}C$ 值为–29.25‰，阳坡为–24.23‰，其变化趋势与植物氮利用效率保持一致，而植物磷利用效率沿坡向梯度从阴坡到阳坡呈递减的趋势，植物在阳坡磷的利用效率最低。植物在较低叶片 $\delta^{13}C$ 值时，氮利用效率较低，而磷利用率较高。从阴坡到阳坡，随着土壤含水量的减少，植物叶片 $\delta^{13}C$ 值明显增大，坡向梯度上植物叶片 $\delta^{13}C$ 值与土壤含水量之间呈显著线性负相关。随阴坡—阳坡的变化，土壤含水量的降低，植物 WUE 增加。植物 $\delta^{13}C$ 值与温度之间呈显著线性正相关，在阴坡到阳坡的生境梯度上，随平均温度的增加，植物碳同位素均呈增大的趋势。植物叶片 $\delta^{13}C$ 值与光照度呈线性正相关。

水分利用效率的研究结果表明，坡向梯度上植物叶片 $\delta^{13}C$ 值具有显著差异，表现为阳坡>半阳坡>西坡>半阴坡>阴坡，植物叶片的实时水分利用效率也具有同样的变化趋势，即阳坡高水分利用效率的植物具有较强的抗干旱及胁迫的能力。因此，从退化草地生态系统恢复的实践来看，由于本研究所选植物样品中阳坡草本植物具有较强的适应干旱环境的潜力，在选择物种时应尽量选择这类植物以适应未来环境的变化（如温度上升和降水格局改变等）。

参 考 文 献

白海波, 吕学莲, 魏亦勤, 等. 2013. 不同灌水条件下春小麦不同器官碳同位素分辨率与产量的相关性. 麦类作物学报, 33(6): 1190-1196.

陈烨彬, 郭旭东, 李康铭, 等. 2017. 深圳湾外来红树植物海桑幼苗生长及其影响因子. 亚热带植物科学, 46(2): 131-136.

哈丽古丽·艾尼, 伊丽米努尔, 管文轲, 等. 2020. 不同生境胡杨叶片 $\delta^{13}C$ 和 $\delta^{15}N$ 及其对环境因子的响应. 西北植物学报, 40(6): 1031-1042.

何春霞, 李吉跃, 郭明, 等. 2008. 4 种乔木叶片光合特性和水分利用效率随树高的变化. 生态学报, 28(7): 3008-3016.
胡海英, 梁新华, 伏晓昭, 等. 2018. 宁夏种植甘草 $\delta^{13}C$ 组成与水分利用的关系. 干旱地区农业研究, 36(6): 86-91.
黄甫昭, 李冬兴, 王斌, 等. 2019. 喀斯特季节性雨林植物叶片碳同位素组成及水分利用效率. 应用生态学报, 30(6): 1833-1839.
李机密, 黄儒珠, 王健, 等. 2009. 陆生植物水分利用效率. 生态学杂志, 28(8): 1655-1663.
李明旭, 杨延征, 朱求安, 等. 2016. 气候变化背景下秦岭地区陆地生态系统水分利用率变化趋势. 生态学报, 36(4): 936-945.
李善家, 张有福, 陈拓. 2011. 西北油松叶片 $\delta^{13}C$ 特征与环境因子和叶片矿质元素的关系. 植物生态学报, 35(6): 596-604.
李香云, 岳平, 郭新新, 等. 2020. 荒漠草原植物群落光合速率对水氮添加的响应.中国沙漠, 40(1): 116-124.
梁银丽, 康绍忠, 山仑. 2000. 水分和氮磷水平对小麦碳同位素分辨率和水分利用效率的影响. 植物生态学报, 24(3): 289-292.
聂棠棠, 王娟, 姚槐应, 等. 2023. 土壤呼吸及其 $\delta^{13}C$ 同位素测定方法的对比研究. 土壤, 55(3): 578-586.
秦莉, 尚华明, 张同文, 等. 2021. 天山南北坡树轮稳定碳同位素对气候的响应差异. 生态学报, 41(14): 5713-5724.
沈芳芳, 樊后保, 吴建平, 等. 2017. 植物叶片水平 $\delta^{13}C$ 与水分利用效率的研究进展. 北京林业大学学报, 39(11): 114-124.
沈育伊, 张德楠, 徐广平, 等. 2021. 会仙喀斯特湿地三种典型植物叶片碳同位素($\delta^{13}C$)特征及其指示意义. 广西植物, 41(5): 769-779.
王乐, 朱求安, 张江, 等. 2023. 黄河流域植被格局变化对水分利用效率的影响. 生态学报, 43(8): 3103-3115.
王强, 张欣薇, 黄英金, 等. 2021. 光环境和温度对商陆净光合速率、蒸腾速率和瞬时水分利用效率的协同影响. 植物生理学报, 57(1): 187-194.
闻志彬, 夏春兰, 王玉兰. 2020. 干旱胁迫对 C_3 植物天山猪毛菜叶片 C_4 光合酶和 $\delta^{13}C$ 值的影响. 干旱区研究, 37(4): 993-1000.
杨树烨, 赵西宁, 高晓东, 等. 2022. 基于 $\delta^{13}C$ 值的黄土高原生态林和经济林水分利用效率差异及对环境响应分析. 水土保持学报, 36(4): 247-252, 264.
余新晓, 杨芝歌, 白艳婧, 等. 2013. 基于 $\delta^{13}C$ 值的北京山区典型树种水分利用效率研究. 应用基础与工程科学学报, 21(4): 593-599.
曾欢欢, 吴骏恩, 刘文杰. 2019. 丛林式橡胶林内植物水分利用效率与叶片养分含量. 亚热带植物科学, 48(2): 125-133.
张昊, 李建平. 2021. 稳定碳同位素在草地生态系统碳循环中的应用与展望. 水土保持研究, 28(1): 394-400.
张元恺, 王飞, 郭树江, 等. 2022. 不同年代梭梭同化枝 $\delta^{13}C$ 值与解剖结构及生理指标的关系. 西北林学院学报, 37(4): 43-49.
赵良菊, 肖洪浪, 刘晓宏, 等. 2005. 沙坡头不同微生境下油蒿和柠条叶片 $\delta^{13}C$ 的季节变化及其对气候因子的响应. 冰川冻土, 27(5): 747-754.
赵艳艳, 徐隆华, 姚步青, 等. 2016. 模拟增温对高寒草甸植物叶片碳氮及其同位素 $\delta^{13}C$ 和 $\delta^{15}N$

含量的影响. 西北植物学报, 36(4): 777-783.
周文君, 查天山, 贾昕, 等. 2020. 宁夏盐池油蒿叶片水分利用效率的生长季动态变化及对环境因子的响应. 北京林业大学学报, 42(7): 98-105.
周咏春, 程希雷, 樊江文, 等. 2016. 内蒙古草地植被 δ^{13}C 空间格局及其对气候因子的响应. 东北大学学报(自然科学版), 37(2): 273-278, 284.
Binder W D, Fielder P. 1996. Chlorophyll fluorescence as an indicator of frost hardiness in white spruce seedlings from different latitudes. New Forests, 11: 233-253.
Craig H. 1954. ^{13}C in plants and the relationships between ^{13}C and ^{14}C variations innature. The Journal of Geology, 62(2): 115-149.
de Kauwe M G, Medlyn B E, Zaehle S, et al. 2013. Forest water use and water use efficiency at elevated CO_2: a model-data intercomparison at two contrasting temperate forest FACE sites. Global Change Biology, 19(6): 1759-1779.
Farmer J G, Baxter M S. 1974. Atmosphereic carbon dioxide levels as indicated by the stable isotope record in wood. Nature, 247(5439): 273-275.
Farquhar G D, O'leary M H, Berry J A. 1982. On the relationship between carbon isotope discrimination and the intercellular carbon-dioxide concentration in leaves. Australian Journal of Plant Physiology, 9(2): 121-137.
Feng X H, Epstein S. 1995. Carbon isotopes of trees from arid environments and implications for reconstructing atmospheric CO_2 concentration. Geochimica et Cosmochimica Acta, 59(12): 2599-2608.
Ito A, Inatomi M. 2012. Water-use efficiency of the terrestrial biosphere: a model analysis focusing on interactions between the global carbon and water cycles. Journal of Hydrometeorology, 13(2): 681-694.
Liu Y J, Zhang L R, Niu H S, et al. 2014. Habitat-specific differences in plasticity of foliar δ^{13}C in temperate steppe grasses. Ecology and Evolution, 4(5): 648-655.
Pearman G I, Francey R J, Fraser P J B. 1976. Climatic implications of stable carbon isotopes in tree rings. Nature, 260(5554): 771-773.
Saurer M, Siegenthaler U, Schweingruber F. 1995. The climate-carbon isotope relationship in tree rings and the significance of site conditions. Tellus B, 47(3): 320-330.
Tang X G, Li H P, Desai A R, et al. 2014. How is water-use efficiency of terrestrial ecosystems distributed and changing on Earth? Scientific Reports, 4: 7483.
Urey H C, Greiff L J. 1935. Isotopic exchange equilibria. Journal of the American Chemical Society, 57(2): 321-327.
Zhao H L, Zhao Z, An L Z, et al. 2009. The effects of enhanced ultraviolet-B radiation and soil drought on water use efficiency of spring wheat. Journal of Photochemistry and Photobiology B: Biology, 94(1): 54-58.

第 13 章　甘南高寒草甸土壤根际、非根际微生物群落分布特征

13.1　土壤微生物研究的意义

13.1.1　土壤微生物的含义及其重要性

土壤微生物指土壤中借助光学显微镜才能看到的微小生物，包括原核生物如细菌、蓝细菌、放线菌、超显微结构微生物，以及真核生物如真菌、藻类（蓝藻除外）、地衣和原生动物等。根际微生物是指生活在根系邻近土壤，依赖根系的分泌物、外渗物和脱落细胞而生长，一般对植物发挥有益作用的正常菌群。微生物种类繁多、数量巨大，是丰富的生物资源库，在土壤生态系统中拥有独特的功能，在地球物质循环、能量转换以及环境与健康等方面发挥着重要作用。此外，土壤微生物在维持生态系统的整体功能方面同样发挥着非常重要的作用，通常被比作土壤 C、N、P 等养分元素的循环“转化器”、环境污染物的“净化器”、陆地生态系统稳定的“调节器”，而土壤也是微生物的“天然栖息地”，为微生物的生长和繁殖提供了物理结构与化学营养（甄丽莎等，2015）。

青藏高原是地球上最大、最高的高原，约占中国陆地面积的 26.8%。在这个高原上，草原生态系统覆盖了总面积的 60%以上，高寒草甸是青藏高原的主要天然草原，高寒草甸面积约为 87.5 万 km^2，约占青藏高原草原面积的 35%（Fu et al.，2021），为高原草甸畜牧业的发展提供了物质基础。甘南草原位于甘肃省西南部，南临四川，西接青海。这里地处青藏高原东北部边缘，东南与黄土高原相接，总面积约 2.5 万 km^2，以高寒草甸为主，海拔多在 3000 m 以上，年均降水量 705 mm，年平均气温 4℃，其中夏季平均气温 11℃。甘南草原是黄河水源涵养区，在黄河上游乃至整个黄河流域是年平均降水量最多的地方，具有很高的生态保护价值。甘南草原牧场被誉为亚洲最好的牧场，发挥着巨大的经济效益。但是近年受全球气候变暖和人类活动的干扰，土壤条件与地表覆被植物发生了一系列变化，这对土壤生物群落，尤其是土壤微生物群落产生了重要的影响（Yang et al.，2012）。而土壤微生物作为地下生态系统的重要组成部分调控着生态系统演化的进程，在土壤有效养分的转换和地上植物生长的过程中发挥着不可替代的作用。特别是，根际土壤微生物对于调节生物地球化学循环进而影响生态系统功能至关重要

（Kardol and Wardle，2010）。如果我们要“操控”这些有益微生物来增强生态恢复过程的话，了解生态系统中微生物群落组成和多样性如何变化是非常重要的一步。

13.1.2　土壤微生物的研究内容

我们对于土壤微生物的研究十分广泛：研究土壤微生物数量以及群落结构在水平、垂直方向上的分布特征，如不同纬度、不同坡向、不同生境、不同气候对土壤微生物数量及群落结构的影响；研究土壤微生物多样性，如群落多样性、遗传多样性及功能多样性等；研究土壤微生物与各环境因子、土壤因子之间的联系，分析内在原因，探究土壤微生物对生态系统的作用。

近十几年来，中国土壤微生物领域的研究一直保持较高热度，2010～2017 年保持平稳中略有增长的趋势，2019 年达到最高。2010～2015 年的研究热点主要集中在土壤微生物量碳氮、土壤微生物区系、不同土地利用方式、土壤类型（紫色土）方面。杨宇虹等（2011）发现，施用常规复合肥有利于以氨基酸类、胺类物质为碳源的微生物生长，施用有机肥有利于以羧酸类物质为碳源的微生物生长，而施用农家肥则有利于以糖类、脂肪酸、酚酸类物质为碳源的微生物生长。涂利华等（2011）采用红外 CO_2 分析法测定了土壤呼吸速率，发现土壤呼吸速率与土壤温度呈极显著正指数关系，与微生物生物量碳氮呈极显著正线性关系，且模拟氮沉降显著促进了土壤呼吸。杨滨娟等（2014）的研究显示，秸秆还田配施化肥能够增加根际土壤总细菌、放线菌、真菌、氨氧化细菌、好气性自生固氮菌、亚硝酸细菌、磷细菌和好气性纤维素分解菌的数量，提高过氧化氢酶、脲酶、转化酶的酶活性，从而改善土壤生态环境。2015 年之后在农作物、微生物功能多样性、氮沉降和生物炭方面形成了热点研究主题。孙雪等（2017）采用 Biolog-ECO 微平板检测法研究了原始红松林及次生林中土壤微生物功能多样性的变化规律，发现原始林土壤微生物对各类碳源的综合利用强度均大于次生林，不同林型下土壤微生物群落的优势碳源类型存在一定的差异。邓玉峰等（2019）的研究表明，模拟氮沉降下施用石灰的措施能够改善休耕红壤生境，降低因氮沉降造成的酸化对根际微生物群落的危害，加速土壤生态系统恢复。王彩云等（2019）的研究表明，生物炭施用可以改善温室黄瓜连作土壤的理化性质，提高土壤细菌数量，降低有害真菌数量，使根际土壤微生物的代谢活性增强，功能多样性提高，改良了土壤微生物生态系统。2017 年开始，高通量测序既是土壤微生物领域的研究热点，又是该学科的前沿趋势。杨广容等（2019）利用 Illumina 高通量测序技术测定分析了 16S rDNA，研究了茶园土壤细菌群落多样性，研究结果表明，古茶园土壤细菌的丰度和多样性高于现代茶园及森林，森林、现代茶园和古茶园土壤的细菌群落结构差异明显。王悦等（2019）采用 MiSeq 高通量测序技术对不同种植模式下丹参根际土壤中细菌的16S rDNA基因V3～V4区片段和真菌18S rDNA基因V4区片段进行了测序，研究了细菌和真菌群落结构的变化，研究结果表明，轮作和套作可以在一定程度上改善土壤质量，提高根际细菌群落多样性，改变微生物群落组成，以及微生物-微生物、微生物-丹参之间的相互关系。Zhang等（2022）研究提出了土壤微生物群落定量研究优化策略。他们利用采自黑龙江海伦和海南三亚的两类差异较大的土壤样品，评估了土壤微生物研究中最常用的两种绝对定量方法——内参法和荧光定量法与高通量测序结合的方法。结果表明：内参法在准确性、稳定性和工作量等方面没有显示出任何优势。相比之下，更常用的荧光定量法与高通量测序结合的方法对探究环境扰动对土壤微生物动力学的影响提供了有价值的见解。考虑其稳定性和技术可行性，荧光定量法与高通量测序结合的方法可广泛应用于土壤微生物群落的定量研究。Zheng等（2022）发明了微生物高通量单细胞基因组学技术——Microbe-seq。Microbe-seq技术集成了多种液滴微流控操作技术和定制开发的生物信息学分析手段，不需要培养即可从复杂微生物群落中获取成千上万个单细胞微生物的基因组信息，并组装出高质量的菌株水平基因组，从而能够在不损失分辨率或广泛物种适用性的基础上探究微生物群落的基因组。该方法应用面广泛，可用于具有复杂微生物群落的样本，如粪便、土壤和海洋等，在微生态研究中具有极大的市场应用潜力。

温室气体排放导致气候变化给全球带来的影响不容小觑，氮沉降作为自2014年开始的研究热点至今仍被高度关注，继续作为土壤微生物研究的前沿方向等待科研学者深入挖掘。生物炭可作为碳汇储存碳，微生物作为不同形态碳的加工者，运用生物炭的特性来改善土壤微生态环境的利弊，依旧是土壤微生物领域至今争论不休的热点及前沿。

13.1.3 土壤微生物研究方法

1. 生物化学方法

1）传统培养方法

传统的土壤微生物培养方法是指微生物稀释平板菌落计数法，依据目标微生物选择相应的培养基，将土壤中可培养的微生物进行分离培养，然后根据各种微生物的生理生化特征及外观形态等方面进行分析鉴定，以此来判定微生物的类型及数量（陈慧清等，2018）。此法在衡量小群体多样性方面是一种快速的方法，但由于所用的培养基对于土壤中可培养微生物具有一定的针对性，无法全面反映微生物生长的自然条件，常常造成某些微生物的富集生长，而另一些微生物缺失。因此，传统的研究方法只能反映极少数微生物的信息，所测结果误差较大，埋没了大量极有应用价值的微生物资源。但是通过微生物培养法，能够获得某些微生物的特征性数据，比如菌落形态等，也可使用传统培养法对微生物的功能多样性进行深层次研究，因此在目前的研究中，可结合传统微生物培养法与其他研究方法共同对土壤微生物进行测定。

2）Biolog 微平板分析碳素利用法

1991 年，Garlan 和 Mills 首次提出 Biolog 技术，并在土壤微生物的研究中得到了广泛的应用。Biolog 技术是以微生物存活、生长及竞争过程中所需的不同形式的碳源为线索，根据微生物碳源利用模式的差异，比较鉴定微生物群落功能的多样性（刘燕等，2019），并以微生物在不同碳源中新陈代谢产生的酶与四唑类物质［氯代三苯基四氮唑（TTC）、四氮唑紫（TV）等］发生颜色反应的浊度差异为基础，运用独特的排列技术检测出各种微生物的代谢特征指纹图谱。Biolog 微平板分析碳素利用法具有自动化程度高、检测速度快等优点，是目前用于揭示土壤微生物群落功能多样性的一种相对简单快捷的研究方法。但仅限于检测可培养、能迅速生长的微生物，且微孔中的碳源并不能完全代表土壤生态系统中实际碳源的所有类型。此外，样本的处理方法、培养条件以及使用的微平板类型等都会给微生物多样性的评价带来误差。

3）磷脂脂肪酸法

磷脂脂肪酸（phospholipid fatty acid，PLFA）作为细菌和其他微生物细胞化学标记物广泛应用于微生物生态学。微生物磷脂脂肪酸的提取和测定是该分析法的关键因子。磷脂脂肪酸的分析与识别经过不断的发展完善，目前普遍采用的是准确、方便、快捷的气相色谱质谱联用（gas chromatography-mass spectrometry，GC-MS）法，它在描述整个微生物群落结构的变化中具有快捷、可靠的优点（陈琢玉等，2019）。PLFA 分析也可以与其他技术相结合，如应用稳定同位素探测技术确定样品中哪些微生物代谢活跃，同时 PLFA 分析也可广泛用于估算总生物量，或观察土壤和水中微生物群落的组成及变化。

2. 分子生物学法

1）变性梯度凝胶电泳

1983 年，Fishers 和 Lerman 基于聚丙烯酰胺凝胶电泳，发明了可分离出相同长度但序列有区别的 DNA 片段的方法，即变性梯度凝胶电泳（denaturing gradient gel electrophoresis，DGGE）。Heuer 等（1997）运用群特异性的 PCR 和 DGGE 法对不同泥土的优势放线菌进行了研究。1999 年，Muyzer 初次使用 DGGE 方法分析了微生物群落结构，随后该方法被广泛用于自然环境中群落生物多样性的分析。目前，我国在变性梯度凝胶电泳条件研究方面也取得了一定的进展，冯敏等（2018）对土壤中粗基因组 DNA 采用直接法提取，然后进行纯化；PCR 扩增体系中加入牛血清白蛋白（bovine serum albumin，BSA），DGGE 电泳系统组成中变性剂浓度范围控制在 35%～55%，这一发现也为后续的相关研究提供了理论依据。

2）末端限制性片段长度多态性

末端限制性片段长度多态性（T-RFLP）是一种微生物群落分析的分子生物学技术。1980 年，遗传学家 Bostein 提出限制性片段长度多态性技术，并被称为第一代 DNA 分子标记技术。RFLP 是根据不同品种基因组限制性酶切位点的碱基突变，如碱基的插入、缺失等，引起酶切片段长度发生变化，然后通过探针的杂交来检测这类变化，从而对比不同品种的 DNA 水平的不同，通过多个探针的对比来确定物种的进化和分类（吴则焰等，2019）。Liu 等（1997）最先采用 T-RFLP 技术分析了微生物群落的结构和多样性，极大地促进了末端限制性片段长度多态性技术的发展。

3）高通量测序技术

高通量测序（high-throughput sequencing）技术主要以 454Life Sciences 公司的 454GS FLX 和 454GS Junior、Illumina 公司的 HiSeq 和 MiSeq 及 ABI 公司的 SOLiD^{TM} 5500xl 为代表，测序流程包括：文库的制备、基因组 DNA 随机片段化和末端标记测序及数据分析。第一代高通量测序技术采用双脱氧核苷酸终止法，也被称为桑格测序（Sanger sequencing）法。但是桑格测序法存在着很多不足之处，如测序通量低、测序成本高、无法对混合物中的微生物进行准确检测等，因此无法进行大规模测序和大量的平行测序，也不能满足基因组学方面的研究。第二代高通量测序改进了测序的读长、通量和准确性。2006 年，Illumina 公司的第二代高通量测序方法成为测序的主流技术，开发出了 Genome Analyzer llx、HiSeq2000、HiSeq2500/1500、MiSeq 等测序体系。Illumina MiSeq 平台可针对 16S rDNA 的一个或多个高变区域来进行测序，具有较高的测序深度，同时也可以检测到低丰度微生物群落，分析准确性得到大幅提高（Dong et al.，2017）。

4）宏基因组学

宏基因组学（metagenomics）是将不同环境样品的微生物总基因组作为研究对象，用于功能基因的挑选、测序分析，研究微生物群落结构、多样性、演化关系以及与环境之间的相互关系。宏基因组是基因组学中一个以微生物群落为研究对象的新兴科学研究方向。其研究优势是：①微生物通常以群落方式共存于某生境中，通过整个群落环境及个体间的相互影响从而发现其特性；②宏基因组学能够更好地研究那些不能被分离培养的微生物。近些年，随着 DNA 测序技术的进步以及生物信息学分析方法的不断改进，人们进一步加快了对基因组学领域的认识与发展。宏基因组学突破了传统分离纯化培养技术中绝大多数微生物无法培养分析的局限，使通过基因水平来研究整个环境中的微生物群落及群落变化规律成为可能（Jaswal et al.，2019）。

13.1.4　甘南高寒草甸土壤微生物的研究意义

土壤微生物数量是反映土壤生态系统综合特征的重要指标，是微生物研究的主要内容。微生物对环境条件极其敏感，土壤条件的微小改变将会导致微生物数量发生变化。纵观国内外文献，不同植被类型、环境条件下土壤微生物数量的研究越来越多。目前，已有学者对北极苔原（Wilhelm et al.，2011）、青藏高原（张宝贵等，2020）等不同类型、条件下的高寒生态系统土壤微生物的数量进行了较系统的研究。大量研究表明：随着土地退化程度的加剧，高寒草甸土壤微生物数量大幅度减少，如天祝高寒草地（姚拓和龙瑞军，2006）、玛曲高寒草甸（何芳兰等，2016）。于健龙和石红霄（2011）研究发现，土壤微生物数量随着土地退化程度加剧而减少，其中真菌数量显著降低，而姚宝辉等（2019）认为，在土地退化过程中，细菌数量明显减少，土壤细菌数量对草地的退化敏感性最大，放线菌次之，真菌最小。张倩等（2019）对青藏高原高寒草甸的研究发现，西北坡 3 种微生物数量最低，东坡细菌数量最高，南坡真菌和放线菌数量最高。因为以往不同研究背景下的实验结果之间缺乏内在的可比性，所以在不同的研究背景和资源条件下探讨地形因子对各种微生物的影响就很难取得一致的结论，若在同种实验背景下通过研究某种植物根际、非根际微生物的变化就能更好地揭示微生物与植物、土壤之间的内在关系。本研究以甘南藏族自治州玛曲县的矮生嵩草（*Kobresia humilis*）为研究对象，通过分析比较不同坡向非根际、根际土壤微生物群落特征，揭示了其与植被的内在联系及其与各种外部环境影响因子的关系，为高寒草甸资源的保护、更新以及持续利用提供科学依据。

13.2　实验设计与方法

13.2.1　样地设计

2014 年、2015 年、2016 年 7 月在甘南藏族自治州玛曲县选择一座植被分布典型的山坡，通过 360°电子罗盘进行坡向定位，整座山坡沿着山体中部按顺时针方向，依次选取阳坡、半阳坡、西坡、半阴坡、阴坡为实验样地。因为矮生嵩草为 5 个坡向的共有种，所以我们选择矮生嵩草根际土壤作为研究对象。于每个坡向随机选取 3 个 0.5 m×0.5 m 的样方。对样方信息进行调查，记录样方内植物物种数及株数，并估测样地盖度。在每个样方内用直径为 5 cm 的土钻，采用梅花五点法采集 0～10 cm 深度土壤，去除植物根系和砂砾，装入自封袋中并冷藏保存。根际土壤取样方法采用传统的抖落法：首先在选定的样方内部挑选长势良好的矮生嵩草，在不破坏根系的前提下小心地挖取完整的植物根系（根系附带着土体），然后将根系上大块的土体轻轻抖落下来，再使用毛刷等工具把附着在根系表面的土壤轻轻刷下来，并去除所收集土样中的可见根，此为矮生嵩草种群根际土壤（李玉倩等，2021）。所采新鲜土样过 2 mm 筛，分为两份，一份在–70℃的冰箱内速冻，进行低温脱水处理，用于根际微生物的培养；另一份去根风干后避光保存，用于土壤基本理化性质及其他土壤指标分析。

13.2.2 土壤微生物及其功能群的培养计数

1. 土壤微生物的培养计数

用天平称取 10 g 土壤样品，在超净工作台中把称好的土样放入装有无菌玻璃珠和 90 mL 无菌水的烧杯中，置于 28℃、转速为 150 r/min 的摇床上振荡 15～20 min，使其充分混匀，静置 5 min。然后在超净工作台中制备不同浓度梯度的土壤悬浮液。土壤微生物培养采用稀释涂布平板法，细菌使用牛肉膏蛋白胨培养基，稀释浓度选取 10^{-4}、10^{-5}、10^{-6}，37℃下倒置培养 48 h 后计数；真菌使用马丁-孟加拉红培养基，稀释浓度选取 10^{-1}、10^{-2}、10^{-3}，28℃下倒置培养 3～4 d 后计数；放线菌使用改良高氏一号培养基（加入 3%的重铬酸钾溶液以抑制细菌生长），稀释浓度选取 10^{-2}、10^{-3}、10^{-4}，28℃下倒置培养 5～7 d 后计数。采用最大可能数（most probable number，MPN）法进行数量测定（林先贵，2010）。

2. 土壤微生物功能群的培养计数

土壤微生物功能群的培养计数中，前期制备土壤悬浮液的步骤与土壤微生物一致，培养基与稀释浓度有所差别。固氮菌使用改良的 Ashby 培养基培养，稀释浓度选取 10^{-4}、10^{-5}、10^{-6}，倒置于 28～30℃恒温箱内，培养 3～4 d；氨化细菌使用牛肉膏蛋白胨培养基，稀释浓度选取 10^{-2}、10^{-3}、10^{-4}，倒置于 28℃恒温箱内，培养 2～3 d；硝化细菌使用改良斯蒂芬逊培养基，稀释浓度选取 10^{-2}、10^{-3}、10^{-4}，倒置于 28℃恒温箱内，培养 24 h。采用 MPN 法进行数量测定（林先贵，2010）。

13.2.3 数据统计与分析

采用 Excel 2010 对基础数据进行统计、计算，运用 SPSS 18.0 统计分析软件检验土壤微生物群落与环境因子的相关性，同时对土壤微生物、土壤理化因子进行单因素方差分析，运用 R 软件进行冗余分析（redundancy analysis，RDA）。采用 Origin 8.0 和 R 软件绘图。

13.3　不同坡向土壤微生物群落分布特征

13.3.1　不同坡向非根际土壤微生物群落分布特征

由不同坡向非根际土壤微生物的群落分布特征可以看出，2014 年和 2015 年非根际土壤细菌数量较为丰富，2016 年非根际土壤细菌数量较前两年有所下降，由阳坡向阴坡变化过程中非根际土壤细菌数量逐渐升高，半阳坡非根际土壤细菌数量略高于西坡（图 13-1a）。非根际土壤真菌数量除半阳坡外，其他坡向均呈逐年下降趋势。2016 年，除半阳坡以外的其他所有坡向非根际土壤真菌数量均较低，阳坡与半阳坡分布较多，半阴坡次之，西坡和阴坡分布最少（图 13-1b）。2014 年非根际土壤放线菌数量整体高于 2015 年与 2016 年。2016 年非根际土壤放线菌数量在坡向上除半阴坡与阴坡差异不明显，其他坡向均存在显著差异，西坡非根际土壤放线菌数量略高于其他坡向（图 13-1c）。2015 年非根际土壤微生物总数最高，

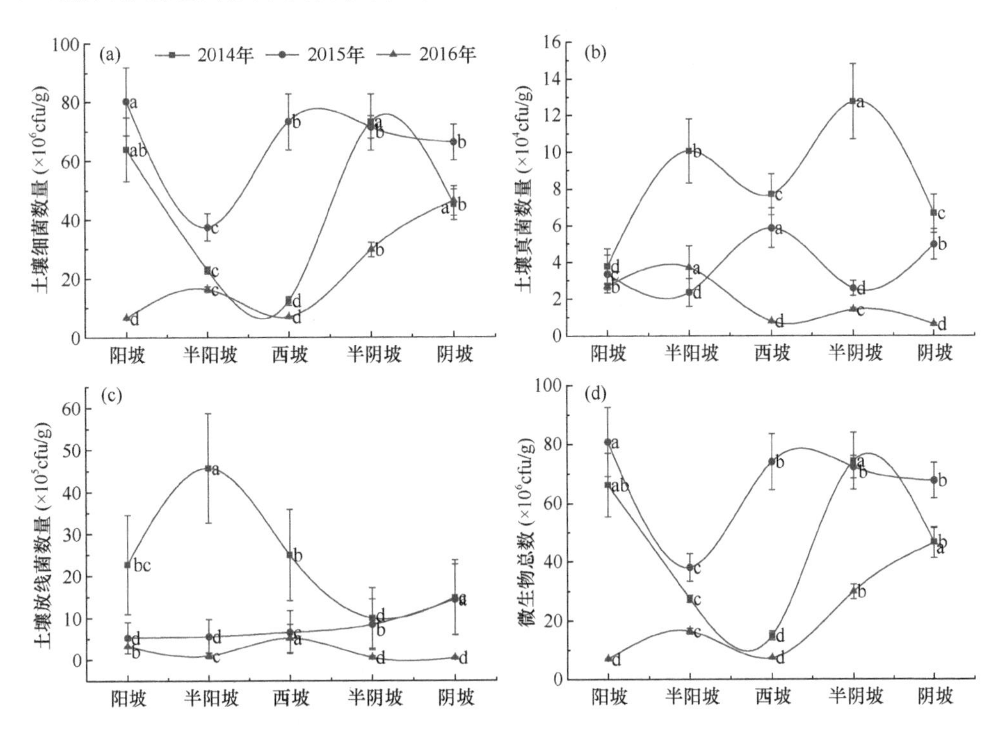

图 13-1　不同坡向非根际土壤微生物的分布

分布曲线上不含有相同小写字母的表示同一年不同坡向之间差异显著（$P<0.05$）

平均值约为 3.33×10^8 cfu/g，其次是 2014 年的 2.30×10^8 cfu/g，2016 年非根际土壤微生物总数最低，为 1.07×10^8 cfu/g。三年间，同一坡向非根际土壤微生物总数差异显著，半阴坡呈逐年降低趋势，其余坡向均呈“倒 V”形（图 13-1d）。

由表 13-1 可知，非根际土壤细菌数量占微生物总数的 80%以上，2015 年达到 97.80%以上。非根际土壤微生物总数中真菌数量所占比例最小，仅为 0.01%～0.51%，放线菌数量仅次于细菌，但在数量级上有一定差距，且不同年份不同坡向放线菌数量占微生物总数的比例差异较大。2014 年不同坡向非根际土壤细菌比例分布为，半阴坡最高，为 98.48%，西坡最低；真菌比例分布为，西坡最高，为 0.51%，阳坡最低；放线菌比例分布则是西坡最高，为 16.70%，半阴坡最低，为 1.35%。2015 年不同坡向非根际土壤细菌比例分布为，阳坡最高，为 99.30%，阴坡最低；真菌比例分布为，西坡最高，为 0.08%；放线菌比例分布在阳坡最低，为 0.66%，阴坡达到最高，为 2.13%。2016 年不同坡向非根际土壤细菌比例分布为，阴坡最高，为 99.89%，西坡最低；真菌比例分布为，阳坡最高，为 0.39%，阴坡最低；放线菌比例分布西坡最高，阴坡最低，为 0.10%。非根际土壤微生物类群所占比例在坡向上的变化规律不明显。

表 13-1 不同坡向非根际土壤微生物类群所占比例（%）

坡向	2014 年			2015 年			2016 年		
	细菌	真菌	放线菌	细菌	真菌	放线菌	细菌	真菌	放线菌
阳坡	96.51	0.06	3.43	99.30	0.04	0.66	94.91	0.39	4.70
半阳坡	83.00	0.37	16.63	98.46	0.06	1.48	99.15	0.22	0.63
西坡	82.79	0.51	16.70	99.02	0.08	0.90	92.98	0.10	6.92
半阴坡	98.48	0.17	1.35	98.79	0.04	1.17	99.77	0.05	0.18
阴坡	96.67	0.14	3.19	97.80	0.07	2.13	99.89	0.01	0.10

2016 年不同坡向非根际土壤微生物功能群分布如图 13-2 所示，非根际土壤微生物功能群总数在西坡分布最多，半阳坡与阳坡次之，阴坡数量最少，从阳坡到阴坡整体呈先增加后减少的趋势，各坡向间差异显著（图 13-2d）。参与氮素循环的非根际土壤微生物功能群以非根际土壤氨化细菌为主，非根际土壤固氮菌和非根际土壤硝化细菌数量偏低。在坡向分布上，由阳坡向阴坡变化过程中非根际土壤固氮菌数量整体呈先减少后增加的趋势，阴坡数量最高，除半阳坡与西坡外，其他坡向间均差异显著（图 13-2a），而非根际土壤氨化细菌和非根际土壤硝化细菌均呈先增加后减少的趋势，分别在西坡和半阳坡出现最大值，非根际土壤氨化细菌各坡向间差异显著，非根际土壤硝化细菌除半阴坡与阴坡外，其他坡向间均差异显著（图 13-2b，图 13-2c）。

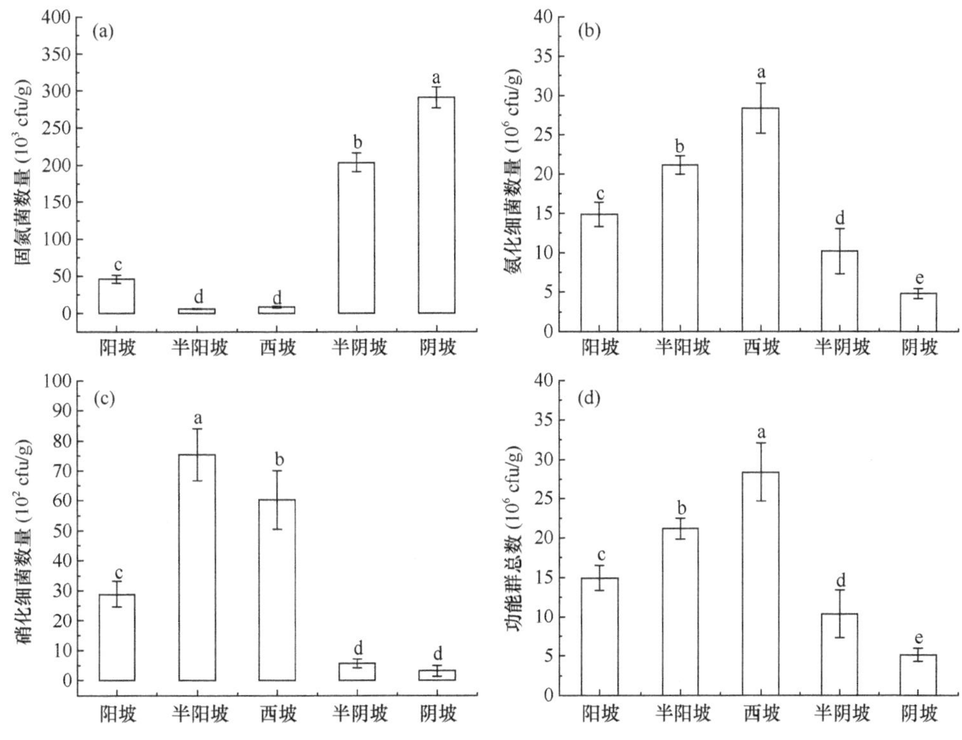

图 13-2　不同坡向非根际土壤微生物功能群的分布

图注上不同小写字母表示差异显著（$P<0.05$）

微生物是土壤生态系统最活跃的部分，可对外界环境因子的细微改变做出快速和显著的反应（Pascual et al.，2000），因此在空间尺度较小的生态环境中，土壤微生物作为土壤质量指标也可全面评价土地管理和土壤恢复的影响。本研究中 2016 年不同坡向非根际土壤微生物群落分布呈现显著差异，由阳坡向阴坡变化过程中土壤微生物总数整体呈上升趋势，阴坡具有较高的微生物活性。土壤中细菌数量占据较高比重，主要分布在半阴坡与阴坡；真菌数量最少，在阳坡和半阳坡分布较为集中；土壤放线菌数量在坡向梯度上的变化规律不明显，这可能是放线菌对于生存环境要求较低，因此环境变化对放线菌数量影响较小。这与刘钊等（2016）的研究结果一致。这是因为阳坡植被盖度低、坡度大，土壤养分及水分含量较低，不利于微生物生长。阴坡植物盖度高，多样性丰富，所产生的凋落物及根系分泌物较多，其温湿适宜的环境及充足的营养物质为土壤微生物的生存繁殖提供了有利条件。不同年份非根际土壤微生物数量整体表现为 2014 年与 2015 年较高，2016 年较低。这主要受到自然因素与人为因素的共同影响，2016 年，研究区内各样地土壤含水量均较低，不利于土壤微生物进行生命活动。土壤微生物功能群在能量流动和物质循环过程中发挥着重要作用，共同促进土壤营养元素的积累（王国荣等，2011）。例如，固氮微生物通过生物固氮将 N_2 转化为 NH_4^+ 供植物合成有机氮，向土壤中补充氮元素；氨化微生物分解含氮有机物释放出 NH_4^+，硝化微生物以 CO_2 为碳源，通过代谢将 NH_4^+ 氧化成 NO_3^-。本研究中，非根际土壤固氮菌在坡向上呈先减少后增加的趋势，在阴坡与半阴坡数量分布最多，主要与其土壤环境因子有关，这与牛世全等（2011）的研究结果一致。氨化细菌是土壤微生物功能群中数量最多的一类，其包括需氧型、嫌气性及兼性细菌，因此土壤通气状况对氨化作用的进行影响较小，最终决定了氨化细菌的优势种群。硝化细菌数量占微生物功能群的比重最小，这可能是由于硝化细菌属自养需氧型细菌，高寒草甸夏季植物群落生长旺盛，植物根系发达和土体结构紧密等原因造成土壤容重较大，土壤含氧量低而不利于硝化细菌生长（李君锋等，2012），正因为如此，硝化细菌在营养条件优越的阴坡分布却最少（图 13-2）。

13.3.2 不同坡向根际土壤微生物群落分布特征

由图 13-3 可知，2015 年根际土壤细菌数量最为丰富，2016 年下降明显，2014 年和 2015 年根际土壤细菌数量随坡向由阳坡向阴坡变化过程中先减小后增加再减小，2014 年除阳坡与半阴坡外，其他坡向间均有显著差异，2015 年除半阳坡显著降低外，其余坡向均无显著差异，而 2016 年根际土壤细菌数量整体呈增加趋势，阳坡与西坡间无显著差异，其他坡向间均有显著差异（图 13-3a）。3 年间根际土壤真菌数量变化趋势与非根际土壤相同，2016 年根际土壤真菌数量均较低；根际土壤真菌数量 2014 年西坡与阴坡无显著差异，其余坡向间均有显著差异，2015 年除半阳坡与半阴坡外，其他坡向间均有显著差异，2016 年阳坡与半阳坡、西坡与阴坡之间无显著差异（图 13-3b）。各坡向根际土壤放线菌数量均呈逐年下降趋势，由阳坡向阴坡变化过程中，2015 年根际土壤放线菌呈增加趋势，半阳坡与西坡无显著差异，其余各坡向间差异显著，2014 年和 2016 年呈“倒 V”形变化，2014 年除阳坡与半阴坡外，其他坡向间均有显著差异，2016 年阳坡与半阳坡、半阴坡与阴坡之间无显著差异（图 13-3c）。根际土壤微生物总数三年间的变化趋势与根际土壤细菌数量变化趋势相同，在 2015 年数量最高，达到了 3.84×10^8 cfu/g，2016 年数量最少，仅有 1.49×10^8 cfu/g，3 年间，除半阴坡外同一坡向根际土壤微生物总数呈“倒 V”形变化，2014 年各坡向间的差异与 2015 年相同，除阳坡与半阴坡外，其他坡向间均有显著差异，2016 年阳坡与西坡无显著差异，其余坡向间均有显著差异（图 13-3d）。

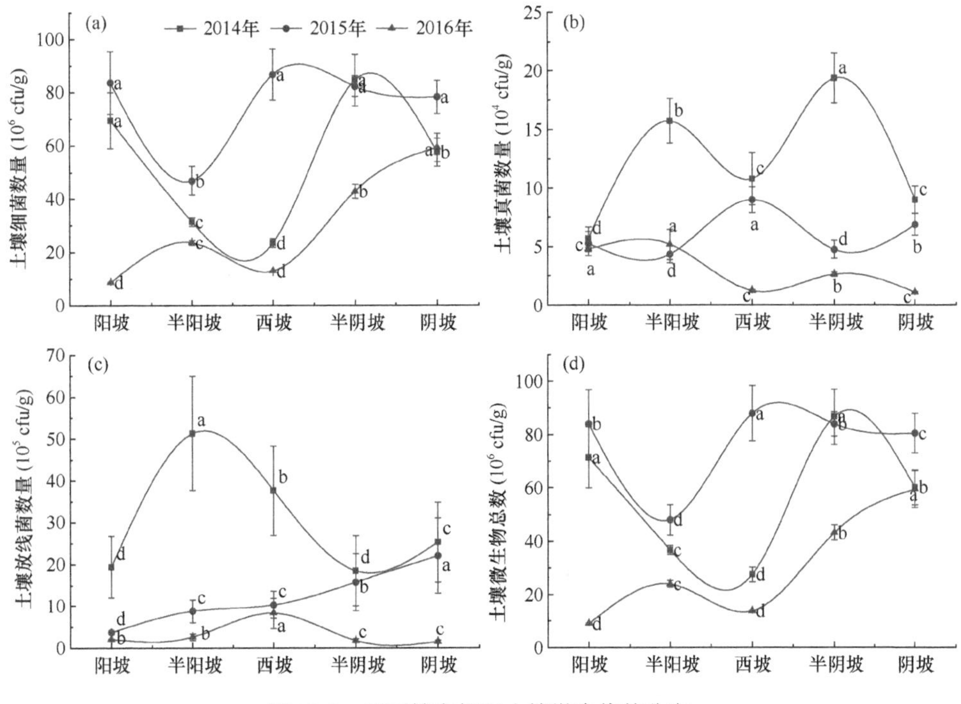

图 13-3　不同坡向根际土壤微生物的分布

表 13-2 表明，无论是不同坡向还是不同年份，根际土壤微生物与非根际土壤微生物同样都是细菌在微生物总数中的占比最大，放线菌次之，真菌在微生物总数中的占比最小。根际土壤细菌数量占微生物总数 85%以上，2015 年甚至达到了 97%以上，根际土壤真菌仅占微生物总数的 0.02%～0.53%，根际土壤放线菌占微生物总数的 0.26%～14.00%。2014 年不同坡向根际土壤细菌比例分布为，半阴坡最高，为 97.65%，半阳坡最低；真菌比例分布为，半阳坡最高，为 0.43%，阳坡最低；放线菌比例分布为，半阳坡最高，半阴坡最低，为 2.13%。2015 年不同坡向根际土壤细菌比例分布为，阳坡最高，为 99.49%，阴坡最低；真菌比例分布为，西坡最高，为 0.10%，阳坡和半阴坡最低；放线菌比例分布为，阴坡最高，为 2.74%。

表 13-2　不同坡向根际土壤微生物类群所占比例（%）

坡向	2014 年			2015 年			2016 年		
	细菌	真菌	放线菌	细菌	真菌	放线菌	细菌	真菌	放线菌
阳坡	97.21	0.08	2.71	99.49	0.06	0.45	97.18	0.53	2.29
半阳坡	85.47	0.43	14.00	98.05	0.09	1.86	98.67	0.22	1.11
西坡	85.87	0.39	13.74	98.72	0.10	1.18	93.90	0.09	6.01
半阴坡	97.65	0.22	2.13	98.06	0.06	1.88	99.53	0.06	0.41
阴坡	95.64	0.15	4.21	97.17	0.09	2.74	99.72	0.02	0.26

2016 年不同坡向根际土壤细菌比例分布为，阴坡最高，为 99.72%，西坡最低；真菌比例分布为，阳坡最高，为 0.53%，阴坡最低；放线菌比例分布为，西坡最高，为 6.01%，阴坡最低。不同坡向根际土壤微生物类群所占比例无明显变化规律。

2016 年不同坡向根际土壤微生物功能群分布如图 13-4 所示，随坡向由阳坡向阴坡变化，根际土壤氨化细菌、硝化细菌、功能群总数均先增大后减少，而固氮菌数量与之相反。根际土壤固氮菌数量在阴坡达到最高，为 3.30×10^5 cfu/g，在半阳坡最低，为 1.17×10^4 cfu/g（图 13-4a），其中各坡向间除了半阳坡与西坡，其他坡向间均有显著差异。根际土壤氨化细菌数量在西坡达到最高，为 4.36×10^7 cfu/g，在阴坡达到最低，为 8.77×10^6 cfu/g（图 13-4b），阳坡与半阴坡无显著差异，其余坡向之间均差异显著。根际土壤硝化细菌数量在半阳坡达到最高，为 8.99×10^3 cfu/g，在阴坡达到最低，为 6.94×10^2 cfu/g（图 13-4c），半阴坡与阴坡无显著差异，其余坡向之间均差异显著。根际土壤功能群总数变化和根际土壤氨化细菌数量变化趋势相同，在西坡达到最高，为 4.37×10^7 cfu/g，阴坡最低，为 9.1×10^6 cfu/g（图 13-4d），除阳坡与半阴坡外，其他坡向间均有显著差异。

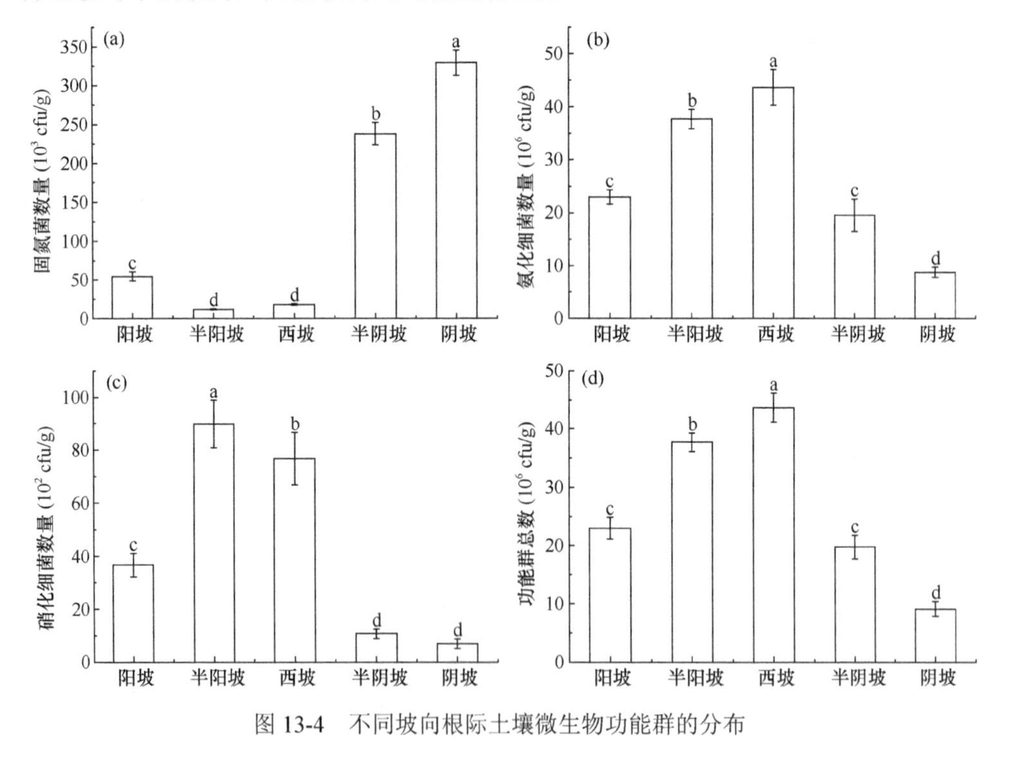

图 13-4　不同坡向根际土壤微生物功能群的分布

在自然群落生态系统中，动物、植物和微生物等共同组成了生态系统的完整性，且它们之间互相促进，使得整个群落得以不断发展。土壤中物质的流动也与微生物的活跃程度息息相关，一般微生物组成结构多样性越强，其活跃程度就越高，土壤物质能量的转移也越迅速；相反，微生物组成结构越单一，微生物活性也就越差，土壤质量状况就越差（许淼平等，2018）。根际土壤微生物的群落组成和多样性的变化能在一定程度上表征外界环境的改变，而这一改变也体现在高寒草甸土壤质量的变化中，为调查土壤状况提供了有力的证明和手段。根际土壤微生物区系结构越合理，其抵抗外界环境变化的能力就越强（Liu et al.，2018）。随着坡向的改变，矮生嵩草种群根际土壤微生物和功能群总数分别表现为先减小再增大再减小和先增大后减小的变化趋势。这可能是因为矮生嵩草属于莎草科植物，其数量变化与土壤微生物及功能群的数量息息相关，而随着坡向改变，温度改变，矮生嵩草种群的数量先减小再增大再减小，使得矮生嵩草根际土壤微生物数量也随坡向改变先减小再增大再减小（许曼丽，2012）。微生物功能群数量变化与微生物数量变化趋势一致，这也是因为西坡水热结合最好，适宜的温湿度利于微生物的生长，所以功能群数量在此处最多，而其他坡向上数量较少，表现为“倒 V”形变化。

13.4　不同坡向土壤微生物与环境因子的关系

13.4.1　不同坡向非根际土壤微生物与环境因子的关系

不同坡向非根际土壤微生物与环境因子的冗余分析结果如图 13-5 所示。图 13-5

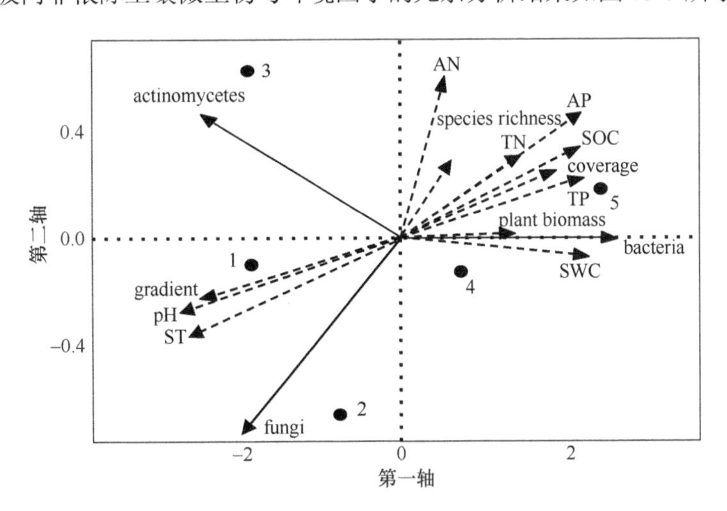

图 13-5　不同坡向非根际土壤微生物与环境因子的冗余分析

1：阳坡；2：半阳坡；3：西坡；4：半阴坡；5：阴坡；coverage：盖度；gradient：坡度；plant biomass：植物生物量；species richness：物种丰富度；TN：全氮；TP：全磷；SOC：土壤有机碳；AN：速效氮；AP：速效磷；SWC：土壤含水量；ST：土壤温度；bacteria：细菌；fungi：真菌；actinomycetes：放线菌。下同

中实线箭头代表不同微生物类群，虚线箭头代表各环境因子；虚线与实线之间的夹角代表各环境因子与土壤微生物之间的相关性；其坡向间的差异可用连线的长短来表示。土壤含水量、植物生物量、各养分因子与物种轴呈不同程度正相关，土壤细菌、真菌、放线菌数量的主控因子各有不同，细菌的主控因子为土壤含水量、植物生物量、盖度及大多数养分元素，因而细菌在阴坡分布最多；真菌的主控因子为土壤 pH、坡度和土壤温度，温湿适宜的半阳坡真菌数量最多；放线菌的主控因子不明显。非根际环境因子与物种轴的相关系数如表 13-3 所示，物种轴与土壤各养分因子均呈正相关关系，其中土壤全磷与第一物种轴显著正相关（$P<0.05$）。土壤含水量与第一物种轴极显著正相关（$P<0.01$），这说明土壤含水量是影响微生物生长发育的最主要因素。土壤 pH 与第一物种轴呈显著负相关关系（$P<0.05$），相关系数为–0.845。

表 13-3 非根际环境因子与物种轴的相关性分析

物种轴	全氮	全磷	土壤有机碳	速效氮	速效磷	土壤含水量
第一轴	0.587	0.849*	0.799	0.180	0.791	0.943**
第二轴	0.448	0.335	0.447	0.948	0.611	–0.026
物种轴	**pH**	**土壤温度**	**盖度**	**坡度**	**植物生物量**	**物种丰富度**
第一轴	–0.845*	–0.774	0.721	–0.814	0.537	0.329
第二轴	–0.429	–0.516	0.370	–0.393	0.007	0.472

注：*表示在 0.05 水平（单侧）显著相关，**表示在 0.01 水平（单侧）显著相关，下同

非根际土壤微生物功能群与土壤理化因子的相关关系如图 13-6 所示，从图 13-6 中的相关系数及其显著性可以看出，土壤微生物功能群与土壤理化因子密切相关。固氮菌与土壤全磷、速效磷含量及土壤含水量呈显著正相关（$P<0.05$），相关系数分别为 0.89、0.82、0.86，与土壤有机碳含量呈极显著正相关（$P<0.01$），相关系数为 0.94，而与土壤 pH 呈显著负相关（$P<0.05$），相关系数为–0.92。非根际土壤氨化细菌与各土壤理化因子均未达到显著相关水平。非根际土壤硝化细菌与土壤养分因子均呈负相关，其中与土壤全氮、有机碳含量呈显著负相关（$P<0.05$），相关系数分别为–0.87、–0.92，与土壤 pH 呈轻度正相关，相关系数为 0.80。整体来看，土壤有机碳含量对非根际土壤微生物功能群影响最大。

土壤含水量对非根际土壤微生物群落的影响最为显著，这主要是由于土壤中的水分在影响植物生长及微生物活性的同时，对土壤有机碳和营养循环具有潜在的深远影响（Lu et al.，2015）。冗余分析（图 13-5）结果表明，土壤 pH 与非根际土壤细菌数量呈显著负相关（$P<0.05$），与非根际土壤真菌数量呈显著正相关（$P<0.05$），与非根际土壤放线菌数量相关性不明显，造成这种差异的原因可能是，不同微生物类群的内在生理机能千差万别，对坡向环境的选择适应性不同。

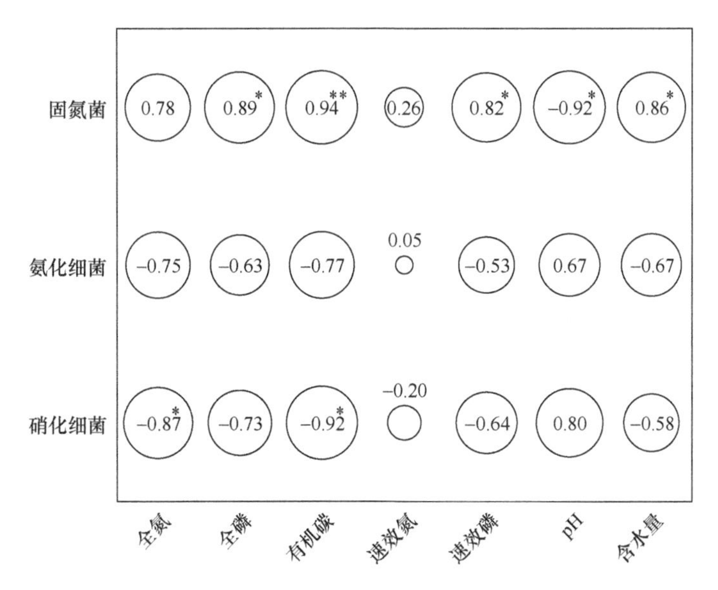

图 13-6　非根际土壤微生物功能群与土壤理化因子之间的相关关系

图中圆圈大小表示相关系数的大小，下同

Fenchel 等（2012）研究发现，对于外界温度和水分的胁迫，真菌由于自身菌丝体较大，具有更强的抵抗能力。顾爱星等（2010）的研究显示，细菌、放线菌数量与 pH 呈极显著正相关（P<0.01），真菌数量与 pH 相关性不显著。由表 13-3 可知，土壤全磷与第一物种轴相关系数为 0.849，呈显著相关关系（P<0.05），因此，土壤全磷也是非根际土壤微生物群落的重要影响因子。相关性分析（图 13-6）表明，在土壤理化因子中，土壤有机碳是影响非根际土壤微生物功能群的主要因子，土壤全氮、全磷、土壤含水量及土壤 pH 对微生物功能群也有较大影响。

13.4.2　不同坡向根际土壤微生物与环境因子的关系

根际土壤微生物与环境因子的冗余分析中（图 13-7），环境因子选取土壤有机碳（SOC）、全氮（TN）、全磷（TP）、速效磷（AP）、速效氮（AN）、土壤含水量（SWC）、pH、土壤温度（ST）、盖度（coverage）、坡度（gradient）、植物生物量（plant biomass）和物种丰富度（species richness）。根际土壤微生物群落中，所选取的环境因子基本上能解释微生物群落分布，第一轴解释了 75.61%的变异，第二轴解释了 22.42%的变异。土壤含水量、盖度、植物生物量、物种丰富度、各养分因子与第一物种轴呈现不同程度正相关，土壤含水量是与群落分布相关性最高的因子。根际土壤细菌的主控因子是各土壤养分、盖度、植物生物量及土壤含水量，根际土壤真菌的主控因子是土壤温度和土壤 pH，根际土壤放线菌的主控因子不明显。

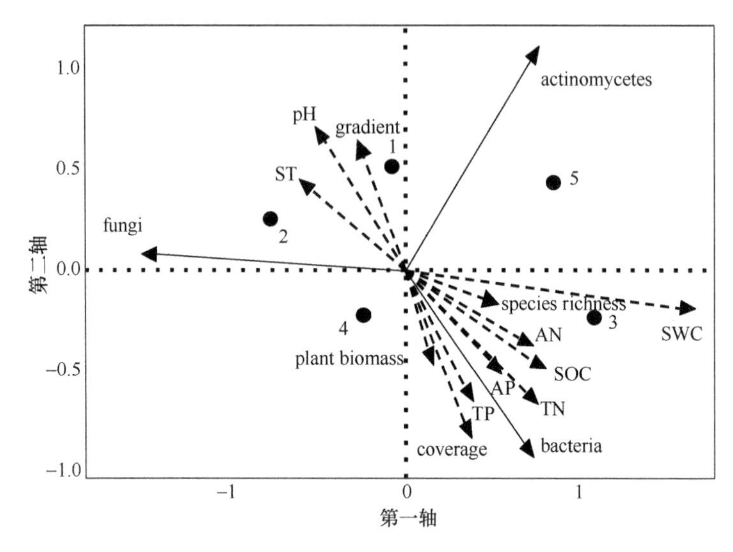

图 13-7　不同坡向根际土壤微生物与环境因子的冗余分析

表 13-4 是根际环境因子与物种轴的相关关系，其中，土壤全氮、有机碳、速效氮与第一物种轴呈显著正相关（P<0.05），相关系数分别为 0.733、0.798、0.796。土壤含水量与第一物种轴呈极显著正相关（P<0.01），相关系数为 0.953。土壤温度与第一物种轴呈显著负相关（P<0.05），相关系数为–0.767。土壤 pH 与第二物种轴呈极显著正相关（P<0.01），相关系数为 0.835。植被盖度与第二物种轴呈极显著负相关（P<0.01），相关系数为–0.897。与图 13-7 相对应，可以看出，土壤含水量是影响根际土壤微生物生长发育的最主要因素，土壤 pH、植被盖度对根际土壤微生物生长发育也有较大影响。

表 13-4　根际环境因子与物种轴的相关性分析

物种轴	全氮	全磷	土壤有机碳	速效氮	速效磷	土壤含水量
第一轴	0.733*	0.500	0.798*	0.796*	0.830	0.953**
第二轴	–0.680	–0.866	–0.625	–0.605	–0.558	–0.304
物种轴	pH	土壤温度	盖度	坡度	植物生物量	物种丰富度
第一轴	–0.550	–0.767*	0.442	–0.427	0.051	0.501
第二轴	0.835**	0.641	–0.897**	0.663	–0.999	–0.071

图 13-8 显示了根际土壤微生物功能群与土壤理化因子的相关关系，从图 13-8 中的相关系数及其显著性可以看出，根际土壤微生物功能群与土壤理化因子密切相关。根际土壤固氮菌与土壤全磷、有机碳、速效氮、速效磷含量及土壤含水量呈极显著正相关（P<0.01），相关系数分别为 0.75、0.65、0.68、0.93、0.82，与土壤全氮含量呈显著正相关（P<0.05），相关系数为 0.50，与土壤 pH 则呈极显著负

相关（$P<0.01$），相关系数为–0.68。根际土壤氨化细菌与土壤有机碳、速效氮含量及土壤含水量呈显著负相关（$P<0.05$），相关系数分别为–0.48、–0.50、–0.52，与土壤速效磷含量呈极显著负相关（$P<0.01$），相关系数为–0.67。根际土壤硝化细菌与土壤养分因子均呈负相关，其中与土壤有机碳、速效氮、速效磷含量及土壤含水量呈极显著负相关（$P<0.01$），相关系数分别为–0.69、–0.72、–0.71、–0.62，与土壤 pH 呈显著正相关（$P<0.05$），相关系数为 0.45。各土壤理化因子对根际土壤微生物功能群均有影响。

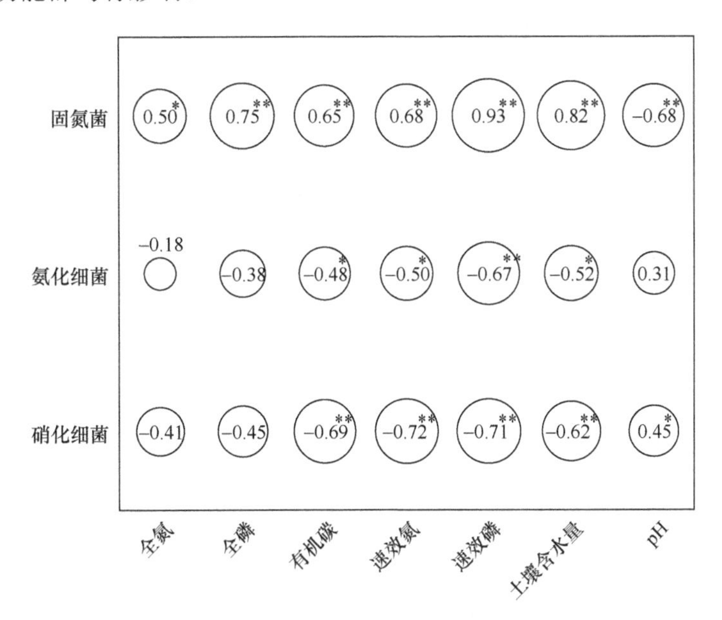

图 13-8　根际土壤微生物功能群与土壤理化因子之间的相关关系

对微生物数量与环境因子相关性的研究，有利于了解生态系统中各生物间的联系、相互影响及形成过程，坡向作为主要的地形因素之一，是导致小的区域内形成迥异的局域微环境的重要因素，影响着生物的生存和生长（文东新等，2016）。尹亚丽等（2017）在关于高寒草甸土壤的研究中指出，土壤微生物与土壤理化性质、地形地貌、水热条件和气候因子紧密联系，在土壤环境和气候因子发生变化时，不同地域土壤微生物群落结构也随之变化。植被盖度与根际土壤微生物呈极显著负相关（$P<0.01$），可能是植物的生长旺盛期，大部分土壤养分都被植物所吸收利用，因此，提供给微生物生长的物质很少，而微生物的生存需要土壤所提供的营养物质（欧阳露等，2023）。通过我们的研究结果发现，根际土壤微生物和功能群的主要环境决定因子均是土壤含水量，这可能是因为土壤微生物的生长往往与土壤含水量的多少有关（杨婷，2023），土壤含水量的多少也决定了微生物能否正常繁殖。

13.5 本 章 小 结

本章研究了甘南高寒草甸2014年、2015年、2016年不同坡向根际、非根际土壤微生物分布和2016年不同坡向土壤微生物功能群分布，使用冗余分析（RDA）法分析了它们与环境因子之间的相关关系，并以此探讨了甘南高寒草甸土壤微生物在坡向梯度上的分布特征及影响因素。结果表明，非根际、根际土壤微生物群落中均是细菌占比最大，达到土壤微生物总数的85%以上。根际土壤和非根际土壤中，坡向都是主要的微生物群落驱动因子，对于非根际土壤微生物，营养几乎全来自土壤母质，相对来说，每一个因子都有可能成为限制性因子，所以，与所有选取环境因子的相关性都差不多，而其中与土壤含水量的相关性最大，可能是坡向改变导致土壤含水量变化较大，从而影响土壤微生物的分布；而土壤含水量在根际土壤微生物群落中也是相关性较大的因子，可能是由于根际营养比较丰富充足，水分则成为导向性的影响因子。因此，本研究结果认为，水分是甘南高寒草甸土壤微生物分布的主要影响因子。

参 考 文 献

陈慧清, 李晓晨, 于学峰, 等. 2018. 土壤生态系统微生物多样性技术研究进展. 地球与环境, 46(2): 204-209.

陈琢玉, 涂成龙, 何令令. 2019. ^{13}C-PLFA分析方法及其在土壤微生物研究中的应用. 地球与环境, 47(4): 537-545.

邓玉峰, 田善义, 成艳红, 等. 2019. 模拟氮沉降下施石灰对休耕红壤优势植物根际土壤微生物群落的影响. 土壤学报, 56(6): 1449-1458.

冯敏, 吴红艳, 王志学, 等. 2018. 用于分析土壤微生物结构变化规律的变性梯度凝胶电泳条件研究. 微生物学杂志, 38(5): 73-77.

顾爱星, 范燕敏, 武红旗, 等. 2010. 天山北坡退化草地土壤环境与微生物数量的关系. 草业学报, 19(2): 116-123.

何芳兰, 金红喜, 王锁民, 等. 2016. 沙化对玛曲高寒草甸土壤微生物数量及土壤酶活性的影响. 生态学报, 36(18): 5876-5883.

李君锋, 杨建文, 杨婷婷, 等. 2012. 甘肃玛曲高寒草甸土壤微生物季节变化特性的研究. 草业科学, 29(2): 189-197.

李玉倩, 马俊伟, 高超, 等. 2021. 青藏高原高寒湿地春夏两季根际与非根际土壤反硝化速率及nirS型反硝化细菌群落特征分析. 环境科学, 42(10): 4959-4967.

林先贵. 2010. 土壤微生物研究原理与方法. 北京: 高等教育出版社.

刘燕, 李世雄, 尹亚丽, 等. 2019. 基于Biolog指纹解析黑土滩退化草地土壤微生物群落特征. 生态环境学报, 28(7): 1394-1403.

刘钊, 魏天兴, 朱清科, 等. 2016. 黄土丘陵沟壑区典型林地土壤微生物、酶活性和养分特征. 土壤, 48(4): 705-713.

牛世全, 杨婷婷, 李君锋, 等. 2011. 盐碱土微生物功能群季节动态与土壤理化因子的关系. 干旱区研究, 28(2): 328-334.

欧阳露, 巴桑, 拉多, 等. 2023. 西藏高原湿地植物和土壤细菌多样性及其影响因素分析. 植物科学学报, 41(1): 44-52.

孙雪, 隋心, 韩冬雪, 等. 2017. 原始红松林退化演替后土壤微生物功能多样性的变化. 环境科学研究, 30(6): 911-919.

涂利华, 戴洪忠, 胡庭兴, 等. 2011. 模拟氮沉降对华西雨屏区撑绿杂交竹林土壤呼吸的影响. 应用生态学报, 22(4): 829-836.

王彩云, 武春成, 曹霞, 等. 2019. 生物炭对温室黄瓜不同连作年限土壤养分和微生物群落多样性的影响. 应用生态学报, 30(4): 1359-1366.

王国荣, 陈秀蓉, 张俊忠, 等. 2011. 东祁连山高寒灌丛草地土壤微生物生理功能群的动态分布研究. 草业学报, 20(2): 31-38.

王悦, 杨贝贝, 王浩, 等. 2019. 不同种植模式下丹参根际土壤微生物群落结构变化. 生态学报, 39(13): 4832-4843.

文东新, 杨宁, 杨满元. 2016. 衡阳紫色土丘陵坡地植被恢复对土壤微生物功能多样性的影响. 应用生态学报, 27(8): 2645-2654.

吴则焰, 赵紫檀, 林文雄, 等. 2019. 基于 T-RFLP 方法的连栽杉木根际土壤细菌群落变化研究. 生态学报, 39(19): 7134-7143.

许曼丽. 2012. 高寒矮嵩草草甸 4 种主要植物耐牧性差异与资源获得性关系. 西安: 陕西师范大学硕士学位论文.

许淼平, 任成杰, 张伟, 等. 2018. 土壤微生物生物量碳氮磷与土壤酶化学计量对气候变化的响应机制. 应用生态学报, 29(7): 2445-2454.

杨滨娟, 黄国勤, 钱海燕. 2014. 秸秆还田配施化肥对土壤温度、根际微生物及酶活性的影响. 土壤学报, 51(1): 150-157.

杨广容, 马燕, 蒋宾, 等. 2019. 基于 16S rDNA 测序对茶园土壤细菌群落多样性的研究. 生态学报, 39(22): 8452-8461.

杨婷. 2023. 坡向对土壤微生物特征与生态化学计量特征的影响研究. 杨凌: 西北农林科技大学硕士学位论文.

杨宇虹, 陈冬梅, 晋艳, 等. 2011.不同肥料种类对连作烟草根际土壤微生物功能多样性的影响. 作物学报, 37(1): 105-111.

姚宝辉, 王缠, 张倩, 等. 2019. 甘南高寒草甸退化过程中土壤理化性质和微生物数量动态变化. 水土保持学报, 33(3): 138-145.

姚拓, 龙瑞军. 2006. 天祝高寒草地不同扰动生境土壤三大类微生物数量动态研究. 草业学报, 15(2): 93-99.

尹亚丽, 王玉琴, 鲍根生, 等. 2017. 退化高寒草甸土壤微生物及酶活性特征. 应用生态学报, 28(12): 3881-3890.

于健龙, 石红霄. 2011. 高寒草甸不同退化程度土壤微生物数量变化及影响因子. 西北农业学报, 20(11): 77-81.

张宝贵, 赵宇婷, 刘晓娇, 等. 2020. 翻耕补播对青藏高原疏勒河上游高寒草甸土壤可培养微生物数量的影响. 冰川冻土, 42(3): 1027-1035.

张倩, 姚宝辉, 王缠, 等. 2019. 不同坡向高寒草甸土壤理化特性和微生物数量特征. 生态学报,

39(9): 3167-3174.

甄丽莎, 谷洁, 胡婷, 等. 2015. 黄土高原石油污染土壤微生物群落结构及其代谢特征. 生态学报, 35(17): 5703-5710.

Dong L L, Xu J, Zhang L J, et al. 2017. High-throughput sequencing technology reveals that continuous cropping of American ginseng results in changes in the microbial community in arable soil. Chinese Medicine, 12(1): 18.

Fenchel T, King G, Blackburn T. 2012. Bacterial Biogeochemistry(Third Edition). Salt Lake City: Academic Press: 143-161.

Fischer S G, Lerman L S. 1983. DNA fragments differing by single base-pair substitutions are separated in denaturing gradient gels: correspondence with melting theory. Proceedings of the National Academy of Sciences of the United States of America, 80(6): 1579-1583.

Fu B, Ouyang Z, Shi P, et al. 2021. Current condition and protection strategies of Qinghai-Tibet Plateau ecological security barrier. Bulletin of Chinese Academy of Sciences, 36(11): 1298-1306.

Heuer H, Krsek M, Baker P, et al. 1997. Analysis of actinomycete communities by specific amplification of genes encoding 16S rRNA and gel-electrophoretic separation in denaturing gradients. Applied and Environmental Microbiology, 63(8): 3233-3241.

Jaswal R, Pathak A, Iii E B, et al. 2019. Metagenomics-guided survey, isolation, and characterization of uranium resistant microbiota from the savannah river site, USA. Genes, 10(5): 325.

Kardol P, Wardle D A. 2010. How understanding aboveground-belowground linkages can assist restoration ecology. Trends in Ecology and Evolution, 25(11): 670-679.

Liu C M, Yang Z F, He P F, et al. 2018. Deciphering the bacterial and fungal communities in clubroot-affected cabbage rhizosphere treated with *Bacillus Subtilis* XF-1. Agriculture, Ecosystems and Environment, 256(15): 12-22.

Liu W T, Marsh T L, Cheng H, et al. 1997. Characterization of microbial diversity by determining terminal restriction fragment length polymorphisms of genes encoding 16S rRNA. Applied and Environmental Microbiology, 63(11): 4516-4522.

Lu H, Cong J, Liu X, et al. 2015. Plant diversity patterns along altitudinal gradients in alpine meadows in the three river headwater region China. Acta Prataculturae Sinica, 24(7): 197-204.

Muyzer G. 1999. DGGE/TGGE a method for identifying genes from natural ecosystems. Current Opinion in Microbiology, 2(3): 317-322.

Pascual J A, Garcia C, Hernandez T, et al. 2000. Soil microbial activity as a biomarker of degradation and remediation processes. Soil Biology and Biochemistry, 32(13): 1877-1883.

Wilhelm R C, Niederberger T D, Greer C, et al. 2011. Microbial diversity of active layer and permafrost in an acidic wetland from the Canadian High Arctic. Canadian Journal of Microbiology, 57(4): 303-315.

Yang Z L, Powell J R, Zhang C H, et al. 2012. The effect of environmental and phylogenetic drivers on community assembly in an alpine meadow community. Ecology, 93(11): 2321-2328.

Zhang M L, Zhang L Y, Huang S Y, et al. 2022. Assessment of spike-AMP and qPCR-AMP in soil microbiota quantitative research. Soil Biology and Biochemistry, 166: 108570.

Zheng W S, Zhao S J, Yin Y H, et al. 2022. High-throughput, single-microbe genomics with strain resolution, applied to a human gut microbiome. Science, 376: 6597.

第 14 章　甘南亚高寒草甸土壤纤毛虫群落特征

14.1　土壤纤毛虫研究概述

14.1.1　土壤纤毛虫

1. 特点

纤毛虫（ciliate）指具纤毛的单细胞生物，纤毛为用以行动和摄取食物的短小毛发状小器官。通常指纤毛亚门（Ciliophora）的原生动物，约有 8000 个现存种，纤毛通常呈行列状，可汇合成波动膜、小膜或棘毛。绝大多数纤毛虫具有一层柔软的表膜和近体表的伸缩泡。虽然大部分纤毛虫营自由生活和水生生活，但有些种类如致痢疾的肠袋虫属（*Balantidium*）则是寄生的。还有许多种类是在无脊椎动物的鳃或外皮上营外共栖生活。纤毛虫滋养体为圆形或椭圆形，大小为（50～200）μm×（20～80）μm，无色透明或呈淡绿灰色，外被表膜覆盖斜纵行的纤毛，包绕整个虫体。滋养体因纤毛行的规则的摆动或旋转运动，易变形。在滋养体前端有一凹陷的胞口（cytostome），下接胞咽，借助胞口纤毛的摆动，将颗粒状食物如淀粉粒、细胞、细菌、油滴状物等送入胞咽。进入胞内的颗粒状食物形成食物泡，消化后残留物经胞肛（cytopyge）排出胞外。纤毛亚门可能是一个高度特化的类群，仅有一纲——纤毛纲（Ciliatea），并以纤毛为依据分成 4 个亚纲：全毛亚纲（Holotrichia）、缘毛亚纲（Peritrichia）、吸管亚纲（Suctoria）和旋毛亚纲（Spirotrichia）（宁应之等，2011）。

2. 体形

纤毛虫的体形多样化，有球形、椭圆形、瓶形、杯形、树枝形等。其营养体在成熟期营固着生活，用柄或身体后端固着在各种基质上。全部纤毛均退化，只有自身体表射出一至多个吸管状的触手以捕获和吮吸食物。掠食方式十分有趣，能因口味不合而放过细小的鞭毛虫，如果感到有可口的猎物（如草履虫）靠近，就突然伸长触手刺入捕获物，并立即放出毒素以麻醉它，然后慢慢吸吮其最有营养价值的细胞核部分。在掠食时伸缩泡的活动频率也大大提高。这种掠食用的触手的顶端有一个小的球形结节，叫吮吸触手。另一种触手较细长，顶端是尖的，作为掠食时卷缠捕获物所用，叫抓握触手。只有少数种类同时拥有这两种类型的触手。触手在全身或分布均匀，或聚集成束。柄自身体后部的帚胚处伸出，长短不一，有的种类无柄。一般有一个伸缩泡及大、小核。大核形状多变，有椭圆、长带、树枝等形状。有的种类还有几丁质的外壳以保护身体（马正学等，2007）。

3. 繁殖

纤毛虫都可以进行无性繁殖和有性繁殖。无性繁殖以二分裂方式进行，小核发生有丝分裂，大核伸长并分为两半，然后该细胞一分为二。两个新细胞各获得一个大核和一个小核。与此相反，有性繁殖涉及两个不同交配型（类似性别，但也存在两个以上的交配型）个体之间的结合和遗传物质的交换，这往往发生在食物短缺的时候。纤毛虫具有大核和小核，前者采取无丝分裂，后者为有丝分裂。大核一至几十个，控制代谢和发育功能；小核一至几百个，为接合所必需，但对于生存并不是必需的。这种遗传物质的分离与复杂的细胞质分化有密切关系（宁应之等，2011）。

14.1.2 土壤纤毛虫的研究内容

土壤纤毛虫的研究内容包括：土壤纤毛虫生态学、土壤纤毛虫的多样性与系统学、土壤纤毛虫的基础与应用生物学、土壤纤毛虫遗传学、土壤纤毛虫细胞生物学和土壤纤毛虫进化生物学。

近几十年来，土壤纤毛虫的研究已经深入到了分类学、微生境环境学，它对土地系统中的生物分解过程以及对土地环境质量状况的指示性方面具有重要作用。1987 年，纤毛虫生物学研究专家 Foissner 对目前已经开展过的研究方向及成果进行了系统全面的阐释，Acosta-Mercado 和 Lynn（2002）的研究成果促使纤毛虫的研究方法变得更加完善。世界各国的很多专业学者在纤毛虫所在的土地微小环境下都做了很详尽的研究，大部分都是土壤纤毛虫、植物二者可能存在的某种微妙关系的研究，纤毛虫在植被进行化学方面的能流转化中的作用的研究，以及对其生存环境状况的指示作用的研究等（Acosta and Lynn，2004）。与发达国家相比，我国在纤毛虫方面的科研起步是相对较晚的。在 20 世纪初期，科研工作者只是对原生动物的身体结构进行研究，并根据研究结果确定动物的所属种类；到 20 世纪中后期，科研专家学者不仅针对个体的种类开展研究，也开始研究原生动物的种类、群落及其整个生态系统；而到 21 世纪，在生物研究不断分子化的当下，纤毛虫研究也不例外向该领域靠拢，开始了相关的基因方面的研究（许静，2013）。对于纤毛虫自然环境下的探索研究在 20 世纪 90 年代才逐渐有了起色，所获得的研究成就主要有宋微波（1994）、尹文英（1992）、宁应之和沈韫芬（2000）、宁应之等（2007，2013，2018）、马正学等（2008）对土壤纤毛虫的群落组成与物种分类、区系与生态功能等方面进行的研究。

纤毛虫类群在生殖方式（独特的接合生殖）、双态核型（分司不同功能的大、小核）、极端多样化的细胞发生模式等方面都代表了真核生物细胞分化与进化的最高阶段，已成为细胞学、生理学、遗传学等多个领域研究的模型生物。因此，围绕纤毛虫基础生物学的研究，已成为当今国际原生动物学领域中最活跃的一个分支。纤毛虫作为水体微食物网的核心组分，在物质循环、能量流动和水环境健康维护中发挥着重要作用（宋微波等，2009；伊珍珍等，2016）。此外，很多兼性和专性寄生、栖生类群又常因造成养殖动物的病害等成为产业的防范对象（Hu et al., 2019）。因此，以纤毛虫为对象的研究一直是国际上基础生物学和相关应用学科所关注的重要热点之一。

14.1.3　土壤纤毛虫形态学研究方法

1. 活体观察法

活体观察可以直接获取纤毛虫活体细胞的大小、外形、运动方式、纤毛器、伸缩泡、食物泡、内质顺粒及射出体等生物学特征，补充染色法的不足。活体观察法可以快速鉴别虫体所属的类群，对于野外工作者来说尤其适用，而且更为重要的是由于许多重要的种的特征在染色中难以被发现或已经被改变，所以活体观察能够获得染色法所无法得到的一些特征（宋微波等，1999）。但活体观察往往受到经验的限制，而且细胞在压片的时候也容易变形。所以，只有通过活体观察并结合细胞染色才能对纤毛虫的形态学进行全面的描述。

2. 甲基绿——派洛宁临时核器染色方法（改进的 Foissner 方法）

这种方法用来临时显示纤毛虫的核器和某些种类的黏液泡，染色之后，纤毛虫的大、小核呈蓝绿色或蓝紫色，而细胞质呈粉红色，操作简单方便。

3. 蛋白银法

蛋白银法对大部分纤毛虫的染色效果很好，但对于咽膜类（Peniculida）、肾形目（Colpodida）等类群则常常不是很理想。其主要用来显示虫体的皮层及内部结构，如纤毛下器、毛基体、核器及各种表膜下纤维系统等，但银线系却不能被染色（陈相瑞，2009）。本方法具有用时少、操作简单、可以得到稳定的高质量的永久性封片等特点。但是要获得成功，本法对技术的掌握度的依赖性很强，需要操作者通过反复练习才能得到好的染色效果。使用此方法应特别注意的几点是：①虫体漂白的时候要掌握好时机，漂白过度则虫体不易着色（太过将烂掉），过轻会造成脱色不充分，使结构不易分辨；②加入的蛋白银应该适量，量过少可通过补加蛋白银继续染色或进行加强显影，过多就难以补救；③显影后期往往数秒就可以使其显色过度，所以应通过镜检把握好定影的时机。

4. 银浸法

银浸法主要用来揭示纤毛虫的表面纤毛图式和银线系，内部结构（核除外）则不能显示（苗苗，2009）。银浸法能够显示出蛋白银法所无法显示的银线系，同时细胞的形状通常能够完好地保存。因为明胶层厚度可直接影响染色效果，涂层太厚，硝酸银难以浸染而达不到预期效果，涂层太薄，则会造成细胞变形。另外，由于虫体体位没法控制，这个过程对虫体数要求也较高。

5. 黑色素-Feulgen-复染法

黑色素主要用来显示细胞的表面纤毛器，这尤其适用于腹毛类纤毛虫（宋微波和徐奎栋，1994）。Feulgen 反应则可以非常有选择地显示核器，特别是小核的显示，因为小核在蛋白银染色时往往不能明确显现。如果二者结合，则可获得良好的纤毛器及核器的染色效果，这对于核器不明的纤毛虫尤为适用。

除了上述 5 种方法，干银法和氨银法也是纤毛虫形态学研究常用的方法。但这些方法的显示效果也各有侧重，没有一种单一的方法能显示各种必需的分类学性状。同样地，没有一种染色法能不加变更地适用于各种纤毛虫。一般来说，一个纤毛虫形态学全面的描述至少应包括活体观察、银浸法染色和蛋白银法染色。通过染色可获得纤毛虫的细微结构，但并不能因此而忽视活体观察的重要性。相反，准确完整的活体观察在很大程度上弥补了单纯染色的不足，从而完善了纤毛虫的形态学研究。二者缺一不可，相辅相成。

14.1.4 甘南亚高寒草甸土壤纤毛虫的研究意义

学者对于土壤纤毛虫的研究非常广泛，涉及不同气候带（王文君等，2015）、不同植被类型（王超和徐润林，2017）、不同海拔差异（臧建成等，2023）以及其与土壤环境因子（叶岳和刘文华，2021）之间的关系。对于亚高寒草甸地区生态环境的研究也很多，杨莹博等（2017）分析了亚高寒草甸封育区鼢鼠扰动对植物群落物种多样性和生产力的影响；张小静等（2016）研究了高寒草甸土壤可溶性有机氮库动态变化格局。目前，有关甘南亚高寒草甸不同坡向生态环境的研究主要有刘旻霞等（2015）、黄云兰（2015）的研究，本研究是为了了解不同坡向土壤纤毛虫群落特征的变化及其原因，通过对不同坡向土壤纤毛虫群落特征进行研究，分析寻找草甸条件因子以及微小生物量的变化对纤毛虫的影响，进而揭示坡向与草甸生态系统的相关性，为研究区经济、环境的可持续发展，相关畜牧制度、耕作制度等的建立提供科学依据。同时，本研究还对不同坡向上所存在的纤毛虫进行了大概的种类鉴定，这在一定程度上丰富了我国北方纤毛虫群落在坡向上的资料。

土壤纤毛虫在时空上存在差异性，不同草地类型的土壤纤毛虫在物种组成上是不同的；尽管在草地类型相同的区域，由于植被不同，土壤纤毛虫群落结构、丰富度、优势种类、生物量等生态特征也不尽相同。因此，在某种意义上可以通过所在区域内土壤纤毛虫的种群组成、物种个体数、空间分布以及优势种类的变化来系统监测草原状态，从而指导草地系统的恢复与重建工作。随着环境的退化，土壤纤毛虫作为指示生物的长期定位研究必将持续，以促进草地生态总体评价体系的完善，为我国建立更加完善的土壤动物数据库、信息系统并对开展各种与之相关的工作提供科学依据。

14.2　实验设计与方法

14.2.1　样地设计

在甘南合作当周沟草原，分别于 2015 年 4 月（春季）、7 月（夏季）、9 月上旬（秋季）和 12 月初（冬季）在同一山体中部同海拔（3030 m 左右）沿山头的阳坡、半阳坡、西坡、半阴坡、阴坡 5 个坡向选取样地，面积为 20 m×20 m，每个坡向选取 5 个大小为 50 cm×50 cm 的小样方进行调查和取样，每个样方间隔 1 m。同时用温度计在离地面 30 cm 处测量每个坡向的近地温度。在每个坡向用梅花五点法采集土样（采样前要除去表面的新鲜掉落物和石块），深度分别为 0～5 cm、5～15 cm、15～25 cm。每个季节取得 375 份土样，共取得 1500 份土样，将取得的土样立即装入自封袋保鲜并带回实验室。

14.2.2　土壤纤毛虫的培养与鉴定

将带回实验室的新鲜土样混合均匀，拣去草根及石块后，称 50 g 土样放在直径为 9 cm 的培养皿中，采用“非淹没培养皿法”（non-flooded petridish method）培养（Foissner et al.，2002）并鉴定土壤纤毛虫。把土壤浸出液加入有土样的培养皿中，将土壤充分润湿，但不完全淹没，在 25℃恒温下培养土壤纤毛虫，培养开始后每隔 3 d 置于光学显微镜下鉴定土壤纤毛虫物种，直到没有新物种出现为止（每份土样要经过多次培养）。采用活体观察法和染色制片法鉴定土壤纤毛虫物种。

14.2.3　数据统计与分析

不同坡向土壤纤毛虫的多样性特征分析方法如下。

Shannon-Wiener 多样性指数

$$H' = -\sum_{i=1}^{S}\left(P_i \ln P_i\right) \tag{14-1}$$

Pielou 均匀度指数

$$E = H' / \ln S \tag{14-2}$$

Simpson 优势度指数

$$C = \sum_{i=1}^{n} P_i^2 \tag{14-3}$$

Menhinick 丰富度指数

$$D = \frac{\ln S}{\ln N} \tag{14-4}$$

式中，P_i 为第 i 类群的个体数比，$P_i = N_i/N$，N_i 为第 i 类群的个体数，N 为总个体数，S 为所有类群数。

不同季节不同坡向土壤纤毛虫相似性用 Jaccard 相似性指数计算，即 $q=c/(a+b-c)$。式中，q 代表相似性指数，a 为 a 样点所具有的所有物种数，b 为 b 样点所存在的全部物种数，c 则是 a、b 两样点所共有的物种数。当 $0<q<0.25$ 时，极不相似；当 $0.25 \leqslant q<0.50$ 时，中等不相似；当 $0.50 \leqslant q<0.70$ 时，中等相似；当 $0.75 \leqslant q<1$ 时，极相似（宁应之和沈韫芬，1998）。

14.3 土壤纤毛虫群落的变化特征

14.3.1 土壤纤毛虫的群落结构

春季鉴定出土壤纤毛虫 97 种，隶属于 9 纲 17 目 32 科 50 属（图 14-1）；优势类群为旋毛纲（Spirotrichea），有 16 属 26 种，次优势类群为裂口纲（Litostomatea），有 7 属 21 种；优势物种为透明赭虫（*Blepharisma hyalinum*）；各坡向的土壤纤毛虫物种数分别为阳坡 67 种、半阳坡 63 种、西坡 60 种、半阴坡 53 种、阴坡 40 种，各占总物种数的 69.1%、64.9%、61.9%、54.6%、41.2%。夏季鉴定出土壤纤毛虫 141 种，隶属于 9 纲 17 目 32 科 55 属；优势类群为旋毛纲（Spirotrichea），有 18 属 40 种，次优势类群为裂口纲（Litostomatea），有 10 属 28 种；优势物种为盘状肾形虫（*Colpoda patella*）、膨胀肾形虫（*Colpoda inflata*）；各坡向的土壤纤毛虫物种数分别为阳坡 85 种、半阳坡 102 种、西坡 124 种、半阴坡 81 种、阴坡 64 种，各占总物种数的 60.3%、72.3%、87.9%、57.4%、45.4%。

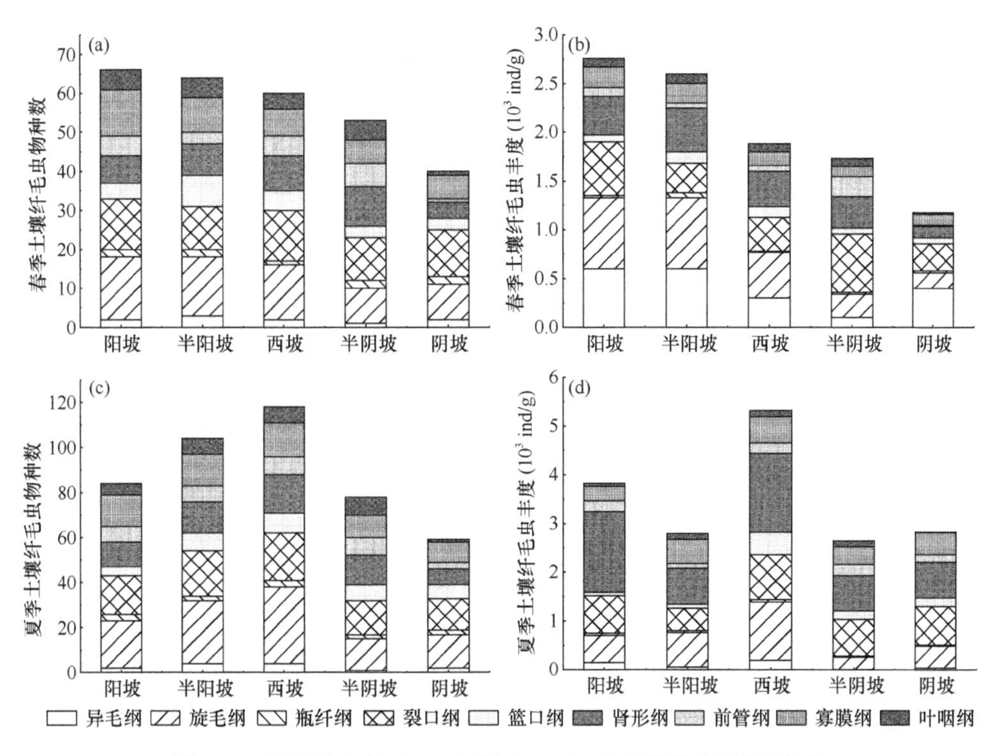

图 14-1　不同坡向春（a、b）夏（c、d）季土壤纤毛虫群落结构

在甘南亚高寒草甸取得的土样中，春季的土壤纤毛虫研究结果（32 科 50 属 97 种）与甘南玛曲高原沼泽湿地春季的研究结果（32 科 50 属 114 种）基本一致（宁应之等，2014），夏季的研究结果（32 科 55 属 141 种）与玛曲高原沼泽湿地夏季的研究结果（40 科 68 属 204 种）相比较低（宁应之等，2013）。这是由于合作亚高寒草甸与玛曲高原沼泽湿地的气候、海拔、温度、土壤含水量等条件都存在一定的差异，从而呈现出合作亚高寒草甸与玛曲高原沼泽湿地不同的土壤纤毛虫群落结构。从春、夏季分析结果来看（图 14-1），研究区 5 个坡向夏季的土壤纤毛虫丰度和物种数明显高于春季。夏季 5 个坡向的土壤纤毛虫丰度和物种数都遵循同一个趋势，西坡分布数量最高，其次为半阳坡，阴坡最低。春季土壤纤毛虫物种数和丰度则是随着阳坡到阴坡的变化逐渐减少（图 14-1）。这是因为土壤温度和含水量是影响土壤动物生存的主要因子，亚高寒草甸春季的温度较低，极端气温在零度以下，土壤纤毛虫无法生存或者大部分休眠；另外，春季土壤含水量较高，透气性差，温度也较低。而在夏季，土壤温度和水分共同决定土壤

纤毛虫的分布，阴坡的温度过低、含水量过高，阳坡的含水量过低而温度过高，土壤纤毛虫群落较为简单，而温度和含水量都较适中的西坡土壤纤毛虫群落较为复杂。

秋季土壤中共有105种纤毛虫，隶属于9纲17目32科48属（图14-2）。其中旋毛纲（Spirotrichea）有16属26种，为优势类群；裂口纲有9属23种，为次优势类群，叶咽纲（Phyllopharyngea）只有1目1科2属5种。群落中优势物种为盘状肾形虫（*Colpoda patella*）、膨胀肾形虫（*Colpoda inflata*）。5个坡向共有种，占总种数的6.7%，分别为腐生尖毛虫（*Oxytricha saprobia*）、细长扭头虫（*Metopus hasei*）、瘦长管叶虫（*Trachelophyllum* sp.）、泥生纤口虫（*Chaenea limicola*）、膨胀肾形虫（*Colpoda inflata*）、盘状肾形虫（*Colpoda patella*）、长篮环虫（*Cyrtolophosis elongata*）。冬季共有78种，隶属于9纲17目32科42属。其中旋毛纲有4目7科13属21种，为优势类群，裂口纲有1目4科8属16种，为次优势类群；优势种为盘状肾形虫、膨胀肾形虫。5个坡向有6个共有种，占总种数的7.7%，分别为腐生尖毛虫、细长扭头虫、泥生纤口虫、肾状肾形虫（*Colpoda reniformis*）、长篮环虫、纺锤康纤虫（*Cohnilembus fusiformis*）。

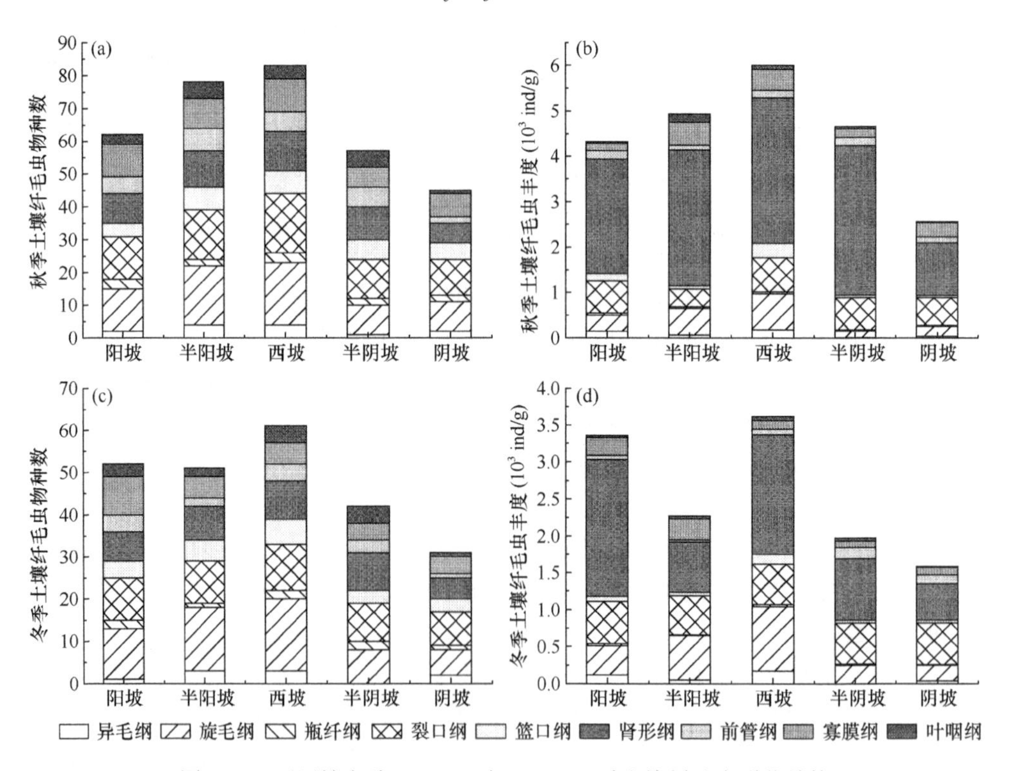

图14-2 不同坡向秋（a、b）冬（c、d）季土壤纤毛虫群落结构

本研究秋季鉴定出土壤纤毛虫类群 105 种，冬季鉴定出土壤纤毛虫类群 78 种，与夏季甘南的 142 种土壤纤毛虫（孙辉荣等，2017）、甘肃天水麦积山的 115 种土壤纤毛虫（宁应之等，2007）相比都明显偏低，这可能与该地区夏季温度远高于秋、冬季的温度有关，天水地区与甘南的气候、海拔均差异较大，明确显示出土壤纤毛虫地区之间的差异。物种数、丰度和多样性指数均能客观地反映土壤状况及其变化趋势（宁应之等，2018）。一般认为，土壤原生动物的丰度在周年中会有 1～2 个甚至 3 个高峰期，土壤原生动物种类数在周年中也有变化（宁应之和沈韫芬，1998），深圳红树林的原生动物丰度峰值均出现于夏季（甘慧媚等，2010），体现了这一现象，从本研究的研究结果可以看出，夏季土壤纤毛虫的物种数和丰度最高，其次是秋季，证明了这个结论的普适性。

14.3.2　坡向梯度不同土层土壤纤毛虫群落特征

由图 14-3 可以看出，春季土壤纤毛虫物种数和丰度均是表层（0～5 cm）最多，中层（5～15 cm）和深层（15～25 cm）土壤纤毛虫种类和数量显著减少（$P<0.05$），不同土层分布均为阳坡最多，阴坡最少。从夏季不同土层深度土壤纤

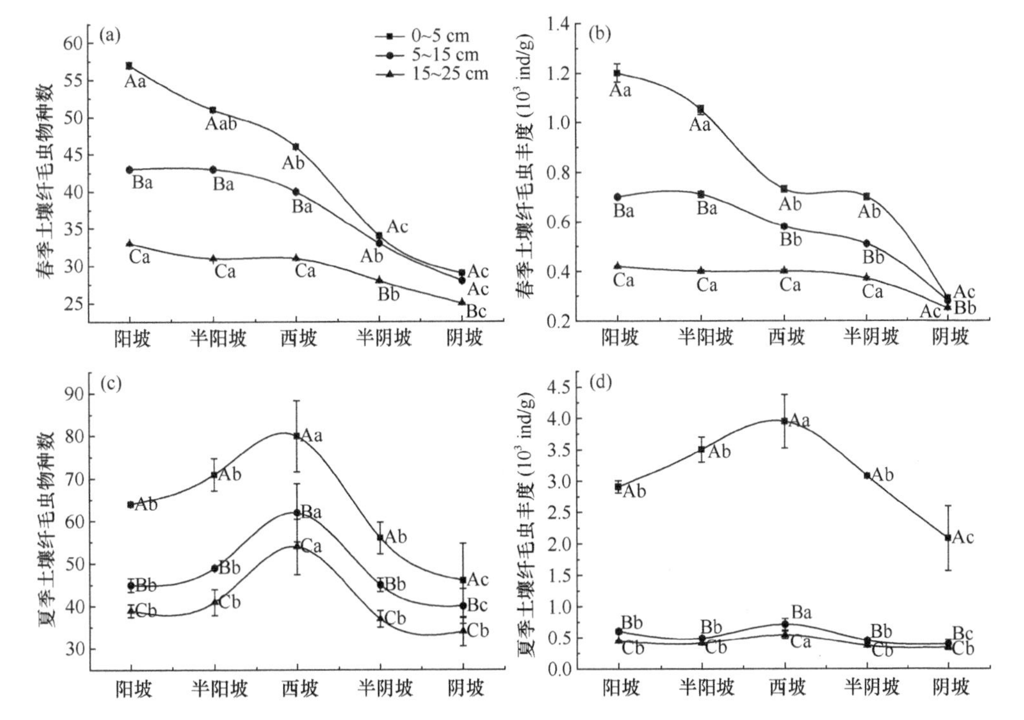

图 14-3　不同坡向春（a、b）夏（c、d）季不同土层土壤纤毛虫群落组成

不同大写字母表示不同土层间差异显著（$P<0.05$），不同小写字母表示不同坡向间差异显著（$P<0.05$），下同

毛虫种类和数量特征来看（图 14-3），土壤表层鉴定出的土壤纤毛虫数量和种类明显高于中层和深层，不同土层都呈现出西坡最多，阴坡最少的特点。由图 14-3 可见，随土层加深，土壤纤毛虫物种数和丰度逐渐减少，土壤纤毛虫主要分布在表层（0～5 cm）土壤，中层（5～15 cm）和深层（15～25 cm）土壤分布极少。不同坡向的土壤纤毛虫物种数和丰度均具有显著差异（$P<0.05$）。秋季和冬季不同土层的土壤纤毛虫物种数和丰度均以西坡最高，阴坡最低。由于甘南冬季的气候较秋季更极端，随土层深度的变化，秋季各坡向的土壤纤毛虫群落动态变化较显著（图 14-4）。

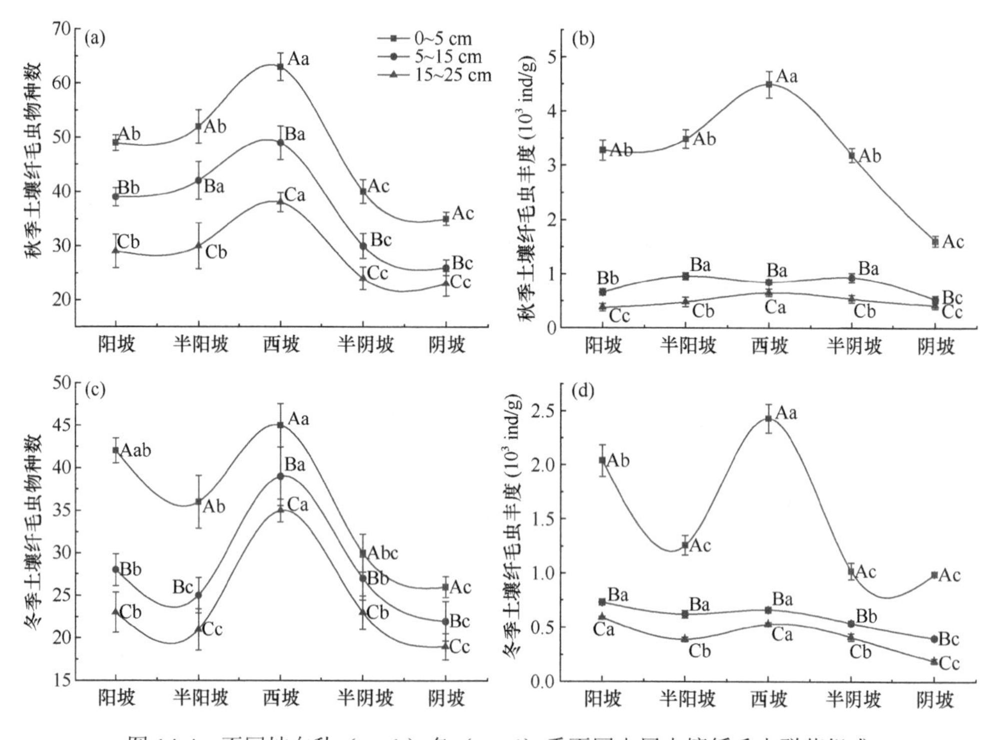

图 14-4　不同坡向秋（a、b）冬（c、d）季不同土层土壤纤毛虫群落组成

随着土层加深，土壤的孔隙度、营养物质含量发生了变化，透气性降低，严重影响土壤纤毛虫的生存和繁殖，所以春、夏季土壤纤毛虫群落分布随着土层加深而分布减少，同一类群的土壤纤毛虫也主要分布在表层土壤，中层和深层分布较少（图 14-3），可见土壤纤毛虫的分布具有明显的表聚性，符合土壤动物随土层深度变化的分布特征（Steinberger et al.，2004）。秋季不同土层深度的土壤纤毛虫的多样性和物种数随土层加深急剧减少，表层土壤占绝对优势，中层和深层土壤分布极少（图 14-4）。冬季不同土层深度的土壤纤毛虫群落结构与秋季有相同趋势，但物种数和丰度较秋季的低，这与郭玉梅等（2016）的研究结果一致。土壤纤毛

虫的分布与土层深度呈显著负相关，随着土层加深，土壤孔隙度下降，氧气量变少，营养元素含量降低，大部分土壤纤毛虫不能正常生长繁殖，只有少数适合厌氧条件的类群生存，与土壤纤毛虫分布具有表聚性的研究结果一致（Steinberger et al.，2004）。

14.3.3　土壤纤毛虫的群落多样性与相似性

图 14-5 表明，春季不同坡向的土壤纤毛虫群落的 Simpson 优势度指数阴坡最高（0.177），其次是半阴坡（0.071），西坡最低（0.055）。Shannon-Wiener 多样性指数半阳坡最高（4.084），其次为阴坡（4.032），半阴坡（3.617）最低。Pielou 均匀度指数阴坡最高（1.093），其次是半阳坡（0.977），半阴坡（0.911）最低。Menhinick 丰富度指数则是生境相对适中的西坡最高(0.550),其次为阴坡(0.550),半阴坡（0.539）最低。夏季不同坡向的土壤纤毛虫群落 Simpson 优势度指数为阳坡最高（0.093），半阳坡最低（0.016）。Shannon-Wiener 多样性指数西坡最高（3.901），半阴坡最低（2.842）。Pielou 均匀度指数阴坡最高（0.869），半阳坡最低（0.619）。Menhinick 丰富度指数西坡最高（0.563），阴坡最低（0.523）。不同坡向的 Simpson 优势度指数、Shannon-Wiener 多样性指数、Pielou 均匀度指数差异显

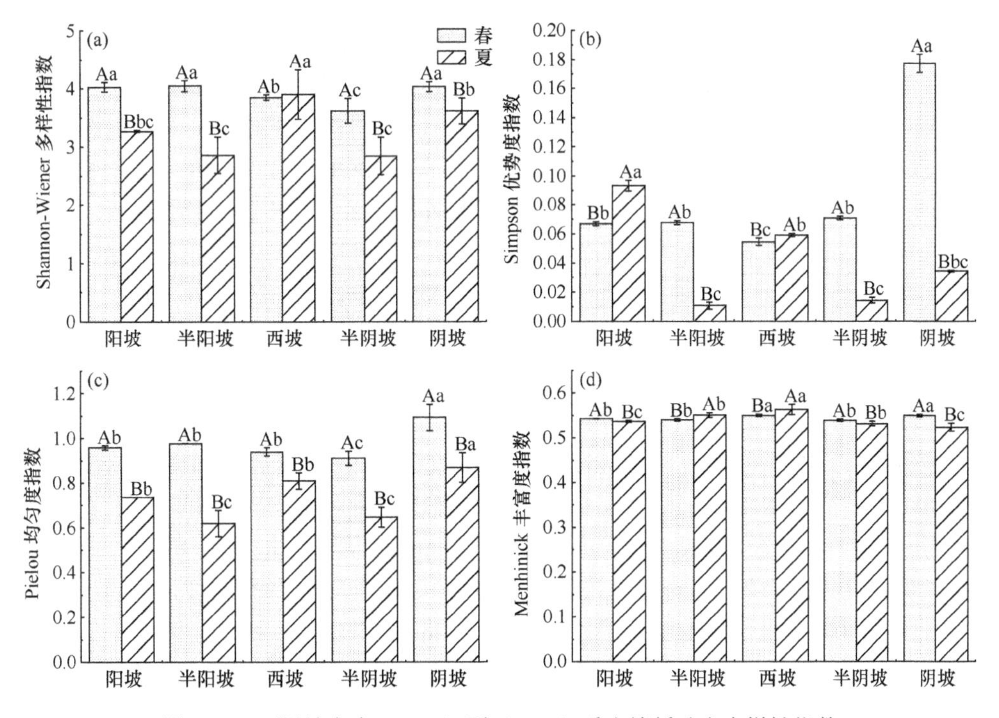

图 14-5　不同坡向春（a、b）夏（c、d）季土壤纤毛虫多样性指数

不同大写字母表示不同季节间差异显著（$P<0.05$），不同小写字母表示不同坡向间差异显著（$P<0.05$）

著，Menhinick 丰富度指数差异不显著，春、夏季不同坡向各指数差异显著。不同坡向春季阴坡 Simpson 优势度指数最高，夏季阳坡的 Simpson 优势度指数最高。其他多样性指数随季节、坡向的变化趋势也不尽相同。

春季不同坡向土壤纤毛虫 Shannon-Wiener 指数普遍高于夏季，只有水、热条件适宜的西坡稍高于春季。表明春季除西坡外的其他坡向的环境条件更有利于大多数土壤纤毛虫类群的生存。而阳坡比较贫瘠，只适合极少数种类土壤纤毛虫的生存，阳坡的优势物种为膨胀肾形虫（*Colpoda inflate*）。春季土壤纤毛虫丰度远低于夏季，反映了甘南亚高寒草甸春季温度较低，土壤纤毛虫不能大量繁殖，大部分类群分布较均匀，因此 Pielou 均匀度指数春季的阴坡最高，而少数适宜春季低温条件的土壤纤毛虫大量繁殖，使春季 Simpson 优势度指数也较高（图 14-5）。从不同坡向不同季节的土壤纤毛虫群落多样性特征来看，其多样性指数是土壤纤毛虫种类组成和数量组成的复杂性的综合体现（黄丽荣和张雪萍，2008）。高艳美和吴鹏飞（2016）的研究结果表明，亚高寒草甸的退化对土壤昆虫群落的密度及其季节动态均有显著影响，这与本研究结果一致。夏季不同坡向的 Shannon-Wiener 多样性指数在 2.8～3.9，陈德来等（2014）研究的西藏巴嘎雪湿地夏季土壤动物群落多样性结果（2.43～2.87），也远高于黄旭等（2010）研究的川西亚高山林木交错区土壤动物群落的多样性结果（0.392～0.994），这是由于研究区的生境等不同的结果。陆地动物群落的一般生态地理规律，即环境条件越优越，动物群落多样性指数越高，种的构成越趋于复杂，种类数目越多，同种的个体数量越少；环境条件越偏离正常，动物群落多样性指数越低，种的构成越趋于简单，群落个性越强，个别种类个体数量越多（黄丽荣和张雪萍，2008）。甘南地区夏季研究结果表明，西坡的 Shannon-Wiener 多样性指数、Menhinick 丰富度指数最高（图 14-5），说明西坡的土壤纤毛虫群落复杂性最高，生境条件最适宜大多数纤毛虫生存。而阴坡高含水量适宜的纤毛虫种类较少，物种间基本无竞争，因此阴坡 Pielou 均匀度指数最高。

由图 14-6 可见，Shannon-Wiener 多样性指数秋季的变化趋势为阴坡（3.092）和西坡（3.083）较高，阳坡（2.741）和半阴坡（2.647）较低，冬季半阳坡（3.123）和半阴坡（3.062）较高，阳坡（2.749）和阴坡（2.720）较低。Pielou 均匀度指数秋季阴坡最高（0.812），半阴坡最低（0.655），冬季半阴坡（0.824）和半阳坡（0.803）较高，西坡（0.727）和阳坡（0.696）较低。Simpson 优势度指数秋季阳坡（0.151）和半阴坡（0.149）较高，西坡（0.080）和阴坡（0.055）较低，冬季阳坡最高（0.303），半阴坡（0.070）、半阳坡（0.068）、阴坡（0.060）均较低。秋季半阳坡土壤纤毛虫的 Shannon-Wiener 多样性指数与其他各坡向差异显著，冬季西坡土壤纤毛虫的 Shannon-Wiener 多样性指数与其他各坡向差异显著；冬季阳坡的土壤纤毛虫 Simpson 优势度指数与其他各坡之间均表现出显著差异，秋季半阳坡的土壤纤毛虫

Simpson 优势度指数与其他各坡向之间均表现出显著差异；秋季阳坡、半阳坡、西坡之间土壤纤毛虫的 Pielou 均匀度指数无显著差异，冬季阳坡、西坡土壤纤毛虫的 Pielou 均匀度指数分别与其他各坡向间差异显著；秋季半阴坡、冬季阴坡土壤纤毛虫的 Menhinick 丰富度指数分别与其他各坡向间差异显著。

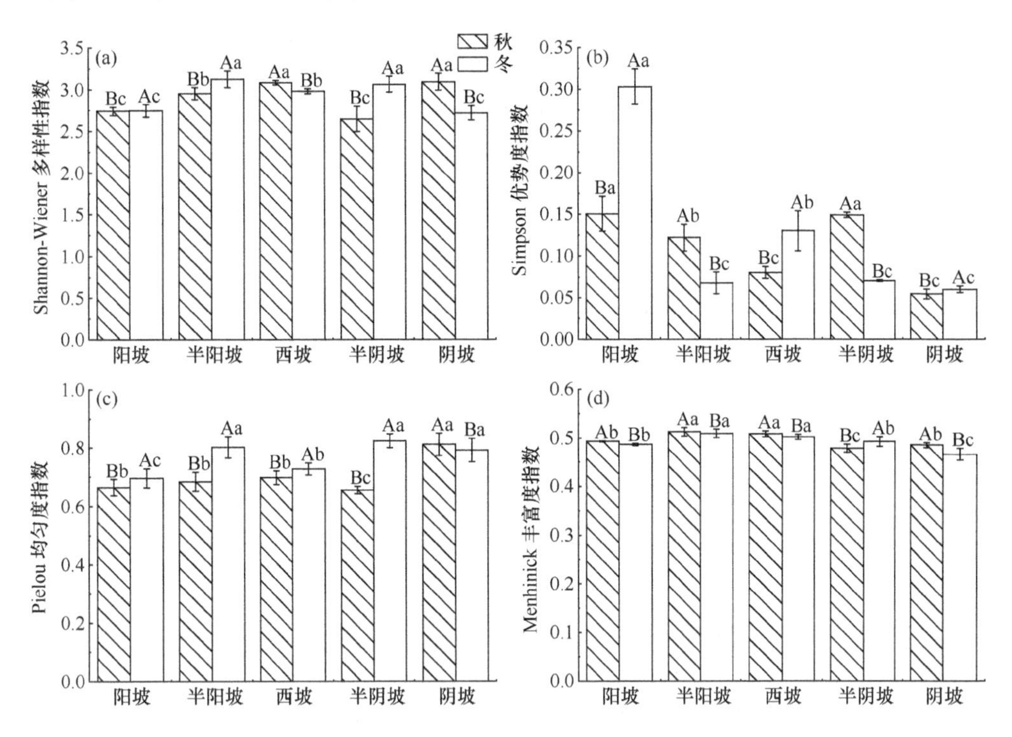

图 14-6　不同坡向秋（a、b）冬（c、d）季土壤纤毛虫多样性指数

不同大写字母表示不同季节间差异显著（$P<0.05$），不同小写字母表示不同坡向间差异显著（$P<0.05$）

群落的 Shannon-Wiener 多样性指数可以直接反映生物群落本身结构的复杂程度和稳定性大小，还可以间接地反映生态环境质量的优劣（宁应之和沈韫芬，1999）。秋季的 Shannon-Wiener 多样性指数为 2.647～3.092，其中阴坡和西坡 Shannon-Wiener 多样性指数较高，其他坡向相对较低。冬季的 Shannon-Wiener 多样性指数为 2.720～3.123，其中半阳坡的 Shannon-Wiener 多样性指数最高，阴坡最低。秋季坡向梯度的土壤纤毛虫多样性的差异反映出西坡和阴坡的环境质量较好，阳坡较差，这与阳坡坡度较大、植被稀少、盖度较低（62%）的环境状况有关。一般来说，生态环境条件越好，受人类活动干扰越小，土壤动物群落多样性就越高（吴东辉等，2004）。但复杂极端的环境状况使亚高寒草甸土壤纤毛虫群落多样性并不完全遵循这一规律。秋、冬两季相比，阴坡秋季 Shannon-Wiener 多样性指数高于冬季，表明冬季阴坡的土壤纤毛虫群落结构的多样性和稳定性降低。

土壤纤毛虫的 Simpson 优势度指数显示，秋季阳坡最高、阴坡最低；冬季阳坡依然最高，但优势度明显上升，阴坡最低。甘南 12 月的气温处于 0℃以下，土壤为冻土，所以，仅有少数的土壤纤毛虫能够存活。

不同坡向之间的土壤纤毛虫群落 Jaccard 相似性指数如表 14-1 所示，由表 14-1 可以看出，5 个坡向的土壤纤毛虫群落的相似性指数在 0.295～0.592。半阳坡和西坡的土壤纤毛虫群落相似性指数最大（0.592），为中等相似。半阴坡和阴坡的相似性指数最小（0.295），为中等不相似。5 个坡向的土壤纤毛虫群落相似性为中等不相似到中等相似之间，说明不同坡向的土壤纤毛虫群落结构存在一定的差异性。这与玛曲高原沼泽湿地样地之间的极不相似到极相似不同（宁应之等，2013），这是沼泽湿地和草甸之间的不同生境导致的。

表 14-1　土壤纤毛虫群落相似性分析

坡向	阳坡	半阳坡	西坡	半阴坡	阴坡
阳坡	1				
半阳坡	0.496	1			
西坡	0.504	0.592	1		
半阴坡	0.443	0.419	0.486	1	
阴坡	0.319	0.339	0.333	0.295	1

14.4　不同坡向土壤纤毛虫与植被及环境因子的关系

14.4.1　不同坡向土壤纤毛虫群落特征与植被的关系

夏季植被生长最为旺盛，因此我们以夏季植被为代表研究不同坡向纤毛虫群落特征与植被的关系。从图 14-7 中我们可以看出，从阳坡到阴坡地表植被物种数、覆盖度都在逐渐增多，而土壤纤毛虫的物种数、个体数均在半阳坡、西坡之间达到最大值，并且西坡的纤毛虫物种数与个体数最接近最大值。反而地表植被最丰富的阴坡上所生存的纤毛虫物种数、个体数是 5 个坡向中最少的；该现象的出现可能是阴坡与半阴坡两个坡向上土壤含水量较高，光照较少，不利于有机质转化造成的。因此，不同坡向上纤毛虫物种数、个体数与其所在地表植被状况具有很大的关系，且西坡是最适合纤毛虫生存的生境。

在 5 个坡向中，半阴坡和阴坡上的物种数与个体数比其他几个坡向中的少，这可能是由于所在坡向上土壤中水分含量太高，从而使土壤的通气性能变差，进而使得表层枯枝落叶的矿化速度、腐殖化过程变慢，最终影响到土壤动物的养分状况（徐帅博，2020）。西坡从坡向来看是处于半阳坡与半阴坡之间，土壤纤毛虫

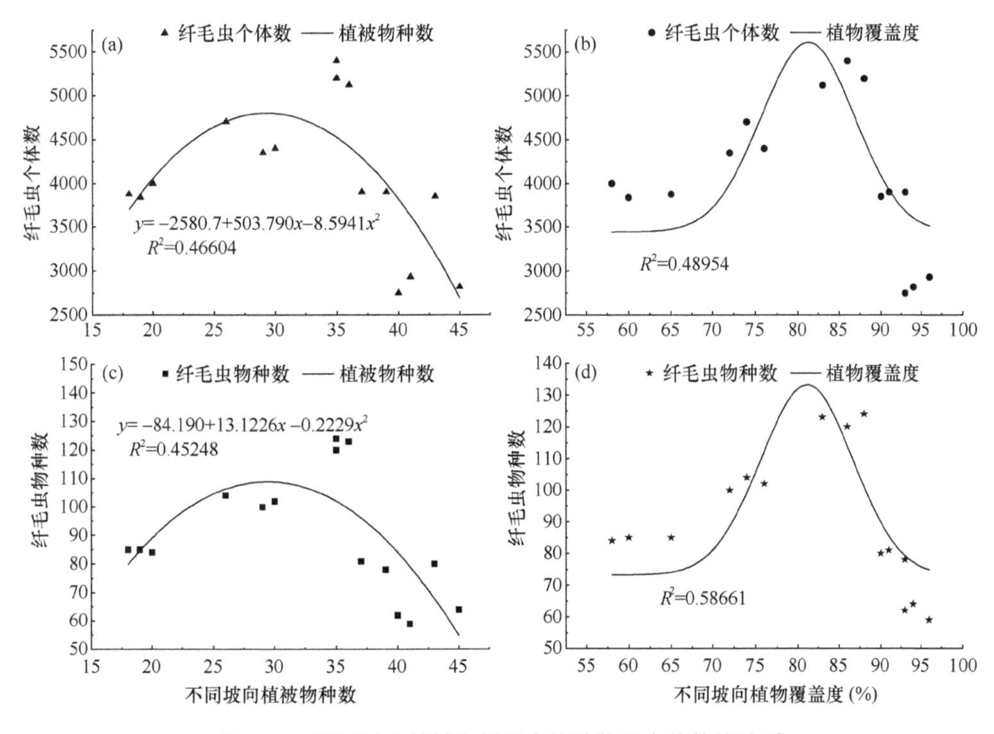

图 14-7　不同坡向植被与纤毛虫物种数及个体数的关系

（b）、（d）拟合曲线方程为 $y = y_0 + \frac{A}{W/\pi/2} e^{\frac{-2(x-x_c)^2}{W^2}}$，（b）中 y_0=3444.93836，x_c=81.27324，W=11.18394，A=30383.35072，R^2=0.48954；（d）中 y_0=73.2193，x_c=81.12357，W=11.05266，A=831.6472，R^2=0.58661。图中（a）、（c）横坐标 20～25 为阳坡，25～30 为半阳坡，35 为西坡，35～40 为半阴坡，40～45 为阴坡；（b）、（d）中 57～65 为阳坡，65～73 为半阳坡，73～81 为西坡，81～89 为半阴坡，89～97 为阴坡

群落所处的生境温湿条件、透气性都适宜土壤纤毛虫生存，并且该坡向上地表植被物种较为多样，地表植被覆盖程度高，这为土壤纤毛虫的生存提供了充足的物质来源和适宜的环境条件（刘旻霞等，2021），所以该坡向上的土壤纤毛虫类群丰富、物种多样，个体数最多，均匀度较高、优势类群不明显。半阴坡和阴坡在多雨的夏季湿生植物种类较多，但是过高的土壤含水量使得土壤透气性差，使土壤纤毛虫生存环境变差（孙辉荣，2017）。因此，纤毛虫物种数和个体数相比其他坡向都较少。由于阴坡比半阴坡的土壤含水量更高，尽管半阴坡受到旅游人群踩踏和周围居民放牧干扰更多，但是其纤毛虫物种数与丰度还是比阴坡高。阳坡地表长期处于裸露状态，即便是在多雨的夏季，其植被的覆盖度也不会超过 70%。因此土壤质地比较疏松，透气性好。但是由于地表裸露、太阳直射时间较长，使得土壤水分不宜贮存，植被覆盖度较低，枯枝落叶难以保留与转化（刘旻霞等，2019），使得该坡向的土壤养分含量低，不利于土壤纤毛虫的生存，最终影响到纤毛虫物

种数、个体数。而半阳坡植被覆盖度与土壤含水量都比阳坡稍高，比西坡的低，因此该坡向的土壤纤毛虫物种数与丰度都比阳坡坡向高。

14.4.2 不同坡向春夏季土壤纤毛虫个体数与环境因子的关系

由于甘南春季气温极低，土壤纤毛虫活动较少，选取夏季土壤纤毛虫的分布做 RDA。本研究对 5 个坡向鉴定出的 32 科土壤纤毛虫的个体数与 8 种环境因子进行了 RDA 排序，得到的排序结果如表 14-2 和图 14-8（置换系数 499）所示。前两个排序轴的特征值分别为 0.771 和 0.899，累计解释了 89.9%土壤纤毛虫和环境因子的相关性。经蒙特卡罗检验（Monte Carlo test），结果显示，土壤有机碳和速效氮（$r = -0.928$）与第一排序轴存在显著负相关，土壤温度与第二排序轴呈负相关（$r = -0.757$），全磷与其呈正相关（$r = 0.621$），其他环境因子与第一排序轴和第二排序轴的相关性不明显（表 14-2）。由图 14-8 可以看出，采样地 5 个坡向的环境因子差异性明显，其中土壤速效氮与有机碳存在显著的正相关，土壤含水量与全氮呈显著正相关，与速效磷呈显著负相关，土壤含水量与 pH 呈显著负相关，且各环境因子对土壤纤毛虫数量分布的影响存在较大差异。土壤纤毛虫分布在西坡的多度值较高，其中有 23 科土壤纤毛虫数量分布与西坡呈正相关，共有 114 种，占总种数的 80.3%，和环境因子速效磷及 pH 呈正相关，与全磷、全氮、速效氮、有机碳、土壤含水量呈负相关。有 14 科土壤纤毛虫分布与阳坡呈负相关，共有 56 种，占总种数的 39.4%，只有刀口虫科和管柱科较适宜阳坡生境，与环境因子土壤温度、pH 状况呈正相关。有 18 科与半阳坡呈正相关，共有 89 种，占总种数的 62.7%，与环境因子全磷、全氮、速效氮、有机碳、土壤含水量呈正相关，与土壤温度、pH 呈负相关。有 7 科与半阴坡呈正相关，共有 27 种，占总种数的 19.0%，如前管虫科，其与各环境因子的相关性都不大。有 9 科与阴坡呈正相关，共有 28 种，占总种数的 19.7%，如康纤科，其与全磷、全氮、速效氮、有机碳、土壤含水量呈正相关。可以看出，不同类群的土壤纤毛虫对生境状况的适应情况不同。

表 14-2　春夏季环境因子与土壤纤毛虫个体数的相关性

环境因子	第一排序轴	第二排序轴
全氮	–0.305	0.089
全磷	–0.524	0.621
土壤有机碳	–0.908	–0.049
速效磷	0.286	0.461
速效氮	–0.928	–0.060
土壤含水量	–0.628	–0.194
土壤温度	0.521	–0.757
pH	0.273	–0.095

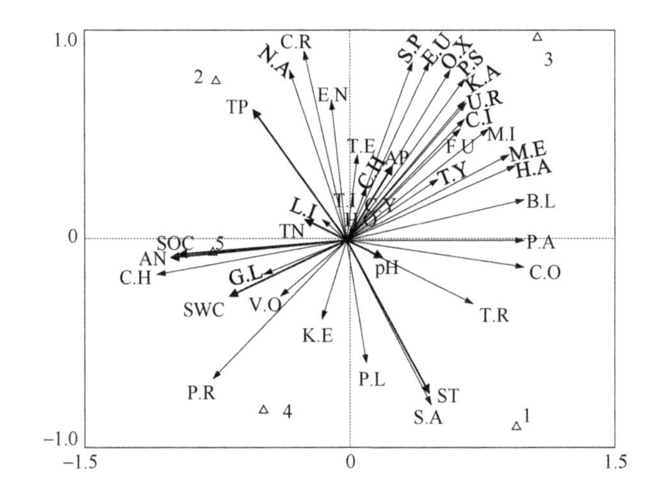

图 14-8　不同坡向春夏季土壤纤毛虫个体数与土壤环境因子关系的 RDA 二维排序

1：阳坡，2：半阳坡，3：西坡，4：半阴坡，5：阴坡；S.P 旋口虫科 Spirostomidae，B.L 赭虫科 Blepharismidae，E.U 游仆虫科 Euplotidae，K.E 角毛科 Keronidae，K.A 卡尔科 Kahliellidae，H.A 弹跳科 Halteriidae，O.X 尖毛科 Oxytrichidae，T.R 管柱科 Trachelostylidae，U.R 尾柱虫科 Urostylidae，M.E 扭头科 Metopidake，E.N 斜吻虫科 Enchelyida，S.A 刀口虫科 Spathidiidae，T.Y 管叶科 Trachelophyllidae，T.I 圆口虫科 Tracheliidae，F.U 圆纹虫科 Furgasoniidae，N.A 篮口科 Nassulidae，L.I 漫游科 Litonotidae，M.I 小胸科 Microthoracidae，P.S 拟小胸科 Pseudomicrothoracidae，C.O 肾形科 Colpodidae，P.L 匙口科 Platyophryidae，C.R 篮环科 Cyrtolophosidae，H.O 裸口虫科 Holophryidae，P.R 前管虫科 Prorodontidae，P.A 斜板科 Plagiocampidae，C.Y 膜袋科 Cyclidiidae，C.H 康纤科 Cohnilemebidae，C.I 映毛虫科 Cinetochilidae，G.L 瞬目科 Glaucomidaes，T.E 四膜科 Tetrahymenidae，V.O 钟虫科 Vorticellidae，C.H 斜管科 Chilodonellidae；TN：全氮，TP：全磷，SOC：土壤有机碳，AP：速效磷，AN：速效氮，SWC：土壤含水量，ST：土壤温度，pH：酸碱度，下同

土壤纤毛虫群落特征受外界环境条件影响较大，土壤理化性质、地表植被状况、气候条件等都影响着土壤纤毛虫群落的分布。土壤原生动物也能通过取食和释放氮元素等方式刺激植物生长（邵元虎等，2015），进而影响生境状况。甘南高寒草甸气候、温度、降水等环境条件变化较剧烈，不同坡向的植被状况差异很大，这使得不同坡向生境状况的差异更加明显。RDA 排序显示（图 14-8），土壤纤毛虫分布在西坡的多度值最高，有 23 科 114 种土壤纤毛虫的数量分布与西坡呈正相关。有 14 科 56 种土壤纤毛虫数量分布与阳坡呈负相关，只有刀口虫科与阳坡呈显著正相关，与环境因子土壤温度呈显著正相关。土壤纤毛虫分布与半阳坡较相关的有 18 科 89 种，阳坡和半阳坡与土壤纤毛虫数量分布相关的共有种最多，但多数物种与半阳坡相关性较低，半阳坡土壤纤毛虫分布与全磷含量呈显著正相关。与阴坡相关性较大的土壤纤毛虫有 9 科 28 种，物种数最少，如康纤科，与大部分环境因子呈正相关。这些研究结果表明，高寒草甸的大部分土壤纤毛虫适宜西坡较温和的土壤温度（20.5℃）、土壤含水量（22.7%）和土壤营养等环境条件；阳坡温度较高，土壤含水量较低，土壤养分含量低，但是刀口虫科和管柱科耐相对高温、干旱、低营养的土壤生境；篮口科、篮环科较适宜全磷含量较丰富的半阳

坡生境；康纤科土壤纤毛虫较适宜无氧呼吸，较适应土壤含水量较高、营养丰富的阴坡生境，这与刘任涛等（2012）的研究结果一致。

14.4.3 不同坡向秋冬季土壤纤毛虫个体数与土壤环境因子的关系

由于冬季甘南气温较极端，选择对秋季不同坡向32科土壤纤毛虫数量分布与环境因子做RDA，结果表明，第一排序轴特征值为0.913，第二排序轴特征值为0.046，分别累计达到总特征值的91.3%和95.9%，土壤纤毛虫群落数量组成和土壤环境因子与排序轴的相关系数均为1.000，可较好地反映出不同坡向土壤纤毛虫和土壤环境因子之间的关系。根据RDA二维排序图中箭头的长短和夹角的大小来判断相关性的强弱，其中第一排序轴与全氮、全磷、土壤有机碳、速效磷、速效氮、土壤含水量和土壤温度呈正相关，与pH呈负相关，第二排序轴与速效氮、土壤温度、pH呈正相关（表14-3）。土壤纤毛虫数量分布与阴坡、半阴坡、西坡、半阳坡及阳坡正相关的分别有10科、11科、21科、24科和10科。除pH与阴坡呈负相关外，其他土壤环境因子与阴坡均为正相关。土壤环境因子对各科土壤纤毛虫的影响不同，其中速效氮与管叶科相关性最显著，全磷与前管虫科有较强相关性，速效磷则与瞬目科、斜吻虫科呈显著相关性。土壤纤毛虫与土壤pH呈正相关的有22科，与速效氮呈正相关的有20科，与其他环境因子正相关的均不到10科（图14-9）。

表14-3 秋冬季环境因子与土壤纤毛虫个体数的相关性

环境因子	第一排序轴	第二排序轴
全氮	0.6578	−0.2103
全磷	0.3112	−0.4359
土壤有机碳	0.5392	−0.3747
速效磷	0.5874	−0.0092
速效氮	0.4493	0.6703
土壤含水量	0.4573	−0.3312
土壤温度	0.3351	0.0708
pH	−0.4419	0.3707

多数类群的土壤纤毛虫分布与土壤pH呈正相关，与其他环境因子负相关，瞬目科、钟虫科、斜吻虫科和匙口科仅与pH呈负相关，与其他环境因子正相关。与土壤pH和速效氮呈正相关的土壤纤毛虫物种数较高，这与土壤原生动物也能通过取食和释放氮元素等方式刺激植物生长进而影响生境状况（邵元虎等，2015）的研究结果一致，与土壤动物对pH的响应程度较低，对有机质具有显著正向响

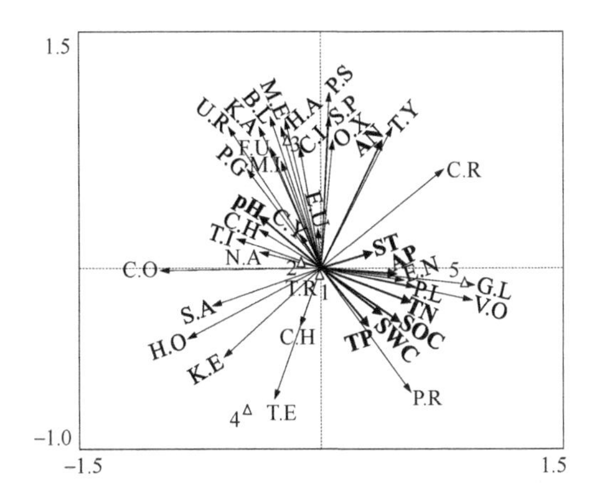

图 14-9　不同坡向秋冬季土壤纤毛虫个体数与土壤环境因子关系的 RDA 二维排序

应，土壤动物对全氮、全磷的响应程度高（韩慧莹等，2017）的研究结果不一致，可能是不同生境因子影响的结果。瞬目科、钟虫科、斜吻虫科和匙口科适宜营养较丰富、pH 相对偏低的环境。相似性较高的西坡和半阳坡对土壤纤毛虫的数量分布影响较大，其中西坡最显著，阳坡与土壤纤毛虫的分布基本不相关，这种分布状况是由不同坡向的土壤养分和水热状况所决定的，阳坡和阴坡的土壤温度、土壤含水量、pH 都较西坡和半阳坡极端，说明水热和土壤养分含量都较适中的生境状况更适合土壤纤毛虫生存繁殖。速效氮与管叶科呈较强正相关，全磷与前管虫科有较强正相关性，速效磷与瞬目科和斜吻虫科呈显著相关性，可见一些种类的土壤纤毛虫对某些特定的环境因子有较强的趋向性。

14.5　本 章 小 结

甘南亚高寒草甸春夏季土壤纤毛虫群落的分布受坡向、土层深度、季节变化的影响较大。坡向不同导致光、水、热、植被和营养元素的含量不同，因此，土壤纤毛虫的分布不同。西坡适宜的生境条件适合大多数类群的生存；而深层土壤透气性差且营养元素含量少，因此土壤纤毛虫群落分布有表聚性；相比春季，夏季大环境更适宜土壤纤毛虫生存。甘南亚高寒草甸秋季土壤纤毛虫的群落结构和多样性较冬季更复杂，5 个坡向中，大多种类的土壤纤毛虫更适应西坡，其次是半阳坡的环境状况。土壤纤毛虫随土层加深数量急剧减少，相对于冬季，秋季更适合土壤纤毛虫生存，pH 和速效氮是影响秋季甘南土壤纤毛虫群落分布的主要环境因子。研究区的土壤纤毛虫群落显著地响应了季节和微生境变化所导致的土壤生态环境效应，并与土壤环境因子之间有着显著的相关关系。

参 考 文 献

陈德来, 马正学, 马世荣, 等. 2014. 西藏巴嘎雪湿地夏季土壤动物群落特征. 湿地科学, 12(5): 624-630.

陈相瑞. 2009. 海洋纤毛虫的多样性研究: 裸口类, 下口类, 吸管类, 旋唇类. 北京: 中国海洋大学博士学位论文.

甘慧媚, 李靖, 谭凤仪, 等. 2010. 深圳福田红树林底栖纤毛虫的群落生态学. 应用与环境生物学报, 16(3): 363-368.

高艳美, 吴鹏飞. 2016. 高寒草甸退化对土壤昆虫多样性的影响. 生态学报, 36(8): 2327-2336.

郭玉梅, 殷秀琴, 马辰. 2016. 长白山地不同地貌类型农田生态系统土壤动物群落特征及季节动态. 应用与环境生物学报, 22(6): 972-977.

韩慧莹, 殷秀琴, 寇新昌. 2017. 长白山地低山区土壤动物群落特征及其对环境因子变化的响应. 生态学报, 37(7): 2197-2205.

黄丽荣, 张雪萍. 2008. 大兴安岭寒温带地区中小型土壤动物群落特征. 应用与环境生物学报, 14(3): 388-393.

黄旭, 文维全, 张健, 等. 2010. 川西高山典型自然植被土壤动物多样性. 应用生态学报, 21(1): 181-190.

黄云兰. 2015. 坡向生境梯度上主要物种周转模式及水分适应机制的研究. 兰州: 兰州大学硕士学位论文.

刘旻霞, 蒋晓轩, 李全弟, 等. 2019. 青藏高原东缘高寒草甸土壤纤毛虫群落的季节变化特征. 生态环境学报, 28(1): 39-47.

刘旻霞, 刘洋洋, 陈世伟, 等. 2015. 青藏高原东缘高寒草甸坡向梯度上植物光合生理特征研究. 土壤与作物, 4(3): 104-112.

刘旻霞, 南笑宁, 张国娟, 等. 2021. 高寒草甸不同坡向植物群落物种多样性与功能多样性的关系. 生态学报, 41(13): 10.

刘任涛, 赵哈林, 赵学勇. 2012. 科尔沁沙地不同造林类型对土壤动物多样性的影响. 应用生态学报, 23(4): 1104-1110.

马正学, 康瑞琴, 宁应之. 2007. 大夏河临夏段枯水期肉鞭虫群落特征及其对水质的评价. 兰州大学学报, 43(6): 44-50.

马正学, 康瑞琴, 宁应之. 2008. 大夏河临夏段肉鞭虫群落结构特征及其与水质的相互关系. 生态学杂志, 27(3): 374-382.

苗苗. 2009. 纤毛虫原生动物若干重要类群的分子系统发育研究. 青岛: 中国海洋大学博士学位论文.

宁应之, 沈韫芬. 1998. 土壤动物研究方法手册. 北京: 中国林业出版社.

宁应之, 沈韫芬. 1999. 中国典型地带土壤原生动物群落结构及其特征. 西北师范大学学报(自然科学版), 35(2): 50-54.

宁应之, 沈韫芬. 2000. 中国土壤原生动物新记录种(纤毛虫门: 多膜纲, 异毛目). 动物学杂志, 35(1): 2-4.

宁应之, 苏芪, 王红军, 等. 2013. 甘肃甘南高原沼泽湿地夏季纤毛虫群落特征. 西北师范大学学报(自然科学版), 49(3): 81-86.

宁应之, 王红军, 禹娟红, 等. 2011. 甘肃定西华家岭土壤纤毛虫群落对生态恢复的响应. 动物学研究, 32(2): 223-231.

宁应之, 王娟, 刘娜, 等. 2007. 甘肃天水麦积山风景名胜区土壤纤毛虫的物种多样性. 动物学研究, 28(4): 367-373.

宁应之, 武维宁, 刘汉成, 等. 2014. 甘南高原沼泽湿地春季纤毛虫群落结构特征. 西北师范大学学报(自然科学版), 50(2): 87-92.

宁应之, 张惠茹, 王芳国, 等. 2018. 模拟氮沉降对高寒草甸土壤纤毛虫群落的影响. 生态环境学报, 27(1): 1-9.

邵元虎, 张卫信, 刘胜杰, 等. 2015. 土壤动物多样性及其生态功能. 生态学报, 35(20): 6614-6625.

宋微波, 徐奎栋, 施心路, 等. 1999. 原生动物学专论. 青岛: 青岛海洋大学出版社.

宋微波, Warren A, 胡晓钟. 2009. 中国黄渤海的自由生纤毛虫. 北京: 科学出版社.

宋微波, 徐奎栋. 1994. 纤毛虫原生动物形态学研究的常用方法. 海洋科学, 18(6): 6-9.

宋微波. 1994. 青岛地区土壤纤毛虫区系-Ⅰ. 动基片纲, 寡毛纲, 肾形纲. 青岛海洋大学学报, 24(1): 15-23.

孙辉荣, 刘旻霞, 侯媛. 2017. 甘南亚高寒草甸土壤纤毛虫群落结构变化对不同坡向的响应. 生态学报, 37(21): 7304-7312.

孙辉荣. 2017. 亚高寒草甸夏季土壤纤毛虫群落对不同坡向的响应. 兰州: 西北师范大学硕士学位论文.

王超, 徐润林. 2017. 鼎湖山不同森林类型土壤纤毛虫群落比较研究. 土壤, 49(4): 725-732.

王文君, 杨万勤, 谭波, 等. 2015. 四川盆地亚热带常绿阔叶林不同物候期土壤动物对凋落物氮和磷释放的影响. 林业科学, 51(1): 1-11.

吴东辉, 胡克, 殷秀琴. 2004. 松嫩草原中南部退化羊草草地生态恢复与重建中大型土壤动物群落生态特征. 草业学报, 13(5): 121-126.

徐帅博. 2020. 宝天曼自然保护区中小型土壤动物群落时空动态及其影响因素研究. 开封: 河南大学硕士学位论文.

许静. 2013. 嗜热四膜虫三种含有锌指结构域蛋白的功能研究. 太原: 山西大学博士学位论文.

杨莹博, 曹铨, 杨倩, 等. 2017. 青藏高原亚高寒草甸封育区鼢鼠扰动对植物群落物种多样性和生产力的影响. 兰州大学学报(自然科学版), 53(5): 652-658.

叶岳, 刘文华. 2021. 西江流域亚热带常绿阔叶林土壤动物群落特征与环境因子的关系. 西北林学院学报, 36(3): 29-35.

伊珍珍, 苗苗, 高珊, 等. 2016. 纤毛虫原生动物的分子生物学研究: 若干热点领域及新进展. 科学通报, 61(20): 2227-2238.

尹文英. 1992. 中国亚热带土壤动物. 北京: 科学出版社: 97-156.

臧建成, 黄伟家, 臧亚军, 等. 2023. 藏北高寒草地不同海拔土壤动物群落结构及多样性. 西北农林科技大学学报(自然科学版), 51(5): 72-81.

张小静, 王文颖, 李文全, 等. 2016. 高寒草甸土壤可溶性有机氮库动态变化格局. 兰州大学学报(自然科学版), 52(5): 623-627.

Acosta-Mercado D, Lynn D H. 2002. A preliminary assessment of spatial patterns of soil ciliate diversity in two subtropical forests in Puerto Rico and its implications for designing an appropriate sampling approach. Soil Biology and Biochemistry, 34(10): 1517-1520.

Acosta-Mercado D, Lynn D H. 2004. Soil ciliate species richness and abundance associated with the rhizosphere of different subtropical plant species. The Journal of Eukaryotic Microbiology, 51(5): 582-588.

Foissner W, Agather S, Berger H. 2002. Soil ciliates(Protozoa, Ciliophora)from Namibia(Southwest Africa), with emphasis on two contrasting environments, the Etosha Region and the Namib Desert. Linz: Biologiezentrum des Oberösterreichischen Landesmuseums: 1064-1459.

Hu X Z, Lin X F, Song W B. 2019. Ciliate Atlas: Species Found in the South China Sea. Beijing: Science Press: 631

Steinberger Y, Pen-Mouratov S, Whitford W G. 2004. Soil disturbance by soil animals on a topoclimatic gradient. European Journal of Soil Biology, 40(2): 73-76.

第 15 章　确定性过程驱动高寒草甸地下根邻域的系统发育和功能结构

15.1　地下群落构建过程

15.1.1　植物根邻域研究进展

植物根系作为植物伸入地下的重要功能器官，是植物体与环境之间连接的桥梁，承担着吸收土壤中的氮和磷元素，以及植物生长所需的养分和水分的作用。在为生命体吸收养分和水分的同时，通过呼吸和周转消耗光合作用产生的能量并向土壤输入有机质（Carmona et al.，2021）。植物的根系性状普遍比地上性状更难测量，所以受到的关注也远少于地上性状，事实上，在以多年生植物为主的生态系统中，大部分的生物量都长期存在于地下，而且许多重要的生态系统过程与植物根系和根际都密切相关（Aerts and Chapin，1999）。特别是，不同物种的根系可以生长到同一块土壤中，形成不同的根系群落（Valverde-Barrantes et al.，2015）。根邻域的功能和系统发育结构，定义为共存物种的功能相似性和系统发育相关性，在调节根邻域功能和稳定性方面起着至关重要的作用。例如，具有不同综合性状特征的根的聚集可以通过物种间的生态位划分来提高根邻域资源的利用效率（Liu et al.，2018）。此外，根系邻域中较高的系统发育多样性可能会减少寄主特异性土壤病原体的传播和积累，增加细根生长和生产力（Valverde-Barrantes et al.，2015）。尽管提出了这些假设，但具有不同特征和系统发育相关性的物种是如何组装成根系群落的，特别是在不同的高寒草甸和荒漠草原上，这在很大程度上仍然是未知的，阻碍了我们对地下群落组装过程、养分获取策略和生物多样性维护的理解（Zemunik et al.，2015）。

系统发育结构可能在土壤根斑块的形成中发挥重要作用。由于近缘物种往往具有相似的特征、菌根隶属关系和潜在的栖息地偏好（Ma et al.，2018）。因此，可以结合根功能性状和系统发育的相关性来探究物种的相似性，分析竞争排斥和环境过滤在形成根邻域的功能性状和系统发育结构方面的相对重要性（Swenson et al.，2007）。最近，有证据支持一个被称为“根经济学空间”的根专业化的双变量平面。在这个二维空间内，第二个变化轴代表了快速和慢速资源吸收策略之间的经典权衡（Bergmann et al.，2020），而第一个变化轴被定义为“协作”梯度，从比根长数值大、寿命短、不依赖菌根真菌吸收水分和营养的物种，到根长质量投资更高的根系（比根长小），通过与菌根真菌的共生结合“外包”资源吸收增强营养获取的物种。这种“外包”策略对根系产生了形态和功能影响，因为具有较大的根组织密度的植物更依赖菌根真菌来获得有效的资源。

因此，研究这些根性状如何变化与组合或替代根系性状（菌根真菌）如何与特定的环境因子相联系，能够帮助我们更好地理解地下生态位分化如何促进物种共存和生物多样性的维持机制。

15.1.2 根邻域群落构建过程对纬度梯度的响应

群落构建沿纬度梯度的格局变化是生态学家关注的问题，群落中不同的物种生理生态对环境的响应及适应性各不相同。仅考虑群落中的物种多样性不足以反映物种的适应性，随着 DNA 条形码在群落系统发育构建中的广泛应用，利用系统发育信息在群落物种共存机制的研究中将进化过程考虑在内成为趋势（裴男才，2012）。结合群落系统发育结构和功能性状开展群落物种多样性形成和维持机制的研究可以弥补分类数据的局限。纬度梯度作为包括多种环境因素的梯度效应，随着纬度的变化，水、热、光等环境因子均会随之发生变化，环境因子影响着物种分布格局，温度随着纬度的升高逐渐降低，不同纬度群落中的物种组成随着温度的变化而变化，且温度对群落系统发育特征也有较大影响。目前，对于不同气候带生境中的物种共存机制的研究大多是分散在各个纬度带上的独立讨论，比如在亚热带，Luo 等（2021）对广东黑石顶亚热带森林根邻域功能多样性的研究结果证明，限制相似性可能会驱动共存物种的生态位分化，以减少竞争，而替代根系策略可能对促进根系邻域资源利用和物种共存至关重要。张睿（2023）对内蒙古湖滨湿地植物根系的研究表明，环境过滤是空间尺度上群落构建的主要驱动因素。以上研究结果虽然较好地解释了对应地带性群落的构建问题，但是由于缺乏相关根系性状和根邻域效应的研究，这些结论仍有待进一步的验证和拓展。

目前，尽管做了这些相关的研究，但具有不同功能性状和系统发育结构的物种如何聚集到同一土壤斑块中，尤其是在青藏高原东北部边缘的不同纬度梯度的草地上，在很大程度上仍然未知。本章基于中国青藏高原东北部边缘的一个典型纬度梯度带，从土壤样本中收集了植物根系，结合根系功能性状和环境因子探讨同一土壤斑块中的根系功能性状和系统发育结构。这些信息的补充将帮助我们理解根系性状在介导地下生态位分化、根系觅食策略和物种多样性维持中的作用（Luo et al.，2021）。

15.2　实验设计与方法

15.2.1　研究区概况

本研究区位于中国青藏高原东北部边缘以及陇中北部的黄土丘陵区，南起甘肃省甘南藏族自治州的玛曲县，北至青海省的门源回族自治县（33°06′N～37°61′N，100°12′E～104°45′E），南北跨度 430 km，海拔 1420～5218 m，该区域的气候类型为高原大陆性气候和温带大陆性气候，日照时间长，太阳辐射强，年平均气温为 5.6℃，年降水量为 266～615.5 mm，降水主要集中在 6～8 月，雨热同期。土壤类型以亚高山草甸土、黄绵土和淡灰钙土为主，黄土丘陵区土壤为轻壤土，团粒结构松散，持水保肥能力差，该区天然植被属典型草原向荒漠草原过渡类型。研究区优势种依次为矮生嵩草（*Kobresia humilis*）、长毛风毛菊（*Saussurea hieracioides*）、西北针茅（*Stipa sareptana*）、蓍状亚菊（*Ajania achilloides*）、红砂（*Reaumuria songarica*）、荒漠锦鸡儿（*Caragana roborovskyi*）和密花早熟禾（*Poa pachyantha*）。

15.2.2　样地设置

2021 年 7 月中旬至 8 月中旬，以青藏高原东北部边缘为研究区域，沿纬度梯度（由南向北跨 5 个纬度带）选取坡向一致的 23 个样地，分别在每个样地随机布置 3 个采样点，采样点的大小为 10 m×10 m，再沿此采样点的对角线分别设置 3 个 0.5 m×0.5 m 的小样方，每个采样点为 9 个小样方，共计 207（3×3×23）个样方。

15.2.3　样品采集

由于深层土壤中根系较少，在本研究采样地块内用 2 cm×3 cm×40 cm 的钢铲以 15 cm 的深度随机挖取 9 个 90 cm^3 的土壤立方体（每个 2 cm×3 cm×15 cm），轻微抖掉大块土壤后储存在尼龙网袋中，带回实验室处理；土壤样品分别来自与其对应的根系土样，每次取 3 钻土样混匀后采集 250 g 左右，先对土壤含水量进行测定，其余土壤在室温条件下自然风干，剔除土壤中砂砾和小石块等，物理研磨后过 0.25 mm 筛，分装于密封袋中用于后续土壤养分的测定。

15.2.4　实验室样品处理与测定

1. 土壤理化性质的测定

土壤含水量（SWC）采用烘干法测定；用 pH 计（ST3100，上海仪电科学仪器股份有限公司）和电导仪（DDS-801A，上海仪电科学仪器股份有限公司）分别测量土壤 pH 和电导率（EC）；土壤全氮（STN）含量采用凯氏定氮法测定；土壤有机碳（SOC）含量采用重铬酸钾氧化加热法测定；土壤全磷（STP）含量采用钼锑抗比色法测定（鲍士旦，2000）。年均降水量（MAP）和年均气温（MAT）数据由中国气象科学数据共享服务网（http://data.cma.cn/）平台提供。

2. 根系的分类与测定

在实验室，用孔径 1 mm 的筛子进行根土分离，然后将剩余土壤和植物根系浸泡 30 min，在自来水下过孔径 0.5 mm 的筛子缓慢清洗，以分离出根系，接着把所有根簇置于透明塑料根盘内，在 300 dpi 分辨率下扫描（Epson 扫描仪，型号 10000XLPro，加拿大），获取在 0.1 mm 径级的根系图像，利用 WinRhizoPro 软件对根系图像进行分析以获得根平均直径（AD）、根长、根表面积等指标。将扫描后的根系放入烘箱，烘干至恒重后称量根系干重（root dry mass），粉碎研磨过筛（孔径 0.25 mm），用于根系有机碳含量（RCC）、全氮含量（RNC）和全磷含量（RPC）的测定，测定方法同土壤（鲍士旦，2000）。根组织密度（RTD）、根比表面积（SRA）、根干物质含量（RDMC）计算公式如下：

$$\text{SRL}=\text{根长}/\text{根系干重} \tag{15-1}$$

$$\text{SRA}=\text{根系面积}/\text{根系干重} \tag{15-2}$$

$$\text{RDMC}=\text{根系干重}/\text{根系鲜重} \tag{15-3}$$

$$\text{RTD}=\text{根系干重}/\text{根系体积} \tag{15-4}$$

在所有收集和扫描的根系类型中，有许多具有特异性特征的根系可明显区分，并结合研究区采集的 85 个物种整株标本，最终将其鉴定为 13 个非 DNA 条形码物种。对这 13 个非条形码物种中的 10 个物种进行进一步 DNA 条形码验证，证实了其基于根系特征确定物种的 100%的准确性。用 DNA 条形码进一步鉴定了每个土样中剩余的已分类记录和未知的根系类型。

接下来，对于一些未知的根系类型，我们使用植物 DNA 试剂盒 R6733（Omega，美国）进行 DNA 提取，并使用叶绿体片段（rbcLa、matK）和间隔区（trnH-psbA）进行 DNA 条形码测序以鉴定物种。为了提高物种测序的准确性，我们首先分别使用 rbcLa 和 matK 条形码进行扩增，然后通过 Sequencer 4.8（GeneCodes，美国）和 transAlign（Bininda-Emonds，2005）对其序列进行全局比对。基于可分辨的根特征和 DNA 条形码测序方法，我们确定了 13 个非 DNA 条形码物种和 97 个 DNA 条形码物种，然后构建了一个包含 110 个物种的系统发育树。

根据同一研究区的最新研究和文献查找，我们确定了每个物种的菌根类型，大多数属于丛枝菌根（AM）（Brundrett，2009）。除此之外，还存在一些物种不能或不易被菌根真菌侵染，它们通常被称为非菌根植物，这些植物主要包括十字花科、蓼科（珠芽蓼）、石竹科和莎草科。

15.2.5　数据处理与分析

1. 根邻域的系统发育结构

我们选用平均成对系统发育距离（mean pairwise nodal distance，MPD）的标准化效应大小（$SESMPD_{mean}$）量化根邻域谱系结构（Luo et al.，2021），检验了共现物种是否表现出高于预期的进化多样性。如下所示：

$$SESMPD_{mean} = \frac{MPD_{obs} - mean\left(MPD_{null}\right)}{sd\left(MPD_{null}\right)} \tag{15-5}$$

式中，MPD 表示物种平均成对系统发育距离，MPD_{obs} 和 MPD_{null} 分别代表实际观测值和随机模拟的零模型的平均系统发育距离，mean（MPD_{null}）代表零模型的 MPD 的平均值，sd（MPD_{null}）为随机模拟下群落的标准差。若 $SESMPD_{mean} > 0$，说明物种在系统发育结构上发散，$SESMPD_{mean} < 0$，说明物种在系统发育结构上聚集，$SESMPD_{mean} = 0$，说明系统发育结构随机。

2. 零模型检验

本研究采用两个零模型来检验基于根系性状的物种共存过程（Bernard-Verdier et al.，2012）。两个零模型分别进行 9999 次模拟，生成两个随机群落，以测试环境过滤对性状范围的限制以及沿着纬度梯度的性状模式。我们将 207 个样方中所有观测到的物种定义为区域物种库。零模型 1（NM1）：检验以下特定的零假设，物种在不同性状或环境的样地中随机分布。零模型 2（NM2）：检验一个样方中物种丰度相对于性状值随机分布的零假设。群落加权性状均值（CWM）（Garnier et al.，2004）和群落加权性状方差（CWV）（Sonnier et al.，2010）的计算公式如下：

$$CWM=\sum_{i=1}^{S} p_i \times t_i \tag{15-6}$$

$$CWV = \sum_{i=1}^{S} p_i \times \left(t_i - CWM\right)^2 \tag{15-7}$$

式中，S 表示样方中物种数量，p_i 是群落中物种 i 的相对丰度，t_i 是物种 i 的性状值。

对于两个零模型，我们计算了单尾概率（P）（观测值 obs 大于预测值 null），将观测到的群落与其零模型进行比较，然后通过 P 计算效应大小（ES）值。

$$P = \frac{\text{数量}\left(\text{预测值} < \text{观测值}\right) + \dfrac{\text{数量}\left(\text{预测值=观测值}\right)}{2}}{1000} \tag{15-8}$$

$$\mathrm{ES}=(P-0.5)\times 2 \tag{15-9}$$

我们通过 Rstudio 中的 FD 和 picnate 程序包计算物种丰富度以及系统发育多样性指数，使用“vegan”软件包生成零群落，并将零群落与观察到的群落进行比较，以计算不同纬度的 *P* 和 ES 值（Oksanen et al.，2013）。在 NM1 和 NM2 中，我们使用单尾 Wilcoxon 符号秩检验（W）测试 ES 值是否与 0 不同，并分别使用 Spearman 秩相关性（S）探索 ES 值的趋势。用 IBM SPSS Statistics 25 对不同纬度的根系功能性状值进行单因素方差分析，所有统计分析的显著水平设定为 $P<0.05$。用 ade4 包进行 RLQ（R-mode linked to Q-mode）结合第四角（fourth-corner）分析的方法将样方、环境变量和根系功能性状 3 种数据集组合成一个可描述性状——环境关联矩阵，进而确定纬度梯度与根系性状之间的关系。为避免环境变量之间过度拟合，我们剔除膨胀系数大于 3 的解释变量，根据 AIC 信息准则保留了模型中显著变量，选择平均成对系统发育距离的标准化效应（$\mathrm{SESMPD_{mean}}$）作为响应变量，物种丰富度、根系统发育多样性指数以及气候与土壤等非生物因子作为解释变量，最终基于“lme4”和“sjstats”软件包使用线性混合模型分析评估多种因素与根邻域系统发育结构之间的关系，用“lme4”和“sjstats”软件包使用线性混合模型分析数据并对所有数值因子进行归一化处理，最后利用 ggtree 和 ggplot2 包作图。

15.3 根邻域的系统发育结构和功能性状分布格局

15.3.1 根系系统发育结构沿纬度梯度的变化

我们发现在低纬度上菊科和禾本科为优势种，而广泛存在的系统发育谱系大部分趋于发散，因此在肥沃的土壤中，根系可能表现出多种生活策略，比如以细根为主的豆科和禾本科，一般具有较强的菌根定殖能力，在土壤中形成庞大的菌丝网络帮其吸收养分、水分（图 15-1）；随着纬度的升高，环境严酷，系统发育谱系指数低于随机预期，呈现发散的趋势，亲缘关系相近、谱系相同的物种会被分离到特定的土壤生态位，一般以耐旱的粗根为明显特征的谱系为主，菌根组合既有丛枝菌根（AM）类型，也有未被真菌侵染的红砂和盐爪爪等非菌根（NM）物种，此外，对于植物菌根类型，大多数根系表现出功能性状聚集（76%）而不是分散（$P<0.05$）（图 15-2），与整体根系系统发育结构高于预期的普遍性相一致（图 15-2）。

15.3.2 基于线性混合效应模型分析生态因子对系统发育结构的影响

我们最终确定的最佳候选模型中包括的自变量有物种丰富度（species richness）、

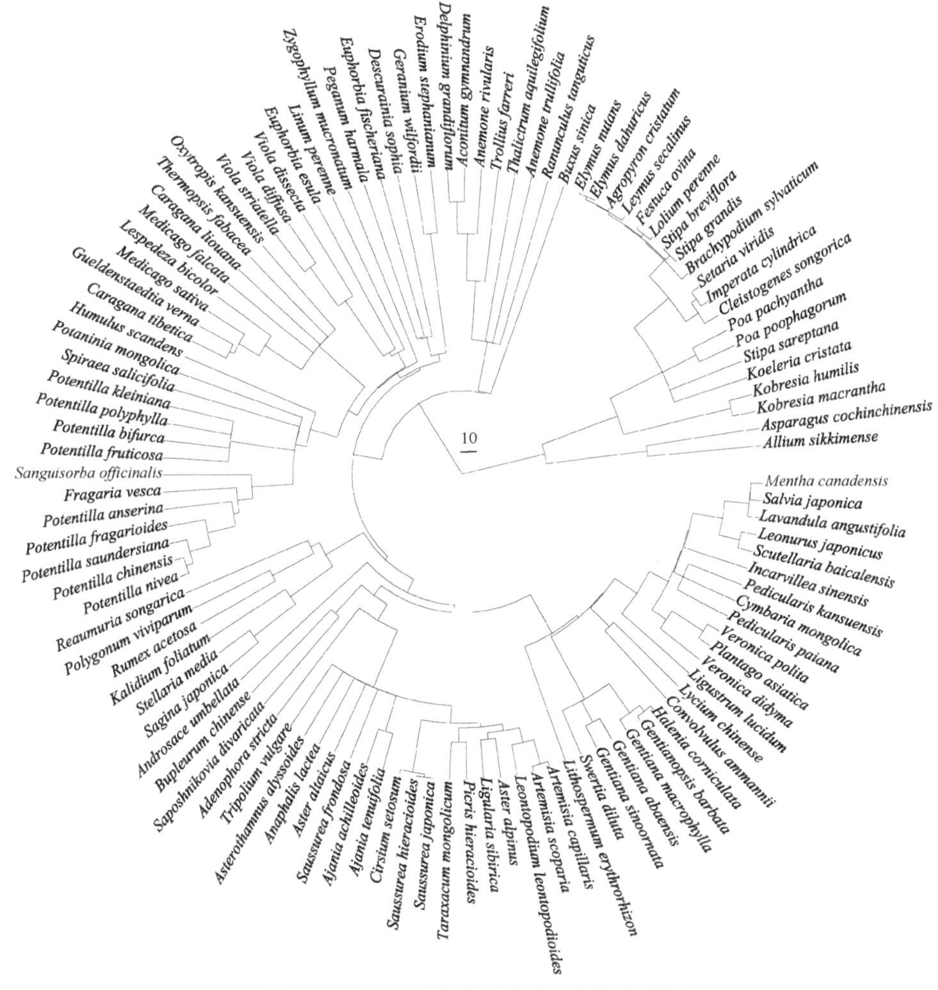

图 15-1　不同纬度植物群落的系统发育树

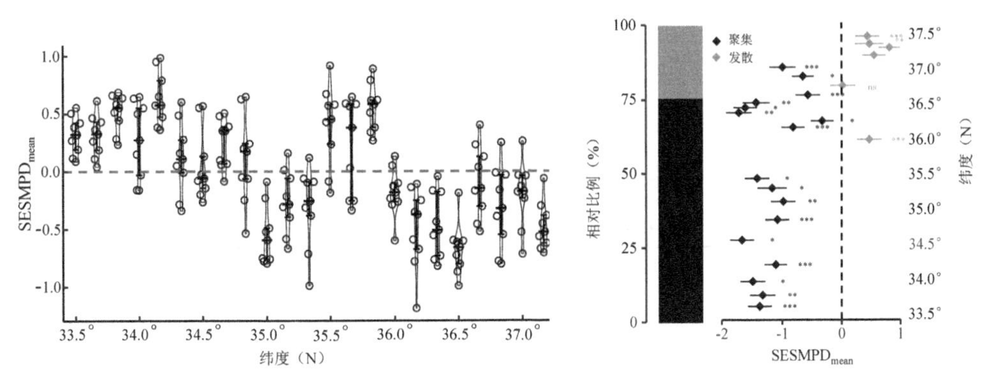

图 15-2　植物群落根系系统发育结构（左）或根系菌根类型功能性状结构（右）（平均值±标准误差）

正值表示系统发育或菌根类型过度分散，而负值表示系统发育或菌根类型聚集根系统发育多样性（root phylogenetic diversity，root PD）、土壤全氮含量（soil total nitrogen）、和年平均温度（mean annual temperature）。

随后，我们建立了一个线性混合效应模型来评估多种因素与根邻域系统发育结构之间的关系（图 15-3；表 15-1）。我们发现不同纬度地区的年平均温度与根系邻域系统发育结构呈显著负相关（$P < 0.05$），根系系统发育多样性与根系邻域系统发育结构（$SESMPD_{mean}$）呈显著正相关（P=0.021）。土壤全氮含量与物种丰富度之间的交互作用与根邻域系统发育结构呈显著正相关（F=5.25，P=0.033）。相反，土壤全氮含量与根系系统发育多样性和物种丰富度之间的交互作用与根系邻域系统发育结构呈显著负相关（P=0.043）。

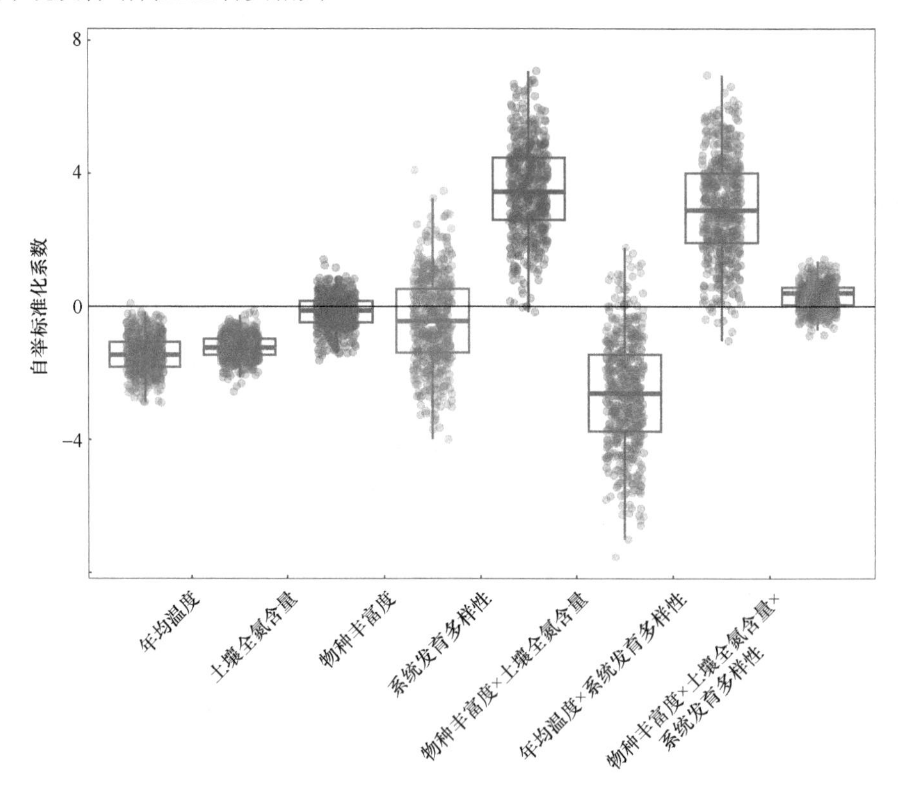

图 15-3　线性混合效应模型

表 15-1　群落 α 多样性与系统发育结构的线性混合效应模型

随机项为生境类型；R^2 conditional=0. 57；R^2 marginal=0.42					
变量	df	ddf	F	P	Estimate
年平均温度	1	17.25	6.03	0.025	−0.27
土壤全氮含量	1	27.95	4.41	0.045	0.18
物种丰富度	1	27.33	2.37	0.547	0.08

续表

随机项为生境类型；R^2 conditional=0. 57；R^2 marginal=0.42					
变量	df	ddf	F	P	Estimate
根系统发育多样性	1	25.09	6.31	0.021	3.09
土壤全氮含量×物种丰富度	1	27.65	5.25	0.033	2.96
年均温度×根系统发育多样性	1	27.70	6.01	0.030	–2.17
土壤全氮含量×物种丰富度×根系统发育多样性	1	27.12	4.53	0.043	–1.12

注：df 表示分子自由度；ddf 表示分母自由度；F 表示方差比；P 表示显著性 P 值；R^2 marginal 表示用固定项解释的方差；R^2 conditional 表示由固定项和随机项所解释的方差，×表示交互项；随机项为生境类型，固定项为生态因子

15.3.3　根系性状种间变异及其与环境的全局关系

在 675 个草本根簇中，每个根簇的物种数量从 6 到 11 个不等，通过测定发现不同物种间的同一根系功能性状差异很大，除根系比表面积和根系磷含量外，其他各性状在物种间均表现出显著差异（P<0.05）。根组织密度平均值是 0.29 g/cm^3，最大是红砂，最小是唐松草；根系平均直径从 0.21 mm（甘肃棘豆）到 0.47 mm（盐爪爪）不等。

环境-根系性状的全局检验表明（图 15-4）：环境显著影响具有特定性状的物种分布（模型 2，P<0.001）；根系性状影响固定环境中的物种多度（模型 4，P<0.05）。RLQ 对根系和环境变量的分析表明，根系性状变异沿环境梯度分为两个维度，支

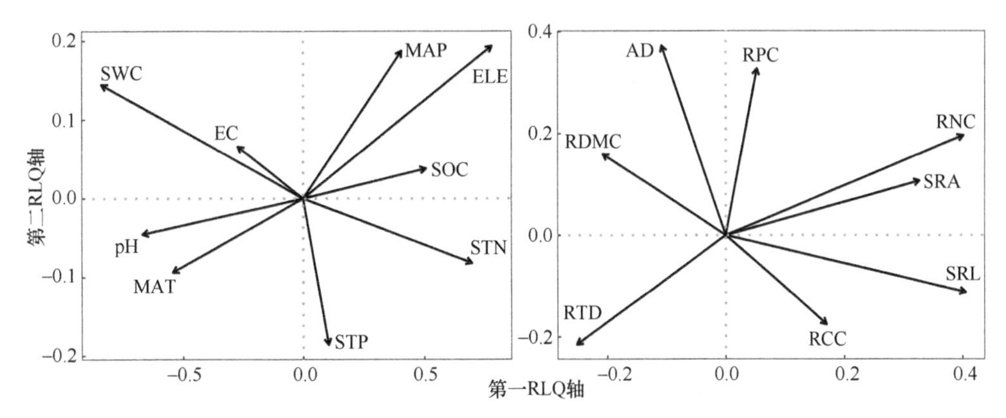

图 15-4　物种根系性状得分和环境变量得分的 RLQ 分析前两个轴的排序

SWC：土壤含水量；SOC：土壤有机碳含量；EC：土壤电导率；pH：土壤酸碱度；STN：土壤全氮含量；STP：土壤全磷含量；MAT：年平均温度；MAP：年平均降水量；ELE：海拔；RDMC：根干物质含量；AD：根直径；RNC：根全氮含量；RPC：根全磷含量；SRA：根比表面积；SRL：比根长；RCC：根有机碳含量；RTD：根组织密度；下同

持多维根性状适应模式。第一 RLQ 轴表征了从有机氮、有机碳含量高的低纬度生境到位于温暖干燥的高纬度地区的偏碱性土壤的土壤养分梯度，根干物质含量高、根比表面积小的物种一般分布在温度较高的地区和相对贫瘠的土壤中，而比根长与根系全氮含量高的物种则出现在比较肥沃的土壤中，除了温度和土壤有机碳梯度，物种也沿着年均降水和土壤磷梯度分布，如第二 RLQ 轴所示，根系全磷含量高的物种更容易出现在土壤电导率较高、降水充沛的富磷土壤中。

通过第四角分析（图 15-5），不同纬度根系性状与环境因子有显著的相关性（模型 2，P=0.001；模型 4，P=0.042）。年平均温度与根干物质含量显著正相关（P<0.05），土壤电导率与根组织密度显著正相关（P<0.05）；土壤全氮含量与植株比根长显著负相关（P<0.05）；海拔与植物根全氮含量显著负相关（P<0.05）；土壤含水率、土壤酸碱度、土壤有机碳含量及土壤全磷含量均与根系性状没有显著的相关关系。

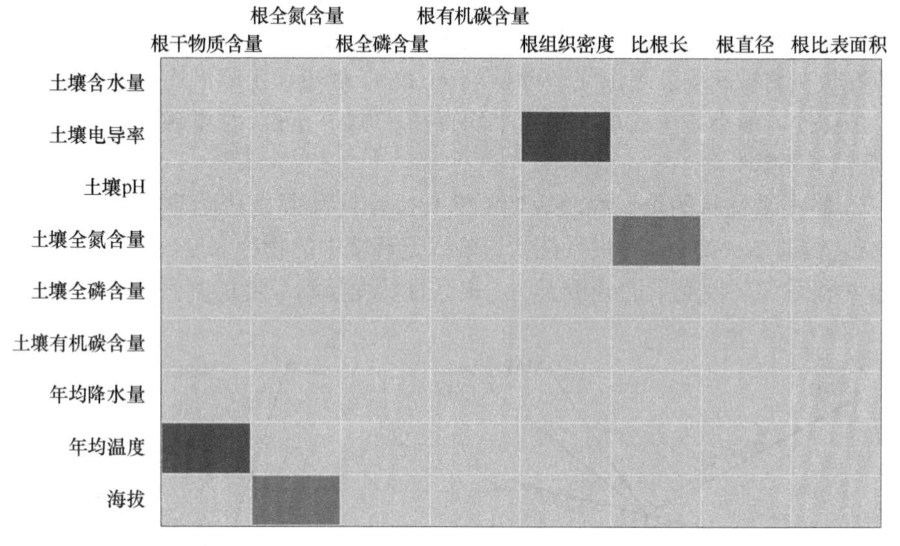

图 15-5　用 FDR（false discovery rate）方法进行 P 值校正的第四角分析方法检验结果

红色表示功能性状与环境变量呈显著正相关，蓝色表示功能性状与环境变量呈显著负相关

15.3.4　根系性状沿纬度梯度的分布

当观察到的根系性状范围比 NM1 预期的窄时，检测到环境过滤。在整个纬度梯度上，我们没有发现性状范围总体减小的证据（对较低值的 Wilcoxon 符号秩检验不显著；图 15-6）。但是，对于其中的 8 个根系性状，我们发现沿着纬度梯度性状范围标准化效应有显著变化趋势。低纬度的根全磷含量和比根长的性状范围通常窄于预期，而在高纬度它们的性状范围普遍比预期的宽。相反，在低纬度上

根全氮含量、根有机碳含量、根组织密度和根直径的性状范围通常都比预期的宽，高纬度上则都比零模型性状范围窄。在整个纬度梯度上，根比表面积的性状范围都比预期更宽，而根干物质含量则相反。

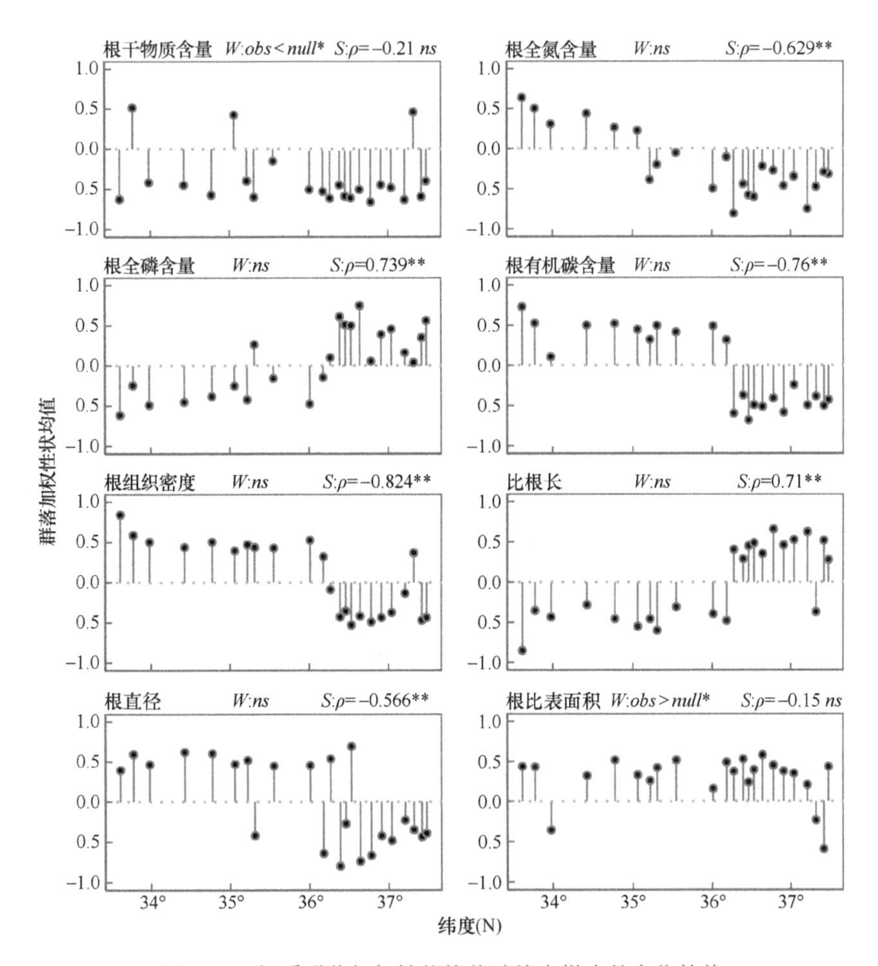

图 15-6　根系群落加权性状均值随纬度梯度的变化趋势

性状范围的效应大小（ES_1）是相对于随机模拟的零模型（NM1；见零模型检验）计算的，负 ES_1 值表明性状范围比预期的窄，存在环境过滤；实心水平线对应于零模型（$ES_1=0$），单因素 Wilcoxon 符号秩检验（W）和 Spearman 秩相关性（S）的统计结果如图 15-6 所示（ns 表示 $P>0.5$，*表示 $P<0.05$，**表示 $P<0.01$，***表示 $P<0.001$）；obs 表示观测值，null 表示零模型的预测值，下同

15.3.5　根邻域在纬度梯度上的发散和聚集

我们将观察到的根系 CWV 值与从 NM2 产生的零模型计算的期望 CWV 值进行比较，以检测性状的发散和聚集。性状聚集被量化为 CWV 的负 ES_2 值，而性状发散被量化为 CWV 的正 ES_2 值。总体而言，群落在根直径性状上表现出比预

期更低的 CWV，这表明随着纬度梯度增加，根直径往往变化也较小。根干物质含量、根全磷含量、根有机碳含量和根组织密度的方差随着纬度梯度增加显著降低，而根比表面积的方差则倾向于向高纬度增加，在低纬度到中纬度聚集(负效应值)。比根长的 CWV 沿纬度梯度呈非线性趋势：在中纬度处强烈发散，向梯度两端聚集，根全氮含量则相反（图 15-7)。

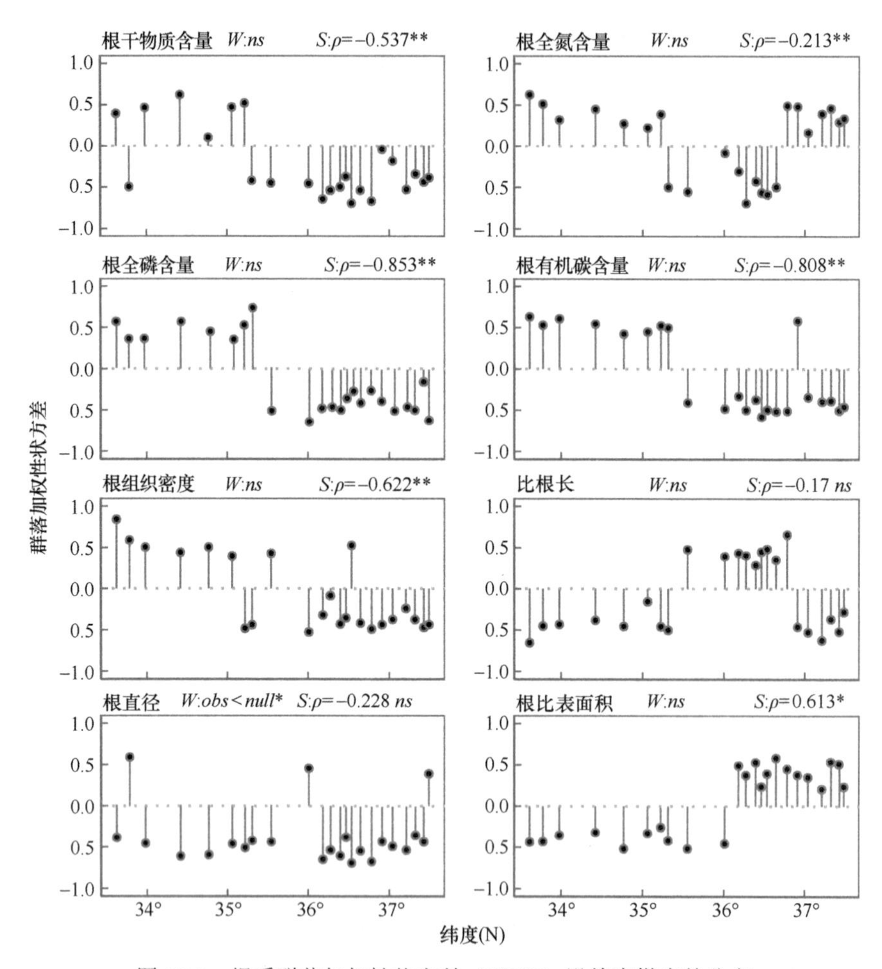

图 15-7 根系群落加权性状方差（CWV）沿纬度梯度的分布

CWV 的效应大小（ES_2）是通过将观察到的 CWV 与通过随机打乱每个群落中物种之间的丰度而获得的零模型进行比较来计算的（NM2；见零模型检验）；负（正）ES_2 代表比预期更低（更高）的 CWV，表明性状聚集（发散）的趋势，obs 表示观测值，null 表示零模型的预测值。

我们发现大多数根系功能性状普遍显示出比预期更低的功能多样性，这在一定程度上支持环境过滤作用。具体而言，当所有性状组合时，72%的根系性状表现出聚集（即 $ES_2<0$)。此外，8 个单独的根系性状中的 5 个，如根干物质含量（82.3%)、根全磷含量（75.1%）和根组织密度（77.8%）等根系功能性状表现出聚集而不是过

度发散（图 15-8），与根邻域中低于预期的功能多样性的普遍性一致。但是值得注意的是，有证据表明，性状聚集可能不一定与性状范围的限制有关。我们发现，根全磷含量在低纬度发散，尽管它们的性状范围比预期的要窄（图 15-9）。

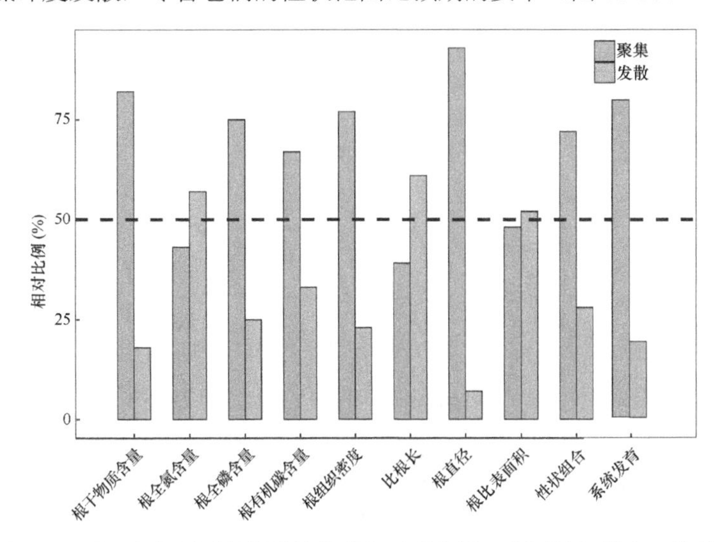

图 15-8　基于根邻域功能性状聚集的相对普遍性（彩图请扫封底二维码）

虚线表示 50%的分位数

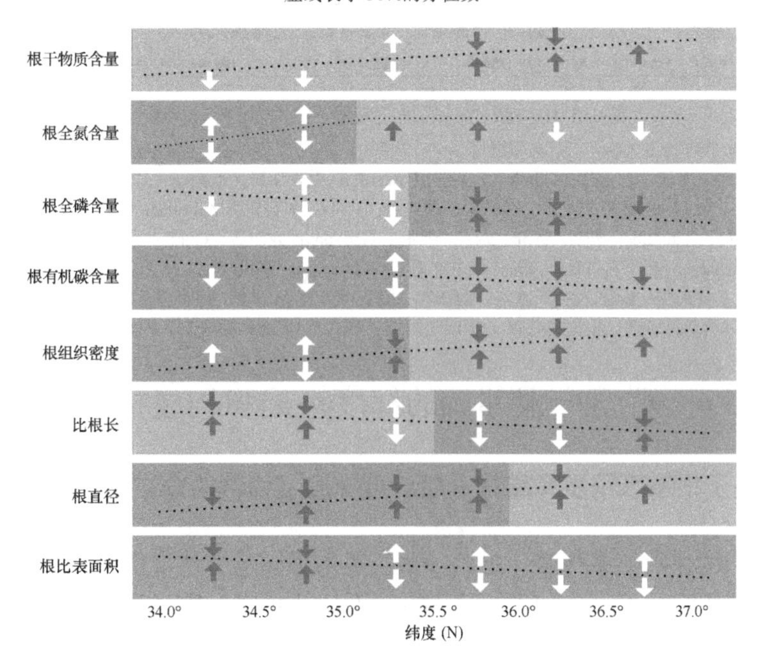

图 15-9　基于根系功能性状的群落结构变化趋势（彩图请扫封底二维码）

虚线代表沿纬度梯度群落加权平均值的趋势；浅蓝色背景代表负 ES_1 值，表明观察到的群落的性状范围比预期的要窄，而蓝色背景则相反；橙色箭头代表负 ES_2 值，表示性状聚集，而白色箭头则相反本研究区不同纬度植物群落的 8 个根系性状的 K 值均小于 1，说明该区域的植物群落未表现出较强的系统发育保守性。除了根全磷含量，其他性状均没有表现出明显的系统发育信号（图 15-10），说明根系功能性状与物种遗传进化关系不大，而环境因素对其种间变异有一定的影响。

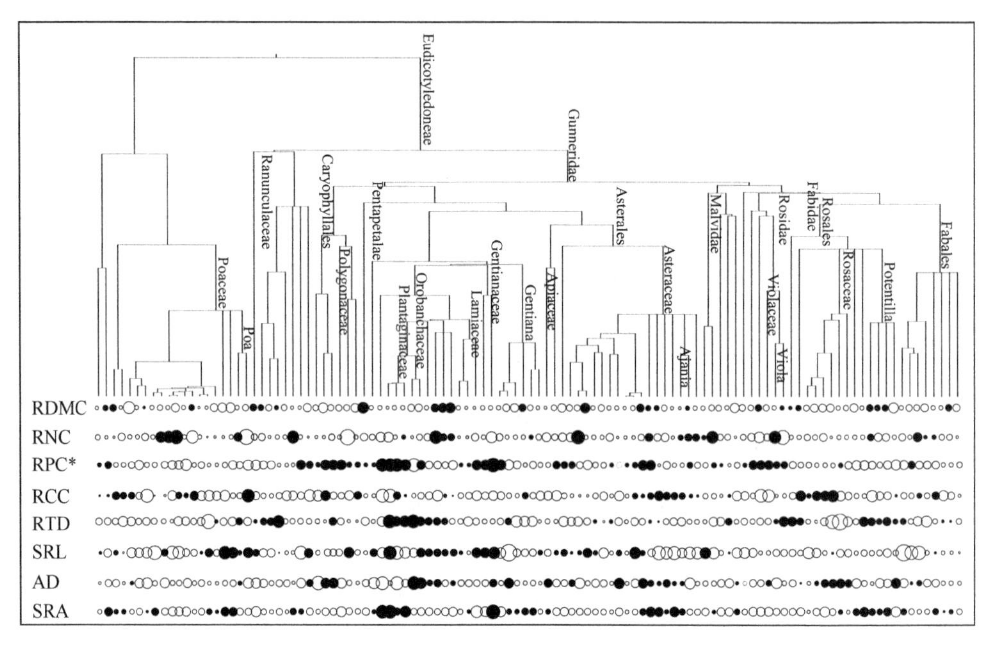

图 15-10　植物群落系统发育信号的可视化分析

末端节点表示 8 个功能性状的平均值，数据进行中心标准化，实心圆为正值，空心圆为负值，形状大小代表绝对值的大小，*表示有系统发育信号；Fabales：豆目，Potentilla：委陵菜属；Rosaceae：蔷薇科；Rosales：蔷薇目；Fabidae：豆类；Rosidae：蔷薇亚纲；Violaceae：堇菜科；Viola：堇菜属；Malvidae：锦葵类；Ajania：亚菊属；Asteraceae：菊科；Asterales：菊目；Apiaceae：伞形科；Gentiana：龙胆属；Gentianaceae：龙胆科；Lamiaceae：唇形科；Orobanchaceae：列当科；Plantaginaceae：车前科；Polygonaceae：蓼科；Caryophyllales：石竹目；Ranunculaceae：毛茛目；Poa：早熟禾属；Poaceae：禾本科；RDMC：根干物质含量；AD：根直径；RNC：根全氮含量；RPC：根全磷含量；SRA：根比表面积；SRL：比根长；RCC：根有机碳含量；RTD：根组织密度；

15.4　群落中根邻域的纬度格局和构建机制差异

15.4.1　基于根系系统发育结构分析纬度梯度上物种的分布特征

纬度梯度上水热条件变化显著，生境类型不同，自然群落中因干扰、空间和时间资源等因素的改变，使得根系的共生和组成模式发生了变化，导致地下群落构建过程存在差异（方精云等，2009）。我们发现当所有物种组合时，在低纬度上根系系统发育结构过度分散（$SESMPD_{mean}>0$）；随着纬度的增加，根邻域逐渐从发散状态转为聚集过程；在整个纬度梯度上，物种丰富度、根系统发育多样性指数及土壤全氮含量交互作用与根系系统发育结构显著相关（图 15-3；表 15-1）。这是因为低纬度水热条件适宜，人为干扰较少，养分含量丰富，总生态位宽，物种多样性和根系统发育多样性达到最大（郝姝珺等，2019）。植被以嵩草、垂穗披碱草和波伐早熟禾等簇生草本为主，加剧了一些根系性状相似的物种因生态位重叠范围较大而引起的竞争排斥。随着纬度增加，高纬度上环境过滤在物种根系形成过程中占优势（Thornhill et al.，2016）。主要原因是气候干旱、土壤贫瘠，而且容易受到放牧压力影响，物种受到强烈的环境胁迫会主动选择与其相适应的根系生存策略，从而导致亲缘关系较近的物种聚集在一起形成系统发育聚集的根邻域，在 36°N 左右，物种丰富度下降，同时根邻域系统发育相关性降低，虽然该区域年平均温度 5.9℃，年降水量小于 300 mm，生境恶劣，但是根系表现出发散的系统发育结构，可能是相似性限制在根邻域聚集过程中起重要作用（Webb et al.，2002），即亲缘关系较远的物种分别利用不同层次的资源，从而导致根邻域系统发育结构发散。

15.4.2　适合不同纬度梯度的根系的多维分布

本研究不同纬度带环境因子具有明显的差异，物种组成和根系功能性状受到生存环境多样化和其异质性的制约，为应对环境变化而产生了适应能力差异，从根本上决定了植物的生态位宽度。一般来说，比根长与根全氮含量高的植物出现在比较肥沃的土壤中，而根组织密度大、比根面积小的植物在干旱贫瘠的碱性土壤中更普遍。这可能是因为在低纬度处，土壤养分库容较高，细根较大的比根长和比表面积，提高了土壤养分循环速度，在当地资源斑块中更具可塑性（Ma et al.，2018）。而随着纬度增加，土壤中养分缺乏，像绵刺可能需要较粗的根尖和较长的根长来获取养分，因为较粗的根通常比较细的根具有更高的运输能力，但代谢活性较低（Roumet et al.，2016）。由于粗根通常寿命更长，在贫瘠的土壤中建造粗根可能有利于延长稳定供应的养分的使用，或维持在粗根中经常观察到的需要养分的菌根共生体（Freschet et al.，2017）。基于这些研究，可以推断研究不同的生境类型和根系组成可能导致不一致的结果。

同时我们发现，综合考虑环境因子与根系性状的关联时，它们比单个环境和根系性状之间的相关性更强（图 15-4）。这表明根性状分布是由多个性状综合特征和环境之间的协调决定的。事实上，我们发现大多数根系性状同时受到多个环境变量的约束。例如，除了温度-土壤有机碳梯度外，根平均直径和根全磷含量的分布似乎也受到第二个 RLQ 轴所示的年均降水和土壤全磷梯度的限制。观察到的性状分布也有助于解释根系的多维变异如何增加物种适应度。这是因为土壤资源可能随着时间的推移而发生变化，对特定根系性状的分布产生相反的影响。

15.4.3 环境过滤作用及根邻域聚集和发散模式

通过比较不同纬度梯度下根系性状与环境的关系，我们检验了观察到的根系性状是否可以归因于特定的环境或者替代根性状的共存是否有助于解释环境过滤对性状分布的影响。根比表面积是唯一一个在整个纬度梯度上都未受到限制的性状，可能是非生物和生物约束的放松允许广泛的功能策略共存。此外，环境过滤对其他 6 个性状范围的限制表现出两种相反的趋势：根全磷含量和比根长的性状范围在低纬度处比零群落的要窄，在高纬度群落中则比预期的宽，而其他 4 个性状则相反。基于此，可以推断环境过滤作用也可能存在于更有利和更高产的生境中，并反映了根系对环境条件的多向适应度差异（Pérez-Ramos et al.，2019）。高纬度根邻域中存在根干物质含量高、根全氮含量低和长主根的小灌木，这限制了水分损失并耐受组织干燥。这种用水策略的多样性证实了在强烈的环境过滤作用下可能存在的性状差异（Cornwell and Ackerly，2009），是共存物种之间地下资源分配的结果。例如，我们发现丛枝菌根与非菌根物种的广泛共存可能是因为根系对土壤养分资源的利用能力不同，进而表现为功能性状上的差异。

有 4 个根系性状沿纬度梯度增加倾向于向负值聚集，根邻域逐渐表现出显著的聚集趋势，表明环境过滤作用占优势。在低纬度，根比表面积存在聚集过程，可能是由于草甸土通常具有较高的养分保持能力，以较高的碳投入、较大的地表暴露和较高的周转率建造较细的根系可能会提高土壤养分利用和养分循环效率（White et al.，2013），有助于草本植物根系快速增殖到营养斑块中，以确保快速的生长定植。随纬度增加，环境条件发生变化，根组织密度聚集，物种采取营养保守策略，使其能够对抗水分和营养短缺的状况，表明物种对环境条件的相对适应度差异更大。这些结果进一步表明，传统上被认为能够快速获取养分的根系性状也可能与养分缺乏有关。

先前的研究对性状层次或性状差异是物种间竞争互动的主要驱动因素并进一步影响群落构建存在分歧（Carmona et al.，2019）。一般来说，性状竞争等级层次导致性状聚集，因为与最优性状相距甚远的物种被排除在群落之外，而性状相异（相似程度）导致性状分化，理论认为物种之间的特征差异应该影响竞争的强度。具体来说，如果共存是由生态位分化驱动的，那么相似的个体应该更激烈地竞争（Courbaud et al.，2012）。尽管在低纬度群落中对根干物质含量、根全氮含量和根全磷含量 3 个性状范围进行了强烈的过滤作用，但非生物限制并没有导致根系性状的聚集。同样，在梯度的另一端，比根长和根比表面积在其性状范围比预期更宽的前提下聚集，说明物种之间竞争性相互作用分别由性状竞争等级层次和性状相异性驱动。这些结果表明性状聚集不一定与性状范围的限制一致，性状在受环境过滤限制的狭窄性状范围内仍可能发散，在较宽的性状范围内也可能出现性状聚集。单一性状范围的限制不能等同于性状聚集（Bernard-Verdier et al.，2012）。由于性状范围以物种是否存在为中心，因此有必要考虑物种丰度，以便更全面、准确地研究不同纬度梯度上性状聚集和发散模式。

15.5 本章小结

我们的研究结果表明，环境和生物过滤是地下群落构建过程的强大驱动因素，导致功能和系统发育结构不同的物种广泛共存。通过逐步检查沿纬度梯度的性状范围和性状模式的变化发现性状聚集不一定与性状范围的限制一致，性状在受环境过滤限制的狭窄性状范围内仍可能发散，在较宽的性状范围内也可能出现性状聚集，而且在整个纬度梯度上系统发育结构由发散逐渐趋于聚集状态，表明种间竞争作用减弱，环境过滤作用逐渐增强；只有植物根全磷含量表现出微弱的系统发育信号，这表明近缘种长时间生存于不同的自然环境条件下，环境异质性的影响远大于发展历史的因素，亲缘关系相近的物种并没有表现出相似的性状特征，功能性状格局与系统发育结构不一致，当然也可能源于功能特征采样的不完整，从而观察到的数据不能完全代表物种的实际生态位。本研究有助于我们了解不同气候带植物多样性的地理分布格局、地下群落构建过程、营养获取策略和生物多样性的维持机制。

参考文献

鲍士旦. 2000. 土壤农化分析. 3 版. 北京: 中国农业出版社: 72-75.

方精云, 王襄平, 唐志尧. 2009. 局域和区域过程共同控制着群落的物种多样性: 种库假说. 生物多样性, 17(6): 605-612.

郝姝珺, 李晓宇, 侯嫚嫚, 等. 2019. 长白山温带森林不同演替阶段群落功能性状的空间变化. 植物生态学报, 43(3): 208-216.

裴男才. 2012. 利用植物 DNA 条形码构建亚热带森林群落系统发育关系——以鼎湖山样地为例. 植物分类与资源学报, (3): 263-270.

孙乐, 王毅, 李洋, 等. 2023. 青藏高原高寒草地群落叶片功能性状对降水的非线性响应. 生态学报, 43(2): 756-767.

张睿. 2023. 基于植物功能性状内蒙古湖滨湿地植物适应策略及群落构建机制. 内蒙古: 内蒙古大学硕士学位论文.

Aerts R, Chapin III F S. 1999. The Mineral Nutrition of Wild Plants Revisited: A Re-evaluation of Processes and Patterns.London: Academic Press, 1-67.

Bergmann J, Weigelt A, van der Plas F, et al. 2020. The fungal collaboration gradient dominates the root economics space in plants. Science Advances, 6(27): eaba3756.

Bernard-Verdier M, Navas M L, Vellend M, et al. 2012. Community assembly along a soil depth gradient: contrasting patterns of plant trait convergence and divergence in a Mediterranean rangeland. Journal of Ecology, 100(6): 1422-1433.

Bininda-Emonds O R P. 2005. transAlign: using amino acids to facilitate the multiple alignment of protein-coding DNA sequences. BMC bioinformatics, 6: 1-6.

Brundrett M C. 2009. Mycorrhizal associations and other means of nutrition of vascular plants: understanding the global diversity of host plants by resolving conflicting information and developing reliable means of diagnosis. Plant Soil, 320: 37-77.

Carmona C P, Bueno C G, Toussaint A, et al. 2021. Fine-root traits in the global spectrum of plant form and function. Nature, 597(7878): 683-687.

Carmona C P, de Bello F, Azcárate F M, et al. 2019. Trait hierarchies and intraspecific variability drive competitive interactions in Mediterranean annual plants. Journal of Ecology, 107(5): 2078-2089.

Cornwell W K, Ackerly D D. 2009. Community assembly and shifts in plant trait distributions across an environmental gradient in coastal California. Ecological Monographs, 79(1): 109-126.

Courbaud B, Vieilledent G, Kunstler G. 2012. Intra-specific variability and the competition-colonisation trade-off: coexistence, abundance and stability patterns. Theoretical Ecology, 5: 61-71.

Freschet G T, Valverde-Barrantes O J, Tucker C M, et al. 2017. Climate, soil and plant functional types as drivers of global fine-root trait variation. Journal of Ecology, 105(5): 1182-1196.

Garnier E, Cortez J, Billès G, et al. 2004. Plant functional markers capture ecosystem properties during secondary succession. Ecology, 85(9): 2630-2637.

Liang C, Feng G, Si X, et al.(2018). Bird species richness is associated with phylogenetic relatedness, plant species richness, and altitudinal range in Inner Mongolia. Ecology and Evolution, 8(1): 53-58.

Liu X, Burslem D F, Taylor J D, et al. 2018. Partitioning of soil phosphorus among arbuscular and ectomycorrhizal trees in tropical and subtropical forests. Ecology Letters, 21(5): 713-723.

Luo W Q, Lan R X, Chen D X, et al. 2021. Limiting similarity shapes the functional and phylogenetic structure of root neighborhoods in a subtropical forest. New Phytologist, 229(2): 1078-1090.

Ma Z Q, Guo D L, Xu X L, et al. 2018. Evolutionary history resolves global organization of root functional traits. Nature, 555(7694): 94-97.

Oksanen J, Blanchet F G, Kindt R, et al. 2013. Package 'vegan'. Community Ecol Package, version 2: 1-295.

Pérez-Ramos I M, Matías L, Gómez-Aparicio L, et al. 2019. Functional traits and phenotypic plasticity modulate species coexistence across contrasting climatic conditions. Nature Communications, 10(1): 2555.

Reich P B, Oleksyn J. 2004. Global patterns of plant leaf N and P in relation to temperature and latitude. Proceedings of the National Academy of Sciences, 101(30): 11001-11006.

Roumet C, Birouste M, Picon-Cochard C, et al. 2016. Root structure-function relationships in 74 species: evidence of a root economics spectrum related to carbon economy. New Phytologist, 210(3): 815-826.

Sonnier G, Shipley B, Navas M L. 2010. Plant traits, species pools and the prediction of relative abundance in plant communities: a maximum entropy approach. Journal of Vegetation Science, 21(2): 318-331.

Swenson N G, Enquist B J, Thompson J, et al. 2007. The influence of spatial and size scale on phylogenetic relatedness in tropical forest communities. Ecology, 88(7): 1770-1780.

Thornhill A H, Mishler B D, Knerr N J, et al. 2016. Continental-scale spatial phylogenetics of

Australian angiosperms provides insights into ecology, evolution and conservation. Journal of Biogeography, 43(11): 2085-2098.

Valverde-Barrantes O J, Smemo K A, Blackwood C B. 2015. Fine root morphology is phylogenetically structured but N is related to the plant economics spectrum in temperate trees. Functional Ecology, 29: 796-807.

Webb C O, Ackerly D D, McPeek M A, et al. 2002. Phylogenies and community ecology. Annual Review of Ecology and Systematics, 33(1): 475-505.

White P J, George T S, Dupuy L X, et al. 2013. Root traits for infertile soils. Frontiers in Plant Science, 4: 193.

Zemunik G, Turner B L, Lambers H, et al. 2015. Diversity of plant nutrient-acquisition strategies increases during long-term ecosystem development. Nature Plants, 1: 1-4.